EUL VERLAG

Mirko Mertensköter

Qualität, Vertrauen und Akzeptanz im Kontext der Internen Revision

Mit einem Geleitwort von Prof. Dr. Annette G. Köhler,
Universität Duisburg-Essen

EUL VERLAG

Bibliografische Information der Deutschen Nationalbibliothek

Die Deutsche Nationalbibliothek verzeichnet diese Publikation in der Deutschen Nationalbibliografie; detaillierte bibliografische Daten sind im Internet über <http://dnb.d-nb.de> abrufbar.

Dissertation, Universität Duisburg-Essen, 2010

ISBN 978-3-8441-0019-8
1. Auflage Februar 2011

JOSEF EUL VERLAG GmbH
Brandsberg 6
53797 Lohmar
Tel.: 0 22 05 / 90 10 6-6
Fax: 0 22 05 / 90 10 6-88
E-Mail: info@eul-verlag.de
http://www.eul-verlag.de

Bei der Herstellung unserer Bücher möchten wir die Umwelt schonen. Dieses Buch ist daher auf säurefreiem, 100% chlorfrei gebleichtem, alterungsbeständigem Papier nach DIN 6738 gedruckt.

Geleitwort

Die Rahmenbedingungen der Internen Revision als wesentliches Element der internen Überwachungsfunktion von Unternehmen haben sich in jüngerer Vergangenheit geändert. Zum einen nimmt angesichts der zunehmenden Bedeutung der Überwachungsfunktion die Aufmerksamkeit und Sensibilität der Geschäftsleitungen deutscher Unternehmen in Hinsicht auf die Effektivität der Internen Revision zu. Zum anderen steigt vor dem Hintergrund steigenden Kostenbewusstseins der Druck auf die Revisionspraxis, ihre Leistungen auch unter Effizienzgesichtspunkten zu optimieren. Im Gegenzug wird von der Revisionspraxis immer häufiger ihr potenzieller Wertbeitrag für Unternehmen thematisiert. Dies stößt jedoch regelmäßig an die Grenzen der Quantifizierbarkeit tatsächlicher und potenzieller Nutzeneffekte. Folglich ist zur Analyse der mit der Internen Revision verbundenen Leistungen ein alternatives Messkonzept notwendig. Die vorliegende Arbeit setzt an dieser Stelle an.

Herr Mertenskötter greift mit seiner Studie eine Themenstellung auf, die nicht nur aus der Sicht der Praxis, sondern auch aus wissenschaftlicher Perspektive in hohem Maße von Interesse ist. Sein innovativer Ansatz ist im theoretischen Teil interdisziplinär angelegt und ermöglicht die Umsetzung der gewonnenen Erkenntnisse in der Revisionspraxis. Damit gelingt ihm eine Arbeit, die in der Corporate Governance-Forschung und im Berufsstand der Internen Revision sicherlich eine breite Leserschaft finden wird.

Ich danke Herrn Mertenskötter für seine hervorragende Unterstützung in Lehre und Forschung während seiner Tätigkeit an meinem Lehrstuhl und wünsche der Arbeit die verdiente positive Resonanz.

Prof. Dr. Annette G. Köhler

Vorwort

Die vorliegende Arbeit entstand während meiner Tätigkeit als wissenschaftlicher Mitarbeiter am Lehrstuhl für Rechnungswesen, Wirtschaftsprüfung und Controlling an der Mercator School of Management der Universität Duisburg-Essen und meiner Tätigkeit als Fachmitarbeiter der Deloitte & Touche GmbH Wirtschaftsprüfungsgesellschaft in Düsseldorf. Sie wurde von der Fakultät für Betriebswirtschaftslehre im November 2010 als Dissertation angenommen.

An dieser Stelle möchte ich mich ganz herzlich bei all denjenigen bedanken, die mich bei der Anfertigung dieser Arbeit begleitet und unterstützt haben. Zunächst danke ich meiner Doktormutter, Frau Prof. Dr. Annette G. Köhler, für die mir gebotene Möglichkeit zur Promotion, die ständige Bereitschaft zur fachlichen Diskussion sowie die fortwährende Motivation zur Fertigstellung meiner Arbeit. Mein herzlicher Dank gilt auch – stellvertretend für die Deloitte & Touche GmbH Wirtschaftsprüfungsgesellschaft – Herrn WP/StB Dirk Fischer, der im Rahmen des Promotionsprogramms die notwendigen Voraussetzungen für die Realisierung meiner Promotionspläne geschaffen hat. Ferner möchte ich mich bei Herrn Prof. Dr. Volker Breithecker für die zügige Erstellung des Zweitgutachtens sowie Herrn Prof. Dr. Burkhard Pedell und Herrn Prof. Dr. Markus Taube für die Mitwirkung in der Prüfungskommission bedanken.

Für die guten Arbeitsbedingungen sowie die freundliche und kooperative Atmosphäre haben maßgeblich meine Kolleginnen und Kollegen vom Lehrstuhl für Rechnungswesen, Wirtschaftsprüfung und Controlling gesorgt. Hierfür danke ich ihnen allen sehr herzlich. Namentlich möchte ich an dieser Stelle Herrn Jochen Theis, Herrn Jens Jany, Herrn Dr. Lars Junc, Frau Johanna Souad Qandil, Herrn Christian Hanke, Frau Andrea Gantzhorn, Frau Kristina Yankova, Herrn Thilo Helpenstein, Frau Dr. Katharina Köhler-Braun sowie Frau Monika Schmock erwähnen.

Besondere Unterstützung erhielt ich aus dem fernen Stuttgart in nur jeder erdenklichen Art und Weise von Herrn Stefan Hübner. Anfangs über ein gemeinsames Publikationsprojekt kennengelernt, stand er mir sowohl mit konstruktiven Anmerkungen und Hinweisen als auch zur mentalen und moralischen Unterstützung stets zur Seite. Aber insbesondere für die gelegentlichen Ablenkungen, die gleichfalls für den erfolgreichen Abschluss meiner Arbeit erforderlich waren, danke ich ihm sehr. In tage- und nächtelangen Telefonaten wusste Stefan mich immer wieder zu motivieren und vor allem mit einer neuen erfrischenden Perspektive auf meine Dissertation zu schauen. Es war zeitlich nie zu spät, um mit ihm eine fachliche Diskussion zu führen. In ganz besonderer Erinnerung werden mir die zahlreichen – wenn auch viel zu wenigen – und unvergesslichen Treffen mit ihm bleiben, bei denen wir sehr viel Spaß hatten und gemeinsam unglaublich viel gelacht haben. In diesem Sinne bleibt mir Stefan nur zu sagen: „M&H KKE AG forever!“ Ihm habe ich es zu verdanken, dass ich mein Promotionsprojekt zu einem erfolgreichen und glücklichen Abschluss bringen konnte.

Ein ebenso großer Dank gebührt Frau Simone Eberhardt für ihre großartige Unterstützung, die sie mir während meiner gesamten Promotionszeit leistete. Ihr Verständnis für die zeitlichen Einschränkungen und ihre unerschöpfliche Geduld, den enormen Mangel an einer gemeinsamen Freizeit hinzunehmen, gaben mir den erforderlichen Freiraum und den notwendigen privaten Rückhalt zur Anfertigung dieser Arbeit. Gleichfalls fand sie mit ihren bestärkenden Worten in unzähligen Gesprächen und Diskussionen immer wieder den richtigen Ton, um meine Motivation für diese Arbeit aufrechtzuerhalten. Hierfür bin ich ihr zu großer Dankbarkeit verpflichtet.

Der größte Dank gilt jedoch meiner Familie. Meinen Geschwistern, Mareike Mertenskötter-Schröer und Manuel Mertenskötter, sowie insbesondere meinen Eltern, Alfons und Ingeborg Mertenskötter, danke ich von ganzem Herzen für ihre Liebe und ihr unendliches Vertrauen. Sie haben auf all meinen, teilweise auch steinigen, Wegen immer an mich geglaubt, meine Ziele positiv beeinflusst und mich immer bedingungslos unterstützt. In tief empfundener Dankbarkeit für alles, was sie mir auf meinem Lebensweg ermöglicht haben, widme ich Ihnen diese Arbeit.

Mirko Mertenskötter

Inhaltsübersicht

Inhaltsverzeichnis

Abbildungsverzeichnis

Tabellenverzeichnis

Abkürzungsverzeichnis

Abs.	Absatz
AG	Aktiengesellschaft
AktG	Aktiengesetz
AKEIÜ	Arbeitskreis „Externe und Interne Überwachung der Unternehmung“ der Schmalenbach-Gesellschaft für Betriebswirtschaft e.V.
AMOS	Analysis of Moment Structures
B2B	Business-to-Business
BaFin	Bundesanstalt für Finanzdienstleistungsaufsicht
BEKB/BCBE	Berner Kantonalbank/Banque Cantonale Bernoise
BGBl.	Bundesgesetzblatt
BGH	Bundesgerichtshof
BilMoG	Gesetz zur Modernisierung des Bilanzrechts (Bilanzrechtsmodernisierungsgesetz)
BT	Bundestag
bzw.	beziehungsweise
c_{sv}	Substantive-validity Coefficient
ca.	circa
C-D	Confirmation-Disconfirmation
CDAX	Composite DAX
CEO	Chief Executive Officer
CFO	Chief Financial Officer
CFSA	Certified Financial Services Auditor
CIA	Certified Internal Auditor
CL	Comparison Level
CL_{alt}	Comparison Level for Alternatives

CNC	Computerized Numerical Control
C-OAR-SE	Construct definition, Object classification, Attribute classification, Rater identification, Scale formation, and Enumeration and reporting
DAX	Deutscher Aktienindex
DEV	durchschnittlich erfasste Varianz
d.h.	das heißt
DIIR (IIR)	Deutsches Institut für Interne Revision e.V.
Dipl.-Kfm.	Diplom-Kaufmann
Dr.	Doktor
EFQM	European Foundation for Quality Management
et al.	et alii
etc.	et cetera
e.V.	eingetragener Verein
f.	folgende
GmbH	Gesellschaft mit beschränkter Haftung
GmbHG	Gesetz betreffend die Gesellschaften mit beschränkter Haftung
H	Hypothese
HGB	Handelsgesetzbuch
Hrsg.	Herausgeber
http	Hypertext Transfer Protocol
IDW	Institut der Wirtschaftsprüfer in Deutschland e.V.
IIA	Institute of Internal Auditors
IKS	Internes Kontrollsystem
inkl.	inklusive

IPPF	International Professional Practices Framework
IR	Interne Revision
ISO	International Organization for Standardization
IT	Informationstechnologie
IÜS	Internes Überwachungssystem
Jg.	Jahrgang
KI	Konditionsindex
KonTraG	Gesetz zur Kontrolle und Transparenz im Unternehmensbereich
korr.	korrigiert
KPMG	Klynveld Peat Marwick Goerdeler
KWG	Gesetz über das Kreditwesen
lfd.	laufende
LISREL	Linear Structural Relationships
MaRisk	Mindestanforderungen an das Risikomanagement
max	maximal
MDAX	Mid-Cap-DAX
MIMIC	Multiple Effect Indicators for Multiple Cases
Min	Minimum
Nr.	Nummer
n.s.	nicht signifikant
NYSE	New York Stock Exchange
p_{sa}	Proportion of Substantive Agreement
pdf	Portable Document Format
PLS	Partial Least Squares

PS	Prüfungsstandard
QA	Quality Assessment
QFD	Quality Function Deployment
QMS	Qualitätsmanagementsystem
rer. oec.	rerum oeconomicarum
RGBl.	Reichsgesetzblatt
RWE	Rheinisch-Westfälisches Elektrizitätswerk
Rz.	Randziffer
S.	Seite
SAS	Statistical Analysis System
SDAX	Small-Cap-DAX
SEC	Securities and Exchange Commission
SERVPERF	Service Performance
SERVQUAL	Service Quality
SKV	Kaufmännischer Verband Schweiz
SOX	Sarbanes-Oxley Act
SPSS	Superior Performing Statistical Software
SVIR	Schweizerischer Verband für Interne Revision
TecDAX	Technology-DAX
Tz.	Textziffer
u.a.	unter anderem
UMAG	Gesetz zur Unternehmensintegrität und Modernisierung des Anfechtungsrechts
URL	Uniform Resource Locator
US	United States

VAF	Variance Accounted For
Var	Varianz
vgl.	vergleiche
VIF	Variance Inflation Factor
Vol.	Volume
vs.	versus
www	World Wide Web
z.B.	zum Beispiel

Symbolverzeichnis

*	10 %-Signifikanzniveau
**	5 %-Signifikanzniveau
***	1 %-Signifikanzniveau
****	0,1 %-Signifikanzniveau
ε	Messfehlerterm auf Indikatorebene
γ	Pfadkoeffizient
η	latent endogene Variable
λ	Faktorladung eines reflektiven Indikators
π	Gewicht eines formativen Indikators
ρ_C	Reliabilitätskoeffizient
ξ	latent exogene Variable
ζ	Messfehlerterm auf Konstruktebene
a	Pfadkoeffizient zwischen einer exogenen Variablen und einer Mediatorvariablen
b	Pfadkoeffizient zwischen einer Mediatorvariablen und einer endogenen Variablen
c	Pfadkoeffizient zwischen einer exogenen und einer endogenen Variablen
E	Quadratsumme der Prognosefehler der Schätzwerte
f^2	Effektgröße
i	laufender Index für Indikator
j	laufender Index für latente Variable
J	Anzahl der latent exogenen Variablen
K	Anzahl der Beobachtungen
m	Rangziffer des höchsten Rangs
n_c	Anzahl der richtigen Zuordnungen

n_o	Anzahl der am häufigsten genannten falschen Zuordnung
N	Anzahl der Testpersonen
O	Quadratsumme der Differenz von Schätzwert und Mittelwert der verbleibenden Daten
p	Anzahl der Nulldifferenzen
Q^2	Stone-Geisser-Kriterium
r	Korrelationskoeffizient
R^+	Summe der positiven Rangziffern
R^-	Summe der negativen Rangziffern
R^2	Bestimmtheitsmaß
$R^2_{ausgeschlossen}$	Bestimmtheitsmaß einer latent endogenen Variablen unter Ausschluss einer latent exogenen Variablen
$R^2_{eingeschlossen}$	Bestimmtheitsmaß einer latent endogenen Variablen unter Einschluss einer latent exogenen Variablen
s_a, s_b	Standardfehler der Pfadkoeffizienten der Pfade a und b
s_s	Standardfehler der Schiefe
S	Schiefe einer Verteilung
W_{krit}	kritischer Wilcoxon-Wert
x	reflektiver Indikator
X_O	beobachteter Messwert
X_R	zufälliger Fehler
X_S	systematischer Fehler
X_T	wahrer Wert
y	formativer Indikator

1 Einleitung

1.1 Motivation und Zielsetzung

Die Interne Revision ist ein Element des internen Überwachungssystems und stellt einen entscheidenden Teil der Corporate Governance in deutschen Unternehmen dar. Mit dem Inkrafttreten des Gesetzes zur Kontrolle und Transparenz im Unternehmensbereich (KonTraG) hat der Gesetzgeber die Verpflichtung zur Einrichtung eines Überwachungssystems zur Früherkennung existenzgefährdender Entwicklungen in Unternehmen geregelt. Die Bedeutung der Überwachungspflicht durch eine angemessene Interne Revision hebt er in der Gesetzesbegründung hervor.[1] Daneben gewinnt die Interne Revision im Zuge der Verabschiedung des Bilanzrechtsmodernisierungsgesetzes (BilMoG) zunehmend an Relevanz. Zum einen wird ihre Bedeutung als Überwachungsinstrument im Unternehmen durch ihre Hervorhebung als wesentliches Merkmal des Internen Kontrollsystems kapitalmarktorientierter Unternehmen bekräftigt.[2] Zum anderen findet sie erstmalig durch die Neufassung von § 107 Abs. 3 AktG explizit Erwähnung im Gesetz. Trotz dieser regulatorischen Veränderungen ist die Implementierung einer Internen Revision als eigenständige organisatorische Einheit oder als Funktion innerhalb anderer organisatorischer Einheiten nicht gesetzlich geregelt.[3] Dennoch werden die rechtlichen Entwicklungen maßgeblich zu einem Bedeutungsanstieg der Internen Revision beitragen und dadurch bedingt wird eine zunehmende Professionalisierung von den Mitarbeitern der Internen Revision gefordert werden.

Vor dem Hintergrund dieser einschneidenden Veränderungen des deutschen Bilanzrechts und der daraus resultierenden gestiegenen Transparenzanforderungen an die interne Corporate Governance von Unternehmen wird es für die

1 Vgl. BT-Drucksache 13/9712, S. 15.

2 Vgl. BT-Drucksache 16/10067, S. 77.

3 Eine gesetzliche Verpflichtung zur Implementierung einer Internen Revision ergibt sich dagegen für Finanzdienstleister. Siehe dazu auch die Ausführungen in Abschnitt 2.2.1.

Interne Revision umso bedeutsamer, sich weiterhin als unternehmensinterner Dienstleistungsanbieter zu positionieren und zu etablieren. In diesem Zusammenhang stehen auch interne Dienstleistungsanbieter vonseiten der Unternehmensleitung unter Rechtfertigungszwang und müssen ihre Leistungsverantwortung annehmen.[4] Die fehlende gesetzliche Legitimationsgrundlage und das zunehmende Bestreben, sich als interne Dienstleistungseinheit zu positionieren, haben dazu geführt, dass intensiv versucht wird, die Existenzberechtigung der Internen Revision im Unternehmen zu belegen. In der Revisionspraxis zeigen sich diese Bemühungen einerseits in der Darstellung der Wirksamkeit der Internen Revision und andererseits in der Darstellung eines Beitrags zur Wertschöpfung des Unternehmens.[5] Die Darstellung der Effektivität der Internen Revision erscheint vor dem Hintergrund der rechtlichen Entwicklungen sinnvoll und zielführend, zumal das BilMoG durch die Neufassung von § 107 Abs. 3 AktG auf die Wirksamkeit der Internen Revision explizit abzielt. Der Internen Revision als internem Dienstleistungsanbieter dagegen einen Wertbeitrag als ökonomische Zielgröße zuzuordnen, ist zwangsläufig problembehaftet. Die Idee bei wertorientierten Konzepten ist, die Allokation von Budgets so zu steuern, dass ein effizienter Kapitaleinsatz im Unternehmen sichergestellt ist. Zur Erhaltung oder Erhöhung des Budgets nimmt insbesondere das Aufzeigen von Nutzeneffekten einen zentralen Stellenwert ein. Den verursachten Kosten der Internen Revision einen monetär bewertbaren Nutzen gegenüberzustellen, ist in den meisten Fällen aufgrund des hohen Anteils intangibler Leistungsbestandteile allerdings nicht realisierbar, sodass eine Wertbeitragsmessung im Kontext der Internen Revision kaum eine sinnvolle Lösung darstellt.[6] Zwar sind ökonomische Zielgrößen für Dienstleistungsanbieter, die sich einem externen Markt zuwenden, von Bedeutung. Da aber die Interne Revision Dienstleistungen für interne Anspruchsgruppen erbringt, ist eine nicht realistisch bewertbare ökonomische Größe wie der Wertbeitrag als

4 Vgl. *Loebbert* (2000), S. 49.

5 Vgl. u.a. *Buderath/Langer* (2007), S. 156; *Anger/Detscher* (2006), S. 16; *Zehnder/Brönnimann* (2005), S. 448; *Peemöller* (2001), S. 1347.

6 Vgl. *Buderath/Langer* (2007), S. 159; *Schneider* (2000), S. 250.

Grundlage der Existenzberechtigung wenig zielführend. Zudem scheint es zweifelhaft, die Existenzberechtigung allein auf den Aspekt zu stützen, dass durch die Arbeit der Internen Revision ein Beitrag zur Wertschöpfung des Unternehmens geleistet wird. Die Entscheidung der Unternehmensleitung für oder gegen eine unternehmenseigene Interne Revision wird vielmehr dann positiv ausfallen, wenn der Nutzen der Internen Revision kontinuierlich höher ausfällt als der Nutzen, den Alternativen generieren würden.[7] Eine Interne Revision, die sich auf Dauer erfolgreich im Unternehmen positioniert, hat eine von den Anspruchsgruppen akzeptierte Funktion mit einem entsprechend definierten Leistungsangebot.[8] Demzufolge – und angesichts einer kaum durchführbaren Wertbeitragsmessung – sollte die Interne Revision vorrangig eine hohe Akzeptanz bei den Anspruchsgruppen anstreben, in der sich implizit ihre effektive und effiziente Arbeit widerspiegelt. Die Anspruchsgruppen werden die Interne Revision schließlich erst dann akzeptieren, wenn sie eine somit überzeugende Revisionsarbeit wahrnehmen.

Die Bedeutung der Akzeptanz für die Interne Revision und insbesondere die Notwendigkeit der Akzeptanzsteigerung wird eindrucksvoll anhand einer von ERNST & YOUNG durchgeführten Studie aus dem Jahr 2007 deutlich.[9] Der Studie zufolge gibt es bei der Akzeptanz erhebliche Unterschiede zwischen der Eigen- und Fremdwahrnehmung der Internen Revision. Während 81 % der Leiter Interne Revision im Bereich der Nicht-Banken ihre Akzeptanz im Unternehmen als herausragend bewerten, schätzen lediglich 55 % der befragten Finanzleiter und -vorstände und 48 % der weiteren Interessengruppen die Akzeptanz als herausragend ein.[10] Noch gravierender ist die Abweichung im Bereich der Banken, bei denen der Unterschied zwischen der Eigenwahrneh-

---

[7] Vgl. *Henneberg* (2002), S. 62.

[8] Vgl. *Loebbert* (2000), S. 50.

[9] Vgl. *Ernst & Young* (Hrsg.) (2007), S. 29.

[10] Zu den weiteren Interessengruppen gehören u.a. der Vorstand, Mitglieder des Aufsichtsrats sowie Investoren.

mung bei den Leitern Interne Revision und der Fremdwahrnehmung bei den Finanzleitern und -vorständen 45 Prozentpunkte (100 % zu 55 %) beträgt. Ausschlaggebend für die Akzeptanz der Internen Revision im Unternehmen ist dabei die Haltung der Unternehmensleitung gegenüber der Internen Revision.[11]

An die Bedeutung der Akzeptanz für die Interne Revision schließt sich unmittelbar die Frage an, wie die Interne Revision zu einer Akzeptanzsteigerung bei den Anspruchsgruppen beitragen kann. Hierfür sind zum einen die potenziellen Einflussfaktoren der Akzeptanz näher zu untersuchen und zum anderen Ansatzpunkte zur Erhöhung der Effektivität und der Effizienz der Internen Revision zu identifizieren.

Erste Hinweise auf einen potenziellen Einflussfaktor auf die Akzeptanz der Internen Revision liefert eine umfassende Literaturanalyse. Sowohl in der Revisionspraxis als auch in der Forschung zur Internen Revision ist eine zunehmende Auseinandersetzung mit der Qualität der Internen Revision zu beobachten.[12] Während die Revisionspraxis mit einer pragmatischen Vorgehensweise versucht, einzelne Qualitätsmerkmale herauszuarbeiten und sich auf die Qualitätssicherung zu fokussieren, sind die Autoren der als Dissertationen erschienenen wissenschaftlichen Arbeiten bestrebt, ein Qualitätsmanagement für die Interne Revision zu entwickeln. Ziel ist eine kontinuierliche Qualitätsverbesserung der Internen Revision. Insbesondere bei den wissenschaftlichen Arbeiten wird die Qualität aus Sicht der Leiter Interne Revision betrachtet und es werden auf Basis der internationalen Berufsgrundlagen Konzepte und Ansätze zum Qualitätsmanagement erarbeitet. Darüber hinaus wird in der praxisnahen und wissenschaftlichen Diskussion die Qualität der Internen Revision häufig als Selbstzweck dargestellt. Ein potenzieller Einfluss der Qualität der Internen

---

11 Vgl. *Funk* (1988), S. 5. So auch *Sarens/Beelde De* (2006), S. 237.

12 Vgl. zu den Beiträgen der Revisionspraxis u.a. *Cauers/Häge* (2007a); *Kimpel/Nyholm/Tinz* (2007); *Gramling/Vandervelde* (2006); *Krey* (2001b); *Biegert* (1998); *Lampe/Sutton* (1994a); *Zehnder* (1994); *Anderson* (1991). Vgl. zu wissenschaftlichen Arbeiten zur Qualität der Internen Revision *Pasternack* (2010); *Steffelbauer-Meuche* (2004); *Linsi* (2003) und zu den Nutzenpotentialen der Internen Revision *Geis* (2010).

Revision auf ihre Akzeptanz wird bestenfalls implizit angenommen.[13] Bislang wurde weder ein theoretischer Erklärungsansatz zum potenziellen Einfluss der Qualität der Internen Revision auf die Akzeptanz entwickelt noch ein empirischer Beleg dazu erbracht. Zudem liegen keine wissenschaftlichen Arbeiten vor, die die Qualität der Internen Revision aus der Perspektive ihrer Anspruchsgruppen betrachten.

Als einen weiteren Einflussfaktor kann ferner das Vertrauen in die Interne Revision als internem Dienstleistungsanbieter identifiziert werden. Der Aspekt „Vertrauen“ wird weder in der Revisionspraxis noch in der wissenschaftlichen Forschung zur Internen Revision thematisiert, obwohl ihr grundsätzlich eine Vertrauensfunktion zugeschrieben wird, wonach sie zur Reduktion von Unsicherheiten, zur Begrenzung von Risiken und zur Schaffung von Glaubwürdigkeit beitragen soll.[14] Zudem kann bezweifelt werden, dass die ausschließliche Konzentration auf die Qualität der Internen Revision dem komplexen Anspruch der Beziehung zwischen der Internen Revision und ihren Anspruchsgruppen gerecht wird. Vielmehr wird diese Beziehung auf eine rein sachliche, leistungsbezogene Ebene reduziert, obwohl es weitgehend unbestritten ist, dass gerade der Aspekt „Vertrauen“ die Qualität der sozialen Ebene in einer Beziehung beschreibt.[15] Daher kommt dieser Größe in der dyadischen Beziehung zwischen der Internen Revision und den Anspruchsgruppen eine besondere Bedeutung zu. GUNDLACH/MURPHY stellen dazu fest: „The variable most universally accepted as a basis for any (…) interaction or exchange is trust.”[16] Dabei erbringt insbesondere die Unternehmensleitung als eine Anspruchsgruppe der Internen Revision durch die freiwillige Implementierung der Internen Revision eine gewisse Vertrauensvorleistung. Sie delegiert bestimmte

---

13 Vgl. u.a. *Henneberg* (2002), S. 62; *Peemöller* (2001), S. 1347.

14 Vgl. *Peemöller/Richter* (2000), S. 72. Ähnlich auch *Geis* (2010), S. 33; *Amling/Bantleon* (2007), S. 52.

15 Vgl. *Meifert* (2003), S. 60. Ähnlich auch *Bruhn* (2008), S. 57.

16 *Gundlach/Murphy* (1993), S. 41.

(Überwachungs-) Aufgaben an die Interne Revision zur selbstständigen Erledigung, für die sie jedoch weiterhin die Verantwortung trägt. Damit einhergehend begibt sie sich in eine Abhängigkeit von den Leistungen der Internen Revision, da sie kaum bereit sein wird, diese permanent und lückenlos zu kontrollieren. Darüber hinaus ist der Erfolg der Internen Revision kaum messbar und insofern zu einem gewissen Grad von Unsicherheit geprägt. Delegieren erfordert notwendigerweise ein Mindestmaß an Vertrauen in Form von Sich-darauf-verlassen-Können. Denn es muss erwartet werden können, dass die delegierten Aufgaben kompetent und mit bestem Wissen und Gewissen ausgeführt werden.[17] Vertrauen ist eine wichtige Voraussetzung für die Funktionsfähigkeit eines Unternehmens und stabilisiert Beziehungen und verringert Transaktionskosten. Die Anspruchsgruppen, hier beispielhaft anhand der Unternehmensleitung verdeutlicht, übernehmen in der Beziehung aufgrund ihrer Vertrauensvorleistung die Rolle eines Vertrauensgebers. Sie entwickeln positive Erwartungen an das zukünftige Verhalten und die zukünftigen Ergebnisse der Revisionsmitarbeiter.[18]

In dieser Arbeit wird die Interne Revision erstmalig aus der Perspektive der Anspruchsgruppen betrachtet und ein Ansatz zur Erklärung und Förderung der Akzeptanz der Internen Revision entwickelt. Das Ziel der Arbeit besteht darin, durch eine systematische Untersuchung der Einflussfaktoren Potenziale zur Akzeptanzsteigerung für die Interne Revision aufzuzeigen. Aus dieser Zielsetzung lassen sich zwei Forschungsfragen ableiten, die sich zudem hinsichtlich ihres wissenschaftstheoretischen Ansatzes unterscheiden.

Bisher existieren weder konzeptionelle noch empirische Erkenntnisse über den potenziellen Einfluss der Qualität der Internen Revision und des Vertrauens in die Interne Revision auf die Akzeptanz der Internen Revision bei den Anspruchsgruppen. Ebenso wenig liegen Erkenntnisse darüber vor, welche Indikatoren für die Beurteilung dieser Einflussfaktoren aus Sicht der Anspruchs-

[17] Vgl. *Meifert* (2003), S. 43.

[18] Vgl. *Petermann/Winkel* (2006), S. 78; *Ripperger* (2003), S. 45.

gruppen von Bedeutung sind. Daher soll in einem ersten Schritt ein Erklärungsansatz für die Kausalzusammenhänge (Wirkungsbeziehungen) entwickelt werden. Die erste Forschungsfrage lautet somit:

Forschungsfrage 1: Wie beeinflussen die Qualität der Internen Revision und das Vertrauen in die Interne Revision die Akzeptanz der Internen Revision aus Sicht der Anspruchsgruppen?

Aus wissenschaftstheoretischer Sicht werden in diesem Teil der Untersuchung gleichermaßen deskriptive (beschreibende), explikative (erklärende) und instrumentelle (gestaltungsorientierte) Aussagen angestrebt.[19] Während mit der Konzeptualisierung und Operationalisierung der Qualität und des Vertrauens deskriptive Aussagen beabsichtigt werden, sind die Aussagen zu den Wirkungsbeziehungen explikativer Natur, indem Kausalzusammenhänge identifiziert werden.[20] Durch Ableitung von Implikationen für die Revisionspraxis können ferner instrumentelle Aussagen getroffen werden. Die auf theoretischen Vorüberlegungen hergeleiteten Vermutungen werden empirisch überprüft, sodass der erste Teil der Untersuchung positivistisch orientiert ist.[21] Die Erkenntnisgewinnung erfolgt entsprechend dem theoretischen Pluralismus auf theoretisch-deduktiver Basis.[22]

Darauf aufbauend soll in einem zweiten Schritt das in der Revisionspraxis und der Wissenschaft formulierte Ziel der kontinuierlichen Verbesserung der Internen Revision aufgegriffen werden. Dabei ist es für die Interne Revision strategisch richtungsweisend, eine Erhöhung ihrer Effektivität und Effizienz zu erreichen, die sich in einer verbesserten Einschätzung der Akzeptanz widerspiegeln könnte. Dafür ist es erforderlich, die aus Sicht der Anspruchsgruppen

---

19 Vgl. *Homburg* (2000), S. 61.

20 Vgl. *Brosius/Koschel/Haas* (2009), S. 22; *Kornmeier* (2007), S. 28.

21 Vgl. *Schmitz* (2002), S. 5.

22 Vgl. hierzu *Feyerabend* (1965), S. 145–260, der für die Verwendung mehrerer verschiedener Theorien den Begriff des theoretischen Pluralismus geprägt hat.

wahrgenommenen Schwachstellen bei den potenziellen Einflussfaktoren zu identifizieren. In Verbindung mit den festgestellten Wirkungsbeziehungen können sie Ansatzpunkte für eine gezielte Effektivitäts- und Effizienzsteigerung der Internen Revision liefern. Die zweite Forschungsfrage lautet somit:

Forschungsfrage 2: Welche Ansatzpunkte können sowohl für eine Verbesserung der Qualität der Internen Revision als auch für eine Stärkung des Vertrauens in die Interne Revision vonseiten der Anspruchsgruppen identifiziert werden?

Dieser Teil der Untersuchung ist aus wissenschaftstheoretischer Sicht normativ orientiert.[23] Aus dem normativen Forschungsansatz können Sollaussagen über die Ausgestaltung der Internen Revision hinsichtlich der Qualität und des Vertrauens abgeleitet werden. Hierfür sind als Grundlage die Kausalzusammenhänge des positivistisch orientierten Ansatzes der ersten Forschungsfrage notwendig. Durch die Ermittlung von Abweichungen zwischen dem wahrgenommenen Istzustand und dem erwarteten Sollzustand aus Sicht der Anspruchsgruppen sollen Potenziale für die Leiter Interne Revision zur Verbesserung der Qualität und zur Stärkung des Vertrauens vonseiten der Anspruchsgruppen aufgezeigt werden. Demzufolge wird die Realisierung von Sollvorstellungen der Anspruchsgruppen überprüft und gleichzeitig eruiert, wie die Interne Revision ausgestaltet sein sollte, um eine effiziente und effektive Revisionsarbeit zu gewährleisten.[24]

Mit der Beantwortung der Forschungsfragen soll ein Beitrag zur Schließung der bestehenden Forschungslücken im Kontext der Internen Revision geleistet werden. Der Aufbau der vorliegenden Arbeit, der im folgenden Abschnitt erläutert wird, orientiert sich grundsätzlich an diesen beiden Forschungsfragen.

---

23 Vgl. *Fülbier* (2004), S. 267f.; *Chmielewicz* (1994), S. 14.

24 Vgl. *Ulrich/Hill* (1979), S. 179.

1.2 Gang der Untersuchung

Der Gang der Untersuchung erstreckt sich über sieben Kapitel. Abbildung 1 gibt einen Überblick.

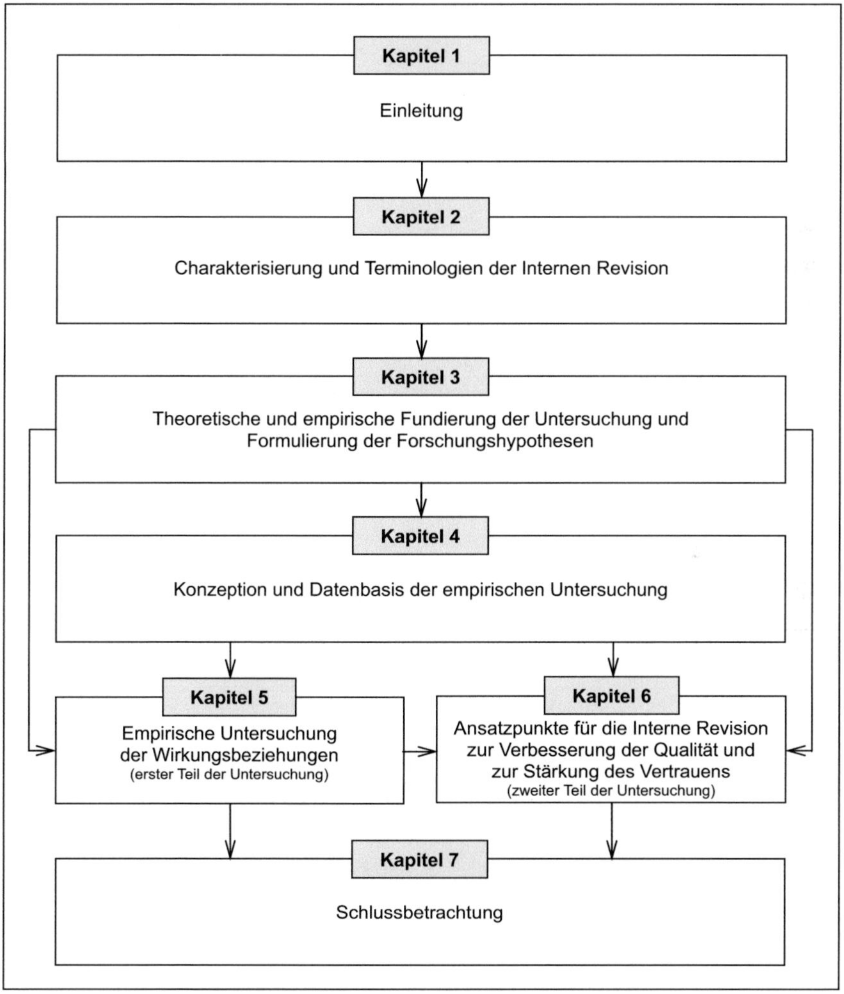

Abbildung 1: Gang der Untersuchung

Das **zweite Kapitel** ist der Charakterisierung des Erkenntnisgegenstands der Internen Revision und der Erarbeitung der terminologischen Grundlagen der Untersuchung gewidmet. Im ersten Abschnitt wird der Begriff „Interne Revision" definiert, um im folgenden zweiten Abschnitt gesetzliche und ökonomische Grundlagen für eine potenzielle Implementierung einer Internen Revision zu diskutieren. Die Vorstellung der Aufgaben und Tätigkeitsbereiche der Internen Revision ist Inhalt des dritten Abschnitts. Für die ordnungsgemäße Aufgabenerfüllung sind vom Berufsstand der Internen Revisoren Berufsgrundlagen entwickelt worden, die im internationalen Regelwerk der beruflichen Praxis zusammengefasst wurden. Im vierten Abschnitt werden der Aufbau und die zentralen Bestandteile des internationalen Regelwerks beschrieben. Da die Interne Revision im weiteren Verlauf der Untersuchung aus der Sicht der Anspruchsgruppen betrachtet wird, beschäftigt sich der fünfte Abschnitt mit der Identifizierung der relevanten Anspruchsgruppe. Abschließend werden im sechsten Abschnitt die Begriffe Qualität, Vertrauen und Akzeptanz im Kontext der Internen Revision konkretisiert.

Im **dritten Kapitel** steht die Formulierung der Forschungshypothesen zu den Kausalzusammenhängen im Vordergrund. Hierfür werden im ersten Abschnitt zunächst theoretische Bezugspunkte vorgestellt und ihr Erklärungsgehalt für die Arbeit dargelegt, mit denen der Zusammenhang zwischen den Einflussfaktoren und der Akzeptanz der Internen Revision theoretisch fundiert werden kann. Gleichfalls dienen einige Theorieansätze als theoretischer Bezugsrahmen für die im zweiten Teil der Untersuchung vorzunehmende Identifizierung von Ansatzpunkten zur Verbesserung der Qualität und zur Stärkung des Vertrauens. Zur weiteren Fundierung der theoretischen Überlegungen in Bezug auf die Kausalzusammenhänge werden im zweiten Abschnitt empirische Forschungsbeiträge präsentiert, in denen die Wirkungsbeziehungen bereits in anderem Kontext untersucht wurden. Im dritten Abschnitt werden, basierend auf den theoretischen Überlegungen und den empirischen Erkenntnissen, die Forschungshypothesen zu den Kausalzusammenhängen formuliert.

Im **vierten Kapitel** wird die empirische Untersuchung konzipiert und die Datenbasis festgelegt. Nach der Bestimmung der Grundgesamtheit im ersten Abschnitt dieses Kapitels erfolgt im zweiten Abschnitt die Auswahl einer geeigneten Methode zur Erhebung des empirischen Datenmaterials. Die Art der Erhebungsmethode bestimmt grundlegend die weitergehende Konkretisierung der Qualität der Internen Revision, des Vertrauens in die Interne Revision und der Akzeptanz der Internen Revision. Folglich wird die Konkretisierung der Konstrukte in Form ihrer Konzeptualisierung und Operationalisierung im dritten Abschnitt vorgenommen. Die Entwicklung und der Aufbau des Erhebungsinstruments sind wiederum von der vorgenommenen Operationalisierung der Konstrukte abhängig und erfolgen im vierten Abschnitt. Der fünfte Abschnitt ist der Darstellung und Beschreibung der Datenbasis gewidmet.

Nachdem die empirische Untersuchung konzipiert und die Datenbasis festgelegt wurde, untergliedert sich die empirische Untersuchung für die Beantwortung der beiden Forschungsfragen fortan in zwei Teile. Ziel des **fünften Kapitels** (erster Teil der Untersuchung) sind die Beantwortung der ersten Forschungsfrage und die Überprüfung der Forschungshypothesen zu den Wirkungsbeziehungen. Hierfür werden im ersten Abschnitt die methodischen Grundlagen für die weitere empirische Untersuchung vorgestellt und beschrieben. Anschließend sind die im Rahmen der Konzeptualisierung und Operationalisierung entwickelten Messmodelle der Qualität der Internen Revision, des Vertrauens in die Interne Revision und der Akzeptanz der Internen Revision hinsichtlich ihrer Güte zu beurteilen. Die empirische Validierung der Messmodelle erfolgt im zweiten Abschnitt. Die empirische Schätzung des Kausalmodells zu den Wirkungsbeziehungen ermöglicht die Evaluation der theoretisch hergeleiteten Forschungshypothesen. Der dritte Abschnitt befasst sich dementsprechend mit der Gütebeurteilung des entwickelten Kausalmodells und der Überprüfung der formulierten Forschungshypothesen. Im vierten Abschnitt werden die gewonnenen Erkenntnisse abschließend grafisch abgebildet.

Aufbauend auf diesen Erkenntnissen erfolgt im **sechsten Kapitel** (zweiter Teil der Untersuchung) die Beantwortung der zweiten Forschungsfrage, indem Ansatzpunkte für die Interne Revision zur Verbesserung der Qualität und zur Stärkung des Vertrauens vonseiten der Anspruchsgruppen im Hinblick auf die Förderung der Akzeptanz identifiziert werden. Aufgrund des normativ orientierten Forschungsansatzes ist im Vergleich zum ersten Teil der Untersuchung ein anderes methodisches Vorgehen erforderlich, dessen Grundlagen im ersten Abschnitt erläutert werden. Mithilfe deskriptiver Daten wird im zweiten Abschnitt die Beurteilung der Ausgestaltung der Internen Revision durch die identifizierte Anspruchsgruppe in Bezug auf die Qualität und das Vertrauen dargestellt. Die Ergebnisse liefern erste Hinweise auf Verbesserungspotenziale in der Internen Revision. Im letzten Abschnitt des Kapitels werden anhand der statistischen Überprüfung des Antwortverhaltens der Anspruchsgruppe konkrete Ansatzpunkte für die Interne Revision zur Verbesserung ihrer Qualität und zur Stärkung des ihr entgegengebrachten Vertrauens aufgedeckt.

Das abschließende **siebte Kapitel** bietet neben einer Zusammenfassung der zentralen Ergebnisse darüber hinaus Implikationen für die Revisionspraxis und die Wissenschaft.

2 Charakterisierung und Terminologien der Internen Revision

In diesem Kapitel wird der der Arbeit zugrunde liegende Erkenntnisgegenstand anhand zentraler Charakteristika beschrieben und die Terminologien der Internen Revision vorgestellt. Ausgehend von der Definition werden die Grundlagen für eine potenzielle Implementierung einer Internen Revision aus einer gesetzlichen und ökonomischen Perspektive diskutiert. Anschließend werden die Tätigkeitsbereiche der Internen Revision dargestellt und die für eine ordnungsgemäße Aufgabenerfüllung entwickelten berufsständischen Rahmenbedingungen in Form des internationalen Regelwerks der beruflichen Praxis erläutert. Die Identifizierung der für diese Arbeit relevanten Anspruchsgruppe ist für die weitergehenden Ausführungen bedeutsam und wird im fünften Abschnitt vorgenommen. Das Kapitel endet mit der Konkretisierung der zentralen Begriffe der zu untersuchenden Größen.

2.1 Definition

Die Interne Revision übernimmt die Funktion eines kritischen Gewissens im Unternehmen, die Strukturen und Tätigkeiten innerhalb eines Unternehmens prüft und beurteilt.[25] Aus der historischen Perspektive heraus ergab sich bislang für die Interne Revision eine reine Überwachungsaufgabe. Erst die Übernahme der Definition des Institute of Internal Auditors (IIA) durch das Deutsche Institut für Interne Revision e.V. (DIIR) im Jahr 2002 führte zu einem veränderten wertschöpfungsorientierteren Verständnis. Entsprechend dieser Definition erbringt die Interne Revision „unabhängige und objektive Prüfungs- und Beratungsdienstleistungen, welche darauf ausgerichtet sind, Mehrwerte zu schaffen und die Geschäftsprozesse zu verbessern. Sie unterstützt die Organisation bei der Erreichung ihrer Ziele, indem sie mit einem systemati-

---

[25] Vgl. *Lück* (2009), S. 19.

schen und zielgerichteten Ansatz die Effektivität des Risikomanagements, der Kontrollen und der Führungs- und Überwachungsprozesse bewertet und diese verbessern hilft."[26] Die Definition bestimmt die Rolle und die Aufgaben der Internen Revision und legt ihr Selbstverständnis fest. Dadurch kommt der Internen Revision nicht mehr nur eine reine Überwachungsaufgabe zu. Bedingt durch ein sich veränderndes Unternehmensumfeld und daraus resultierende Weiterentwicklungen der internationalen Berufsstandards werden nunmehr die Schaffung von Mehrwert und die Verbesserung von Geschäftsprozessen gefordert. Gleichzeitig fokussieren sich die Aufgabengebiete auf die Bereiche Risikomanagement, Kontrollen sowie Führungs- und Überwachungsprozesse, sodass sich die Interne Revision heute zu einem Führungs- und Überwachungsinstrument entwickelt hat.[27]

Des Weiteren wird die Unabhängigkeit der Internen Revision im Hinblick auf die geprüften Strukturen und Tätigkeiten sowie die Objektivität der Revisionsmitarbeiter gefordert. Die Unabhängigkeit wird durch die organisatorische Einbindung in die Unternehmenshierarchie sichergestellt. Der Leiter Interne Revision muss hierfür einer Ebene innerhalb des Unternehmens unterstellt sein, die eine sachgerechte Aufgabenerfüllung gewährleisten kann.[28] Die verantwortliche Person muss ausreichend Weisungsbefugnisse besitzen, sodass umfassende Prüfungen in allen Unternehmensbereichen und die Umsetzung von Empfehlungen erfolgen können.[29] Die Objektivität stellt dagegen Anforderungen an die persönliche Eignung der Revisionsmitarbeiter hinsichtlich ihrer Fähigkeit, die Prüfungsobjekte unparteiisch und unvoreingenommen zu beurteilen und zu bewerten. Die Revisionsmitarbeiter dürfen bei ihrer Arbeit

---

[26] *IIA Austria* (Hrsg.) (2009), S. 5.

[27] Vgl. *Bauer* (2010), S. 15; *Mertensкötter/Hübner/Köhler* (2010), S. 33; *Buderath* (2004), S. 676f.

[28] Vgl. *IIA Austria* (Hrsg.) (2009), S. 25.

[29] Vgl. *Bauer* (2010), S. 23; *Peemöller* (2004), S. 167.

keine Kompromisse eingehen und sich nicht von der Meinung anderer beeinflussen lassen.[30]

2.2 Grundlagen der Internen Revision

2.2.1 Gesetzliche Grundlagen

Das wirtschaftliche Umfeld für Unternehmen hat sich in den letzten Jahrzehnten nachhaltig verändert. Es ist eine zunehmende Globalisierung der Unternehmenstätigkeit erkennbar, die durch eine fortschreitende Integration der Produkt- und Dienstleistungsmärkte sowie eine Liberalisierung der Kapitalmärkte charakterisiert ist. Gleichzeitig ist die zunehmende Internationalisierung mit einer steigenden Komplexität von Unternehmensstrukturen verbunden.[31] Neben der leistungs- und marktbezogenen Expansion der unternehmerischen Aktivitäten kommt es auch durch die Veränderungen des normativen Umfelds zu Komplexitätssteigerungen. Damit nehmen die Anforderungen sowohl an die Steuerung des Leistungserstellungsprozesses als auch an Informations- und Corporate-Governance-Systeme erheblich zu. Aufgabe des Managements ist es, das Unternehmen in einem komplexen Umfeld zu steuern. Insbesondere die im Zuge zahlreicher Fälle von Missmanagement und Unternehmensschieflagen im In- und Ausland geführte Diskussion über eine gute und verantwortungsvolle Unternehmensführung hat zu steigenden Anforderungen an die Corporate Governance von Unternehmen geführt.[32]

In Deutschland mündete die Corporate-Governance-Diskussion im Jahr 1998 in die Verabschiedung des KonTraG.[33] Angestrebt waren u.a. Verbesserungen

---

30 Vgl. *IIA Austria* (Hrsg.) (2009), S. 25; *Ruud/Linsi* (1999), S. 1150.

31 Vgl. *Mertenskötter/Hübner/Köhler* (2010), S. 6.

32 Corporate Governance bezeichnet den rechtlichen und faktischen Ordnungsrahmen für die Leitung und Überwachung von Unternehmen. Vgl. dazu *Werder von* (2010), S. 13 Tz. 1.

33 Vgl. KonTraG (1998).

im Rahmen der Arbeit des Aufsichtsrats, die Erhöhung von Transparenz sowie die Verbesserung der Qualität der Abschlussprüfung.[34] Aus aktienrechtlicher Sicht wurden speziell die Themen „Kontrollsystem“ und „Risikomanagement“ hervorgehoben. In diesem Zusammenhang ist die Einrichtung unternehmensinterner Kontroll- und Überwachungsmaßnahmen entscheidend. Im Zuge der aktienrechtlichen Neuerungen wurde hinsichtlich unternehmensinterner Kontrollen § 91 Abs. 2 in das AktG eingefügt, wonach der Vorstand einer Aktiengesellschaft geeignete Maßnahmen zu ergreifen, insbesondere ein Überwachungssystem einzurichten, hat, damit den Fortbestand der Gesellschaft gefährdende Entwicklungen früh erkannt werden. § 91 Abs. 2 AktG ist hinsichtlich seiner Einordnung im Gesetz in ein Gesamtsystem von Organpflichten eingebettet und stellt eine explizit kodifizierte Leitungsaufgabe des Vorstands dar.[35] Was der Gesetzgeber konkret als geeignete Maßnahmen versteht, geht weder aus dem Gesetzestext noch aus der Gesetzesbegründung hervor. Die Auslegung hat sich vielmehr an den Erfahrungen eines ordentlichen und gewissenhaften Geschäftsleiters, d.h. an seinen Sorgfaltspflichten gemäß § 93 Abs. 1 Satz 1 AktG zu orientieren und kann nur im Einzelfall unter Berücksichtigung des unternehmerischen Ermessensspielraums des Vorstands entschieden werden.[36] Aus der Gesetzesbegründung wird jedoch deutlich, dass der Gesetzgeber zum einen die Organisationspflicht durch ein angemessenes Risikomanagementsystem und zum anderen die Überwachungspflicht durch eine angemessene Interne Revision ansprechen wollte.[37] Es sollten daher nicht im Detail konkretisierte Pflichten des Vorstands ergänzend eingeführt, sondern die bereits abstrakt im Gesetz angelegten Verantwortlichkeiten präzisiert und hervorgehoben werden.[38] Eine rechtliche Verpflichtung zur Implementierung einer Internen Revision kann daraus nicht abgeleitet werden. Die konkrete Ausgestaltung des Überwachungssystems und damit der Internen Revision

[34] Vgl. BT-Drucksache 13/9712, S. 1.

[35] Vgl. *Hüffer* (2010), § 91 Rz. 1; *Berwanger/Kullmann* (2008), S. 93.

[36] Vgl. *Krieger/Sailer* (2008b), § 91 Rz. 12; *Wellhöfer* (2008), § 4 Rz. 173.

[37] Vgl. BT-Drucksache 13/9712, S. 15. Siehe auch *Neubeck* (2003), S. 37.

[38] Vgl. *Krieger/Sailer* (2008b), § 91 Rz. 14.

liegt im Leitungsermessen des Vorstands. Eine Verletzung seiner Sorgfaltspflichten, zu denen die Organisations- und Überwachungspflicht zählen, kann zu einer Schadensersatzpflicht des Vorstands gegenüber der Gesellschaft nach § 93 Abs. 2 AktG führen. Als Bestandteil des Internen Kontrollsystems stellt die Interne Revision innerhalb eines implementierten Überwachungssystems – neben den organisatorischen Sicherungsmaßnahmen und Kontrollen als prozessintegrierte Maßnahmen – eine prozessunabhängige Überwachungsmaßnahme dar, die von Personen durchgeführt wird, die nicht in den operativen Arbeitsablauf integriert sind und keine Prozessverantwortung innehaben.[39] Durch die Einrichtung eines Überwachungssystems kann der Vorstand seiner aus den Sorgfaltspflichten ableitbaren und ihm originär zustehenden Aufgabe der Überwachung der Unternehmensabläufe gerecht werden.[40]

Obwohl die Änderungen durch das KonTraG auf das Aktienrecht bezogen sind, kann von einer Ausstrahlungswirkung auf die Pflichten der Geschäftsführer anderer Rechtsformen ausgegangen werden.[41] Entsprechend der Regelung in § 93 Abs. 1 Satz 1 AktG haben Geschäftsführer einer GmbH gemäß § 43 Abs. 1 GmbHG die Sorgfalt eines ordentlichen Geschäftsmanns anzuwenden. Die Änderungen durch das KonTraG gelten somit sinngemäß für Geschäftsführer einer GmbH.[42]

Des Weiteren ergeben sich aus den Entwicklungen durch das BilMoG Schnittstellen zur Internen Revision. Das BilMoG führt zu einer umfassenden Deregulierung der handelsrechtlichen Buchführungs- und Bilanzierungspflichten und stärkt die Informationsfunktion handelsrechtlicher Jahres- und Konzernabschlüsse.[43] Die zentralen Änderungen betrafen vornehmlich Bilanzierungs-

---

[39] Vgl. IDW PS 261 Tz. 20; *Lück/Henke* (2004), S. 9.

[40] Vgl. *Lück* (1997), S. 424.

[41] Vgl. BT-Drucksache 13/9712, S. 15.

[42] Vgl. *Scharpf* (1997), S. 737.

[43] Vgl. BT-Drucksache 16/12407, S. 1.

und Bewertungsvorschriften. In Bezug auf die Interne Revision haben sich konkret zwei Änderungen ergeben.

Für die Unternehmensleitung kapitalmarktorientierter Unternehmen sind weitergehende Offenlegungspflichten im Lagebericht in § 289 Abs. 5 HGB kodifiziert worden. Danach sind die wesentlichen Merkmale des Internen Kontrollsystems und des Risikomanagementsystems im Hinblick auf den Rechnungslegungsprozess zu beschreiben, wobei die Interne Revision, soweit sie auf die Rechnungslegung ausgerichtet ist, explizit als Bestandteil des Internen Kontrollsystems hervorgehoben wird.[44] Gegenstand dieser Vorschrift ist die Beschreibung von rechnungslegungsbezogenen Organisations- sowie Kontroll- und Überwachungsstrukturen des berichtenden Unternehmens, sodass sich Abschlussadressaten ein Bild von dem bestehenden Internen Kontrollsystem und Risikomanagementsystem machen können.[45] Die Beschreibung kann sich auf Strukturen und Prozesse der Systeme beschränken, sollte jedoch Angaben zur Art und zum Umfang der laufenden Überwachung beinhalten.[46] Das Gesetz konkretisiert weder die Einrichtung noch die inhaltliche Ausgestaltung der Systeme und überlässt es der Unternehmensleitung im Rahmen ihres Leitungsermessens, ein System nach den vorhandenen Bedürfnissen des Unternehmens unter Berücksichtigung der Strategie und des Geschäftsvolumens sowie unter Abwägung des Kosten-Nutzen-Kalküls einzurichten.[47] Eine unzureichende oder fehlende Implementierung notwendiger Systeme kann wiederum das Risiko von Sorgfaltspflichtverletzungen bergen.[48] Außerdem steigt die Erwartungshaltung der Abschlussadressaten an die Einrichtung und die Funktionsfähigkeit dieser Systeme. Durch die Einordnung der Vorschrift innerhalb

---

[44] Vgl. BT-Drucksache 16/10067, S. 77.

[45] Vgl. *Melcher/Mattheus* (2009), S. 78.

[46] Vgl. *Withus* (2009), S. 450.

[47] Vgl. BT-Drucksache 16/10067, S. 76; *Zwirner/Boecker* (2008), S. 2783.

[48] Vgl. BT-Drucksache 16/10067, S. 76; *Withus* (2009), S. 441. Dies ergibt sich im Ergebnis auch aus dem BGH-Urteil vom 01.12.2008 – II ZR 102/07, in dem die Verantwortlichkeit der Organmitglieder für die Einrichtung von notwendigen Informationssystemen über Risiken als Teil der Sorgfaltsanforderungen dargestellt werden. Vgl. BGH (2008).

der Norm zur Lageberichterstattung wird deutlich, dass der Gesetzgeber der internen Corporate Governance von Unternehmen eine hohe Bedeutung beimisst und diese für die Abschlussadressaten transparenter gestalten wollte.[49]

Zudem werden durch die Neufassung von § 107 Abs. 3 AktG die Aufgabenbereiche für einen Prüfungsausschuss konkretisiert, die in der Überwachung der Wirksamkeit des Internen Kontrollsystems, des Risikomanagementsystems und des internen Revisionssystems bestehen. Sofern kein Prüfungsausschuss eingerichtet wird, obliegen diese Aufgaben dem Gesamtaufsichtsrat.[50] Das BilMoG betont erstmalig und explizit die Rolle der Internen Revision als anerkanntes Instrument des Vorstands zur Unternehmensführung und -überwachung, das nunmehr vom Aufsichtsorgan zu überwachen ist. Die Überwachungspflichten des Prüfungsausschusses werden damit erheblich erweitert. Hinsichtlich der Internen Revision sollen die Angemessenheit der Ressourcen, die Prüfungsplanung sowie die Prüfungsergebnisse beurteilt und der Prüfungsausschuss über das Arbeitsprogramm der Internen Revision im Vorfeld unterrichtet werden.[51] Damit wird zunehmend die Verantwortung in Bezug auf die Überwachung unternehmensinterner Kontrollstrukturen auf den Prüfungsausschuss übertragen, der sich zukünftig verstärkt die Arbeit der Internen Revision zunutze machen wird.[52] Im Rahmen seiner eigenen Überwachungstätigkeit kann sich der Prüfungsausschuss allerdings nur dann auf die Ergebnisse der Internen Revision stützen, wenn diese wirksam ist.[53] Eine Verpflichtung zur Implementierung eines Internen Kontrollsystems, eines Risikomanagementsystems oder einer Internen Revision ist nach § 107 Abs. 3 AktG nicht vorgesehen. Die Zuständigkeit zur Einrichtung der Systeme oder der Internen

---

49 Vgl. *Mertenskötter/Hübner/Köhler* (2010), S. 16.

50 Vgl. *Lanfermann/Röhricht* (2009), S. 888. Kapitalmarktorientierte Gesellschaften im Sinne des § 264d HGB, die über keinen dem Aktienrecht entsprechenden Aufsichtsrat verfügen, sind gemäß § 324 Abs. 1 Satz 1 HGB zur Einrichtung eines Prüfungsausschusses verpflichtet.

51 Vgl. *Nonnenmacher/Pohle/Werder von* (2009), S. 1451.

52 Vgl. *Bauer* (2010), S. 21.

53 Vgl. *Lanfermann/Röhricht* (2009), S. 890.

Revision wie auch die unternehmensindividuelle Ausgestaltung liegen weiterhin im Ermessen des Vorstands.[54] Ferner ist auch eine direkte Weisungsbefugnis des Aufsichtsrats bzw. Prüfungsausschusses an die Interne Revision, um sie für seine eigenen Überwachungstätigkeiten zu nutzen, im Hinblick auf die Gefährdung der Unabhängigkeit der Internen Revision ausgeschlossen.[55] Es kann aber vermutet werden, dass die Interne Revision durch die Neufassung von § 107 Abs. 3 AktG insgesamt eine Aufwertung und Professionalisierung erfahren wird.[56]

Eine gesetzliche Verpflichtung zur Implementierung einer Internen Revision ist hingegen für Unternehmen in bestimmten Branchen im Rahmen ihrer organisatorischen Pflichten vorgesehen. Unternehmen, die dem Gesetz über das Kreditwesen (KWG) unterliegen, haben gemäß § 25a Abs. 1 Nr. 1 KWG interne Kontrollverfahren einzurichten. Diese umfassen neben der Einrichtung eines Internen Kontrollsystems auch die Implementierung einer Internen Revision. Die notwendige Konkretisierung für die Interne Revision ergibt sich aus den Regelungen der Mindestanforderungen an das Risikomanagement – MARisk.[57] Sie stellen die einzige Veröffentlichung einer deutschen staatlichen Institution zur Ausgestaltung der Internen Revision dar, die weitgehend mit dem internationalen Regelwerk des Berufsstands übereinstimmen.[58]

Neben den erläuterten gesetzlichen deutschen Normen ergeben sich darüber hinaus Auswirkungen auf deutsche Unternehmen durch US-amerikanische Bundesgesetze wie dem Sarbanes-Oxley Act (SOX).[59] Der SOX ist für Unternehmen und deren in- und ausländische Tochterunternehmen von Bedeutung, die bei der Securities and Exchange Commission (SEC) registriert sind.[60] Da-

[54] Vgl. BT-Drucksache 16/10067, S. 102.
[55] Vgl. *Lanfermann/Röhricht* (2009), S. 890.
[56] Vgl. *Bauer* (2010), S. 21.
[57] Vgl. *BaFin* (Hrsg.) (2009).
[58] Vgl. dazu und zu einzelnen Regelungen der MaRisk mit Bezug zur Internen Revision *Amling/Bantleon* (2007), S. 90–101.
[59] Vgl. SOX (2002).
[60] Vgl. *Amling/Bantleon* (2007), S. 101f.

raus resultieren für deutsche Vorstände weitere Pflichten und Verantwortungsbereiche, die insbesondere aus Section 302 und Section 404 hervorgehen.

Section 302 regelt die Verantwortlichkeiten für die Finanzberichterstattung. Für die Sicherstellung einer Finanzberichterstattung, die ein den tatsächlichen Verhältnissen entsprechendes Bild vermittelt, wird die Einrichtung, Ausgestaltung und Bewertung von Kontrollmechanismen gefordert. Die Verantwortlichkeit obliegt dem Vorstandsvorsitzenden und dem Finanzvorstand, die die Wirksamkeit der Kontrollmechanismen an Eides statt schriftlich bestätigen und materielle Schwächen und signifikante Mängel offenzulegen haben.[61]

Daneben wird nach Section 404 die Einrichtung eines Internen Kontrollsystems verlangt, über dessen Dokumentation, Bewertung und Wirksamkeit in einem jährlichen Internal Control Report zu berichten ist. Dieser beschränkt sich nicht nur auf die Finanzberichterstattung, sondern erstreckt sich auf sämtliche Unternehmensfunktionen.[62] Die Verantwortung für die Berichterstattung obliegt dem Gesamtvorstand. Trotz dieser Anforderungen, die sich für deutsche Vorstände ergeben, kann eine Verpflichtung zur Implementierung einer Internen Revision auch aus dem SOX nicht abgeleitet werden.

Aus der Darstellung der gesetzlichen Grundlagen wird deutlich, dass – mit Ausnahme der Finanzdienstleister – für eine generelle Verpflichtung zur Implementierung einer Internen Revision keine gesetzliche Grundlage existiert. Die Notwendigkeit zur Einrichtung ergibt sich indirekt über die Sorgfaltspflichten und Leitungsaufgaben eines Vorstands bzw. eines Geschäftsführers. Aufgrund seines Ermessensspielraums kann die Delegation der Überwachungsaufgaben und folglich die mögliche Ausgestaltung der Internen Revision für jedes Unternehmen unterschiedlich sein. Die Bandbreite kann sich ausgehend von einem vollständigen Verzicht auf eine Interne Revision über die Wahrnehmung der Revisionsfunktion innerhalb einer anderen organisatori-

---

[61] Vgl. *Mertenskötter/Hübner/Köhler* (2010), S. 17.

[62] Vgl. *Buderath* (2004), S. 680.

schen Einheit, die auch andere Funktionen (z.B. Controlling) ausübt, bis hin zu einer eigenständigen organisatorischen Einheit als Interne Revision erstrecken.

2.2.2 Ökonomische Grundlagen

Neben der Darstellung der gesetzlichen Grundlagen kann sich darüber hinaus die potenzielle Notwendigkeit zur Implementierung einer Internen Revision aus einer ökonomischen Perspektive ergeben. Danach hat die Unternehmensleitung Maßnahmen und Entscheidungen zu treffen, um die Unternehmensziele erfüllen zu können. Die Zielbildung und -konkretisierung stellt die Basis für die Führung des Unternehmens dar und dient als Maßstab, an dem unternehmerisches Handeln gemessen wird.[63] Im Sinne des Stakeholder-Value-Ansatzes verfolgt das Unternehmen nicht ausschließlich ein Ziel, sondern hat die zum Teil divergierenden Erwartungen mehrerer Interessengruppen in einem umfassenden Zielsystem zu berücksichtigen. Zum Wohle der Gesellschaft und zur Erreichung der Ziele hat die Unternehmensleitung Maßnahmen und Entscheidungen auf der Basis angemessener Informationen zu treffen. Diese Tatsache gewinnt vor dem Hintergrund der Exkulpationsmöglichkeit der Business Judgment Rule gemäß § 93 Abs. 1 Satz 2 AktG gerade für Vorstände von Aktiengesellschaften an Bedeutung. Dafür ist eine hinreichende und nachvollziehbare Dokumentation der Entscheidungsprozesse erforderlich.[64] Insbesondere in der Phase der Entscheidungsvorbereitung, in der entscheidungsrelevante Informationen eingeholt und aufbereitet werden, kann die Interne Revision eine zentrale Rolle einnehmen. Sie ist ein wichtiges Instrument zur Beratung des Vorstands bei der Analyse der Entscheidungsgrundlagen hinsichtlich ihrer Richtigkeit und Vollständigkeit.[65] Zudem verarbeitet die Interne Revision im Rahmen ihrer Prüfungstätigkeiten eine Vielzahl von Informationen und kann

63 Vgl. *Wöhe/Döring* (2010), S. 88.

64 Vgl. *Mertenskötter/Hübner/Köhler* (2010), S. 19; *Keunecke* (2006), S. 108.

65 Vgl. *AKEIÜ* (2006b), S. 2195. So auch *Bantleon/Siebert* (2007), S. 244.

dadurch sowohl die Konformität einzelner Entscheidungen mit der Business Judgment Rule prüfen als auch im Vorfeld auf mögliche Problemfelder mit unzureichenden Informationen und Dokumentationen hinweisen und den Vorstand dafür sensibilisieren.[66] Ein Vorstand kann die Interne Revision insofern gezielt für seine Haftungsbegrenzung einsetzen.

Ferner hat die Unternehmensleitung die strategisch entwickelten Ziele zu priorisieren und zu operationalisieren. Bedingt durch die zunehmende Komplexität der Unternehmen ist es für die Umsetzung erforderlich, die Entscheidungsgewalt aufzuteilen und Aufgaben auf nachgelagerte Ebenen im Unternehmen zu delegieren. Zu diesem Zweck sind aus dem übergeordneten Zielsystem einzelne Unterziele abzuleiten. Die übergeordnete Zielerreichung des gesamten Unternehmens ist dann sichergestellt, wenn die Unternehmensbeteiligten auf ein einheitliches Ziel ausgerichtet sind.[67] Dabei ist der Umsetzungsprozess kontinuierlich zu überwachen, um Abweichungen von den Zielvorgaben zeitnah zu erkennen. Die Überwachung der Strategieumsetzung wird allerdings mit zunehmender Unternehmensgröße, steigender Komplexität und wachsender Anzahl an operativen Ebenen schwieriger, sodass die Unternehmensleitung nicht in der Lage ist, die Überwachungsaufgabe alleine bewältigen zu können. Sie sieht sich vielmehr einem zunehmenden Kontrollverlust im Unternehmen gegenüber.[68] Der Kontrollverlust ist zum einen auf die schwierigere direkte Beobachtbarkeit der einzelnen Mitarbeiter durch die Unternehmensleitung und zum anderen auf das Risiko verzerrter Informationsvermittlung zurückzuführen. Bei einer großen Anzahl an operativen Ebenen können Fehlinformationen, Fehlinterpretationen von Informationen oder Informationsmanipulationen auftreten, da mehr Verantwortliche an der Weiterleitung der Informationen beteiligt sind, lange Berichtswege entstehen und Informationen von vielen Perso-

---

[66] Vgl. *Bantleon/Siebert* (2007), S. 250.

[67] Vgl. *Bauer* (2010), S. 19.

[68] Vgl. *Abdel-Khalik* (1993), S. 35; *Williamson* (1967), S. 126. So auch *Carey/Simnett/Tanewski* (2000), S. 41.

nen gefiltert werden.[69] Die Einrichtung einer Internen Revision kann in diesen Situationen durch die an sie delegierten prozessunabhängigen Überwachungsmaßnahmen das Ausmaß des Kontrollverlusts mindern und bei der Steuerung der Erreichung von Unternehmenszielen unterstützend wirken.[70]

Schließlich kann die Interne Revision durch ihr breites Tätigkeitsspektrum zur Erreichung der Unternehmensziele beitragen. Insbesondere die Prüfungsdienstleistungen stellen ein unverzichtbares Führungsinstrument dar, mit denen die Unternehmensleitung ihrer Überwachungspflicht gerecht werden kann.[71] Die Prüfungen der Internen Revision umfassen die Feststellung von Abweichungen zwischen betriebsintern definierten Sollvorschriften und tatsächlichen Istzuständen. Mithilfe einer kontinuierlichen Prüfung können frühzeitig Ineffizienzen in den unternehmensinternen Strukturen und Geschäftsprozessen identifiziert und analysiert werden. Weiterhin besteht die Möglichkeit, im Rahmen der Prüfung des Risikomanagementsystems bei der Identifizierung und Reduzierung von entwicklungsbeeinträchtigenden Tatsachen und Risiken unterstützend tätig zu werden.[72] Möglichen Fehlentwicklungen und neuen Risikopotenzialen kann damit rechtzeitig entgegengewirkt werden.[73] Außerdem sorgt die Interne Revision für einen ordnungsgemäßen Ablauf von Prozessen und stellt die Funktionsfähigkeit sowie die Wirtschaftlichkeit des Internen Kontrollsystems sicher. Die profunden und umfassenden Unternehmenskenntnisse der Revisionsmitarbeiter ermöglichen ihnen eine unabhängige Bewertung von Kontrollen und Prozessen, sodass sie als Best-Practice-Multiplikatoren bei der Erarbeitung weiterer prozessintegrierter Kontroll- und prozessunabhängiger Überwachungsmaßnahmen beratend tätig werden können.

---

[69] Vgl. *Sarens/Abdolmohammadi* (2007), S. 6.
[70] Vgl. *Sarens/Beelde De* (2006), S. 236.
[71] Vgl. *Peemöller/Richter* (2000), S. 27.
[72] Vgl. *Bauer* (2010), S. 43.
[73] Vgl. *Berwanger/Kullmann* (2008), S. 66.

Aus der ökonomischen Perspektive kann festgestellt werden, dass sich eine Notwendigkeit zur Implementierung einer Internen Revision insbesondere für die Unternehmensleitung ergibt. Um ihrer Verpflichtung zur Überwachung von betrieblichen Maßnahmen und Entscheidungen sowie der Unternehmenszielerreichung nachkommen zu können, delegiert sie die ihr originär zustehenden Überwachungsaufgaben an die Interne Revision. Diese Delegation resultiert aus dem zunehmenden Kontrollverlust, dem sich die Unternehmensleitung gegenübersieht. In diesem Sinne stellt die Interne Revision ein Überwachungsinstrument der Unternehmensleitung dar. Gleichwohl trägt die Interne Revision durch die Prüfungs- und Beratungsdienstleistungen sowohl zu einer möglichen Haftungsbegrenzung der Unternehmensleitung als auch zur Unternehmenszielerreichung bei. Insofern kann die Interne Revision aus ökonomischer Sicht ein sinnvolles Führungsinstrument der Unternehmensleitung darstellen.[74]

2.3 Aufgaben

Ausgehend von den betrieblichen Zielsetzungen erbringt die Interne Revision Prüfungs- und Beratungsdienstleistungen im Unternehmen. Prüfungsdienstleistungen umfassen die objektive Beurteilung von Prüfnachweisen durch die Revisionsmitarbeiter mit dem Ziel einer unabhängigen Bewertung der Unternehmensführung, des Risikomanagements und der Kontrollprozesse des Unternehmens.[75] Sie sind dadurch gekennzeichnet, dass durch einen Soll-Ist-Vergleich Abweichungen ermittelt und analysiert werden. Dagegen sind Beratungsdienstleistungen Verhaltens- und Verfahrensempfehlungen, die auf Basis fundierter Fachkenntnisse und praktischer Erfahrungen erbracht werden und der Wertschöpfung sowie der Verbesserung der Führung und Überwachung, des Risikomanagements und der Kontroll- und Steuerungsprozesse des Unter-

---

74 So auch *Bauer* (2010), S. 19; *Buderath* (2004), S. 677; *Weilbach* (1995), S. 1039.

75 Vgl. *IIA Austria* (Hrsg.) (2009), S. 51.

nehmens dienen sollen.[76] Im Gegensatz zur Prüfung ist bei der Beratung zunächst ein Sollzustand zu definieren oder aus betriebswirtschaftlichen Erkenntnissen zu erarbeiten.[77] Die Prüfungs- und Beratungsdienstleistungen der Internen Revision weisen darüber hinaus die typischen Charakteristika von Dienstleistungen auf, sodass die Interne Revision innerbetrieblich als interner Dienstleistungsanbieter betrachtet werden kann.[78]

Trotz des starken Wandels der Internen Revision und dem veränderten Verständnis von Interner Revision in den vergangenen Jahren besteht die Haupttätigkeit weiterhin in der Durchführung von Prüfungsdienstleistungen.[79] Während die traditionellen Prüfungsinhalte auf das Financial Auditing, Operational Auditing und Management Auditing ausgerichtet waren, liegt nunmehr der Schwerpunkt der Prüfungstätigkeit auf der Bewertung und Verbesserung des Risikomanagements, der Kontrollen sowie der Führungs- und Überwachungsprozesse im Unternehmen, um Mehrwert zu schaffen und betriebliche Abläufe zu verbessern.[80]

Unter Risikomanagement wird ein Prozess zur Identifizierung, Beurteilung, Steuerung und Kontrolle möglicher Ereignisse oder Situationen mit dem Ziel verstanden, eine angemessene Sicherheit in Bezug auf das Erreichen der Unternehmensziele zu gewährleisten.[81] Im Rahmen der Prüfungstätigkeiten wird die Funktionsfähigkeit der Risikomanagementprozesse beurteilt und es wird zu deren Verbesserung beigetragen.[82] Den Ausgangspunkt stellt die von der

---

[76] Vgl. *IIA Austria* (Hrsg.) (2009), S. 53; *Hofmann* (2005), S. 195; *Schwager* (2003), S. 244.

[77] Vgl. *Bauer* (2010), S. 27.

[78] Vgl. *Langer/Herzig/Pedell* (2009), S. 106; *Berwanger/Kullmann* (2008), S. 156; *Steffelbauer-Meuche* (2004), S. 12; *Linsi* (2003), S. 104.

[79] Vgl. *Hahn* (2008), S. 82.

[80] Vgl. *IIA Austria* (Hrsg.) (2009), S. 38; *Peemöller* (2008), S. 8. Vgl. ausführlich zu den traditionellen Prüfungsinhalten *DIIR* (Hrsg.) (2005), S. 62–66; *Hofmann* (2005), S. 189–193.

[81] Vgl. *IIA Austria* (Hrsg.) (2009), S. 58.

[82] Vgl. *IIA Austria* (Hrsg.) (2009), S. 39.

Unternehmensleitung festgelegte Risikostrategie dar.[83] Konkret haben die Revisionsmitarbeiter zunächst die Existenz eines dokumentierten Risikomanagements und dessen Angemessenheit zu prüfen. Darüber hinaus beurteilen sie, ob die tatsächlichen Abläufe dem definierten Sollzustand entsprechen und das Risikomanagement umfassend und kontinuierlich durchgeführt wird. Bei identifizierten Mängeln und Schwachstellen wird überprüft, ob festgelegte Maßnahmen tatsächlich umgesetzt werden.[84]

Eine weitere Aufgabe besteht darin, die Organisation bei der Aufrechterhaltung wirksamer Kontrollen zu unterstützen, indem die Effektivität und Effizienz bewertet und kontinuierliche Verbesserungen gefördert werden.[85] Kontrollen sind Maßnahmen der Unternehmensleitung oder anderer Stellen, die dazu dienen, Risiken zu steuern und die Wahrscheinlichkeit der Zielerreichung zu erhöhen.[86] Durch eine Angemessenheitsprüfung wird festgestellt, ob die Kontrollen eine wirtschaftliche Realisierung der Unternehmensziele gewährleisten. Zudem wird geprüft, ob die implementierten Kontrollen tatsächlich durchgeführt werden und ihren festgelegten Kontrollzweck erfüllen.[87]

Der dritte Aufgabenbereich umfasst die Prüfung der Führungs- und Überwachungsprozesse. Diese stellen die Gesamtheit der Abläufe und Strukturen dar, die von der Unternehmensleitung eingeführt wurden, um die zur Unternehmenszielerreichung erforderlichen Aktivitäten zu leiten, zu betreiben und zu überwachen.[88] Die Revisionsmitarbeiter haben diese Prozesse zu bewerten und zu deren Verbesserung beizutragen. Hierbei werden folgende Zielsetzungen verfolgt:[89]

---

83 Vgl. *Peemöller* (2008), S. 10.

84 Vgl. *DIIR* (Hrsg.) (2001b), S. 153. Siehe auch *Berwanger/Kullmann* (2008), S. 63; *Schroff* (2006), S. 87.

85 Vgl. *IIA Austria* (Hrsg.) (2009), S. 40f.

86 Vgl. *IIA Austria* (Hrsg.) (2009), S. 53.

87 Vgl. *Bauer* (2010), S. 31; *Peemöller* (2008), S. 10.

88 Vgl. *IIA Austria* (Hrsg.) (2009), S. 55.

89 Vgl. *IIA Austria* (Hrsg.) (2009), S. 38.

- Förderung ethisch angemessener Normen und Werte,
- Sicherstellung der Leistungsmessung und -steuerung sowie klarer Verantwortlichkeiten,
- Kommunikation von Risiko- und Kontrollinformationen an die zuständigen Funktionen,
- Koordination der Arbeit und Berichterstattung zwischen Unternehmensleitung, Aufsichtsorgan, internen und externen Prüfern sowie operativem Management.

Im Gegensatz zu den beiden anderen Aufgabenbereichen erfolgt für die Prüfung der Führungs- und Überwachungsprozesse keine weitergehende Konkretisierung durch die internationalen Berufsstandards. Einen wichtigen Aspekt bilden die Unternehmenskultur und die ethische Grundhaltung innerhalb des Unternehmens. Durch sie werden sowohl die Ziele als auch die Werte und das Verhalten der am Unternehmen beteiligten Personen maßgeblich beeinflusst. Die Revisionsmitarbeiter übernehmen bei der Etablierung einer Unternehmenskultur eine aktive Rolle, indem sie die Unternehmensleitung, das Management und die Mitarbeiter auf vorhandene Normen und Verhaltensrichtlinien aufmerksam machen und zu deren Beachtung beitragen.[90] Sie können somit einen Beitrag zur Struktur und Überwachung der Unternehmensorganisation leisten.[91]

Neben der Durchführung der erläuterten Prüfungsdienstleistungen besteht eine weitere Aufgabe in der Durchführung von Beratungsdienstleistungen. Diese werden üblicherweise in prüfungsnahe und prüfungsunabhängige Beratungen unterschieden.[92] Prüfungsnahe Beratungen bauen auf zuvor durchgeführten Prüfungen auf und bilden einen unverzichtbaren Bestandteil der Prüfungstätigkeit. Ausgehend von den in der Prüfung gewonnenen Erkenntnissen über Soll-Ist-Abweichungen werden hier den geprüften Einheiten Hinweise zur Be-

---

[90] Vgl. *Mertenskötter/Hübner/Köhler* (2010), S. 35.

[91] Vgl. *Ruud/Bodenmann* (2001), S. 528.

[92] Vgl. *DIIR* (Hrsg.) (2005), S. 71f.; *Hunecke* (2004), S. 28f.

seitigung von identifizierten Schwachstellen und Fehlerquellen gegeben und gemeinsam mit ihnen Verbesserungsvorschläge erarbeitet.

Werden Beratungsdienstleistungen losgelöst von einzelnen Prüfungen der Internen Revision erbracht, wird von prüfungsunabhängigen Beratungen gesprochen. Die Empfehlungen und Verbesserungsvorschläge zielen nicht zwangsläufig auf die Erreichung eines festgelegten Sollzustands ab. Die Revisionsmitarbeiter entwickeln vielmehr durch ihre umfassenden Einblicke in alle Unternehmensbereiche eigene Sollvorgaben und können aufgrund der erlangten Kenntnisse die Planung, Konzeption und Einführung neuer Systeme oder Prozesse sowie deren Integration in bestehende Strukturen beratend unterstützen.[93]

Die Erbringung von Beratungsdienstleistungen durch die Interne Revision ist in der Literatur allerdings nicht unumstritten. Kritisch wird die Beratung insbesondere in Bezug auf eine mögliche Gefährdung der Unabhängigkeit der Internen Revision gesehen. Gleichzeitig wird kritisiert, dass die bei einer Beratung vorgeschlagenen Verbesserungsmaßnahmen und Empfehlungen später selbst zum Prüfungsgegenstand werden und somit eine Beeinträchtigung der Neutralität der Internen Revision besteht. Dennoch können durch die Kombination von Prüfungs- und Beratungsdienstleistungen Synergieeffekte generiert und es kann ein zusätzlicher Beitrag zur Unternehmenszielerreichung geleistet werden.[94] Mit der Fokussierung auf die reine Prüfungstätigkeit wird die Schaffung von Mehrwert für das Unternehmen kaum darstellbar sein.[95]

---

93 Vgl. *Hunecke* (2004), S. 30; *Peemöller* (2004), S. 161.

94 Vgl. *DIIR* (Hrsg.) (2005), S. 72f.

95 Vgl. *Bauer* (2010), S. 28. Sofern sich die weiteren Ausführungen sowohl auf den prüferischen als auch auf den beratenden Charakter der Revisionstätigkeiten beziehen, wird der Begriff „Auftrag“ verwendet.

2.4 Internationales Regelwerk der beruflichen Praxis

Angesichts der zunehmenden Herausforderungen an die Interne Revision, deren Mitarbeiter unter verschiedenen Rahmenbedingungen in Unternehmen tätig sind, und des gestiegenen Professionalisierungsanspruchs nach hochwertigen und anerkannten Revisionsleistungen ist ein konsistentes internationales Regelwerk für die ordnungsgemäße Aufgabenerfüllung der Internen Revision unabdingbar. Zu diesem Zweck hat das IIA das internationale Regelwerk der beruflichen Praxis, das vom DIIR als Mitglied des IIA übernommen wurde, herausgegeben. Es stellt die Berufsgrundlagen für die Arbeit der Internen Revision dar. Abbildung 2 zeigt das internationale Regelwerk der beruflichen Praxis der Internen Revision im Überblick.

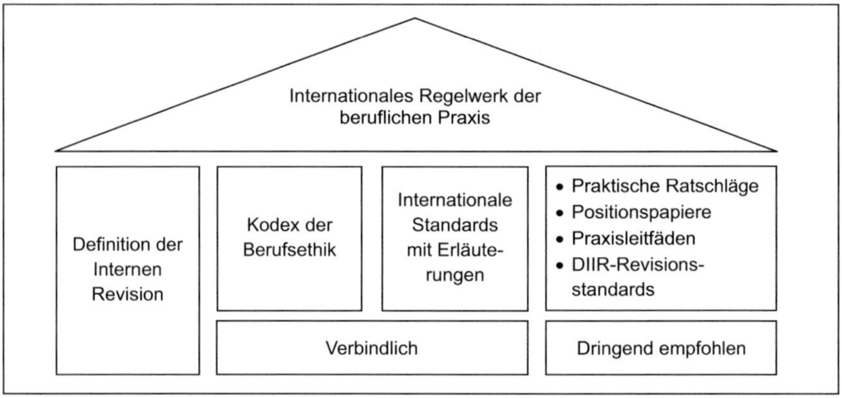

Abbildung 2: Internationales Regelwerk der beruflichen Praxis der Internen Revision
(Quelle: In Anlehnung an *Bantleon/Unmuth* (2008), S. 106)

Das Regelwerk wurde im Jahr 2008 vom IIA grundlegend mit dem Ziel überarbeitet, die Transparenz und Konsistenz der Regelungen zu erhöhen. Das Internal Audit Standards Board ist mit seiner Erstellung, Überprüfung und Weiterentwicklung beauftragt und veröffentlicht Exposure Drafts, die durch die Öffentlichkeit und Interessenvertretungen kommentiert werden können.[96] Dabei durchlaufen alle Bestandteile einen formalen Prozess, der durch das Internal Audit Standards Oversight Board überwacht wird. Es besteht aus Mit-

[96] Vgl. *Amling/Bantleon* (2007), S. 132; *Peemöller* (2004), S. 165.

gliedern des Vorstands des IIA sowie weiteren unabhängigen externen Stakeholdern.[97]

Das internationale Regelwerk der beruflichen Praxis umfasst mehrere Bestandteile. Während mit der Definition der Internen Revision die Rolle und die Aufgaben bestimmt sowie ihr Selbstverständnis formuliert werden, soll der Ethikkodex ein angemessenes und standesgemäßes Verhalten der Revisionsmitarbeiter sicherstellen.[98] Er enthält die Grundsätze der Rechtschaffenheit, der Objektivität, der Vertraulichkeit und der Fachkompetenz. Einen zentralen Bestandteil stellen die internationalen Standards dar, die folgenden Zwecken dienen:[99]

- Darstellen der verbindlichen Grundprinzipien der Berufsausübung der Internen Revision.
- Bereitstellen eines Rahmenwerks für Ausführung und Förderung eines breiten Spektrums wertschöpfender Aktivitäten der Internen Revision.
- Festlegen von Beurteilungskriterien für die Leistung der Internen Revision.
- Fördern von verbesserten Prozessen und Ergebnissen einer Organisation.

Die internationalen Standards regeln die praktische Arbeit der Revisionsmitarbeiter und gliedern sich in Attribut-, Ausführungs- und Umsetzungsstandards. Die Attributstandards beschreiben die Merkmale von Organisationen und Personen, die Aufgaben der Internen Revision wahrnehmen. Die Ausführungsstandards beschreiben die Tätigkeitsfelder der Internen Revision und zeigen auf, wie bestimmte Aufgaben und Tätigkeiten ausgeführt werden sollen, um die entsprechenden Solleigenschaften realisieren zu können. Die Umsetzungsstandards konkretisieren die zuvor genannten Standards in Bezug auf Prüfungs- und Beratungsdienstleistungen. Die Umsetzungsstandards für Prü-

---

[97] Vgl. *IIA Global* (Hrsg.) (2010); *Bantleon/Unmuth* (2008), S. 106.

[98] Vgl. *Hahn* (2008), S. 77.

[99] Vgl. *IIA Austria* (Hrsg.) (2009), S. 20.

fungsdienstleistungen sind dabei mit dem Zusatz A für Assurance und diejenigen für Beratungsdienstleistungen mit dem Zusatz C für Consulting gekennzeichnet.[100] Sowohl der Kodex der Berufsethik als auch die internationalen Standards sind für Mitglieder des DIIR und für Träger von Zertifizierungen des IIA verbindlich anzuwenden.

Die Praktischen Ratschläge, die den Charakter von dringend einzuhaltenden Empfehlungen haben, umfassen Methoden und Ansätze zur Umsetzung des Ethikkodexes und der Standards. Während das IIA durch die Veröffentlichung von Positionspapieren die Rolle und die Aufgaben der Internen Revision stärker prägen möchte, dienen die Praxisleitfäden der Verbreitung von Arbeitsinstrumenten und Methoden.[101] Ihre Umsetzung wird dringend empfohlen. Schließlich wird das internationale Regelwerk der beruflichen Praxis durch vier nationale DIIR-Revisionsstandards an die deutschen Verhältnisse angepasst.[102] Sie sind unverbindliche Grundsätze, die Best Practices darstellen.[103]

Die Umsetzung und die Einhaltung des Regelwerks sind allerdings nicht garantiert. Zwar besteht für die Mitglieder des DIIR eine satzungsmäßige und für Träger von Zertifizierungen des IIA eine berufsrechtliche Verpflichtung zur Einhaltung des Regelwerks, die Sanktionsmöglichkeiten durch den Berufsstand sind jedoch vergleichsweise gering.[104] Bei Verletzung droht den Mitgliedern der Ausschluss aus dem Berufsverband und den Zertifizierten die Aberkennung des Berufsexamens.[105] Das internationale Regelwerk der beruflichen Praxis stellt insofern eine Selbstverpflichtung von Internen Revisoren und Mitgliedern des DIIR dar.[106]

---

[100] Vgl. *IIA Austria* (Hrsg.) (2009), S. 21; *Berwanger/Kullmann* (2008), S. 34.

[101] Vgl. *Hahn* (2009), S. 34.

[102] Vgl. *Buderath/Amling* (2005), S. 9; *Peemöller* (2004), S. 166.

[103] Vgl. *Bauer* (2010), S. 18; *Amling/Bantleon* (2007), S. 144.

[104] Vgl. *DIIR* (Hrsg.) (2010b), § 3 Nr. 3b) der Satzung; *IIA Austria* (Hrsg.) (2009), S. 13; *Bantleon/Unmuth* (2008), S. 106.

[105] Vgl. *DIIR* (Hrsg.) (2010b), § 3 Nr. 6c) der Satzung; *Peemöller* (2004), S. 165f.

[106] Vgl. *Albrecht/Gaenslen* (2009), S. 95.

2.5 Identifizierung der Anspruchsgruppe

In der Literatur wird eine Vielzahl unterschiedlicher Anspruchsgruppen der Internen Revision diskutiert. Aus einer qualitätsorientierten Betrachtungsweise heraus werden einzelne Kunden- oder Interessengruppen genannt, von denen ein Interesse an oder ein Nutzen aus den Dienstleistungen der Internen Revision vermutet wird. In diesem Zusammenhang werden häufig die Unternehmensleitung, die geprüften Einheiten, die Mitarbeiter des Unternehmens, der Aufsichtsrat und der Jahresabschlussprüfer sowie Kunden und Kreditinstitute des Unternehmens aufgezählt.[107] Um diese Heterogenität der Anspruchsgruppen zu systematisieren, werden sie darüber hinaus vereinzelt in interne und externe Stakeholder unterteilt.[108]

Das Ziel der vorliegenden Arbeit besteht in einer systematischen Untersuchung der Einflussfaktoren der Akzeptanz der Internen Revision, um Potenziale zur Akzeptanzsteigerung aufzuzeigen. Dafür bedarf es einer Anspruchsgruppe, die an der Aufdeckung von Verbesserungspotenzialen interessiert ist und gleichzeitig über die notwendige Weisungsbefugnis gegenüber der Internen Revision verfügt, um entsprechende Verbesserungsmaßnahmen initiieren und durchsetzen zu können. Diese Weisungsbefugnis obliegt dem Vorgesetzten des Leiters Interne Revision und ist mit der Frage nach der organisatorischen Einbindung der Internen Revision innerhalb der Unternehmenshierarchie verbunden. Für eine wirkungsvolle Erfüllung der Revisionsaufgaben ist es erforderlich, dass die Interne Revision in angemessener Weise in die Unternehmensorganisation eingegliedert ist und unter einer starken Leitung steht.[109] Die organisatorische Einbindung stellt dabei die Basis der Unabhängigkeit der Internen Revision dar.[110] Daher sollte sie möglichst hoch in der Unternehmens-

---

[107] Vgl. *Steffelbauer-Meuche* (2004), S. 12; *Peemöller* (2001), S. 1347; *Ruud/Bodenmann* (2001), S. 522; *Biegert* (1998), S. 59; *Lampe/Sutton* (1994b), S. 337.

[108] Vgl. *Bauer* (2010), S. 42; *Linsi* (2003), S. 19f.

[109] Vgl. *Schroff* (2006), S. 18.

[110] Vgl. *Bauer* (2010), S. 23.

hierarchie angesiedelt sein.[111] Die internationalen Berufsstandards fordern eine Ebene im Unternehmen, die eine sachgerechte Aufgabenerfüllung sicherstellen kann und empfehlen, die Interne Revision dem Aufsichtsrat oder der Unternehmensleitung zu unterstellen.[112]

Die Empfehlung, die Interne Revision organisatorisch unter den Aufsichtsrat einzugliedern, resultiert aus der angelsächsischen Unternehmensverfassung, bei der die Leitungs- und Kontrollkompetenz in einem gemeinsamen Führungsorgan zusammengefasst sind. Verantwortlich für die Einrichtung einer Internen Revision ist nach den Kotierungsbedingungen der New York Stock Exchange (NYSE) das Audit Committee, das sämtliche Revisionsaktivitäten zu überwachen und zu koordinieren hat.[113] Es hat die Qualifikation der Revisionsmitarbeiter sowie die personelle und sachliche Ausgestaltung zu beurteilen und kann Einfluss auf die Prüfungsplanung nehmen. Weitere Aufgaben des Audit Committees umfassen die Durchführung von regelmäßigen Besprechungen der Prüfungsergebnisse sowie die aktive Einwirkung auf die Prüfungsqualität der Internen Revision.[114] Bedingt durch die in Deutschland vorherrschende dualistische Unternehmensverfassung mit einer institutionellen Trennung von Leitungs- und Kontrollkompetenz im Unternehmen ist eine organisatorische Einbindung der Internen Revision unter den Aufsichtsrat nicht zweckmäßig. Der originäre Aufgabenbereich des Aufsichtsrats besteht gemäß § 111 Abs. 1 AktG in der Überwachung der Geschäftsführungsaufgaben der Unternehmensleitung. Er ist weder für die Implementierung eines Internen Kontrollsystems noch für innerbetriebliche Überwachungsmaßnahmen verantwortlich. Zwar haben sich die Aufgaben eines Aufsichtsrats bzw. Prüfungsausschusses aufgrund der Entwicklungen durch das BilMoG hinsichtlich der Überwachung der Wirksamkeit der Internen Revision konkretisiert, eine Delegation seiner Aufgaben an die Interne Revision oder eine Weisungsbefugnis

[111] Vgl. *DIIR* (Hrsg.) (2005), S. 125; *Hofmann* (2005), S. 129; *Deling* (1996), S. 143.

[112] Vgl. *IIA Austria* (Hrsg.) (2009), S. 25.

[113] Vgl. *NYSE* (Hrsg.) (2010), Section 303A07.

[114] Vgl. *Huwer* (2008), S. 49; *Scheffler* (2003), S. 242.

gegenüber der Internen Revision ergibt sich daraus allerdings nicht. Für Zwecke der Informationsversorgung darf der Aufsichtsrat gemäß § 109 Abs. 1 Satz 2 AktG aber auf Sachverständige zurückgreifen. Dazu zählt auch der Leiter Interne Revision.[115] Dieses Informationsrecht steht dem Aufsichtsrat jedoch nur in engen Grenzen zu. Da es sich bei dem Leiter Interne Revision um einen Angestellten des Unternehmens handelt, wird ein direkter Kontakt ohne vorherige Unterrichtung der Unternehmensleitung in der rechtswissenschaftlichen Literatur abgelehnt.[116] Die Interne Revision stellt für den Aufsichtsrat vielmehr selbst ein Überwachungsobjekt dar und kann diesem nicht unterstellt sein.

Nach der deutschen Corporate-Governance-Struktur obliegen die Zuständigkeit für und die damit verbundene Weisungsbefugnis gegenüber der Internen Revision der Unternehmensleitung. Die Gründe dafür sind insbesondere in den gesetzlichen Rahmenbedingungen zu sehen, wonach die Unternehmensleitung für die angemessene Erfüllung der Überwachungsaufgabe verantwortlich ist und diese lediglich an die Interne Revision delegiert. Gleichzeitig wird aufgrund der ökonomischen Überlegungen die Notwendigkeit einer Internen Revision für die Unternehmensleitung deutlich. Sie trägt somit die alleinige Verantwortung für die Interne Revision.[117] Die Unternehmensleitung ist der Auftraggeber und entscheidet über die Aufgabenstellung, die Struktur sowie die personelle und sachliche Ressourcenausstattung der Internen Revision.[118] Ferner sind das Ansehen und die Akzeptanz der Internen Revision innerhalb des Unternehmens maßgeblich von der Unterstützung der Unternehmensleitung abhängig.[119] Die Auffassung, die Interne Revision organisatorisch unmittelbar unter die Unternehmensleitung einzugliedern, hat sich in der Literatur

[115] Vgl. *Drygala* (2008), § 109 Rz. 10.

[116] Vgl. *Hüffer* (2010), § 90 Rz. 11; *Drygala* (2008), § 109 Rz. 10; *Krieger/Sailer* (2008a), § 90 Rz. 39; *Lutter/Krieger* (2008), § 6 Rz. 246; *Scheffler* (2003), S. 254.

[117] Vgl. *Albrecht/Gaenslen* (2009), S. 91.

[118] Vgl. *Bubendorfer/Krumm* (2008), S. 51; *AKEIÜ* (2006a), S. 225; *Henneberg* (2002), S. 63.

[119] Vgl. *Sarens/Beelde De* (2006), S. 237; *Loebbert* (2000), S. 50.

etabliert und wird darüber hinaus in zahlreichen empirischen Umfragen bestätigt.[120]

Aufgrund dieser Überlegungen wird angenommen, dass die Unternehmensleitung der Vorgesetzte des Leiters Interne Revision ist. Die nachfolgenden Ausführungen fokussieren sich daher auf die Unternehmensleitung als Auftraggeber und zentrale Anspruchsgruppe der Internen Revision. Auf eine weitergehende Differenzierung hinsichtlich Vorstandsvorsitzender, Bereichsvorstand oder Vorstandsmitglied wird bei den Ausführungen verzichtet.

2.6 Konkretisierende Begriffsbestimmungen

2.6.1 Qualität der Internen Revision

Die Leistungen der Internen Revision werden als Dienstleistungen charakterisiert. Ihre Qualität entspricht damit ihrer Dienstleistungsqualität. Die Ansätze und Definitionsversuche zur begrifflichen Erfassung der Dienstleistungsqualität sind mannigfaltig und werden in der Literatur intensiv diskutiert.[121] Aufgrund der heterogenen und diffusen Auffassungen vom Qualitätsbegriff ist es bis heute nicht gelungen, eine allgemein anerkannte Definition zu entwickeln.[122] Ebenso wenig wurde in der Literatur zur Internen Revision bislang der Begriff ihrer Qualität einheitlich präzisiert. Einen allgemeinen Ansatz, die Begriffsvielfalt zu systematisieren, liefert GARVIN, der zwischen einem abso-

---

[120] Vgl. dazu u.a. *Albrecht/Gaenslen* (2009), S. 91; *Ernst & Young* (Hrsg.) (2007), S. 18; *Schroff* (2006), S. 20; *DIIR* (Hrsg.) (2005), S. 137f.; *Buderath* (2004), S. 672; *Palazzesi/ Pfyffer* (2002), S. 139; *Deling* (1996), S. 143. Siehe zur Darstellung historischer Umfrageergebnisse von 1973–2004 hinsichtlich der Unterstellung des Leiters Interne Revision *Hofmann* (2005), S. 130.

[121] Vgl. *Pepels* (1996), S. 41; *Benkenstein* (1993), S. 1099; *Stauss/Hentschel* (1991), S. 238.

[122] Vgl. *Bruhn* (2008), S. 33.

luten, herstellungs-, wert-, produkt- und kundenorientierten Qualitätsverständnis unterscheidet.[123]

Nach dem absoluten Qualitätsbegriff (Transcendent Approach) wird Qualität als ein allgemeines Maß der Güte eines Produkts oder einer Dienstleistung verstanden. Sie wird als überragend oder hervorragend interpretiert und spiegelt den Idealzustand wider. Die Qualität entspricht weitgehend einem höchsten Ausmaß an Perfektion, dem Superlativ. Sie ist danach aber weder quantifizierbar noch messbar.[124]

Beim herstellungsorientierten Ansatz (Manufacturing-based Approach) wird Qualität aus Anbietersicht als die Übereinstimmung eines Produkts oder einer Dienstleistung mit vorgegebenen betrieblichen Standards definiert. Diese dienen als Sollvorgaben der Grundlage für die Qualitätsbeurteilung und -kontrolle. Jede Abweichung von den Standards führt zu einer Verringerung der Qualität. Die Anforderungen an ein Produkt oder eine Dienstleistung werden auf einem definierten Niveau als gegeben betrachtet und es wird lediglich auf deren korrekte Einhaltung geachtet. Der herstellungsorientierte Ansatz liefert keinen eigenständigen Qualitätsbegriff, sondern dient der Ergänzung anderer Ansätze.[125]

Im Rahmen des wertorientierten Qualitätsverständnisses (Value-based Approach) beruht die Qualität auf der Bewertung des Preis-Leistungs-Verhältnisses aus Kundensicht. Bei diesem Ansatz werden die einzelnen Merkmale oder Eigenschaften eines Produkts oder einer Dienstleistung ausschließlich auf den Preis reduziert, der wiederum selbst als Qualitätsindikator fungieren kann. Bedingt durch diese Wechselbeziehung ist die Qualität nach diesem Ansatz nur schwer erfassbar.[126]

---

[123] Vgl. *Garvin* (1984), S. 25–28.

[124] Vgl. *Engelke* (1996), S. 28f.; *Garvin* (1984), S. 25.

[125] Vgl. *Stauss/Hentschel* (1991), S. 239; *Garvin* (1984), S. 27f.

[126] Vgl. *Hennig* (2001), S. 29; *Garvin* (1984), S. 28.

Nach dem produktorientierten Ansatz (Product-based Approach) wird Qualität als die Einhaltung bestimmter Eigenschaften eines Produkts oder einer Dienstleistung verstanden. Sie wird durch das einem Produkt oder einer Dienstleistung inhärente Eigenschaftsbündel bzw. durch bestimmte Qualitätsmerkmale zu einer präzise messbaren Größe. Bei dieser Betrachtungsweise ist die Qualität von der Beschaffenheit des Objekts als Gesamtheit von Eigenschaften und Merkmalen abhängig. Da die Qualität danach durch das Vorhandensein oder Fehlen messbarer Eigenschaften und Merkmale determiniert wird, kann sie objektiv bewertet werden. Qualitätsunterschiede ergeben sich in Abweichungen bei den einzelnen Eigenschaften und Merkmalen.[127]

Den Ausgangspunkt des kundenorientierten Qualitätsansatzes (User-based Approach) bilden nicht, wie in den vorherigen Ansätzen, das Produkt oder die Dienstleistung selbst, sondern die individuellen Anforderungen der Kunden. Qualität wird nach dieser Auffassung als Maß der Übereinstimmung zwischen den Eigenschaften und Merkmalen eines Produkts oder einer Dienstleistung sowie den Anforderungen an diese definiert. Das Niveau der Qualitätsanforderungen wird von den Kunden individuell bestimmt, sodass die Nichterfüllung einer Anforderung auf hohem Niveau genauso negativ bewertet werden kann wie eine Verfehlung auf niedrigem Niveau. Die Erfüllung oder Nichterfüllung der individuellen Kundenanforderungen spiegelt sich schließlich in einem Qualitätsurteil wider.[128]

GARVIN präferiert auf Basis der vorgenommenen Systematisierung keine bestimmte Betrachtungsweise von Qualität. Er ist vielmehr der Auffassung, dass jeder Ansatz in einem bestimmten Kontext seine Berechtigung habe.[129] Diese Auffassung findet sich auch in der Qualitätsdefinition des DIIR wieder. Das DIIR übernimmt für das Qualitätsverständnis der Internen Revision die Definition des Deutschen Instituts für Normung e.V. und definiert Qualität wie

[127] Vgl. *Hennig* (2001), S. 28; *Garvin* (1984), S. 25–27.

[128] Vgl. *Specht/Schmelzer* (1992), S. 531; *Stauss/Hentschel* (1991), S. 238f.; *Garvin* (1984), S. 27.

[129] Vgl. *Garvin* (1984), S. 28.

folgt: „Qualität ist die Gesamtheit von Eigenschaften und Merkmalen eines Produkts oder einer Tätigkeit, die sich auf deren Eignung zur Erfüllung gegebener Erfordernisse beziehen.“[130] Die Definition beinhaltet einerseits das produktbezogene Qualitätsverständnis, das seinen Ausdruck in der „Gesamtheit von Eigenschaften und Merkmalen“ findet, andererseits kann die Formulierung „Eignung zur Erfüllung gegebener Erfordernisse“ im Sinne eines herstellungsorientierten oder eines kundenorientierten Qualitätsverständnisses interpretiert werden, da nicht weiter konkretisiert wird, wer die Erfordernisse festlegt.[131] Das DIIR integriert damit zwei Auffassungen von Qualität und wendet sich gleichzeitig von einem absoluten sowie wertorientierten Qualitätsverständnis ab.[132] Dieser Ansicht wird auch in dieser Arbeit gefolgt, da die Qualität der Internen Revision nicht einen Idealzustand widerspiegeln soll und daneben die Bestimmung von Preis- und Leistungskomponenten der Internen Revision aufgrund der problembehafteten Erfassung und Messung dieser Größen nicht realisierbar ist. Somit ist zu entscheiden, ob die Anforderungen an die Interne Revision aus einer herstellungs- oder einer kundenorientierten Perspektive zu bestimmen sind. Im Rahmen dieser Arbeit soll die Interne Revision erstmalig aus der Perspektive der Unternehmensleitung als Auftraggeber betrachtet werden, sodass sich das kundenorientierte Qualitätsverständnis als zweckmäßig erweist. Daher wird der vorliegenden Arbeit eine Kombination aus einem produkt- und kundenorientierten Qualitätsverständnis zugrunde gelegt, wonach die Anforderungen und das individuelle Anforderungsniveau durch die Auftraggeber der Internen Revision determiniert werden.

Unter der Qualität der Internen Revision soll demnach ihre Fähigkeit verstanden werden, die Prüfungs- und Beratungsdienstleistungen entsprechend der

[130] *DIIR* (Hrsg.) (2002), S. 215. Ähnlich definiert auch *Lang* (1990), S. 202, die Qualität der Internen Revision.

[131] Vgl. *Benkenstein* (1993), S. 1099. Ähnlich auch *Bruhn* (2008), S. 34.

[132] Ähnlich auch *Benkenstein* (1993), S. 1101, der die Integration einer subjektiven und objektiven Qualitätsauffassung für notwendig erachtet. Siehe auch *Lampe/Sutton* (1991), S. 54.

von den Auftraggebern festgelegten Anforderungen zu erbringen. Die Qualität bestimmt sich aus der Gesamtheit der Merkmale der Internen Revision, um diesen Anforderungen gerecht zu werden.[133] Das produktorientierte Qualitätsverständnis zeigt sich in der „Gesamtheit der Merkmale". Ferner wird durch die Verbindung mit dem kundenorientierten Qualitätsverständnis erreicht, dass die „Anforderungen" durch den Auftraggeber bestimmt werden und dass sie nicht durch die Interne Revision, als dem Anbieter der Revisionsdienstleistungen, vorgegeben werden. Das Qualitätsurteil des Auftraggebers resultiert schließlich aus der Erfüllung oder Nichterfüllung seiner Anforderungen.

2.6.2 Vertrauen in die Interne Revision

Wenngleich in der Literatur weitgehend Einigkeit darüber besteht, dass dem Aspekt „Vertrauen" in externen und internen Geschäftsbeziehungen eine herausragende Rolle zukommt,[134] so herrscht dagegen eine unüberschaubare Vielfalt von unterschiedlichen Vertrauensdefinitionen.[135] Dies liegt darin begründet, dass sich zahlreiche Wissenschaftler unterschiedlicher Disziplinen mit diesem Thema auseinandersetzen. Dies hat dazu geführt, dass das Verständnis von Vertrauen jeweils auf den konkreten Untersuchungsgegenstand und -kontext angepasst wird.[136] Im Allgemeinen bezieht sich Vertrauen auf positive

[133] Vgl. auch *Bruhn* (2008), S. 38.

[134] Vgl. *Becerra/Gupta* (2003); *Swan/Bowers/Richardson* (1999).

[135] *Castaldo* (2007), S. 122, identifiziert auf der Grundlage einer Inhaltsanalyse von über dreihundert englischsprachigen Studien zum Thema „Vertrauen" im Zeitraum von 1960–2001 insgesamt 72 unterschiedliche Definitionen. Bereits *Kramer* (1999), S. 571, hält fest: „A concise and universally accepted definition has remained elusive." Eine Übersicht über zahlreiche Vertrauensdefinitionen findet sich bei *Milankovic/Lentz* (2004), S. 7–9.

[136] Vgl. *Römer/Tscheulin* (2008), S. 437; *Schweer/Thies* (2003), S. 4. In diesem Zusammenhang ist die folgende Aussage von *Castaldo/Premazzi/Zerbini* (2010), S. 665, sehr bezeichnend: „When browsing the relevant literature, a novice researcher might thus obtain a first impression of a hotchpotch of fragments without any logical cue/frame." Eine Auflistung von Vertrauensdefinitionen – getrennt nach den Wissenschaftsdisziplinen Sozialpsychologie, Philosophie sowie Wirtschaftswissenschaften – findet sich bei *Blomqvist* (1997), S. 273–275.

Erwartungen und Überzeugungen unter Bedingungen, in denen keine absolute Gewissheit über den Ausgang eines Ereignisses, die Qualität eines Produkts oder einer Dienstleistung oder den Verlauf zukünftiger Entwicklungen existiert.[137] Die bestehenden Definitionsversuche lassen sich zu drei primären Ansätzen zusammenfassen, die sich aus einer verhaltensorientierten, einer verhaltensabsichtsorientierten und einer erwartungsorientierten Perspektive der abstrakten Größe „Vertrauen" nähern.[138] Sie werden im Folgenden näher vorgestellt, um auf dieser Basis ein Vertrauensverständnis für die Interne Revision abzuleiten.

Dem verhaltensorientierten Ansatz werden Vertrauensverständnisse zugeordnet, die Vertrauen als eine Verhaltensweise oder Handlung des Vertrauensgebers verstehen. Vertrauen in diesem Sinne kann dann vorliegen, wenn erstens die Verletztbarkeit des Vertrauensgebers erhöht wird, zweitens die Verhaltensweise oder Handlung sich gegenüber einer Person äußert, die nicht kontrolliert werden kann, und drittens der potenzielle Schaden bei einem Vertrauensbruch größer ist als der potenzielle Gewinn bei einer Vertrauenserfüllung.[139] Der Vertrauensgeber steht vor der Entscheidung, Vertrauen zu gewähren oder nicht zu gewähren und wägt mit kognitiv-rationalem Kalkül die Wahrscheinlichkeiten der Ergebnisse ab, die er durch die freiwillige Erbringung einer riskanten Vorleistung bzw. durch die freiwillige Übertragung der Kontrolle von Ressourcen auf den Vertrauensnehmer herbeiführen kann.[140] Nach einem gemäß dem verhaltensorientierten Ansatz geprägten Verständnis wird Vertrauen wie folgt definiert: „Trusting behavior is defined (...) as consisting of actions that increase one's vulnerability to another."[141]

---

[137] Vgl. *Petermann/Winkel* (2006), S. 78; *Hosmer* (1995), S. 390.
[138] Vgl. *Neumann* (2007), S. 17.
[139] Vgl. *Graeff* (1998), S. 37.
[140] Vgl. *Coleman* (1990), S. 91; *Shapiro* (1987), S. 626; *Zündorf* (1986), S. 303.
[141] *Zand* (1972), S. 230.

Das Begriffsverständnis der verhaltensabsichtsorientierten Ansätze ist dem zuvor erläuterten Ansatz sehr ähnlich. Im Rahmen dieser Ansätze wird Vertrauen nicht als Verhaltensweise oder Handlung, sondern als die Bereitschaft des Vertrauensgebers verstanden, sich auf den Vertrauensnehmer zu verlassen.[142] So definieren SMITH/BARCLAY Vertrauen wie folgt: „Trusting behaviors are actions that reflect a willingness to accept vulnerability in the face of uncertainty."[143] Ähnlich formulieren auch COOK/WALL ihr Vertrauensverständnis: „Trust (...) refers to the extent to which one is willing to ascribe good intentions to (...) other people."[144] Die verhaltensabsichtsorientierten Ansätze rekurrieren auf die Neigung des Vertrauensgebers, d.h. seine generelle Bereitschaft, einer anderen Person zu vertrauen und die der Vertrauensbeziehung inhärenten Gefahr der Verletztbarkeit zu akzeptieren.

Die Ansätze, die sich schließlich aus der erwartungsorientierten Perspektive dem Phänomen „Vertrauen" nähern, berücksichtigen die spezifischen Charakteristika des Vertrauensnehmers. Diese Ansätze erklären Vertrauen als Erwartung des Vertrauensgebers an das Verhalten oder an die Eigenschaften des Vertrauensnehmers.[145] ANDERSON/WEITZ definieren Vertrauen hinsichtlich der Erwartungen an das zukünftige Verhalten wie folgt: „Trust [is] one party's belief that its needs will be fulfilled in the future by actions undertaken by the other party."[146] Dagegen bezieht sich das Vertrauensverständnis von PORTER/DONTHU auf die Erwartungen an die Eigenschaften des Vertrauensnehmers. Vertrauen ist ihrem Verständnis nach folgendermaßen zu verstehen: „Trust [is] a belief that is based on another's (...) benevolence, integrity, and judgment."[147] Neben dem Wohlwollen, der Integrität und dem Urteilsvermö-

---

[142] Vgl. *Singh/Sirdeshmukh* (2000), S. 154.

[143] *Smith/Barclay* (1997), S. 6.

[144] *Cook/Wall* (1980), S. 39.

[145] Vgl. *Delgado-Ballester/Munuera-Alemán/Yagüe-Guillén* (2003), S. 37; *Ranaweera/Prabhu* (2003), S. 85; *Bhattacharya/Devinney/Pillutla* (1998), S. 462; *Rotter* (1967), S. 651.

[146] *Anderson/Weitz* (1989), S. 312.

[147] *Porter/Donthu* (2008), S. 115.

gen des Vertrauensnehmers werden in anderen Definitionen auch Kompetenz[148], Verlässlichkeit[149] oder Sympathie[150] als Eigenschaften herangezogen. Die erwartungsorientierten Ansätze rekurrieren somit auf die Vertrauenswürdigkeit des Vertrauensnehmers. Dabei ist es weniger von Bedeutung, ob der Vertrauensnehmer hinsichtlich seines Verhaltens oder seiner Eigenschaften tatsächlich vertrauenswürdig ist, sondern ob andere Personen ihn für vertrauenswürdig halten.[151]

Den verhaltensabsichts- und erwartungsorientierten Ansätzen kommt in der Vertrauensforschung eine höhere Bedeutung zu als den verhaltensorientierten Ansätzen.[152] Dies zeigt sich insbesondere in der Entwicklung von kombinierten Ansätzen, die Vertrauen sowohl aus einer verhaltensabsichtsorientierten als auch aus einer erwartungsorientierten Perspektive definieren. Das hybride Vertrauensverständnis wird an der Definition von MCALLISTER deutlich: „Trust is the extent to which a person is confident in, and willing to act on the basis of, the words, actions, and decisions of another."[153] Vertrauen ergibt sich nach diesem Verständnis aus der generellen Bereitschaft (Vertrauensneigung), dem Vertrauensnehmer zu vertrauen, und der Beurteilung seiner Vertrauenswürdigkeit.

Gleichwohl werden aus diesem Grund die kombinierten Ansätze häufig kritisiert, da sich die Vertrauensneigung des Vertrauensgebers bereits implizit in seiner vertrauensvollen Erwartung ausdrückt, wodurch die Kombination beider Perspektiven zu Redundanzen in der Begriffsbestimmung führt.[154] Dies

---

148 Vgl. *Rossmann* (2010), S. 75; *Büttner/Göritz* (2008), S. 39; *Neumann* (2007), S. 99.

149 Vgl. *Ranaweera/Prabhu* (2003), S. 85; *Sirdeshmukh/Singh/Sabol* (2002), S. 17; *Morgan/Hunt* (1994), S. 23.

150 Vgl. *Hawes/Mast/Swan* (1989), S. 4; *Swan et al.* (1988), S. 3.

151 Vgl. *Späth* (2008), S. 93; *Martin* (2003), S. 131.

152 Vgl. *Neumann* (2007), S. 19.

153 *McAllister* (1995), S. 25.

154 Vgl. *Morgan/Hunt* (1994), S. 23f. So auch *Delgado-Ballester/Munuera-Alemán/Yagüe-Guillén* (2003), S. 38; *Singh/Sirdeshmukh* (2000), S. 154; *Lewicki/McAllister/Bies* (1998), S. 439.

konnte auch in empirischen Studien bestätigt werden.[155] Die Beurteilung der Vertrauenswürdigkeit durch den Vertrauensgeber dominiert somit seine Vertrauensneigung und kann in Untersuchungen einen höheren Erklärungsbeitrag leisten.[156] MÖLLERING bezeichnet die Erklärung von Vertrauen im Sinne eines erwartungsorientierten Verständnisses als eine rationale oder zumindest vernünftige Wahl des Vertrauensgebers, die auf der Beurteilung der Vertrauenswürdigkeit eines Vertrauensnehmers basiert und den „current mainstream of trust research“[157] darstellt.

Aus diesen Überlegungen heraus wird für die vorliegende Untersuchung ein erwartungsorientiertes Begriffsverständnis für das Vertrauen in die Interne Revision zugrunde gelegt. Das Vertrauen des Auftraggebers als Vertrauensgeber ergibt sich aus der Beurteilung der Vertrauenswürdigkeit der Internen Revision als Vertrauensnehmer. Diese beruht auf der Beurteilung des Verhaltens und der Eigenschaften des Leiters Interne Revision und der Revisionsmitarbeiter sowie auf der Beurteilung der Internen Revision als Institution.

2.6.3 Akzeptanz der Internen Revision

Der Begriff „Akzeptanz“ lässt sich bereits vereinzelt und schlagwortartig in praxisnahen Literaturbeiträgen zur Internen Revision finden, wobei der Terminus weder definiert noch ein grundlegendes Verständnis hergeleitet wird.[158] HENNEBERG befasst sich zwar eingehend mit Instrumenten des Dienstleistungsmarketings zur Akzeptanzsteigerung von Internen Revisionen, ein explizites Begriffsverständnis ist bei ihm allerdings nicht zu erkennen.[159] Dies kann darin begründet liegen, dass der Begriff der Akzeptanz sowohl im allgemeinen Sprachgebrauch als auch in verschiedenen Wissenschaftsdisziplinen heterogen

[155] Vgl. *McKnight/Choudhury/Kacmar* (2002), S. 312; *Smith/Barclay* (1997), S. 13.
[156] Vgl. *Kenning* (2002), S. 22.
[157] *Möllering* (2006), S. 13.
[158] Vgl. *Steckel* (2010), S. 22f.; *Risak* (2004), S. 98.
[159] Vgl. *Henneberg* (2002).

verstanden wird und es bislang keine allgemein gültige Definition gibt.[160] Daher erscheint es sinnvoll, die Grundbedeutungen des Akzeptanzbegriffs in einzelnen Wissenschaftsdisziplinen aufzuzeigen, um darauf aufbauend ein für die vorliegende Arbeit geeignetes Begriffsverständnis herauszuarbeiten.

Einen ersten Bezugsrahmen erhält die Größe „Akzeptanz" aus der Beziehung zwischen einem Akzeptanzsubjekt, einem Akzeptanzobjekt und einem Akzeptanzkontext.[161] Danach geht Akzeptanz von einem Subjekt (Person, Gruppe) aus und beruht auf einer Einstellung bzw. Grundhaltung und fallweise aktivierbaren Verhaltensdispositionen. Das Akzeptanzobjekt deckt ein breites Spektrum ab und kann Gebrauchsgegenstände, Meinungen, Einstellungen oder Werte und Normen umfassen. Die Akzeptanzobjekte werden in starkem Maße durch die ihnen zugeschriebenen Bedeutungsinhalte bestimmt. Akzeptanz prägt sich schließlich in einem objekt- und subjektvermittelnden Kontextbezug (Umfeld) aus.[162]

Der auch im Alltag verwendete Begriff der Akzeptanz bezieht sich als Metapher und Synonym für Anerkennung, Zustimmung, Befürworten und Bestätigung häufig, aber nicht nur, auf Einstellungen, Personen sowie deren Meinungen.[163] Allgemein wird er als generell zustimmende Haltung einer Person oder einer Gruppe gegenüber einem Objekt, einer Person oder einem Sachverhalt verstanden und steht im Widerspruch zu dem Begriff der Ablehnung.[164] Darüber hinaus haben sich in einzelnen Wissenschaftsdisziplinen in Abhängigkeit von den jeweiligen Forschungsrichtungen unterschiedliche Begriffsverständnisse herausgebildet. In der betriebswirtschaftlichen Organisationslehre wird der Akzeptanzbegriff im Zusammenhang mit der Verhaltenskonformität von Organisationsmitgliedern mit den übergeordneten Zielen der Organisation un-

---

[160] Vgl. *Simon* (2001), S. 88; *Hecker* (1997), S. 123. Siehe auch *Müller-Böling/Müller* (1986), S. 24f., die zahlreiche Definitionsansätze anführen.

[161] Vgl. *Lucke* (1995), S. 89.

[162] Vgl. *Lucke* (1995), S. 88–90.

[163] Vgl. *Schenk* (2000), S. 11; *Lucke* (1995), S. 35.

[164] Vgl. *Simon* (2001), S. 89; *Rentsch* (1988), S. 12; *Müller-Böling/Müller* (1986), S. 18.

tersucht.[165] In diesem Kontext bedeutet Akzeptanz, dass „Personen, Personengruppen und Institutionen unter bestimmten Umständen die Entscheidungen dominierender Interessengruppen (…) in verschiedener Weise tolerieren“[166].

Dagegen befasst sich die Marketingwissenschaft mit der Akzeptanz von neuen Produkten oder (technischen) Innovationen. Aus marketingwissenschaftlicher Perspektive wird Akzeptanz als die Bereitschaft von Kunden definiert, neuartige Produkte oder (technische) Innovationen in einer konkreten Anwendungssituation tatsächlich und nachhaltig zu nutzen.[167] Dabei wird einerseits die Einstellung bzw. Grundhaltung der Nutzer betrachtet und die psychologische Komponente der Akzeptanz hervorgehoben. Nach diesem Verständnis ist Akzeptanz die „subjektive Bewertung der Annehmbarkeit von Geräten, Systemen, Dienstleistungen etc.“[168] oder die „positive Haltung eines Nutzers gegenüber einer Innovation.“[169] Andererseits wird eine Verbindung zwischen der positiven Haltung des Nutzers und seiner Nutzungsabsicht hergestellt und die Akzeptanz als die „positive Einstellung zur Technik und [deren] aufgabenbezogene Nutzung“[170] verstanden. Die Akzeptanz über die Nutzungsabsicht bzw. das Nutzungsverhalten zu messen ist allerdings kein zielführender Ansatz, da selbst bei einer negativen Haltung gegenüber dem Akzeptanzobjekt gleichfalls eine Verwendung erzwungen werden kann.[171] Zwar lassen bestimmte Verhaltensweisen Rückschlüsse auf die Akzeptanz zu, sie stellen aber keine Akzeptanz dar.[172] Vielmehr sind die vorgelagerten Einstellungen von Individuen als

---

165 Vgl. *Müller-Böling/Müller* (1986), S. 19; *Stachelsky* (1983), S. 46f.; *Schönecker* (1980), S. 80.

166 *Schmidt* (1977), S. 106.

167 Vgl. *Weiber* (2001), S. 39; *Kollmann* (1999), S. 126.

168 *Kredel* (1988), S. 232.

169 *Lehmann* (2010), S. 78.

170 *Allerbeck/Helmreich* (1984), S. 1080. Ähnlich auch *Schönecker* (1982), S. 51f.

171 Vgl. *Rengelshausen* (2000), S. 73; *Anstadt* (1994), S. 69.

172 Vgl. *Ullrich* (2008), S. 25.

Träger der Akzeptanz entscheidend.[173] Die Einstellungen bedingen das Verhalten und stellen Verhaltensprädispositionen dar.[174]

Schließlich wird im soziologischen Kontext die Akzeptanz als befürwortende bzw. ablehnende Haltung einer sozialen Gruppe in Bezug auf politische und gesellschaftliche Themen bezeichnet.[175] Akzeptanz liegt dann vor, wenn die antizipierten Konsequenzen eines Sachverhalts mit dem übergeordneten Zielsystem der sozialen Gruppe vereinbar sind.[176] Als soziales Phänomen stellt die Akzeptanz einen aktiven Prozess dar und ergibt sich als Ergebnis des Zusammenwirkens von Akzeptanzsubjekt und -objekt.[177] Akzeptanz ist nicht nur von den Eigenschaften des Objekts abhängig, sondern auch von der individuellen Wahrnehmung des Subjekts.[178] Eine auf der Wahrnehmung basierende Definition versteht Akzeptanz als einen allgemeinen Ausdruck einer positiven Haltung eines Individuums gegenüber einem Objekt.[179] Diese Haltung resultiert aus dem Ergebnis der subjektiven Wahrnehmung eines Akzeptanzobjekts, die ihrerseits als kognitiver Prozess und Ergebnis der Informationsgewinnung über das Objekt verstanden wird. Diesem Verständnis nach ist die positive Haltung, die sich als Akzeptanz äußert, ein Produkt aus Wahrnehmung und Bewertung des Akzeptanzobjekts.[180]

Die Grundbedeutungen des Akzeptanzbegriffs innerhalb der einzelnen Wissenschaftsdisziplinen zeigen, dass Akzeptanz mehrheitlich dem Bereich der Einstellungen zugeordnet wird und sich in einer positiven Haltung des Akzep-

---

173 Vgl. *Döhl* (1983), S. 174.

174 Vgl. *Trommsdorff* (2009), S. 152; *Aronson/Wilson/Akert* (2008), S. 214f.

175 Vgl. *Kollmann* (1998), S. 38; *Döhl* (1983), S. 17, dort Fußnote 66.

176 Vgl. *Müller/Schienstock* (1979), S. 295–297. Ähnlich auch *Ullrich* (2008), S. 22; *Kollmann* (1998), S. 40.

177 Vgl. *Lucke* (1995), S. 91.

178 Vgl. *Mokhtar* (2006), S. 51.

179 Vgl. *Rentsch* (1988), S. 10.

180 Vgl. *Rentsch* (1988), S. 10. Siehe auch *Ullrich* (2008), S. 26; *Müller-Böling/Müller* (1986), S. 30.

tanzsubjekts gegenüber einem Akzeptanzobjekt widerspiegelt.[181] Wenngleich eine marketingwissenschaftliche Ansicht eine Nutzungsabsicht bzw. ein konkretes Nutzungsverhalten berücksichtigt, erscheint dies im Kontext der vorliegenden Arbeit von untergeordneter Bedeutung, da auf bereits implementierte Interne Revisionen rekurriert wird und damit ein gewisses Nutzungsverhalten der Auftraggeber zugrunde gelegt werden kann. Entscheidender sind vielmehr die Haltung des Auftraggebers gegenüber der Internen Revision und die Frage, inwieweit es vonseiten der Internen Revision gelingt, ihre Nützlichkeit darzulegen.[182] Aus diesem Grund erscheint ein soziologisches Begriffsverständnis gehaltvoller und für die Zwecke dieser Arbeit sinnvoller zu sein. Die Akzeptanz der Internen Revision beschreibt danach die positive Haltung des Auftraggebers (Akzeptanzsubjekt) gegenüber der Internen Revision (Akzeptanzobjekt), die sich in der subjektiven Bewertung der Nützlichkeit der Internen Revision widerspiegelt. Die Grundlage der Akzeptanz bildet ein ökonomisches kosten-nutzen-orientiertes Bewertungskalkül.[183] Eine positive Haltung des Auftraggebers gegenüber der Internen Revision zeigt sich bei einer positiven Einschätzung des Nutzens der Internen Revision. Um den Akzeptanzkontext, also das Umfeld der Internen Revision, im weitesten Sinne kontrollierbar zu machen, erfolgt eine Fokussierung auf Interne Revisionen als eigenständige organisatorische Einheiten. Zudem ist bei der Bestimmung der Grundgesamtheit ein weitgehend einheitlicher Kontext zu berücksichtigen.

---

[181] So auch *Rengelshausen* (2000), S. 73.

[182] Ähnlich auch *Meinig* (1991), S. 34.

[183] Vgl. auch *Anstadt* (1994), S. 71.

3 Theoretische und empirische Fundierung der Untersuchung und Formulierung der Forschungshypothesen

Im Folgenden gilt es, einen Ansatz zu entwickeln, mit dem die Kausalzusammenhänge zwischen den vorgestellten Einflussfaktoren und der Akzeptanz der Internen Revision erklärt und auf dessen Basis Forschungshypothesen formuliert werden können. Hierfür werden im nachfolgenden Abschnitt zunächst Ansätze dargestellt, mit denen die Kausalzusammenhänge theoretisch erklärt werden können. Diese Ansätze dienen als theoretische Deduktionsbasis für die Herleitung der Forschungshypothesen und als theoretischer Bezugsrahmen für den zweiten Teil der Untersuchung. In dem darauffolgenden Abschnitt werden die für diese Arbeit relevanten Forschungsbeiträge vorgestellt, um die theoretischen Vermutungen mit empirischen Erkenntnissen aus anderen Untersuchungskontexten zu fundieren. Auf der Grundlage der theoretischen Überlegungen und der empirischen Erkenntnisse wird abschließend die erste Forschungsfrage mithilfe von Forschungshypothesen konkretisiert und gemeinsam mit den Kausalzusammenhängen zwischen den Konstrukten grafisch abgebildet.

3.1 Theoretische Bezugspunkte

Die vorliegende Arbeit möchte einerseits positivistisch orientierte Aussagen zu den Wirkungsbeziehungen zwischen der Qualität der Internen Revision, dem Vertrauen in die Interne Revision und der Akzeptanz der Internen Revision treffen und andererseits normativ orientiert Verbesserungspotenziale bei den Einflussfaktoren der Akzeptanz aufzeigen. Ziel der folgenden Abschnitte ist es daher, die verschiedenen Theorieansätze zur Beantwortung der Forschungsfragen vorzustellen. Angesichts unzureichender theoretischer Fundierung im Forschungsbereich der Internen Revision kann auf keine einheitliche und in sich geschlossene Theorie zurückgegriffen werden. Daher besteht die Notwendigkeit, die verschiedenen Beziehungsaspekte zwischen der Internen Revision und ihrem Auftraggeber über unterschiedliche theoretische Ansätze abzubilden. Dazu stellt COOK bereits fest: „No single theoretical perspective will enable us to explain everything about organizational interaction."[184] Die einzelnen theoretischen Ansätze liefern jeweils einen eigenen Beitrag zur Untersuchung. Gleichwohl wird mit der Darstellung der folgenden Ansätze nicht der Anspruch auf Vollständigkeit erhoben, sämtliche Theorien anzuführen. Es wird vielmehr auf eine Auswahl von Theorien zurückgegriffen, anhand derer die getroffenen Annahmen und formulierten Forschungshypothesen fundiert werden können.

Im nächsten Abschnitt wird zunächst das Confirmation-Disconfirmation-Paradigma (C-D-Paradigma) betrachtet, das in dieser Arbeit die Entstehung der Qualität der Internen Revision erklärt. Mithilfe der sozialen Austauschtheorie soll im Anschluss daran ein allgemeiner Bezugsrahmen für die Untersuchung der Beziehung zwischen der Internen Revision und dem Auftraggeber skizziert werden. Zudem wird mit der sozialen Austauschtheorie die Bedeutung des Vertrauens für die vorliegende Arbeit hervorgehoben. Die Dissonanztheorie dient gleichermaßen als theoretischer Bezugspunkt für beide Teile der vorliegenden Untersuchung. Die theoretische Fundierung der Kausalzusammenhänge zwischen der Qualität der Internen Revision, dem Vertrauen in die Interne Revision und der Akzeptanz der Internen Revision wird auf Basis der Risiko- und Lerntheorie weiter konkretisiert. Im Folgenden werden dazu die ausgewählten theoretischen Bezugspunkte und ihr spezifischer Erklärungsgehalt für die Untersuchung dargestellt.

---

[184] *Cook* (1977), S. 77.

3.1.1 Confirmation-Disconfirmation-Paradigma

Das C-D-Paradigma dient häufig aufgrund seines hohen Abstraktionsniveaus als theoretischer Bezugspunkt für die Erklärung von Kundenzufriedenheit.[185] Daneben findet das C-D-Paradigma seine Anwendung für die Erklärung von Qualitätsbeurteilungen im Dienstleistungsbereich.[186] Bedingt durch denselben theoretischen Bezugspunkt des C-D-Paradigmas stellen die Zufriedenheit und die Qualität sehr ähnliche Phänomene dar.[187] Während Zufriedenheitsurteile emotional dominierte und relativ flüchtige Eindrücke sind, ist das einstellungsorientierte Qualitätsurteil, das auf bisherigen Erfahrungen beruht, ein komplexer strukturiertes, stärker kognitiv geprägtes Phänomen.[188] Gemein ist beiden die zentrale Annahme des C-D-Paradigmas, dass sich ein Qualitäts- bzw. Zufriedenheitsurteil als Ergebnis eines kognitiven Vergleichsprozesses der wahrgenommenen Leistung (Istkomponente) und der erwarteten Leistung (Sollkomponente) ergibt.[189] Das als prozessorientiertes Modell verstandene C-D-Paradigma ist in Abbildung 3 grafisch veranschaulicht.

Die Grundstruktur des C-D-Paradigmas ist in der Literatur weitgehend anerkannt.[190] Diese besteht aus einer Istkomponente als wahrgenommene Leistung, einer Sollkomponente als Vergleichsstandard, einem Soll-Ist-Vergleich (Konfirmation bzw. Diskonfirmation) und einem Qualitäts- bzw. Zufriedenheitsurteil.

---

185 Vgl. *Schmitz* (2002), S. 42.

186 Vgl. *Nerdinger/Blickle/Schaper* (2008), S. 573; *Groß-Engelmann* (1999), S. 25.

187 Vgl. *Bruhn* (2008), S. 61; *Stauss* (1999), S. 12, sowie die dort zitierte Literatur. *Groß-Engelmann* (1999), S. 28f., stellt ebenso fest, dass bislang keine Abgrenzung wirklich befriedigend ist und führt dies auf die größeren Parallelen beider Phänomene zurück.

188 Vgl. *Klee* (2000), S. 110. So auch *Carrillat/Jaramillo/Mulki* (2009), S. 96.

189 Vgl. *Homburg/Becker/Hentschel* (2010), S. 114; *Carrillat/Jaramillo/Mulki* (2009), S. 96; *Homburg/Krohmer* (2009), S. 44; *Nieschlag/Dichtl/Hörschgen* (2002), S. 1172; *Matzler* (1997), S. 61.

190 Vgl. *Homburg/Krohmer* (2009), S. 44; *Hennig-Thurau/Hansen* (2001), S. 878f.; *Homburg/Giering/Hentschel* (1999), S. 176; *Stauss* (1999), S. 6.

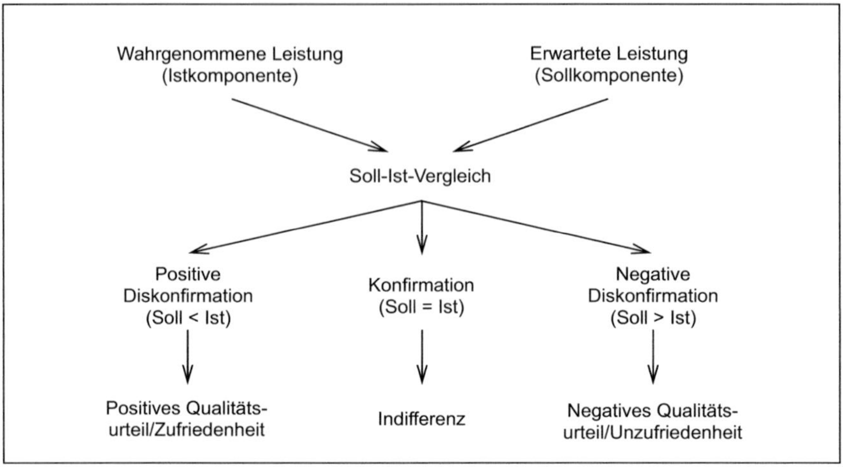

Abbildung 3: Confirmation-Disconfirmation-Paradigma
(Quelle: In Anlehnung an *Hill, D.* (1986), S. 311; *Hennig-Thurau, T./Hansen, U.* (2001), S. 879)

Einigkeit besteht hinsichtlich der Bedeutung der Istkomponente, die als wahrgenommene Leistung eines Produkts oder einer Dienstleistung verstanden wird.[191] Sie weist keinen objektiven Charakter auf, sondern variiert mit den subjektiven Wahrnehmungen der vergleichenden Individuen.[192] Eine nach objektiven Kriterien identische Leistung kann somit von unterschiedlichen Individuen unterschiedlich wahrgenommen werden.

Die Sollkomponente als Vergleichsstandard, an dem das Individuum die wahrgenommene Leistung misst, wird hingegen kontrovers diskutiert. Die unterschiedlichen Konzepte reichen von einem idealen, über ein gewünschtes bis zu einem gerade noch akzeptablen Niveau der Leistung, wobei der Erwartungsbegriff in der Literatur primär kognitiv interpretiert wird.[193] Unabhängig davon, welches Konzept das vergleichende Individuum verfolgt, sind Erwartun-

---

[191] Vgl. *Homburg/Stock-Homburg* (2008), S. 21.

[192] Vgl. *Homburg/Stock-Homburg* (2008), S. 22; *Faullant* (2007), S. 23.

[193] Vgl. *Nerdinger/Blickle/Schaper* (2008), S. 573; *Bruhn/Richter/Georgi* (2006), S. 117; *Stauss* (1999), S. 6f.; *Hentschel* (1990), S. 233. Ähnlich auch *Zeithaml/Berry/Parasuraman* (1993), S. 2. Einen Überblick über verschiedene Erwartungstypen liefert *Bruhn* (2000), S. 1034.

gen eine dynamische und sich im Zeitablauf verändernde Größe, die das Ergebnis eines Lernprozesses sind.[194] Daraus folgt, dass eine Erwartungsbildung über ein Beurteilungsobjekt erst dann möglich ist, wenn das Individuum bereits vor der Nutzung ausreichende Informationen über die jeweiligen Eigenschaften besitzt. Eine Anforderung, die bei einer erstmaligen Nutzung nicht immer gegeben ist. Die Erwartungen eines Individuums sind somit von seinen bisherigen Erfahrungen mit dem Beurteilungsobjekt abhängig.

Der Soll-Ist-Vergleich ist im C-D-Paradigma eine zentrale Größe, dem eine intervenierende Funktion zwischen der Ist- und der Sollkomponente einerseits und dem Qualitäts- bzw. Zufriedenheitsurteil andererseits zugesprochen wird.[195] Der Vergleichsprozess vollzieht sich dabei rein kognitiv im Sinne einer algebraischen Differenzenbildung und mündet in einem der dargestellten Qualitäts- bzw. Zufriedenheitsniveaus (positive oder negative Diskonfirmation, Konfirmation).[196] Allerdings können sich Eigenschaften eines Beurteilungsobjekts aufgrund ihrer Spezifität einer algebraischen Beurteilung entziehen. Sofern Individuen einen konkreten Soll-Ist-Vergleich durchführen können und sich des Ergebnisses bewusst sind, wird von einer manifesten Qualität bzw. Zufriedenheit/Unzufriedenheit gesprochen. Dagegen liegt latente Qualität bzw. Zufriedenheit/Unzufriedenheit vor, wenn sich der Vergleichsprozess unbewusst vollzieht.[197] Nach welcher psychologischen Logik Individuen einen Vergleich vornehmen, bleibt dennoch unklar.[198]

Das letzte Element der Grundstruktur des C-D-Paradigmas ist das Qualitäts- bzw. Zufriedenheitsurteil als Ergebnis des Vergleichs. Das Urteil beruht auf einem rationalen Erwartungs-Wahrnehmungs-Kalkül und stellt ein kognitives

---

194 Vgl. *Herrmann/Seilheimer* (2000), S. 15; *Groß-Engelmann* (1999), S. 18.

195 Vgl. *Churchill/Surprenant* (1982), S. 492.

196 Vgl. *Parasuraman/Zeithaml/Berry* (1988), S. 19. *Pieters/Koelemeijer/Roest* (1995), S. 30, sprechen in diesem Zusammenhang auch von einem „customer-as-a-bookkeeper model".

197 Vgl. *Bloemer/Ruyter* (1998), S. 501; *Bloemer/Kasper* (1995), S. 315.

198 Vgl. *Stauss* (1999), S. 7.

Element dar.[199] Affektive Elemente finden erst in neueren Ansätzen zur Zufriedenheit Berücksichtigung, wobei jedoch keine Einigkeit hinsichtlich ihrer Rolle bei der Zufriedenheit besteht.[200] Dabei ist anzumerken, dass der affektive Charakter insbesondere bei der Zufriedenheit betont wird, während eine Qualitätsbeurteilung mit einem kognitiven Soll-Ist-Vergleich einhergeht.[201]

Ein positives Qualitätsurteil bzw. Zufriedenheit entsteht dann, wenn die wahrgenommene Leistung die erwartete übertrifft (positive Diskonfirmation), wohingegen eine im Vergleich zur Sollkomponente geringere Istkomponente (negative Diskonfirmation) zu einem negativen Qualitätsurteil bzw. zu Unzufriedenheit führt. Eine Konfirmation liegt vor, wenn die von dem vergleichenden Individuum erwartete Leistung erfüllt wird und das Individuum indifferent ist.[202] In diesem Fall werden geringe Abweichungen assimiliert, da davon auszugehen ist, dass ein Individuum keine Punktschätzung seiner Erwartungen vollziehen kann.[203] Der Assimilation liegen die theoretischen Annahmen der Dissonanztheorie zugrunde. Danach streben Individuen nach einem Gleichgewicht ihres kognitiven Systems. Werden die Erwartungen eines Individuums nicht erfüllt, können kognitive Dissonanzen entstehen.[204]

Das C-D-Paradigma dient in der vorliegenden Arbeit zur Erklärung der Entstehung eines Qualitätsurteils bei dem Auftraggeber der Internen Revision, das auf einem kognitiv-rationalen Kalkül beruht. Der individuelle Grad der Qualitätsbeurteilung stellt das Ergebnis eines Soll-Ist-Vergleichs dar, der im Rahmen der späteren Qualitätsmessung zu berücksichtigen ist. Aufgrund des ho-

---

199 Vgl. *Homburg/Stock-Homburg* (2008), S. 22; *Stauss* (1999), S. 9.

200 Vgl. *Stauss* (1999), S. 9; *Fournier/Mick* (1999), S. 6. Ansätze, die affektive Komponenten berücksichtigen, finden sich bei *Boslau* (2009), S. 22–26 und *Faullant* (2007), S. 29–36.

201 Vgl. *Boslau* (2009), S. 28; *Groß-Engelmann* (1999), S. 26.

202 Vgl. *Stauss* (1999), S. 8; *Hill* (1986), S. 311.

203 Vgl. *Hinterhuber/Handlbauer/Matzler* (2003), S. 15; *Bruhn* (2000), S. 1033; *Zeithaml/Berry/Parasuraman* (1993), S. 5.

204 Vgl. auch *Jaritz* (2008), S. 76; *Faullant* (2007), S. 22.

hen Abstraktionsniveaus des C-D-Paradigmas lassen sich zudem andere verhaltenswissenschaftliche Erklärungsansätze integrieren.[205]

3.1.2 Soziale Austauschtheorie

Die soziale Austauschtheorie geht in ihren Ursprüngen auf die Arbeiten von THIBAUT/ KELLEY und HOMANS zurück.[206] Sie stellt einen interdisziplinären Ansatz der Soziologie, Sozialpsychologie und mikroökonomischen Entscheidungstheorien zur Nutzenmaximierung dar und ist eine der einflussreichsten Theorien zur Erklärung sozialen Verhaltens von Individuen.[207] Sie gehört zu den sozialpsychologischen Erklärungsansätzen, in deren Mittelpunkt die Analyse und Gestaltung von dyadischen Interaktionen steht.[208] Ziel der sozialen Austauschtheorie ist die Erklärung der Entstehung und der Entwicklung von Austauschbeziehungen.[209] Primär ist sie auf einen mittel- bis langfristigen Zeithorizont ausgerichtet, beschränkt sich inhaltlich aber auf keinen bestimmten Kontext, sodass neben privaten Beziehungen ebenso Geschäftsbeziehungen betrachtet werden.[210] Nach den grundsätzlichen Überlegungen stützt sich die soziale Austauschtheorie auf relationale Verträge, die aus sozialen Interaktionen zwischen zwei Individuen über den Austausch von materiellen und immateriellen Aktivitäten oder Werten entstehen.[211] Interaktionen sind interdependent und zwischen den Austauschpartnern durch reziproke Erwartungshaltungen gekennzeichnet, da die Beteiligten durch ihr Eigeninteresse moti-

---

205 Vgl. *Stauss* (1999), S. 6.

206 Vgl. *Homans* (1972); *Thibaut/Kelley* (1959).

207 Vgl. *Cropanzano/Mitchell* (2005), S. 874; *Zafirovski* (2005), S. 1. *Wiswede* (2007), S. 101, weist in diesem Zusammenhang darauf hin, dass die soziale Austauschtheorie bislang vergleichsweise spärlich auf wirtschaftliche Sachverhalte angewandt worden sei.

208 Vgl. *Meffert/Bruhn* (2009), S. 74.

209 Vgl. *Bruhn* (2009), S. 38.

210 Vgl. *Wallenburg* (2004), S. 77; *Athenstaedt/Freudenthaler/Mikula* (2002), S. 63.

211 Vgl. *Lambe/Wittmann/Spekman* (2001), S. 4; *Homans* (1972), S. 11.

viert sind und mit ihrem Verhalten Einfluss aufeinander ausüben.[212] In der sozialen Austauschtheorie wird davon ausgegangen, dass die beteiligten Partner versuchen, die positiven Konsequenzen ihres eigenen Handelns zu maximieren und die negativen Konsequenzen zu minimieren.[213] Eine soziale Interaktion kann nur dann aufgebaut werden, wenn die Partner Gerechtigkeit zwischen ihnen anstreben und der jeweils subjektiv empfundene Nutzen für beide gleich hoch ist.[214] Dementsprechend werden Austauschbeziehungen nur so lange fortgeführt, wie die empfundene Kosten-Nutzen-Differenz als Beziehungsergebnis positiv bewertet wird.[215] Dabei sind Kosten und Nutzen nicht ausschließlich im streng ökonomischen Sinne zu verstehen, sondern umfassen alle sozialen und psychologischen Aspekte einer Beziehung.[216] Typische Kostenarten, die auch als Bestrafungen bezeichnet werden, sind beispielsweise Zeitaufwand, Ärger, Anstrengung oder Unsicherheit.[217] Daneben werden als typische Nutzenarten, die ihrerseits auch als Belohnungen bezeichnet werden, Liebe und Zuneigung, Status, Geld und Information sowie Sachgüter und Dienstleistungen genannt.[218] Darauf aufbauend können die Annahmen der sozialen Austauschtheorie in vier zentralen Punkten zusammengefasst werden:[219]

- Austauschbeziehungen erfordern ein ökonomisches und/oder soziales Ergebnis.
- Die Austauschpartner vergleichen dieses Ergebnis mit dem potenziellen Ergebnis aus alternativen Austauschbeziehungen.

---

[212] Vgl. *Zafirovski* (2005), S. 3; *Athenstaedt/Freudenthaler/Mikula* (2002), S. 62; *Schmitz* (2002), S. 140.

[213] Vgl. *Gröppel-Klein/Königstorfer/Terlutter* (2010), S. 59; *Herrmann/Seilheimer* (2000), S. 18.

[214] Vgl. *Bruhn* (2009), S. 37; *Meffert/Bruhn* (2009), S. 75.

[215] Vgl. *Wiswede* (2007), S. 99; *Thibaut/Kelley* (1959), S. 64.

[216] Vgl. *Wallenburg* (2004), S. 78; *Lambe/Wittmann/Spekman* (2001), S. 6.

[217] Vgl. *Bierhoff* (1997), S. 136. Ähnlich auch *Athenstaedt/Freudenthaler/Mikula* (2002), S. 63.

[218] Vgl. *Foa/Foa* (1980), S. 79. So auch *Cropanzano/Mitchell* (2005), S. 880; *Bierhoff* (1997), S. 136.

[219] Vgl. *Lambe/Wittmann/Spekman* (2001), S. 6. So auch *Sieber* (2008), S. 107f.; *Wallenburg* (2004), S. 77.

- Ein positives Ergebnis erhöht das gegenseitige Vertrauen der Austauschpartner und die Verpflichtung zur Beibehaltung der Austauschbeziehung.
- Ein positives Ergebnis generiert im Zeitablauf relationale Austauschnormen, die die Austauschbeziehung regeln.

Die Bewertung einer Austauschbeziehung erfolgt relativ zu zwei verschiedenen Vergleichsmaßstäben, dem Vergleichsniveau (Comparison Level) und dem Vergleichsniveau für Alternativen (Comparison Level for Alternatives).[220] Das Comparison Level (CL) ist der Ausgangspunkt der Bewertung. Es bestimmt das erwartete Ergebnisniveau, anhand dessen ein Austauschpartner die Attraktivität einer Beziehung festmacht.[221] Je mehr das wahrgenommene Ergebnis das CL, also die Erwartungen, überschreitet, desto attraktiver und zufriedenstellender wird die Austauschbeziehung erlebt.[222]

Daneben vergleichen die Austauschpartner ihr Ergebnisniveau mit alternativen Möglichkeiten. Das Comparison Level for Alternatives (CL_{alt}) kann definiert werden als das niedrigste Niveau, das ein Partner unter Berücksichtigung alternativer Austauschbeziehungen noch gerade akzeptiert.[223] Es ist der unterste Schwellenwert für den Verbleib in einer Beziehung, bei dessen Unterschreiten die Interaktionspartner die Beziehung zugunsten der als besser wahrgenommenen Alternative verlassen.[224] Liegt das wahrgenommene Ergebnis der Austauschbeziehung über dem CL_{alt}, aber unter dem CL, wird die Beziehung trotz Unzufriedenheit aufgrund fehlender Alternativen fortgeführt.[225] Die gegensei-

---

[220] Vgl. *Thibaut/Kelley* (1959), S. 21. Siehe auch *Athenstaedt/Freudenthaler/Mikula* (2002), S. 64.

[221] Vgl. *Thibaut/Kelley* (1959), S. 21. Das CL wird durch die Erwartungen der Austauschpartner repräsentiert und entspricht einer Sollkomponente im Sinne des C-D-Paradigmas. Vgl. dazu *Meffert/Bruhn* (2009), S. 76; *Schmitz* (2002), S. 141, dort Fußnote 7.

[222] Vgl. *Wallenburg* (2004), S. 78; *Athenstaedt/Freudenthaler/Mikula* (2002), S. 64.

[223] Vgl. *Thibaut/Kelley* (1959), S. 21. Siehe auch *Bierhoff* (1997), S. 137.

[224] Vgl. *Athenstaedt/Freudenthaler/Mikula* (2002), S. 64; *Lambe/Wittmann/Spekman* (2001), S. 9.

[225] Vgl. *Wiswede* (2007), S. 99; *Schmitz* (2002), S. 141.

tige Abhängigkeit der Austauschpartner ist insofern durch die Höhe des CL_{alt} determiniert.[226]

Ein für die Austauschpartner annehmbares Beziehungsergebnis erhöht nicht nur den Verpflichtungsgrad zur Beibehaltung der Austauschbeziehung, sondern steigert darüber hinaus das Vertrauen in den Austauschpartner.[227] In der sozialen Austauschtheorie stellt Vertrauen ein wichtiges Element sozialer Beziehungen dar, da es eine verlässliche Koordination zwischen den Austauschpartnern erlaubt, ohne die Benachteiligung eines Partners zu befürchten.[228] Vertrauen in eine und Zufriedenheit mit einer Austauschbeziehung etablieren schließlich im Zeitablauf soziale Normen, die das Verhalten der Partner in einer Beziehung regeln.[229] Normen stabilisieren die Beziehung und wirken effizienzfördernd, indem sie die der Beziehung inhärenten Unsicherheiten reduzieren.[230]

Der Erklärungsgehalt der sozialen Austauschtheorie ergibt sich in der vorliegenden Arbeit aus einer grundlegenden Perspektive für die Beziehung zwischen der Internen Revision und dem Auftraggeber. Wird der Auftraggeber im Rahmen der Beziehung durch qualitativ hochwertige Leistungen und eine vertrauensvolle Zusammenarbeit belohnt, steigt die Wahrscheinlichkeit, dass seine positive Haltung gegenüber der Internen Revision gefestigt wird oder sich diese aufgrund der wahrgenommenen Belohnungen entwickeln kann.[231] Daneben wird die Bedeutung des Vertrauens in die Interne Revision als Schlüsselelement für die Beziehung hervorgehoben.[232] Aus der sozialen Austauschtheo-

---

226 Vgl. *Bierhoff* (1997), S. 137.

227 Vgl. *Wallenburg* (2004), S. 78.

228 Vgl. *Lambe/Wittmann/Spekman* (2001), S. 21; *Bierhoff* (1997), S. 141. *Rusbult/Lange Van* (1996), S. 583, identifizieren Vertrauen als beziehungsspezifisches Motiv, das zu einer Stabilität der Austauschbeziehung beiträgt.

229 Vgl. *Athenstaedt/Freudenthaler/Mikula* (2002), S. 73; *Lambe/Wittmann/Spekman* (2001), S. 11; *Rusbult/ Lange Van* (1996), S. 583f.

230 Vgl. *Lambe/Wittmann/Spekman* (2001), S. 12.

231 Ähnlich auch *Gröppel-Klein/Königstorfer/Terlutter* (2010), S. 60.

232 Vgl. auch *Klee* (2000), S. 120. *Schmitz* (2002), S. 142, spricht im Zusammenhang mit einer verhaltenswissenschaftlich orientierten Forschung zu Geschäftsbeziehungen da-

rie können zwar keine Hinweise auf die Konzeptualisierung von Vertrauen abgeleitet werden, aber durch das auf Vergleichsmaßstäben beruhende Bewertungsschema lassen sich erste Anhaltspunkte für die Messung von Vertrauen identifizieren.

3.1.3 Dissonanztheorie

Die von FESTINGER entwickelte Dissonanztheorie, die auch als Theorie der kognitiven Dissonanz bekannt ist, gehört zu den verhaltenswissenschaftlichen Stimulus-Organism-Response-Theorien, da sie ausgehend von einem bestimmten Reiz die psychologischen Prozesse eines Individuums abbildet und die daraus resultierenden Reaktionen zu erklären versucht.[233] Die Dissonanztheorie basiert auf der Annahme, dass ein Individuum nach Konsistenz, d.h. einer harmonischen und widerspruchsfreien Verknüpfung von Überzeugungen, Erfahrungen und Einstellungen, seines kognitiven Systems strebt.[234] Die Struktur des kognitiven Systems ist durch die Beziehungen einzelner Elemente (Kognitionen) zueinander gekennzeichnet.[235] Sind diese Elemente miteinander vereinbar (konsonant), befindet sich das kognitive System im Gleichgewicht. Die Dissonanztheorie fokussiert sich hingegen auf dissonante Kognitionen, die einander widersprechen und zu einem Ungleichgewicht des Systems und zu unangenehmen psychologischen Spannungen bei einem Individuum führen.[236] Die Stärke kognitiver Dissonanzen ist abhängig von der Kompetenzeinschätzung des Individuums, von der Relevanz der Entscheidung, von der persön-

---

von, dass Vertrauen mittlerweile unbestritten als Schlüsselkonstrukt zu betrachten ist, das als Mediatorvariable eine vergleichsweise sparsame und übersichtliche Abbildung komplexer Beziehungsstrukturen ermöglicht.

233 Vgl. *Giering* (2000), S. 54, und grundlegend zu dieser Theorie *Festinger* (1957).

234 Vgl. *Festinger* (1978), S. 15. Siehe auch *Gröppel-Klein/Königstorfer/Terlutter* (2010), S. 56.

235 Vgl. *Raffée/Sauter/Silberer* (1973), S. 13.

236 Vgl. *Gröppel-Klein/Königstorfer/Terlutter* (2010), S. 57; *Homburg/Giering/Hentschel* (1999), S. 179.

lichen Verantwortung für eine Entscheidung und von seiner subjektiven Toleranzschwelle.[237] Überschreiten die kognitiven Dissonanzen die individuelle Toleranzschwelle, versucht das Individuum durch unterschiedliche Maßnahmen eine Dissonanzreduktion herbeizuführen. Je stärker die Dissonanzen auftreten, desto stärker ist das Verlangen nach dissonanzreduzierenden Maßnahmen.[238] Diese Maßnahmen können wie folgt gestaltet sein:[239]

- Vermeidung von Dissonanzen, indem Informationen vermieden, nicht wahrgenommen oder verleugnet werden.
- Reduzierung von Dissonanzen durch Veränderung der Einstellung oder des Verhaltens.
- Uminterpretation der dissonanzerzeugenden Situation durch Abwertung einer nicht gewählten Alternative.
- Verdrängung von Dissonanzen aus dem Bewusstsein.

Ein Individuum wählt die Maßnahme, mit der es einfach und effizient das kognitive Gleichgewicht (wieder-)herstellen kann und gleichzeitig eine möglichst geringe Veränderung des gesamten kognitiven Systems herbeiführt.[240]

Kognitive Dissonanzen treten häufig unmittelbar nach einer Entscheidung (Nachentscheidungsdissonanz) auf, bei der das Ausmaß von der Wichtigkeit der Entscheidung und der Überlagerung verschiedener Entscheidungsalternativen bestimmt wird.[241] Weisen die Entscheidungsalternativen viele Gemeinsamkeiten und Vorteile auf, vergrößert sich die Nachentscheidungsdissonanz.[242] Neben der Entstehung von Dissonanzen unmittelbar nach einer Entscheidungssituation können diese auch in zeitlich nachgelagerten Phasen auftreten, wenn die an die Entscheidung geknüpften Erwartungen nicht erfüllt

---

[237] Vgl. *Kroeber-Riel/Weinberg/Gröppel-Klein* (2009), S. 232.

[238] Vgl. *Foscht/Swoboda* (2007), S. 63.

[239] Vgl. *Kroeber-Riel/Weinberg/Gröppel-Klein* (2009), S. 231. Ähnlich auch *Homburg/Krohmer* (2009), S. 61; *Nieschlag/Dichtl/Hörschgen* (2002), S. 1026.

[240] Vgl. *Wallenburg* (2004), S. 73; *Mayer/Illmann* (2000), S. 211.

[241] Vgl. *Nieschlag/Dichtl/Hörschgen* (2002), S. 1026.

[242] Vgl. *Kroeber-Riel/Weinberg/Gröppel-Klein* (2009), S. 232.

werden.[243] Dissonanzen sind dann die Folge persönlicher Erfahrungen, die bei einem Individuum beispielsweise zu Zweifeln bezüglich der Qualität eines Produkts oder einer Dienstleistung führen.[244] Das Individuum nimmt in diesem Fall eine Diskrepanz zwischen seiner Wahrnehmung und Erwartung wahr und wird versuchen, die entstandenen kognitiven Dissonanzen zu reduzieren. Die individuelle Erwartungshaltung wird von persönlichen Bedürfnissen, eigenen Erfahrungen und Meinungen Dritter sowie von Anbietern proklamierte Versprechen beeinflusst.[245]

Die Dissonanztheorie leistet im Kontext der Internen Revision einen Erklärungsbeitrag für die Entstehung der Akzeptanz bei den Auftraggebern. Dissonanztheoretisch betrachtet strebt der Auftraggeber nach einem Gleichgewicht seines kognitiven Systems. Nimmt er die Qualität der Internen Revision und die Vertrauenswürdigkeit der Internen Revision nicht in seinem erwarteten Ausmaß wahr, liegen kognitive Dissonanzen vor, die seine Haltung gegenüber der Internen Revision negativ beeinflussen und zu einer geringeren Akzeptanzeinschätzung führen können. Gleichzeitig zeigen die Diskrepanzen zwischen der Wahrnehmung und der Erwartung der Auftraggeber, die die Grundlage der kognitiven Dissonanzen sind, Ansatzpunkte zur Verbesserung der Qualität und zur Stärkung des Vertrauens für die Interne Revision auf. In diesem Fall sollte die Interne Revision bestrebt sein, durch geeignete Maßnahmen den kognitiven Dissonanzen bei ihrem Auftraggeber entgegenzuwirken.

3.1.4 Risikotheorie

Die Risikotheorie geht auf die Arbeit von BAUER zurück und wird, wie die Dissonanztheorie, im Rahmen der psychologischen Erklärungsansätze zu den

---

243 Vgl. *Nieschlag/Dichtl/Hörschgen* (2002), S. 1026. Ähnlich auch *Aronson* (1968), S. 23.

244 Vgl. *Raffée/Sauter/Silberer* (1973), S. 23.

245 Vgl. *Kuß/Tomczak* (2007), S. 169.

verhaltenswissenschaftlichen Forschungsansätzen gezählt.[246] Die Grundannahme der Risikotheorie besteht darin, dass Entscheidungen eines Individuums mit nachteiligen, nicht antizipierbaren Folgen verbunden sein können und es ein produkt-, personen- und situationsbedingtes Risiko wahrnehmen kann, das aus einer Abweichung seiner Erwartungen an die potenziellen Folgen der Entscheidungen resultiert.[247] Individuen sind folglich bestrebt, das empfundene Risiko zu vermeiden bzw. zu reduzieren.[248] Das Ausmaß des subjektiv empfundenen Risikos hängt zum einen von der Bedeutsamkeit der negativen Folgen einer möglichen Fehlentscheidung und zum anderen von der Eintrittswahrscheinlichkeit dieser Folgen ab.[249] Das Risiko resultiert aus dem unvollständigen Informationsstand des Individuums im Hinblick auf die potenziellen Konsequenzen seiner Entscheidung und führt zu psychologischen Belastungen, die Ausdruck eines auf kognitiven Einschätzungen beruhenden Konflikts sind.[250] Das empfundene Risiko kann in folgende Arten, die in Tabelle 1 erläutert sind, unterschieden werden.[251]

Risikoart	Erläuterung
Funktionales Risiko	Ein Produkt oder eine Dienstleistung weist nicht die erwarteten Eigenschaften oder die gewünschte Funktionalität auf.
Finanzielles Risiko	Ein Produkt oder eine Dienstleistung ist eine Fehlinvestition.
Physisches Risiko	Ein Produkt oder eine Dienstleistung stellt durch die Verwendung eine körperliche Gefahr dar.
Soziales Risiko	Ein Produkt oder eine Dienstleistung schadet der eigenen sozialen Stellung.
Psychologisches Risiko	Ein Produkt oder eine Dienstleistung ist nur schwer mit eigenen Überzeugungen kompatibel.
Zeitliches Risiko	Ein Produkt oder eine Dienstleistung muss innerhalb einer bestimmten Frist erworben werden.

Tabelle 1: Risikoarten

[246] Vgl. *Meffert/Bruhn* (2009), S. 68, und grundlegend zu dieser Theorie *Bauer* (1960).

[247] Vgl. *Pepels* (2005), S. 69; *Bauer/Sauer/Becker* (2003), S. 184.

[248] Vgl. *Homburg/Krohmer* (2009), S. 123.

[249] Vgl. *Meffert/Bruhn* (2009), S. 70f.

[250] Vgl. *Kroeber-Riel/Weinberg/Gröppel-Klein* (2009), S. 436; *Bauer/Sauer/Becker* (2003), S. 184.

[251] Vgl. *Homburg/Krohmer* (2009), S. 124; *Foscht/Swoboda* (2007), S. 84; *Pepels* (2005), S. 69; *Stone/Mason* (1995), S. 144f.

Die Risikoarten verdeutlichen die produkt-, personen- und situationsabhängige Wahrnehmung der Risiken, die unterschiedlich ausgeprägt sein können. Von einer generellen Risikominimierungsabsicht des Individuums wird in der Risikotheorie allerdings nicht ausgegangen. Diese tritt erst bei einer intensiven Beteiligung des Individuums in dem Entscheidungsprozess und bei einer Überschreitung seiner individuellen Toleranzschwelle auf.[252] Die Höhe der Toleranzschwelle wird durch die persönliche Risikobereitschaft des Individuums determiniert.[253] Wie die Ausführungen zur Dissonanztheorie bereits gezeigt haben, strebt ein Individuum die Konsistenz seines kognitiven Systems an. Bei einer Überschreitung der Toleranzschwelle liegen Dissonanzen vor, die es durch Risikominderungstechniken abzubauen versucht. Neben der aktiven Suche und Aufnahme neuer Informationen kann die Senkung des Anspruchsniveaus oder die Orientierung an Meinungsführern eine Möglichkeit der Risikoreduktion darstellen.[254] Zudem hat sich die Orientierung an Qualitätsmerkmalen eines Produkts oder einer Dienstleistung als zweckmäßige Risikominderungstechnik etabliert.[255]

Eine weitere Möglichkeit wird darüber hinaus in der habituellen Wahl von Produkten, Dienstleistungen und Anbietern gesehen.[256] Dies gilt jedoch nur für den Fall, in dem das Individuum bereits über entsprechende Erfahrungswerte verfügt, es die Qualität positiv bewertet und folglich mit der bereits getroffenen Wahl zufrieden ist.[257] Aufgrund seiner positiven Erfahrungen in der Vergangenheit nimmt es an, dass z.B. der gewählte Anbieter zukünftig wiederum die Befriedigung seiner Bedürfnisse in der gewohnten Qualität erfüllen kann

---

[252] Vgl. *Homburg/Becker/Hentschel* (2010), S. 123; *Kroeber-Riel/Weinberg/Gröppel-Klein* (2009), S. 437.

[253] Vgl. *Bauer/Sauer/Becker* (2003), S. 184.

[254] Vgl. *Homburg/Krohmer* (2009), S. 124; *Mayer/Illmann* (2000), S. 249f. Siehe zu weiteren Risikoreduktionsmaßnahmen *Pepels* (2005), S. 71–73.

[255] Vgl. *Neumann* (2007), S. 57; *Tsiros/Heilman* (2005), S. 117; *Murray* (1991), S. 10f.

[256] Vgl. *Foscht/Swoboda* (2007), S. 84; *Kuß/Tomczak* (2007), S. 149.

[257] Vgl. *Wallenburg* (2004), S. 74; *Giering* (2000), S. 59.

und baut somit Vertrauen zu diesem Anbieter auf.[258] Gleichzeitig ist ein Kunde diesem Anbieter treu, wenn seine Bedürfnisse befriedigt werden, nicht zuletzt um dem Risiko einer Enttäuschung bei einem anderen Anbieter zu entgehen.[259] Eine positiv wahrgenommene Qualität kann damit das vom Individuum empfundene Risiko reduzieren.

Schließlich spielt Vertrauen eine nicht unerhebliche Rolle und wird in funktionierenden Beziehungen mit einem Gefühl der Sicherheit verbunden.[260] Vertrauen wird allerdings weniger als Risikominderungstechnik betrachtet, sondern vielmehr besteht in der Literatur weitgehend Einigkeit darüber, dass Vertrauen eine Erhöhung der individuellen Toleranzschwelle bewirkt.[261] Demzufolge schätzt ein Individuum mit hohem Vertrauen das empfundene Risiko geringer ein als ein Individuum mit niedrigem Vertrauen. Bedingt durch die Erhöhung der Toleranzschwelle ist die Suche nach und die Anwendung von risikoreduzierenden Techniken nur noch eingeschränkt erforderlich, sodass Vertrauen Risikominderungstechniken substituieren kann.

In Bezug auf die vorliegende Arbeit liefert die Risikotheorie einen wichtigen Erklärungsbeitrag für die Entstehung der Akzeptanz bei den Auftraggebern. Der Auftraggeber wird die Qualität der Internen Revision dann positiv beurteilen, wenn er eine über seinen Erwartungen liegende Revisionsleistung wahrnimmt. Eine hohe wahrgenommene Qualität dient als Indikator für die Fähigkeit der Internen Revision, zukünftig die Anforderungen des Auftraggebers und das gegebene Leistungsversprechen erfüllen zu können. Die Orientierung an der Qualität der Internen Revision kann die empfundenen Risiken (insbesondere Abbau des funktionalen Risikos) des Auftraggebers reduzieren und dadurch seine Haltung gegenüber der Internen Revision und damit die Akzeptanz positiv beeinflussen. Gleichzeitig führt ein positives Qualitätsurteil zu

[258] Vgl. *Gröppel-Klein/Königstorfer/Terlutter* (2010), S. 57; *Gounaris* (2005), S. 129.

[259] Vgl. *Fuchs* (2010), S. 76; *Huber/Regier/Vollhardt* (2006), S. 239.

[260] Vgl. *Kroeber-Riel/Weinberg/Gröppel-Klein* (2009), S. 438.

[261] Vgl. *Martin* (2009), S. 90; *Huber/Regier/Vollhardt* (2006), S. 239; *Bauer/Schüle/Neumann* (2005), S. 107.

einem Vertrauensaufbau beim Auftraggeber und erhöht seine individuelle Risikobereitschaft.

3.1.5 Lerntheorie

Im Vergleich zur Risiko- und Dissonanztheorie weisen Lerntheorien einen stärkeren Vergangenheitsbezug auf. Unter Lernen wird allgemein ein erfahrungsbasierter Prozess verstanden, der zu Veränderungen von Wissen, Einstellungen und/oder Verhaltensweisen führt.[262] Lerntheorien bilden einen Forschungsbereich der Psychologie und erklären Veränderungen in den Einstellungen und im Verhalten von Individuen durch unterschiedliche (erfahrungsbasierte) Lernprozesse.[263] Das Verhalten umfasst hierbei nicht nur das beobachtbare Verhalten, sondern auch Wahrnehmungs-, Denk- und sonstige Prozesse des Erlebens.[264] Angesichts der Komplexität und Vielfalt menschlichen Lernens haben sich unterschiedliche Lerntheorien entwickelt, die sich mit dem Lernverhalten von Individuen auseinandersetzen. Innerhalb der verhaltenswissenschaftlichen Forschung lassen sich kognitive und behavioristische Lerntheorien differenzieren.[265]

Die kognitiven Lerntheorien basieren auf der Annahme, dass menschliches Verhalten durch die geistige Bewältigung von Herausforderungen, d.h. durch das Erkennen von Zusammenhängen gesteuert wird.[266] Kognitives Lernen ist das Ergebnis mentaler Prozesse. Ein Individuum verwendet aktiv Informatio-

---

[262] Vgl. *Blackwell/Miniard/Engel* (2006), S. 88.

[263] Vgl. *Gerrig/Zimbardo* (2008), S. 192; *Döhl* (1983), S. 181.

[264] Vgl. *Mayer/Illmann* (2000), S. 450.

[265] Vgl. *Neumann* (2007), S. 51; *Nieschlag/Dichtl/Hörschgen* (2002), S. 614–616; *Solomon/Bamossy/Askegaard* (2001), S. 89–95. *Kroeber-Riel/Weinberg/Gröppel-Klein* (2009), S. 375, unterscheiden daneben zusätzlich die Theorie des verbalen und bildlichen Lernens.

[266] Vgl. *Nieschlag/Dichtl/Hörschgen* (2002), S. 615.

nen zum Erwerb neuen Wissens und zum Aufbau von Wissensstrukturen.[267] Nach diesen Lerntheorien werden kognitive Orientierungen erlernt, insbesondere Erwartungen an die Umwelt. Beobachtbare Verhaltensreaktionen des Individuums bleiben dabei unberücksichtigt.

Behavioristisches Lernen wird dagegen weniger als Erwerb oder Speicherung von Wissen aufgefasst, sondern bezieht sich auf die Ausformung menschlichen Verhaltens und der Entstehung bestimmter Verhaltensmuster.[268] Für die Erklärung von Veränderungen in den Einstellungen und im Verhalten von Individuen untersuchen sie Lernen als Ergebnis wiederholter Reiz-Reaktions-Folgen. Aufgrund wiederholter Kontakte zwischen Individuen oder zwischen einem Individuum und einem Unternehmen treten Konditionierungsprozesse ein, die es dem Individuum ermöglichen, eigene Erfahrungen aus der Vergangenheit in die Zukunft zu übertragen.[269] Die behavioristischen Lerntheorien werden der Gruppe der Stimulus-Response-Theorien zugeordnet und in die klassische und die operante (instrumentelle) Konditionierung unterteilt.[270]

Die klassische Konditionierung geht auf die Tierexperimente von PAWLOW zurück.[271] Danach vollzieht sich Lernen nach dem Modell des Konditionierens, d.h. der Herstellung einer bedingten Reaktion. Die Grundlage der klassischen Konditionierung bildet die räumliche und zeitliche Nähe zweier Reize (Kontiguitätsprinzip).[272] Dabei wird die reflexartige Verbindung zwischen Reiz und Reaktion mit einem bis dahin neutralen Reiz assoziiert.[273] Für eine gewisse Zeit wird der neutrale Reiz, der bei dem Individuum zunächst keine Reaktion hervorruft, mit einem anderen unkonditionierten Reiz gepaart, der eine bestimmte Reaktion (unwillkürlicher Reflex) bei dem Individuum auslöst.

[267] Vgl. *Kroeber-Riel/Weinberg/Gröppel-Klein* (2009), S. 381; *Solomon/Bamossy/Askegaard* (2001), S. 94.

[268] Vgl. *Wiswede* (2007), S. 68.

[269] Vgl. *Gröppel-Klein/Königstorfer/Terlutter* (2010), S. 54.

[270] Vgl. *Solomon/Bamossy/Askegaard* (2001), S. 89.

[271] Vgl. *Pawlow* (1953).

[272] Vgl. *Kroeber-Riel/Weinberg/Gröppel-Klein* (2009), S. 377.

[273] Vgl. *Gerrig/Zimbardo* (2008), S. 195; *Mayer/Illmann* (2000), S. 452.

Werden der neutrale und der unkonditionierte Reiz mehrfach miteinander in Verbindung gebracht, kann später die bestimmte Reaktion auch dann hervorgerufen werden, wenn nur der neutrale Reiz dargeboten wird.[274] Es wird dann vom Lernen des Individuums gesprochen, wenn der ursprünglich neutrale Reiz allein ausreicht, um die Reaktion auszulösen. In der Theorie der klassischen Konditionierung wird bei der Erklärung von Stimulus-Response-Verknüpfungen die Reizkomponente hervorgehoben, während die Konsequenzen des Verhaltens unberücksichtigt bleiben.[275]

Demgegenüber beruht die operante Konditionierung auf der Erkenntnis, dass über Belohnungen und Bestrafungen das zukünftige Verhalten sowie die Einstellungen von Individuen beeinflusst werden können.[276] Bei der operanten Konditionierung handelt es sich um einen Ansatz des Lernens nach dem Verstärkungsprinzip, wonach die Wahrscheinlichkeit, dass ein Verhalten in Zukunft wieder auftritt, steigt, wenn es belohnt wird. Dagegen sinkt bei einer Bestrafung die Wahrscheinlichkeit für das abermalige Auftreten dieses Verhaltens. Wird ein Verhalten weder belohnt noch bestraft, wird es aufgegeben.[277] Die Verstärkung soll hierbei nicht das Verhalten erklären, sondern ist die Bedingung dafür, dass die Wahrscheinlichkeit eines bestimmten Verhaltens erhöht wird.[278] Beim Lernen durch operante Konditionierung steht demnach die Verbindung von Verhalten und nachfolgenden Konsequenzen in Form von Belohnungen oder Bestrafungen im Vordergrund.[279] Positive Verstärker (Belohnungen) führen somit zur Beibehaltung bzw. Verstärkung bisherigen Verhaltens bzw. bisheriger Einstellungen, während negative Verstärker (Bestrafungen) in einer Verhaltens- bzw. Einstellungsänderung resultieren. Individuen lernen durch die Beobachtung der Auswirkungen ihrer Handlungen, welches

---

274 Vgl. *Homburg/Krohmer* (2009), S. 71.

275 Vgl. *Nieschlag/Dichtl/Hörschgen* (2002), S. 614.

276 Vgl. *Gröppel-Klein/Königstorfer/Terlutter* (2010), S. 54; *Mayer/Illmann* (2000), S. 455.

277 Vgl. *Wiswede* (2007), S. 68.

278 Vgl. *Mayer/Illmann* (2000), S. 455.

279 Vgl. *Homburg/Krohmer* (2009), S. 71.

Verhalten angemessen ist und welches nicht. Sie orientieren sich an den zu erwartenden Ergebnissen und wählen das Verhalten, das ihnen Vorteile verspricht und Nachteile vermeidet.[280]

Auf Basis der Lerntheorie können weitere theoretische Bezugspunkte für die vorliegende Arbeit identifiziert werden. Der enge Bezug der Lerntheorie zur sozialen Austauschtheorie ist offensichtlich. Die Qualität der Internen Revision wird als Konditionierung verstanden, die eine Belohnung oder Bestrafung für den Auftraggeber darstellt. Nimmt der Auftraggeber eine hohe Qualität der Internen Revision wahr, so wirkt diese als positive Verstärkung und erhöht somit die Wahrscheinlichkeit, dass der Auftraggeber die Interne Revision akzeptiert und eine positive Haltung ihr gegenüber beibehält oder sich diese sogar verstärkt.[281]

Analog dazu erlernt der Auftraggeber im Zeitablauf, ob er der Internen Revision Vertrauen entgegenbringen kann oder nicht. Die Erfahrungen mit der Internen Revision werden auch hier als Verstärkungen interpretiert. Ausschlaggebend für die Entwicklung von Vertrauen sind positive Erfahrungen des Auftraggebers mit der Internen Revision und qualitativ hochwertige Revisionsleistungen.[282] Positive Erfahrungen mit der Qualität der Internen Revision dienen dem Auftraggeber als wichtigen Indikator für die Vertrauenswürdigkeit der Internen Revision.[283] Nach den lerntheoretischen Überlegungen schätzt der Auftraggeber die Akzeptanz der Internen Revision umso besser ein, je häufiger er positive Verstärkungen erfährt.

---

[280] Vgl. *Mayer/Illmann* (2000), S. 455.

[281] Ähnlich auch *Homburg/Becker/Hentschel* (2010), S. 122.

[282] Ähnlich auch *Ravald/Grönroos* (1996), S. 24. *Palmer/Bejou* (1994), S. 499, bemerken hierzu: „Trust is established where the perceived performance matches the promised performance."

[283] Vgl. *Klee* (2000), S. 116.

3.2 Empirische Erkenntnisse zu den theoretischen Kausalzusammenhängen

Auf der Grundlage der vorangegangenen theoretischen Überlegungen kann vermutet werden, dass zum einen die Qualität der Internen Revision sowohl das Vertrauen in die Interne Revision als auch die Akzeptanz der Internen Revision beeinflussen kann. Zum anderen kann angenommen werden, dass das Vertrauen eine positive Wirkung auf die Akzeptanz hat. Diese theoretisch vermuteten Kausalitäten sollen im folgenden Abschnitt durch Erkenntnisse empirischer Forschungsbeiträge fundiert werden. Aufgrund der rudimentären Forschungsbemühungen im Bereich der Internen Revision existieren keine Beiträge, die die kausalen Zusammenhänge bereits untersucht haben. Daher wird auf aktuelle Studien rekurriert, die für diese Arbeit relevante Zusammenhänge zwischen Qualität, Vertrauen und Akzeptanz in anderen Forschungskontexten analysieren. Erschwerend kommt hinzu, dass weder konzeptionelle noch empirische Studien zur Akzeptanz von Dienstleistungen identifiziert werden konnten.[284] Da dieser Arbeit ein einstellungsorientiertes Akzeptanzverständnis zugrunde liegt, werden im Folgenden auch Studien betrachtet, die Zusammenhänge zwischen Qualität, Vertrauen und Einstellungen von Personen erforschen. Die Studien werden nachfolgend in der Reihenfolge ihres Erscheinungsdatums von 2001 bis 2010 mit Bezug zu der vorliegenden Untersuchung vorgestellt.

Das Forschungsinteresse von KENNEDY/FERRELL/THORNE LECLAIR besteht darin, die Rolle von Vertrauen in Geschäftsbeziehungen zu analysieren.[285] Dabei fokussieren sie sich insbesondere auf potenzielle Determinanten des Vertrauens. Die Autorinnen untersuchen im Kontext der Automobilindustrie, welche Determinanten das wahrgenommene Vertrauen in das Verkaufspersonal

---

[284] Damit kann *Mokhtar* (2006), S. 49, zugestimmt werden, dass es zur Akzeptanzproblematik im Bereich der Dienstleistungen kaum wissenschaftlich aussagekräftige Untersuchungen gibt.

[285] Vgl. hierzu und zum Folgenden *Kennedy/Ferrell/Thorne LeClair* (2001).

und in den Hersteller beeinflussen und wie Vertrauen seinerseits die zukünftigen Interaktionen mit dem Verkaufspersonal sowie die Wiederkaufabsicht der Kunden beeinflusst. Ihrer Argumentation nach spiegelt sich eine durch die Kunden positiv wahrgenommene Geschäftsbeziehung in einem hohen Vertrauensgrad wider. Als Vertrauensdeterminanten berücksichtigen sie bestimmte Charakteristika des Verkaufspersonals und des Herstellers sowie Erfahrungen der Kunden mit dem Produkt. Basierend auf einer Literaturanalyse wird hierfür die Dienstleistungsqualität als vertrauensbildender Faktor des Verkaufspersonals identifiziert. Sie postulieren für die Dienstleistungsqualität einen positiven Zusammenhang mit dem wahrgenommenen Vertrauen in das Verkaufspersonal.

Für die Erhebung des empirischen Datenmaterials werden für die Dienstleistungsqualität zehn und für das Vertrauen in das Verkaufspersonal acht Indikatoren abgefragt. Obwohl die Autorinnen in ihren Ausführungen von einer Pfadanalyse sprechen, werden die empirischen Zusammenhänge mithilfe einer kovarianzanalytischen Methode geschätzt.[286] Mit einem Pfadkoeffizienten von 0,166 beeinflusst die wahrgenommene Dienstleistungsqualität das wahrgenommene Vertrauen in das Verkaufspersonal. Der Pfadkoeffizient wird auf einem 0,1 %-Signifikanzniveau statistisch bestätigt. KENNEDY/FERRELL/THORNE LECLAIR können damit empirisch nachweisen, dass die Dienstleistungsqualität eine entscheidende Determinante für das Vertrauen in das Verkaufspersonal ist.

EISER/MILES/FREWER wählen bei ihrer Untersuchung über die Akzeptanz neuer Technologien in der Nahrungsmittelbranche einen experimentellen Forschungsansatz.[287] Zu den betrachteten Technologien gehören u.a. die Verwendung von Nahrungsmittelzusätzen, die Nutzung von Pestiziden in der Landwirtschaft oder der Einsatz von Gentechnik. Das Ziel ihrer Untersuchung be-

[286] Vgl. zum Unterschied zwischen Pfad- und Kausalanalyse *Weiber/Mühlhaus* (2010), S. 19.

[287] Vgl. hierzu und zum Folgenden *Eiser/Miles/Frewer* (2002).

steht darin, den Zusammenhang zwischen der beurteilten Vertrauenswürdigkeit bestimmter (manipulierter) Informationen über die Technologien und der Akzeptanz dieser Technologien zu erforschen. Die Akzeptanz verstehen sie als Einstellung der Öffentlichkeit zu den in der Nahrungsmittelbranche eingesetzten Technologien. Diese zeigt sich nicht als bipolare, ablehnende oder zustimmende, Haltung, sondern beruht auf der Beurteilung der Informationen über die Technologien. Für ihr experimentelles Forschungsdesign greifen sie auf ein bereits entwickeltes Forschungsdesign zurück, das aus drei unterschiedlichen Studien besteht. Die Studien unterscheiden sich hinsichtlich der Experimentteilnehmer und der ihnen dargebotenen Informationen. Die Autoren postulieren, dass zwischen der Vertrauenswürdigkeit der Informationen und der Akzeptanz der Technologien ein positiver Zusammenhang besteht, der sich im Rahmen der drei Studien in hohen Korrelationskoeffizienten zeigen sollte.

In allen drei Studien wird die Beurteilung der Vertrauenswürdigkeit der Informationen mit einem Indikator erhoben. Für die Erhebung der Akzeptanz werden vier, sechs bzw. acht Indikatoren bei den Experimentteilnehmern abgefragt. In der weiteren Korrelationsanalyse wird jedoch der Mittelwert der Indikatoren als Akzeptanzeinschätzung verwendet. Die ermittelten bivariaten Korrelationskoeffizienten zwischen der Vertrauenswürdigkeit der Informationen und der Akzeptanz der Technologien liegen zwischen 0,51 und 0,56 und werden auf einem Signifikanzniveau von 0,1 % statistisch bestätigt. Die Autoren können damit einen mittleren positiven Zusammenhang belegen und kommen in ihrer abschließenden Diskussion zu folgender Schlussfolgerung: „[T]rust is interpreted as another indicator of general attitude."

In der empirischen Studie von CHEN/TAN werden potenzielle Akzeptanzdeterminanten von Online-Kaufhäusern untersucht.[288] Den konzeptionellen Bezugsrahmen der Untersuchung stellt das Technology Acceptance Model dar,

[288] Vgl. hierzu und zum Folgenden *Chen/Tan* (2004).

das um die Konstrukte der wahrgenommenen Dienstleistungsqualität und des wahrgenommenen Vertrauens in das Online-Kaufhaus erweitert wird. Entsprechend dem Technology Acceptance Model, das auf der Theory of Reasoned Action beruht, beeinflusst die Einstellung des Kunden als seine latente Akzeptanzbereitschaft die Absicht, das Online-Kaufhaus für Einkäufe zu nutzen. Neben weiteren Determinanten der Einstellung postulieren sie einen positiven Zusammenhang sowohl zwischen der wahrgenommenen Dienstleistungsqualität und der Einstellung der Kunden zum Online-Kaufhaus als auch zwischen dem wahrgenommenen Vertrauen und der Einstellung.

Die formulierten Hypothesen werden unter Verwendung einer kovarianzbasierten Kausalanalyse überprüft. Mit einem Pfadkoeffizienten von 0,26 kann die Hypothese, dass die wahrgenommene Dienstleistungsqualität die Einstellung der Kunden positiv beeinflusst, statistisch bestätigt werden. Gleichzeitig können die Autoren empirisch nachweisen, dass das wahrgenommene Vertrauen in das Online-Kaufhaus einen positiven Einfluss auf die Einstellung der Kunden gegenüber diesem Online-Kaufhaus ausübt. Der Pfadkoeffizient von 0,19 unterschreitet dabei nur geringfügig die Einflussstärke der Dienstleistungsqualität. Von den jeweiligen Signifikanzniveaus, auf denen die Hypothesen bestätigt werden, berichten die Autoren in ihrem Beitrag nicht.

DONEY/BARRY/ABRATT versuchen Faktoren einer vertrauensvollen Beziehung in einem globalen Business-to-Business-Kontext zu bestimmen.[289] Hierfür entwickeln sie zunächst ein konzeptionelles Modell, in dessen Mittelpunkt das Vertrauen in den Dienstleistungsanbieter steht. Dieses Modell überprüfen sie anschließend mithilfe empirischer Daten. Die Determinanten des Vertrauens unterteilen die Autoren in verhaltens- und anbieterbezogene Faktoren sowie in einen kulturellen Faktor, um dem Anspruch der globalen Ausrichtung ihrer Untersuchung gerecht zu werden. Für die Wirkungen des Vertrauens rekurrieren sie auf die Kundenloyalität und den Anteil der Ausgaben eines Kunden für den Dienstleistungsanbieter im Vergleich zu alternativen Anbietern. Anhand

---

[289] Vgl. hierzu und zum Folgenden *Doney/Barry/Abratt* (2007).

einer Literaturanalyse identifizieren sie innerhalb des anbieterbezogenen Faktors die Dienstleistungsqualität als eine entscheidende Determinante des Vertrauens und postulieren einen positiven Zusammenhang. Diesen begründen sie damit, dass eine als hoch wahrgenommene Dienstleistungsqualität als Indikator für die Zuverlässigkeit des Dienstleistungsanbieters dient, zukünftig Leistungen auf demselben Qualitätsniveau zu erbringen, wodurch der Kunde Vertrauen zu dem Beziehungspartner aufbaut. Vertrauen seinerseits reduziert Unsicherheiten sowie die Wahrscheinlichkeit opportunistischen Verhaltens in der Beziehung.

Die Dienstleistungsqualität erheben sie anhand von acht Indikatoren. Für die Erhebung des Vertrauens werden fünf Indikatoren abgefragt. Die kausalanalytischen Ergebnisse bestätigen einen signifikant positiven Einfluss der Dienstleistungsqualität auf das Vertrauen in den Dienstleistungsanbieter. Mit einem Pfadkoeffizienten von 0,17 können sie eine mittlere positive Einflussstärke belegen.

In dem Beitrag von BAUER ET AL. wird ein Ansatz zur Erklärung der Konsumentenakzeptanz von Location Based Services entwickelt und empirisch überprüft.[290] Location Based Services stellen eine spezielle Art von Anwendungen des Mobile Commerce dar, die sich an den aktuellen Standort eines Nutzers anpassen und dadurch Mehrwert für den Nutzer generieren. Der Erklärungsansatz zur Konsumentenakzeptanz basiert auf der Theory of Reasoned Action, nach der die Verhaltensabsicht eines Konsumenten von seinen Einstellungen zu Location Based Services abhängig ist. Als Determinanten der Einstellung der Konsumenten identifizieren die Autoren die wahrgenommene Preiswürdigkeit, das wahrgenommene Vergnügen sowie die wahrgenommene Qualität von Location Based Services. Basierend auf einem logisch-deduktiven Vorgehen postulieren sie einen positiven Zusammenhang zwischen der wahrgenommenen Qualität und der Einstellung der Konsumenten.

---

[290] Vgl. hierzu und zum Folgenden *Bauer et al.* (2008).

Die Überprüfung des entwickelten Erklärungsansatzes erfolgt anhand von empirisch erhobenen Daten unter Verwendung einer kovarianzbasierten Kausalanalyse. Die Ergebnisse zeigen, dass alle vermuteten Kausalzusammenhänge auf einem 1 %-Signifikanzniveau bestätigt werden. Die wahrgenommene Qualität von Location Based Services übt dabei mit einem Pfadkoeffizienten von 0,20 einen schwachen positiven Einfluss auf die Einstellung der Konsumenten aus.

Das Ziel der von CARLSON/O'CASS durchgeführten Studie besteht in der Entwicklung eines Ansatzes zur Untersuchung der Wirkungsbeziehung zwischen der wahrgenommenen Qualität von E-Service-Webseiten und den Einstellungen von Kunden zu diesen Webseiten.[291] Unter einer Einstellung verstehen die Autoren eine gelernte Prädisposition einer Person zu einem Objekt, auf dieses in einer zustimmenden oder ablehnenden Weise zu reagieren. Sie ist eine durch vergangene Erfahrungen erlernte positive, neutrale oder negative Haltung einer Person in Bezug auf ein Produkt oder eine Dienstleistung und entspricht dem Akzeptanzverständnis dieser Arbeit.[292] Die Autoren argumentieren, dass die Wahrnehmung verschiedener Qualitätsmerkmale der Webseite die Einstellungsbildung der Kunden beeinflusst. Sie postulieren einen positiven Einfluss der wahrgenommenen Qualität der Webseite auf die Einstellung der Kunden zu dieser Webseite.

Für die Erhebung des empirischen Datenmaterials wurde ein Online-Fragebogen an zwei verschiedene Stichproben von Kunden versendet. Die Stichproben unterscheiden sich darin, dass die erste diejenigen Kunden umfasst, die bei einer bestimmten Webseite registriert sind, während die zweite Stichprobe aus den Kunden besteht, die mehrere, d.h. verschiedene Webseiten aufsuchen. Den auf empirischen Erkenntnissen entwickelten Erklärungsansatz schätzen sie mithilfe einer varianzbasierten Kausalanalyse. Die Ergebnisse zeigen für

[291] Vgl. hierzu und zum Folgenden *Carlson/O'Cass* (2010).

[292] Vgl. dazu auch die Ausführungen zur Konzeptualisierung der Akzeptanz in Abschnitt 4.3.3.1.

beide Stichproben einen höchst signifikanten positiven Einfluss der wahrgenommenen Qualität auf die Einstellung der Kunden. Für die erste Stichprobe wird ein Pfadkoeffizient von 0,55 ermittelt. Der entsprechende für die zweite Stichprobe beträgt dagegen 0,47. In einer abschließenden Untersuchung werden die beiden Stichproben zu einer einzigen Stichprobe aggregiert. In diesem Fall beträgt der Pfadkoeffizient 0,54 und wird gleichfalls auf einem 0,1 %-Signifikanzniveau statistisch bestätigt. CARLSON/O'CASS können mit ihrer empirischen Untersuchung belegen, dass die wahrgenommene Qualität einer E-Service-Webseite einen mittleren positiven Einfluss auf die Einstellung der Kunden zu dieser Webseite ausübt.

In der empirischen Studie von MCCOLE/RAMSEY/WILLIAMS untersuchen die Autoren den Einfluss von Vertrauen auf die Einstellung von Kunden zu Online-Käufen.[293] Hinsichtlich des Aspekts „Vertrauen" unterscheiden sie drei verschiedene Betrachtungsebenen und konzeptualisieren dafür drei eigenständige Konstrukte. Diese umfassen das Vertrauen in das Internet als Durchführungssystem der Transaktion, die Vertrauenswürdigkeit des Verkäufers sowie das Vertrauen in Zertifizierungen des Verkäufers durch Dritte. Das Ziel der Studie besteht darin zu untersuchen, inwieweit die Beurteilung der Vertrauenswürdigkeit des Verkäufers, des Durchführungssystems und vorhandener Zertifizierungen die Einstellung der Kunden beeinflusst. In ihrer Argumentation folgen sie einer risikotheoretischen Betrachtung, wonach Vertrauen eine Erhöhung der individuellen Toleranzschwelle bewirkt und dadurch Kunden bereit sind, die mit dem Online-Kauf verbundenen Risiken zu akzeptieren. Für jede der drei Wirkungsbeziehungen formulieren sie eine Hypothese und postulieren einen positiven Zusammenhang zwischen dem Vertrauen und der Einstellung der Kunden zu Online-Käufen.

Das empirische Datenmaterial erheben sie mithilfe eines Fragebogens. Zur Überprüfung ihrer Hypothesen nutzen sie eine „hierarchical moderated regres-

---

[293] Vgl. hierzu und zum Folgenden *McCole/Ramsey/Williams* (2010).

sion analysis“. Die ermittelten standardisierten Betakoeffizienten liegen zwischen 0,14 und 0,29 und werden auf einem Signifikanzniveau von 1 % statistisch bestätigt. Die Ergebnisse zeigen damit, dass die Vertrauenswürdigkeit des Verkäufers, das Vertrauen in das Durchführungssystem und das Vertrauen in Zertifizierungen des Verkäufers einen positiven Einfluss auf die Einstellung der Kunden zu Online-Käufen ausüben.

In der Untersuchung von CHENET/DAGGER/O'SULLIVAN versuchen die Autoren, die Rolle der Dienstleistungsdifferenzierung in einem Business-to-Business-Kontext und insbesondere die Beziehung zwischen der Dienstleistungsqualität und dem Vertrauen zu erklären.[294] Die Autoren argumentieren, dass sowohl die Dienstleistungsqualität als auch das Vertrauen notwendige Determinanten für eine langfristige Beziehung seien und folgen damit einer ähnlichen Argumentation wie DONEY/BARRY/ABRATT. Ein Kunde, der eine hohe Dienstleistungsqualität wahrnimmt, ist dem Anbieter gegenüber zuversichtlicher eingestellt, wodurch sich in diesen Anbieter Vertrauen entwickelt. Zudem dient die Dienstleistungsqualität als Indiz für die Zuverlässlichkeit des Anbieters, auch künftig die gewünschte Qualität zu liefern. Sie nehmen an, dass die Dienstleistungsqualität eine Determinante des Vertrauens ist und hypothesieren einen positiven Einfluss von der Dienstleistungsqualität auf das Vertrauen.

Für die empirische Erhebung operationalisieren sie die Dienstleistungsqualität mit zehn Indikatoren und das Vertrauen mit drei Indikatoren. Die Schätzung des entwickelten Modells erfolgt unter Verwendung einer kovarianzbasierten Kausalanalyse. Der ermittelte Pfadkoeffizient zwischen der Dienstleistungsqualität und dem Vertrauen beträgt 0,83 und kann auf einem 0,1 %-Signifikanzniveau statistisch bestätigt werden. CHENET/DAGGER/O'SULLIVAN können damit in ihrer Untersuchung einen sehr hohen positiven Einfluss belegen und empirisch nachweisen, dass die Dienstleistungsqualität eine Determinante des Vertrauens ist.

[294] Vgl. hierzu und zum Folgenden *Chenet/Dagger/O'Sullivan* (2010).

Nach der Vorstellung der empirischen Erkenntnisse zu den Kausalzusammenhängen kann festgehalten werden, dass die zuvor auf theoretischen Überlegungen vermuteten Wirkungsbeziehungen zwischen Qualität, Vertrauen und Akzeptanz bereits in anderen Untersuchungskontexten empirisch bestätigt werden konnten. Im folgenden Abschnitt kann daher auf der Grundlage der theoretischen Überlegungen und empirischen Erkenntnisse die erste Forschungsfrage mithilfe von Forschungshypothesen konkretisiert werden.

3.3 Formulierung der Forschungshypothesen

In diesem Abschnitt werden die Forschungshypothesen über die vermuteten Kausalzusammenhänge zwischen der Qualität der Internen Revision, dem Vertrauen in die Interne Revision und der Akzeptanz der Internen Revision formuliert. Ausgehend von der sozialen Austauschtheorie und Dissonanztheorie kann grundsätzlich postuliert werden, dass Belohnungen (konsonante Kognitionen) in der Beziehung zwischen dem Auftraggeber und der Internen Revision die Wahrscheinlichkeit erhöhen, dass die Akzeptanz der Internen Revision hoch eingeschätzt wird. Bestrafungen (dissonante Kognitionen) reduzieren dagegen die Wahrscheinlichkeit, sodass die Akzeptanzeinschätzung der Auftraggeber negativ beeinflusst werden kann. Eine als hoch wahrgenommene Qualität und Vertrauenswürdigkeit der Internen Revision stellen in diesem Sinne Belohnungen für den Auftraggeber dar. Eine als niedrig wahrgenommene Qualität und Vertrauenswürdigkeit können als Bestrafungen interpretiert werden. Konkretisiert werden die Überlegungen der sozialen Austauschtheorie und der Dissonanztheorie durch die Risiko- und Lerntheorie.

Eine positive Beurteilung der Qualität der Internen Revision führt zu einer Reduzierung der empfundenen Risiken, insbesondere des funktionalen Risikos, bei dem Auftraggeber und führt darüber hinaus zu positiven Erfahrungen mit der Internen Revision. Eine hohe Qualität mindert damit die Wahrscheinlichkeit, dass der Auftraggeber eine fehlerhafte oder unzureichende Revisionsleistung erhält. Aus lerntheoretischer Sicht wirkt die wahrgenommene Qualität als Verstärkung, sodass ein positiver Zusammenhang zwischen der Qualität der Internen Revision und der Akzeptanz der Internen Revision angenommen werden kann. Zudem konnte der positive Zusammenhang zwischen der wahrgenommenen Dienstleistungsqualität und der Akzeptanz bzw. der Einstellung von Personen in empirischen Studien bestätigt werden. Aus diesen Überlegungen heraus kann die folgende Forschungshypothese abgeleitet werden:[295]

H_1: *Die Qualität der Internen Revision wirkt positiv auf die Akzeptanz der Internen Revision.*

Gleichzeitig erleichtert eine positive Qualitätsbeurteilung durch die Reduzierung der empfundenen Risiken die Entstehung von Vertrauen zwischen der Internen Revision und dem Auftraggeber. Lerntheoretisch betrachtet dienen positive Erfahrungen mit der Qualität der Internen Revision als Indikator für ihre Vertrauenswürdigkeit und erleichtern auch aus dieser Perspektive den Vertrauensaufbau. Empirische Studien konnten bereits den positiven Zusammenhang zwischen der wahrgenommenen Dienstleistungsqualität und dem Vertrauen in anderen Untersuchungskontexten bestätigen, sodass für die vermutete Wirkungsbeziehung zwischen der Qualität der Internen Revision und dem Vertrauen in die Interne Revision folgende Forschungshypothese formuliert werden kann:

H_2: *Die Qualität der Internen Revision wirkt positiv auf das Vertrauen in die Interne Revision.*

Eine als hoch wahrgenommene Vertrauenswürdigkeit wirkt gleichfalls als Verstärkung im lerntheoretischen Sinne und erhöht die Wahrscheinlichkeit der Entwicklung einer positiven Haltung und Akzeptanzeinschätzung des Auftraggebers. Ferner wird seine individuelle Risikobereitschaft erhöht, sodass er in geringerem Maße auf Kontrollmechanismen und weitere Risikominderungs-

[295] Im Folgenden werden ausschließlich die Alternativhypothesen aufgestellt, die es in der empirischen Überprüfung zu bestätigen gilt. Die entsprechenden Nullhypothesen, die zu verwerfen sind, ergeben sich inhaltlich komplementär zu den Alternativhypothesen.

techniken zurückgreifen muss. Eine vertrauensvolle Zusammenarbeit mit der Internen Revision kann damit zu einer verbesserten Akzeptanzeinschätzung führen. Empirische Untersuchungen fanden heraus, dass Vertrauen und wahrgenommene Vertrauenswürdigkeit einen positiven Einfluss auf die Akzeptanz bzw. Einstellung von Personen ausüben kann. Daher wird für diese Arbeit folgende Hypothese aufgestellt:

H_3: *Das Vertrauen in die Interne Revision wirkt positiv auf die Akzeptanz der Internen Revision.*

Nachdem die vermuteten direkten Wirkungsbeziehungen zwischen der Qualität der Internen Revision, dem Vertrauen in die Interne Revision und der Akzeptanz der Internen Revision aufgezeigt wurden, kann darüber hinaus ein indirekter Zusammenhang angenommen werden.[296] Wenn die Qualität der Internen Revision eine positive Wirkung auf das Vertrauen in die Interne Revision ausübt und das Vertrauen wiederum eine positive Wirkung auf die Akzeptanz der Internen Revision hat, kann vermutet werden, dass die Qualität indirekt über das Vertrauen auf die Akzeptanz der Internen Revision wirkt. Die Wirkung der Qualität auf die Akzeptanz wird insofern durch das Vertrauen vermittelt (mediiert). Für den indirekten Zusammenhang zwischen der Qualität der Internen Revision und der Akzeptanz der Internen Revision kann damit folgende Forschungshypothese aufgestellt werden:

H_4: *Das Vertrauen in die Interne Revision vermittelt die Wirkung der Qualität der Internen Revision auf die Akzeptanz der Internen Revision.*

Die vorausgehend entwickelten Hypothesen betreffen jeweils unterschiedliche Zusammenhänge des angestrebten Erklärungsansatzes. In der folgenden Abbildung 4 werden die Kausalzusammenhänge zwischen der Qualität, dem Vertrauen und der Akzeptanz zusammenfassend grafisch dargestellt. Dies ermöglicht es, den Bezugsrahmen des ersten Teils der empirischen Untersuchung zu

---

[296] Vgl. ausführlich zur Darstellung eines indirekten Zusammenhangs (mediierender Effekt) Abschnitt 5.1.5.2.

veranschaulichen. Der gestrichelte Pfeil, beginnend bei der Qualität über das Vertrauen auf die Akzeptanz, spiegelt dabei die mediierende Wirkung des Vertrauens wider.

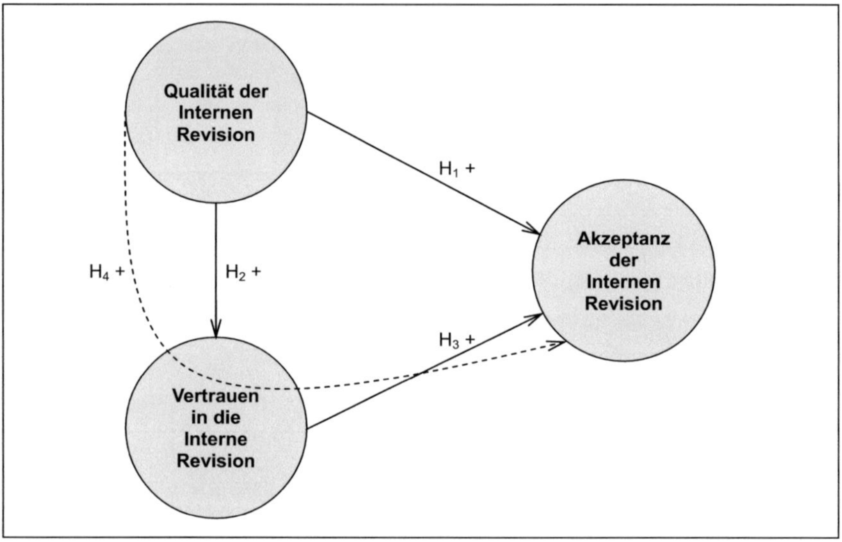

Abbildung 4: Darstellung der Kausalzusammenhänge und der Forschungshypothesen

4 Konzeption und Datenbasis der empirischen Untersuchung

Nachdem im vorangegangenen Kapitel die Forschungshypothesen zu den Kausalzusammenhängen aus theoretischen Überlegungen hergeleitet wurden, sollen diese im ersten Teil der Untersuchung empirisch überprüft werden. Gleichzeitig sollen im zweiten Teil der Untersuchung anhand empirischen Datenmaterials Ansatzpunkte für die Interne Revision zur Verbesserung der Qualität und zur Stärkung des Vertrauens identifiziert werden. Hierfür müssen die Konzeption und die Datenbasis der Untersuchung festgelegt werden. Die Konzeption beschreibt den Prozess, in dessen Verlauf bestimmt wird, welche Fragen wie und wem gestellt werden. In den beiden folgenden Abschnitten wird zunächst die Grundgesamtheit der Untersuchung bestimmt und eine geeignete Methode für die Erhebung des empirischen Datenmaterials ausgewählt. Von der gewählten Erhebungsmethode ist die weitere Konkretisierung der Konstrukte in Form der Konzeptualisierung und Operationalisierung abhängig. Im dritten Abschnitt wird daher die Zusammensetzung der Qualität sowie des Vertrauens und der Akzeptanz herausgearbeitet. Die Art der Operationalisierung der Konstrukte bedingt wiederum die Entwicklung und den Aufbau des Erhebungsinstruments im vierten Abschnitt. Das Kapitel endet mit der Beschreibung der Datenbasis der Untersuchung.

4.1 Bestimmung der Grundgesamtheit

Die Bestimmung der Grundgesamtheit stellt einen entscheidenden Schritt bei der Vorbereitung der empirischen Untersuchung dar. Eine Grundgesamtheit wird allgemein definiert als die Menge von Einheiten, für die im weiteren Verlauf Aussagen beabsichtigt sind.[297] Im statistischen Sinne gilt eine Menge als Grundgesamtheit, wenn sie räumlich, zeitlich und sachlich eindeutig abge-

[297] Vgl. *Homburg/Krohmer* (2009), S. 285; *Schnell/Hill/Esser* (2008), S. 265.

grenzt werden kann.[298] Der Fokus der Untersuchung liegt zunächst auf deutschen börsennotierten Unternehmen, da bei ihnen aufgrund der Gesetzesbegründung zum KonTraG, der aktuellen Entwicklungen durch das BilMoG sowie ihrer gesamtwirtschaftlichen Bedeutung am ehesten eine Interne Revision zu erwarten ist.[299] Darüber hinaus sollen Interne Revisionen betrachtet werden, die als eigenständige organisatorische Einheit im Unternehmen implementiert sind, da angenommen werden kann, dass die Beurteilung der Qualität, des Vertrauens sowie der Akzeptanz der Internen Revision vonseiten des Auftraggebers kaum möglich ist, wenn die Interne Revision als Funktion innerhalb anderer organisatorischer Einheiten ausgeübt wird. Eine exakte Trennung mehrerer Funktionen innerhalb einer organisatorischen Einheit wird der Auftraggeber nicht vornehmen können.

Da eine entsprechende Informationsquelle darüber, welche deutschen Unternehmen eine eigenständige Interne Revision implementiert haben, nicht existiert, wurde eine eigene Erhebung durchgeführt. Den Ausgangspunkt dafür bildeten die deutschen Unternehmen, die am 30. Juni 2009 an einer inländischen Börse notiert waren. Für die Auswahl der Unternehmen wurde auf die Amadeus-Datenbank des Bureau van Dijk zurückgegriffen, mit der insgesamt 957 Unternehmen identifiziert werden konnten. Diese Datenbasis wurde um 90 Unternehmen der Finanzbranche erweitert, die am 30. Juni 2009 im CDAX der Frankfurter Wertpapierbörse gelistet waren.[300] Bei der Überprüfung der Aktualität der Datensätze wurde die Datenbasis um 79 Unternehmen bereinigt, die sich in Liquidation oder in Abwicklung befanden. Somit konnten insgesamt 968 börsennotierte Unternehmen identifiziert werden.

---

[298] Vgl. *Stier* (1999), S. 114.

[299] Ähnlich auch *Geis* (2010), S. 73, die bei ihrer explorativen Untersuchung allerdings nur sechs Unternehmen aus dem DAX und ein Unternehmen aus dem MDAX befragt hat.

[300] Die Erweiterung der Datenbasis war erforderlich, weil die Amadeus-Datenbank standardmäßig keine Unternehmen der Finanzbranche umfasst. Gemäß § 25a Abs. 1 Nr. 1 KWG besteht für diese Unternehmen jedoch eine organisatorische Verpflichtung zur Implementierung einer Internen Revision. Die Auswahl der Unternehmen war insofern durch die Verfügbarkeit öffentlicher Daten restringiert. Es wird daher nicht der Anspruch auf die vollständige Erfassung sämtlicher börsennotierter Unternehmen erhoben.

Für die Bestimmung der Grundgesamtheit war es außerdem erforderlich, eine Trennung von Unternehmen mit einer Internen Revision als eigenständiger organisatorischer Einheit und Unternehmen ohne eine eigenständige Interne Revision vorzunehmen. Hierfür wurde im Rahmen der Erhebungsphase die Möglichkeit eingeräumt, den Fragebogen unausgefüllt zurückzusenden, wenn in dem Unternehmen keine Interne Revision vorhanden war. Ergänzend dazu wurde bei den Unternehmen, die nicht antworteten, durch eine telefonische Nachfrage die Existenz einer eigenständigen Internen Revision eruiert. Insgesamt konnten 49 Anfragen (5,1 %) nicht zugestellt werden. Von den verbleibenden Unternehmen haben 670 Unternehmen (69,2 %) keine Interne Revision als eigenständige organisatorische Einheit implementiert. Weitere 79 Unternehmen (8,2 %) waren nicht bereit, über die Existenz einer Internen Revision entsprechende Angaben zu machen. Schließlich konnten 170 Unternehmen (17,5 %) identifiziert werden, die über eine Interne Revision als eigenständige organisatorische Einheit verfügen, von denen der Vorgesetzte aus der Unternehmensleitung als Auftraggeber die Grundgesamtheit dieser Untersuchung bildet.

4.2 Auswahl der Erhebungsmethode

Die Auswahl einer geeigneten Erhebungsmethode hat sich an den Zielen der Untersuchung zu orientieren. Daher musste entschieden werden, mit welcher Methode die notwendigen Daten über die Ausgestaltung der Internen Revision erhoben werden könnte. Die Erhebung kann sowohl auf Sekundär- als auch auf Primärdaten basieren. Bei Sekundärdaten kann der Forscher auf bereits vorhandene Informationen zurückgreifen. Eine in dem für die Untersuchungsziele erforderlichen Maße detaillierte Informationsbasis über die Ausgestaltung der Internen Revision bei deutschen börsennotierten Unternehmen existiert nicht, sodass eine Sekundärdatenerhebung nicht durchgeführt werden konnte. Folglich mussten die Daten neu erhoben werden.

Für eine Primärdatenerhebung bieten sich sowohl die Beobachtung als auch die Befragung an.[301] Die Methode der Beobachtung beschreibt die Erfassung von Verhaltensweisen und Eigenschaften bestimmter Personen sowie sinnlich wahrnehmbarer Sachverhalte.[302] Für eine umfassende Erhebung der Ausgestaltung der Internen Revision erscheint die Beobachtung aus mehreren Gründen ungeeignet. Zum einen war es erforderlich, die eigentliche Grundgesamtheit zu bestimmen, da keine Informationsquelle darüber existiert, in welchen Unternehmen eine eigenständige Interne Revision eingerichtet ist. Zum anderen sollen keine konkreten Verhaltensweisen der Revisionsmitarbeiter oder spezifische Revisionsereignisse untersucht werden. Zudem können die Ergebnisse einer Beobachtung durch eine nicht kontrollierbare Informationsselektion und der subjektiven Interpretation einer geringen Anzahl beobachteter Einzelfälle verzerrt werden, die die Repräsentativität der Untersuchung einschränken.[303]

Aus diesen Gründen wird die Befragung als Erhebungsmethode gewählt. Hierfür bieten sich die standardisierte mündliche, telefonische und schriftliche sowie die Online-Befragung an.[304] Aus forschungsökonomischen Gründen erscheint die Durchführung einer mündlichen oder telefonischen Befragung bei dem Umfang der zu erhebenden Datenmenge zu aufwendig, sodass eine Kombination aus einer standardisierten, schriftlichen und einer Online-Befragung gewählt wird.[305] Ihre methodischen und inhaltlichen Vorteile sind in der Erreichbarkeit großer Fallzahlen und in den relativ geringen Kosten zu sehen. Ferner wird den Befragten die Möglichkeit geboten, über ihre Antworten in Ruhe nachzudenken. Gleichzeitig liegt im Vergleich zu mündlichen und tele-

---

[301] Vgl. dazu die Übersicht bei *Homburg/Krohmer* (2009), S. 254 und *Altobelli* (2007), S. 522.

[302] Vgl. *Kepper* (2008), S. 203f.

[303] Vgl. *Kepper* (2008), S. 205; *Altobelli* (2007), S. 526.

[304] Vgl. *Homburg/Krohmer* (2009), S. 254.

[305] Eine Befragung gilt als standardisiert, wenn die Fragen fixiert und genormt und damit für alle Befragten gleich sind. Vgl. *Berekoven/Eckert/Ellenrieder* (2009), S. 93; *Stier* (1999), S. 171.

fonischen Befragungen kein Interviewer-Bias vor.[306] Mit der Standardisierung wird darüber hinaus gewährleistet, dass die erhobenen Daten vergleichbar und überprüfbar sind sowie eine rationelle Datenverarbeitung und -auswertung durchgeführt werden kann.[307] Auf die Nutzung einer E-Mail-Befragung wurde verzichtet, da die Auftraggeber der Internen Revision vor Beginn der Umfrage nicht bestimmt werden konnten. Die Datenerhebung erfolgte schließlich in Form eines standardisierten Fragebogens, der postalisch an die Unternehmen versendet wurde. Ergänzend wurde den Befragten die Möglichkeit geboten, über eine individualisierte Internetseite an einer identischen Online-Befragung teilzunehmen. Mit dieser Erhebungsmethode sind allerdings auch Nachteile verbunden, die in der Gefahr relativ niedriger Rücklaufquoten, der fehlenden Kontrollierbarkeit der Erhebungssituation, der fehlenden Möglichkeit zum Stellen von Verständnisfragen sowie der Gefahr unseriöser Antworten aufgrund der Anonymität während der Erhebung bestehen können.[308] Um den genannten Nachteilen entgegenzuwirken, wurden sie, sofern möglich, in der Vorbereitungs- und Durchführungsphase der Erhebung berücksichtigt. Die dafür getroffenen Maßnahmen werden in den entsprechenden Abschnitten dieser Arbeit näher erläutert.

4.3 Konkretisierung der Konstrukte

Die gewählte Erhebungsmethode des standardisierten Fragebogens bedingt nunmehr die Konkretisierung der Qualität der Internen Revision, des Vertrauens in die Interne Revision und der Akzeptanz der Internen Revision, welche nicht direkt beobachtbar sind, sondern sogenannte Konstrukte darstellen. Um diese einer empirischen Überprüfung zugänglich zu machen, sind sie in einem ersten Schritt zu konzeptualisieren. Die Konzeptualisierung beinhaltet die Prä-

---

306 Vgl. *Homburg/Krohmer* (2009), S. 260. Ähnlich auch *Schnell/Hill/Esser* (2008), S. 359; *Stier* (1999), S. 198.

307 Vgl. *Berekoven/Eckert/Ellenrieder* (2009), S. 93.

308 Vgl. *Homburg/Krohmer* (2009), S. 260.

zisierung einer nicht beobachtbaren Größe in Form der Erarbeitung einzelner Konstruktdimensionen.[309] Der Konzeptualisierung folgt im zweiten Schritt auf der Ebene der Beobachtungsvariablen die Operationalisierung. Dabei werden die einzelnen Konstruktdimensionen über beobachtbare Sachverhalte (Indikatoren) erfasst und anschließend die Messvorschrift für die Indikatoren konstruiert.[310]

4.3.1 Konkretisierung der Qualität der Internen Revision

4.3.1.1 Konzeptualisierung

Die Heterogenität des Dienstleistungssektors hat zu einer Vielzahl von Erklärungsmodellen zur Dienstleistungsqualität geführt, wobei von Bedeutung ist, welche Qualitätsdimensionen für alle Arten von Dienstleistungen Gültigkeit besitzen.[311] Obwohl mithilfe marketingwissenschaftlicher Ansätze versucht wird, auf Dimensionsebene die Gemeinsamkeiten aller Dienstleistungen zu erfassen, ist bisher kein universell gültiges Erklärungsmodell gefunden worden.[312] Darüber hinaus ist anzumerken, dass die bisherige Forschung zur Qualität der Internen Revision auch kein eigenständiges Erklärungsmodell hervorgebracht hat.[313] Daher soll in dieser Arbeit ein Konzeptualisierungsansatz für die Qualität der Internen Revision entwickelt werden. Hierfür wird zunächst auf ein bereits vorhandenes Erklärungsmodell als Referenzansatz rekurriert, das auf die Besonderheiten der Internen Revision und den Revisionsprozess adaptiert werden kann.

---

[309] Vgl. *Homburg/Giering* (1996), S. 5.

[310] Vgl. *Weiber/Mühlhaus* (2010), S. 87.

[311] Vgl. *Stauss/Hentschel* (1991), S. 239. Siehe zu den zahlreichen Möglichkeiten der Dimensionierung der Dienstleistungsqualität die Übersicht bei *Ladhari* (2008), S. 68–75.

[312] Vgl. *Konieczny* (2001), S. 24.

[313] Lediglich *Linsi* (2003), S. 162–169, versucht, einen konzeptionellen Vorschlag zur Erfassung der Qualität der Internen Revision zu erbringen.

Trotz der Vielfalt der Erklärungsmodelle hat das von PARASURAMAN/ZEITHAML/BERRY entwickelte Modell in der marketingwissenschaftlichen Literatur große Beachtung gefunden.[314] Ihre Modellbildung erfolgte in mehreren empirischen Untersuchungen in unterschiedlichen Dienstleistungsbranchen, wobei sie fünf Dimensionen der Dienstleistungsqualität identifizieren. Dazu zählen die Annehmlichkeit des materiellen Umfelds (Tangibles), die Souveranität (Assurance), das Entgegenkommen (Responsiveness), das Einfühlungsvermögen (Empathy) und die Zuverlässigkeit (Reliability) des Dienstleistungsanbieters.[315] Die Autoren erheben den Anspruch auf eine branchenübergreifende Übertragbarkeit ihres Erklärungsmodells auf alle Dienstleistungen. Die wahrgenommene Dienstleistungsqualität ergibt sich aus Kundensicht aus einem Vergleich von erwarteter und wahrgenommener Leistung. Bei näherer Betrachtung der von PARASURAMAN/ZEITHAML/BERRY identifizierten Dimensionen kann dem Anspruch auf Allgemeingültigkeit in Bezug auf die Interne Revision nur bedingt zugestimmt werden. Die Dimensionen wurden in Branchen identifiziert, die Dienstleistungen für unternehmensexterne Kunden erbringen. Bei der Internen Revision handelt es sich dagegen um einen internen Dienstleistungsanbieter. Die Berücksichtigung von Besonderheiten der Internen Revision und insbesondere des Revisionsprozesses erscheinen aufgrund der geringen Verallgemeinbarkeit des Erklärungsmodells zweifelhaft. Hierfür erscheint ein abstrakteres Erklärungsmodell geeigneter.

Ein abstrakteres Modell zur Erklärung der Dienstleistungsqualität wurde Ende der 1960er-Jahre von DONABEDIAN, ursprünglich zur Beurteilung medizinischer Leistungen, entwickelt und im Jahr 1980 von ihm modifiziert. Das Modell zeichnet sich durch eine Dreiteilung der Dienstleistungsqualität in die Dimensionen Potenzial (Structure), Prozess (Process) und Ergebnis (Outcome) aus.[316] Es zeigt erstmalig, dass die Qualität einer Dienstleistung nicht allein

[314] Vgl. *Parasuraman/Zeithaml/Berry* (1988); *Parasuraman/Zeithaml/Berry* (1985).

[315] Vgl. *Engelke* (1996), S. 101f.; *Hentschel* (1992), S. 91f.; *Parasuraman/Zeithaml/Berry* (1988), S. 23.

[316] Vgl. *Donabedian* (1980), S. 83.

von dem Ergebnis abhängt, sondern ebenfalls von den eingesetzten Potenzialfaktoren und dem Leistungserstellungsprozess.[317] Die Allgemeingültigkeit des Modells wird u.a. dadurch deutlich, dass die von PARASURAMAN/ZEITHAML/BERRY identifizierten Dimensionen dieser Trichotomie zuordenbar sind.[318]

Die Potenzialdimension beschreibt die dauerhaften Charakteristika eines Dienstleistungsanbieters, die notwendigen Hilfsmittel und Ressourcen sowie die organisatorischen und finanziellen Rahmenbedingungen. Sie umfasst die Anzahl an Mitarbeitern und ihre Qualifikationen sowie die Arbeitsbedingungen und die Entlohnung.[319] Die Dimension spiegelt damit die Fähigkeiten und Bereitschaften wider, die auf den Prozess der Leistungserstellung ausgerichtet sind.[320] Als indirektes Qualitätsmaß kann das Potenzial in Abhängigkeit von ihren jeweiligen Ausprägungen sowohl positive als auch negative Effekte auf die Qualität der Dienstleistung ausüben, aber diesbezüglich lediglich allgemeine Qualitätstendenzen andeuten.[321]

Die Prozessdimension kennzeichnet die Art und Weise der Leistungserbringung und umfasst sämtliche Tätigkeiten, die für die Erbringung einer Leistung erforderlich sind. Die Qualität des Prozesses wird als normenkonformes Verhalten definiert und mündet in der Ergebnisqualität.[322]

Die Ergebnisdimension bezieht sich auf das Endergebnis der Dienstleistung und zielt auf den Erfüllungsgrad der vorgegebenen Leistungsziele ab. Sie findet ihren Ausdruck in der hervorgerufenen Veränderung des Leistungsobjekts.[323]

---

[317] Vgl. *Haller* (1999), S. 73.

[318] Vgl. *Benkenstein* (1993), S. 1106. Siehe auch *Bruhn* (2008), S. 53f.; *Engelke* (1996), S. 109; *Hentschel* (1992), S. 105.

[319] Vgl. *Donabedian* (1980), S. 81.

[320] Vgl. *Meyer/Mattmüller* (1987), S. 192.

[321] Vgl. *Donabedian* (1980), S. 82.

[322] Vgl. *Donabedian* (1980), S. 80.

[323] Vgl. *Donabedian* (1980), S. 82f.

Die Aggregation der Teilbewertungen der einzelnen Dimensionen ergibt die gesamte Dienstleistungsqualität.[324] Zwischen den drei Dimensionen wird dabei ein linearer Zusammenhang vermutet. Während der fundamentale Zusammenhang zwischen der Prozessqualität und der daraus resultierenden Ergebnisqualität unmittelbar einsichtig ist, kann der Zusammenhang zwischen der Potenzial- und Prozessdimension hingegen nicht eindeutig determiniert werden.[325] Dennoch beschreibt das Modell die Bedeutung vorhandener Strukturen und des Leistungserstellungsprozesses für die Qualität einer Dienstleistung und bildet die wesentliche Grundlage für eine Vielzahl weiterer Erklärungsmodelle.

Das Erklärungsmodell von DONABEDIAN soll in dieser Arbeit als Referenzansatz für die Konzeptualisierung der Qualität der Internen Revision dienen, da es insbesondere aufgrund seines hohen Abstraktionsniveaus auf interne Dienstleistungsbereiche adaptiert werden kann.[326] Gleichzeitig können die Besonderheiten der Internen Revision und des Revisionsprozesses adäquat abgebildet werden. Dies erfordert jedoch eine Anpassung des Modells.

In dieser Arbeit wird einem auf dem C-D-Paradigma basierenden Qualitätsverständnis gefolgt, das konkrete Erlebnisse und Interaktionen des Auftraggebers mit der Internen Revision voraussetzt. Nach diesem Verständnis wird die Qualitätsbeurteilung vorrangig durch Prozess- und Ergebniselemente geprägt und ermöglicht dadurch erheblich differenziertere Schlussfolgerungen hinsichtlich der Verbesserung der Qualität der Internen Revision. Aufgrund der erfahrungsorientierten Qualitätsbeurteilung kommt Potenzialelementen eine untergeordnete Bedeutung zu.[327] Zudem deutet die Potenzialdimension als in-

---

[324] Vgl. *Bezold* (1996), S. 45.

[325] Vgl. *Donabedian* (1980), S. 82. So auch *Meyer/Mattmüller* (1987), S. 190.

[326] Ähnlich auch *Homburg/Kebbel* (2001), S. 483; *Homburg/Garbe* (1999), S. 60.

[327] Vgl. *Benkenstein* (1993), S. 1102.

direktes Qualitätsmaß lediglich allgemeine Qualitätstendenzen an und ihr Zusammenhang mit der Prozessdimension ist nicht eindeutig festgelegt.[328]

Dagegen ist für den Auftraggeber der Internen Revision die regelmäßige und intensive Interaktion der Revisionsmitarbeiter mit weiteren Interessengruppen, insbesondere mit den geprüften Einheiten, von Bedeutung, da eine adäquate Informationsversorgung und Kommunikation vor, während und nach der Revisionstätigkeit maßgeblich zur Erbringung hochwertiger Revisionsdienstleistungen beiträgt.[329] Interaktionen können als verbale und nonverbale, reziproke Aktionen zwischen den Revisionsmitarbeitern und den geprüften Einheiten im Hinblick auf die Auftragserstellung bei gegenseitiger Abhängigkeit verstanden werden.[330] Dabei steht ein kooperativer und informeller Austausch im Vordergrund, der durch die gegenseitige Abstimmung von Auftragsinhalten und -zielen sowie das aktive Einbringen der geprüften Einheiten in Form von Informationszugängen beiderseits Effizienz- und Effektivitätssteigerungspotenziale hebt. Gleichzeitig können mögliche Schwachstellen schneller identifiziert und behoben sowie unmittelbar vor Ort gemeinsame Verbesserungsvorschläge und Optimierungsempfehlungen entwickelt werden, die zum Erreichen der Unternehmensziele beitragen.[331] Darüber hinaus können die Revisionsmitarbeiter eine Schutzfunktion zur Wahrung der Unternehmenskultur bieten, wofür der persönliche Kontakt und die Kommunikation mit den geprüften Einheiten entscheidend sind.[332] Daher wird der revisionsspezifische Konzeptu-

---

[328] Ähnlich auch *Pfennig* (2009), S. 213, und *Sieber* (2008), S. 181, die darüber hinaus auf die Prozessdimension verzichten und die Dienstleistungsqualität des Controllerbereichs allein auf der Grundlage der Ergebnisdimension konzeptualisieren.

[329] Vgl. *Bauer* (2010), S. 44. So auch *Zwingmann* (2007), S. 47, der die offene und ehrliche Kommunikation mit den zu prüfenden Einheiten in Form von telefonischen und persönlichen Gesprächen aus Sicht eines Geschäftsführers für zentral hält.

[330] Vgl. *Hadwich* (2003), S. 63.

[331] Vgl. *Bauer* (2010), S. 43f.

[332] Vgl. *Sarens/Beelde De* (2006), S. 236, die in einer qualitativen Studie herausfanden: „[S]enior management expects internal audit to be the safeguard of the corporate culture and, consequently, attach great importance to the personal contacts the internal auditors have during their work with people in the company.“

alisierungsansatz um die Dimension der Interaktion mit den geprüften Einheiten erweitert.[333]

Eine weitere revisionsspezifische Besonderheit ist bei der Prozessdimension zu berücksichtigen. Im Gegensatz zu anderen Dienstleistungen beginnt der Revisionsprozess nicht erst mit der Durchführung einzelner Revisionsaufträge und der Erbringung der eigentlichen Leistung, sondern bedarf einer umfassenden Planung und Vorbereitung.[334] Die Auftragsplanung und -vorbereitung werden im Einklang mit den Unternehmenszielen festgelegt und dem Auftraggeber zur Kenntnisnahme und Genehmigung berichtet.[335] Dies sollte vor dem Hintergrund der Ressourcenknappheit der Internen Revision unter sachlichen, zeitlichen und personellen Aspekten erfolgen, da eine sorgfältige, zielgerichtete Planung und Vorbereitung der Revisionsaufträge wesentlich zu einer Verbesserung der Qualität der Internen Revision beitragen.[336] Somit kann angenommen werden, dass die Auftraggeber die Planung und Vorbereitung neben der Durchführung der Revisionsaufträge in ihr Qualitätsbeurteilungskalkül einbeziehen, sodass dafür eine eigenständige Dimension konzeptualisiert wird.

Für die Ergebnisdimension ergeben sich dagegen keine revisionsspezifischen Besonderheiten. Sie umfasst sowohl die Berichterstattung über die Auftragsdurchführung als auch ein Maßnahmenmonitoring in Form eines Follow-up-Verfahrens. Mit dieser Konzeptualisierung soll eine Qualitätsbeurteilung der Auftraggeber sichergestellt werden, die einen phasenbezogenen Revisionsprozess adäquat abbildet. Daneben werden im Zusammenhang mit der Interaktionsdimension nicht nur prozess- und ergebnisbezogene Elemente, sondern auch kooperative und informelle Interdependenzen mit den geprüften Einheiten berücksichtigt. Aufgrund der Aggregation der Teilbewertungen der einzel-

[333] Ähnlich auch *Chiou/Droge* (2006), S. 615f.

[334] Vgl. *Bauer* (2010), S. 139.

[335] Vgl. *IIA Austria* (Hrsg.) (2009), S. 117–122. Siehe auch *Müller/Kemper* (2006), S. 183, die die Zusammenarbeit der Internen Revision mit dem Vorstand beispielhaft am RWE-Konzern erläutern.

[336] Vgl. *Berwanger/Kullmann* (2008), S. 137.

nen Dimensionen wird nach diesem Konzeptualisierungsansatz die Qualität der Internen Revision durch ihre Dimensionen verursacht. Die Beurteilung der einzelnen Qualitätsdimensionen formt also das Gesamtqualitätsurteil der Auftraggeber. Im weiteren Verlauf der Untersuchung wird daher von Komponenten der Qualität gesprochen. Die Qualität der Internen Revision wird dementsprechend anhand der in Tabelle 2 aufgeführten Komponenten konzeptualisiert.

Konstrukt	Komponente
Qualität der Internen Revision	Interaktion mit den geprüften Einheiten
	Planung und Vorbereitung der Revisionsaufträge
	Durchführung der Revisionsaufträge
	Berichterstattung und Maßnahmenmonitoring

Tabelle 2: Konzeptualisierung der Qualität der Internen Revision

4.3.1.2 Operationalisierung

Die Qualität der Internen Revision wird mit vier Komponenten konzeptualisiert, die zusammen die wahrgenommene Qualität des Auftraggebers ergeben. Durch die Konzeptualisierung ist die Qualität der Internen Revision jedoch noch keiner direkten Beobachtung und Messung zugänglich. Eine Skala zur Erhebung der Qualität der Internen Revision existiert, bedingt durch die geringen Forschungsbemühungen im Bereich der Internen Revision, bislang nicht. Daher soll ein Set an Indikatoren generiert werden, mit dem die Qualität aus Auftraggebersicht beobachtbar gemacht und in Folge gemessen werden kann. Hinweise hierfür finden sich in dem internationalen Regelwerk der beruflichen Praxis, die um eine Inhalts- und Dokumentenanalyse der einschlägigen Literatur zum Themenbereich der Internen Revision ergänzt werden.[337]

Für die Operationalisierung der ersten Qualitätskomponente sind Indikatoren zu formulieren, anhand derer der Auftraggeber die Interaktion der Revisions-

[337] Vgl. zu dieser Möglichkeit der Indikatorengenerierung *Weiber/Mühlhaus* (2010), S. 88.

mitarbeiter mit den geprüften Einheiten beurteilt und auf eine kooperative Zusammenarbeit schließen kann. Diese wird durch einen offenen Informationsaustausch und offene Kommunikation, Abstimmung von Ergebnissen und Beratung zu einzelnen Themen des Auftrags praktiziert.[338] Wie bereits erwähnt, sollte die Interaktion mit den geprüften Einheiten vor, während und nach der Revisionstätigkeit stattfinden. Für die Beurteilung der ersten Qualitätskomponente werden die in Tabelle 3 formulierten Indikatoren herangezogen, die nachfolgend vorgestellt werden.

Komponente	Kurzbezeichnung der Indikatoren
Interaktion mit den geprüften Einheiten	Auftragsankündigung
	Erklärung der Auftragsziele
	Integration der geprüften Einheiten in den Prüfungsprozess
	Durchführung konstruktiver Schlussbesprechungen

Tabelle 3: Operationalisierung der Qualitätskomponente „Interaktion mit den geprüften Einheiten"

Die beiden erstgenannten Indikatoren beziehen sich auf die vor der eigentlichen Revisionstätigkeit stattfindende Interaktion. Dafür ist den geprüften Einheiten die bevorstehende Durchführung der Aufträge, die sowohl Prüfungs- als auch Beratungsdienstleistungen umfassen können, frühzeitig anzukündigen. Die Auftragsankündigung sollte sowohl die gegenseitige Abstimmung der konkreten Inhalte als auch die beiderseitige Festlegung des geplanten Zeitraums beinhalten.[339] Zudem sollten die einzelnen Auftragsziele formuliert und den geprüften Einheiten erklärt werden. Dies kann zu Effizienz- und Effektivitätssteigerungen von Aufträgen führen, da notwendige Daten und Dokumentationen bereitgestellt werden und bestimmte Gesprächspartner vor Ort anwesend sind.[340] Gleichzeitig erhalten die Revisionsmitarbeiter Hinweise auf und Anregungen für gezielte Prüfungshandlungen oder wesentliche Sachverhalte, die eine effiziente und effektive Schwachstellenidentifizierung und -behebung

338 Vgl. *Lang* (1990), S. 203.

339 Vgl. *Zwingmann* (2007), S. 50; *Linsi* (2003), S. 163; *Peemöller* (2001), S. 1349.

340 Vgl. *Berwanger/Kullmann* (2008), S. 138; *Amling/Bantleon* (2007), S. 276.

begünstigen.[341] Um weiterhin diese Potenziale zu realisieren, sollte während der Revisionstätigkeit eine laufende Integration der geprüften Einheit in Form von kontinuierlichem Informationsaustausch über kritische Sachverhalte oder herangetragenen Problemen und die Berücksichtigung von sich ergebenen Prüfungswünschen fortgesetzt werden.[342] Schließlich sollten unmittelbar nach Beendigung der Revisionstätigkeit vor Ort konstruktive Schlussbesprechungen durchgeführt werden. Sie dienen einerseits zur Darstellung und Erläuterung der Auftragsergebnisse und bieten andererseits beiden Parteien die Gelegenheit, sich zu einzelnen Punkten zu äußern und strittige Aspekte persönlich zu klären.[343] Auf dieser Grundlage werden weitere Maßnahmen festgelegt, die im Auftrag der Unternehmensleitung umzusetzen sind.[344]

Die Planung und Vorbereitung der einzelnen Revisionsaufträge stellt die Grundlage der Auftragsdurchführung dar und erfordert eine aktive Mitwirkung des Auftraggebers. Für die Beurteilung der zweiten Qualitätskomponente werden die in Tabelle 4 aufgeführten Indikatoren formuliert.

Komponente	Kurzbezeichnung der Indikatoren
Planung und Vorbereitung der Revisionsaufträge	Prüfungsumfang umfasst alle Aktivitäten des Unternehmens
	Konzentration auf risikobehaftete Prüffelder
	Wechsel der Prüfungsschwerpunkte als Ausdruck einer Mehrjahresplanung
	Austausch mit dem Abschlussprüfer
	Flexible Reaktion auf außerplanmäßige Vorkommnisse

Tabelle 4: Operationalisierung der Qualitätskomponente „Planung und Vorbereitung der Revisionsaufträge“

Die Notwendigkeit der aktiven Mitwirkung des Auftraggebers resultiert daraus, dass die Auftragsplanung und -vorbereitung im Einklang mit den Unter-

341 Vgl. *Hofmann* (2005), S. 339.

342 Ähnlich auch *Hofmann* (2005), S. 350, der es für sinnvoll hält, die geprüften Einheiten in die Informationsgewinnung einzubeziehen.

343 Vgl. *Amling/Bantleon* (2007), S. 301. So auch *Funk* (1988), S. 7, der die Besprechung der Prüfungserkenntnisse mit den geprüften Einheiten für eine Selbstverständlichkeit hält.

344 Vgl. *DIIR* (Hrsg.) (2005), S. 189.

nehmenszielen festzulegen ist.[345] Darüber hinaus ist aus Sicht des Auftraggebers entscheidend, dass in angemessener Zeit alle wesentlichen Betriebs- und Geschäftsabläufe des Unternehmens einschließlich der relevanten ausgelagerten Bereiche geprüft werden und keine revisionsfreien Räume entstehen.[346] Dies kann durch eine gezielte und systematische Identifizierung, Analyse und Bewertung der Unternehmensrisiken erfolgen.[347] Das Risikoakzeptanzniveau für verschiedene Aktivitäten und Teile des Unternehmens werden von der Unternehmensleitung festgesetzt.[348] Außerdem kann in einer Mehrjahresplanung ein Wechsel der Prüfungsschwerpunkte festgelegt werden, um der Gefahr zu begegnen, dass wesentliche Sachverhalte und Unternehmensrisiken nicht abgedeckt werden.[349] Dem Auftraggeber bietet sich dadurch eine Exkulpationsmöglichkeit, wenn er bei Eintritt eines Schadensfalls darlegen kann, dass risikobehaftete Prüffelder von der Internen Revision hinreichend berücksichtigt wurden.[350] Gleichzeitig kann er seinen Kontrollverlust im Unternehmen reduzieren, dem er sich aufgrund steigender Unternehmenskomplexität und vermehrter Dezentralisierungstendenzen gegenübersieht, da in einem angemessenen Zeitrahmen alle wesentlichen Aktivitäten und Unternehmensbereiche durch die Interne Revision geprüft werden.[351] Ferner kann es zweckmäßig sein, einen intensiven Austausch mit dem Abschlussprüfer zu pflegen und aktiv mit diesem zusammenzuarbeiten. Die wesentliche Motivation für eine Kooperation liegt in der Erhöhung der Wirtschaftlichkeit der Auftragsabwicklung, die durch eine rechtzeitige Abstimmung der Prüfungspläne zur Vermei-

---

345 Vgl. *IIA Austria* (Hrsg.) (2009), S. 35. So auch *Buderath* (2004), S. 685, der die gezielte Nutzung von Informationen durch die Einbeziehung des Topmanagements als Ausgangspunkt der Prüfungsprogrammplanung ansieht.

346 Vgl. *Fahrion/Geis* (2007), S. 259.

347 Vgl. *Albrecht/Gaenslen* (2009), S. 109; *Palazzesi/Pfyffer* (2002), S. 142; *Krey* (2001a), S. 73.

348 Vgl. *IIA Austria* (Hrsg.) (2009), S. 117.

349 Vgl. *Berwanger/Kullmann* (2008), S. 131.

350 Vgl. *Janke* (2002), S. 274. So auch *Kaminski* (2008), S. 65.

351 Vgl. *Sarens/Beelde De* (2006), S. 236, die herausfanden, dass die zentrale Anforderung an die Interne Revision darin besteht, den Kontrollverlust des Topmanagements zu kompensieren. So auch *Peemöller/Richter* (2000), S. 51.

dung von Doppelarbeiten erreicht werden kann.[352] Weitere Synergieeffekte lassen sich durch eine nahezu vollständige Abdeckung des Audit Universe erreichen, da Prüfungslücken frühzeitig erkannt und geschlossen werden können.[353] Allerdings sollte in der Planungs- und Vorbereitungsphase eine bestimmte personelle und zeitliche Restkapazität vorgehalten werden, um auch unterjährig flexibel auf außerplanmäßige Vorkommnisse oder Sonderthemen des Auftraggebers reagieren zu können.[354] Solche Vorkommnisse können in unvorhergesehenen Prüfungs- und Beratungsaufträgen (z.B. bei Hinweisen auf Missstände in bestimmten Unternehmensbereichen, Beratungen zu einem geplanten Kauf eines Unternehmens) bestehen, bei denen die Interne Revision in der Lage sein muss, diese ordnungsgemäß zu erledigen.[355]

Zur Operationalisierung der dritten Qualitätskomponente „Durchführung der Revisionsaufträge" sind Indikatoren herauszuarbeiten, die der Auftraggeber für die Beurteilung der Arbeit der Internen Revision vor Ort heranzieht. Die hierfür entwickelten Indikatoren sind in Tabelle 5 aufgeführt.

Komponente	Kurzbezeichnung der Indikatoren
Durchführung der Revisionsaufträge	Anwendung strikter Verfahrensvorschriften
	Einhaltung der Prüfungsdauer
	Minimierung entstehender Störungen bei Auftragsdurchführung
	Schnelle und diskrete Reaktion bei Verdacht auf dolose Handlungen

Tabelle 5: Operationalisierung der Qualitätskomponente „Durchführung der Revisionsaufträge"

Von grundlegender Bedeutung für die Qualitätsbeurteilung des Auftraggebers kann die Einhaltung und Anwendung des internationalen Regelwerks der beruflichen Praxis sein, das als Rahmenwerk eine konsistente Entwicklung, Auslegung und Anwendung von Konzepten, Methoden und Techniken zur Nut-

---

352 Vgl. *Hesse/Peemöller* (2007), S. 1378; *Hofmann* (2005), S. 375.
353 Vgl. *Schmidt/Reimer* (2008), S. 655; *Sarens/Beelde De* (2006), S. 236.
354 Vgl. *Albrecht/Gaenslen* (2009), S. 103; *Zwingmann* (2007), S. 50.
355 Vgl. *Kaminski* (2008), S. 66.

zung durch die Interne Revision ermöglichen soll.[356] Damit wird eine Unterstützung und Standardisierung der Revisionstätigkeit sichergestellt, mit der die Auftragsabwicklung vereinfacht und innerbetriebliche Kosten reduziert werden können. Eine weitere wichtige Anforderung in diesem Zusammenhang ist die Einhaltung vorgegebener Prüfungszeiträume, um die Belastung der geprüften Einheiten auf ein angemessenes Maß zu begrenzen und eine termingerechte Prüfungsdurchführung zu gewährleisten.[357] Ebenso sollten die durch die Auftragsdurchführung entstehenden Störungen der Betriebsabläufe und der Tagesaktivitäten der geprüften Einheiten minimiert werden, um das operative Geschäft des Unternehmens nicht zu beeinträchtigen.[358] Zahlreiche Unternehmensskandale in der Vergangenheit haben zu einem Bedeutungsanstieg der Internen Revision bei der Aufklärung von dolosen Handlungen geführt.[359] Die Vermögenssicherung und die Prävention vor Verlusten ist Aufgabe der Unternehmensleitung.[360] Dabei ist es zum einen entscheidend, dass bei der Auftragsdurchführung Signale für das Vorliegen von dolosen Handlungen frühzeitig erkannt und die entsprechenden Informationen unverzüglich an den Auftraggeber kommuniziert werden.[361] Zum anderen sollten eine starke Zurückhaltung und ein diskretes Auftreten der Revisionsmitarbeiter dazu führen, dass die potenziellen Defraudanten keine Beweismittel vernichten oder andere

---

356 Vgl. *IIA Austria* (Hrsg.) (2009), S. 7. Ähnlich auch *Linsi* (2003), S. 200, der die Konformität mit den Berufsstandards und dem Ethikkodex als Qualitätsindikator vorschlägt.

357 Vgl. *Zwingmann* (2007), S. 51; *Linsi* (2003), S. 163. Ähnlich auch *Wyniger* (2001), S. 181, der die Termintreue als eine Messgröße für die Qualität der Internen Revision in Betracht zieht.

358 Vgl. *Albrecht/Gaenslen* (2009), S. 99; *Kaminski* (2008), S. 66; *Funk* (1988), S. 7.

359 Nach einer aktuellen KPMG-Studie über die Wirtschaftskriminalität in Deutschland setzen 91 % der Unternehmen die Interne Revision oder eine eingerichtete Task Force zur Aufklärung wirtschaftskrimineller Handlungen im Unternehmen ein. Vgl. *KPMG* (Hrsg.) (2010), S. 13.

360 Vgl. *Hofmann* (2005), S. 305.

361 Vgl. *Hofmann* (2008), S. 688; *Ruud/Schmid* (2000), S. 1306.

Maßnahmen ergreifen können, die zu einer Verschärfung der Unternehmenssituation führen.[362]

Die letzte Qualitätskomponente bezieht sich auf die Berichterstattung über das Ergebnis der Revisionstätigkeiten und auf das Maßnahmenmonitoring und erfordert Indikatoren, mithilfe derer der Auftraggeber diese Aspekte der Komponente beurteilen kann. Die entsprechenden Indikatoren sind in Tabelle 6 aufgeführt. Es kann angenommen werden, dass die Auftraggeber in ihrer Qualitätsbeurteilung weniger eine mündliche als vielmehr eine schriftliche und standardisierte Berichterstattung in Form einer Managementzusammenfassung berücksichtigen.[363]

Komponente	Kurzbezeichnung der Indikatoren
Berichterstattung und Maßnahmenmonitoring	Standardisierte schriftliche Berichterstattung
	Zeitnahe Berichterstattung
	Objektive und verständliche Revisionsberichte
	Überwachung der Umsetzung von Empfehlungen und vereinbarten Maßnahmen

Tabelle 6: Operationalisierung der Qualitätskomponente „Berichterstattung und Maßnahmenmonitoring"

Dabei legt der Auftraggeber Wert auf eine zeitnahe Übergabe der Revisionsberichte, da nur aktuelle Berichte für ihn einen Mehrwert darstellen, um laufende Ineffizienzen und daraus resultierende Nachteile für das Unternehmen zu vermeiden.[364] Um einen Mehrwert zu generieren und bei dem Auftraggeber kein Desinteresse an den Revisionsberichten hervorzurufen, sollten darüber hinaus objektive Informationen verständlich formuliert werden.[365] Die Verantwortung für die Umsetzung von Empfehlungen und Maßnahmen als Reaktion auf die Auftragsfeststellungen obliegt der Unternehmensleitung, die demzufolge auch

[362] Vgl. *Kaminski* (2008), S. 68.

[363] Die Standardisierung von Revisionsberichten wird im Leitfaden zum Quality Assessment gefordert. Vgl. *DIIR* (Hrsg.) (2007), S. 11. Ähnlich auch *Hofmann* (2005), S. 363, der es für vorteilhaft ansieht, Revisionsberichte nach einer einheitlichen Konzeption, sowohl inhaltlich als auch formal, zu gestalten.

[364] Vgl. *Kaminski* (2008), S. 64; *Zwingmann* (2007), S. 51.

[365] Vgl. *Wesel/Jackmuth* (2006), S. 82f.; *DIIR* (Hrsg.) (2005), S. 187.

die Verantwortung trägt, wenn keine oder unzureichende Maßnahmen eingeleitet werden.[366] Für die Sicherstellung des mittel- und langfristigen Unternehmenserfolgs ist es für den Auftraggeber von Bedeutung, dass die Umsetzung von Empfehlungen und Maßnahmen von der Internen Revision überwacht wird.[367] Der letzte Indikator in der obigen Tabelle ermöglicht die Beurteilung des Maßnahmenmonitorings der Internen Revision.

Nachdem die Indikatoren zur Erfassung der Qualität entwickelt worden sind, wird im nachfolgenden Schritt die Messvorschrift für die Indikatoren festgelegt. Aufgrund des kundenorientierten subjektiven Qualitätsbegriffs dieser Arbeit und der indikatororientierten Operationalisierung der Qualität, wird auf merkmalsorientierte Messansätze, von denen die Multiattributivverfahren die dominierenden Verfahren zur Messung der Dienstleistungsqualität darstellen, zurückgegriffen.[368] Die Multiattributivverfahren beruhen auf der Annahme, dass Qualitätsbeurteilungen von Dienstleistungen das Ergebnis einer individuellen Beurteilung einzelner Qualitätsmerkmale sind.[369] Nach diesen Verfahren kann die Qualität einer Dienstleistung entweder einstellungs- oder zufriedenheitsorientiert gemessen werden.[370] Ein wesentlicher Unterschied zwischen beiden Messvarianten besteht darin, dass bei einer zufriedenheitsorientierten Qualitätsmessung die zu beurteilende Dienstleistung zumindest einmal in Anspruch genommen worden sein muss, während bei einer einstellungsorientierten Messung keine Erfahrungen mit der Dienstleistung erforderlich sind.[371] Da

---

[366] Vgl. *SVIR* (Hrsg.) (2005), S. 77.

[367] Vgl. *Berwanger/Kullmann* (2008), S. 155; *Hofmann* (2005), S. 366; *SVIR* (Hrsg.) (2005), S. 76.

[368] Zu den kundenorientierten subjektiven Messansätzen werden daneben das ereignisorientierte und das problemorientierte Verfahren gezählt. Beide Verfahren stellen auf konkrete vom Kunden erlebte Ereignisse während des Dienstleistungserstellungsprozesses ab und erfordern eine andere Operationalisierung der Qualität. Vgl. zu den unterschiedlichen Ansätzen zur Messung der Dienstleistungsqualität *Meffert/Bruhn* (2009), S. 195–217.

[369] Vgl. *Hentschel* (1992), S. 111; *Stauss/Hentschel* (1991), S. 240.

[370] Vgl. *Hentschel* (2000), S. 298.

[371] Vgl. *Benkenstein* (1993), S. 1101f.

im Kontext der Internen Revision angenommen werden kann, dass die Auftraggeber bereits über Erfahrungen mit der Internen Revision verfügen und insofern eine transaktionsgebundene Qualitätsbeurteilung erfolgen kann, wird die Qualität der Internen Revision zufriedenheitsorientiert gemessen.[372] Diese Messvariante folgt dem C-D-Paradigma, wonach sich ein positives/negatives Qualitätsurteil aus dem Vergleich von wahrgenommener und erwarteter Leistung ergibt.[373] Dabei ist zu entscheiden, ob die Erwartungen implizit berücksichtigt werden und das Qualitätsurteil allein auf der direkten Messung der wahrgenommenen Leistung beruht oder die Erwartungen separat erhoben werden und sich das Qualitätsurteil aus der algebraischen Differenz zwischen der Erwartung und der Wahrnehmung ergibt (indirekte Messung). Die separate Erhebung von Erwartungen wurde in der wissenschaftlichen Diskussion lange Zeit, nicht nur im Bereich der Dienstleistungsqualität, mit dem Argument einer invaliden Messung kritisiert. In einer sehr umfangreichen Metaanalyse konnten CARRILLAT/JARAMILLO/MULKI nachweisen, dass die oft postulierte bessere Validität einer direkten Messung nicht bestätigt und mit beiden Ansätzen die Dienstleistungsqualität adäquat und gleich valide gemessen werden kann.[374] Unabhängig von der Validität und der Kritik hat sich die Auffassung weitgehend etabliert, die wahrgenommene Dienstleistungsqualität als Stärke und Richtung der Diskrepanz eines Abgleichs zwischen wahrgenommener und erwarteter Leistung aufzufassen.[375] Eine direkte Messung ist dann sinnvoll, wenn ein Gesamturteil oder ein Vergleich über Industriebranchen hinweg von Interesse ist. Dagegen bietet sich die separate Erhebung von Erwartungen an, um Defizite zu identifizieren und frühzeitig Verbesserungsmaßnahmen zu er-

---

[372] Vgl. *Meffert/Bruhn* (2009), S. 202; *Hentschel* (2000), S. 303. Die Annahme stützt sich auf die Erkenntnisse einer empirischen Studie, wonach 92 % der Unternehmen seit mehr als drei Jahren über eine Interne Revision verfügen. Vgl. *Ernst & Young* (Hrsg.) (2007), S. 17.

[373] Vgl. *Stauss/Hentschel* (1991), S. 241.

[374] Vgl. *Carrillat/Jaramillo/Mulki* (2007), S. 485.

[375] Vgl. *Bruhn/Mayer-Vorfelder* (2009), S. 452, die nach einer umfassenden Analyse von 1.539 dienstleistungsspezifischen internationalen Publikationen im Zeitraum von 2000 bis zum 1. Quartal 2008 zu dieser Feststellung gelangen.

greifen.[376] Eine generelle Empfehlung für einen der beiden Ansätze ist demnach nur bedingt möglich. Die Entscheidung sollte vielmehr kontextspezifisch getroffen werden, wobei unterschiedliche Zielsetzungen einen jeweils anderen Ansatz vorteilhaft erscheinen lassen. Durch die separate Erhebung der wahrgenommenen und der erwarteten Qualität der Internen Revision wird einerseits das von den Auftraggebern erwartete Qualitätsniveau transparent gemacht, andererseits können die daraus ermittelbaren Diskrepanzen als Grundlage für die Identifizierung von Ansatzpunkten für Verbesserungspotenziale dienen. Insbesondere die Erhebung von Erwartungen der Auftraggeber stellt einen Erfolgsfaktor für die Interne Revision dar, um ihre Ausrichtung und ihre Prozesse auf Basis dieser Erwartungen festlegen zu können.[377] Die Ermittlung eines erwarteten Qualitätsniveaus ist dagegen bei der direkten Messung nicht möglich. Für die Messung der Qualität der Internen Revision werden daher die Wahrnehmung und die Erwartung hinsichtlich der einzelnen Qualitätsindikatoren separat erhoben. Der Erfüllungsgrad spiegelt sich in der Stärke und Richtung einer Diskrepanz wider und ermöglicht Rückschlüsse auf die Qualität der Internen Revision.

4.3.2 Konkretisierung des Vertrauens in die Interne Revision

4.3.2.1 Konzeptualisierung

Dem dieser Untersuchung zugrunde liegenden Begriffsverständnis folgend, ergibt sich das Vertrauen aus der Beurteilung des Verhaltens und der Eigenschaften des Leiters Interne Revision und der Revisionsmitarbeiter sowie aus der Beurteilung der Internen Revision als Institution. Diese Beurteilung bestimmt die Vertrauenswürdigkeit der Internen Revision und wird im Rahmen der folgenden Konzeptualisierung durch verschiedene Vertrauensdimensionen

---

376 Vgl. *Jain/Gupta* (2004), S. 34; *Zeithaml/Berry/Parasuraman* (1996), S. 40; *Elliott* (1994), S. 59.

377 Vgl. *Geis* (2010), S. 110.

beschrieben. Bedingt durch die Vielfalt des Phänomens und die schwierige terminologische Erfassung des Vertrauensbegriffs hat sich bisher kein einheitlicher und universell anwendbarer Konzeptualisierungsansatz etablieren können. Hinsichtlich der Frage, welche Vertrauensdimensionen ein Vertrauensgeber für die Beurteilung der Vertrauenswürdigkeit heranzieht, herrscht Uneinigkeit und trotz der Vielzahl an Definitionen existiert eine konzeptionelle Lücke, da Vertrauen in dieser Hinsicht oftmals kaum spezifiziert wird.[378] Jene Ansätze, die versuchen, die begrifflichen Unklarheiten zu überwinden und Vertrauen inhaltlich zu spezifizieren, dehnen die Konzeptualisierung zum Teil so weit aus, dass ihnen nur ein begrenzter Nutzen für weitere konzeptionelle und/oder empirische Forschungsarbeiten zugesprochen wird.[379] Die Bandbreite der Ansätze reicht von einer Konzeptualisierung des Vertrauens mithilfe von zehn Dimensionen bis zu einer Konzeptualisierung ohne Dimensionen.[380] Während Vertrauen im letztgenannten Fall direkt über geeignete Indikatoren erhoben wird, wird dagegen im erstgenannten Fall versucht, der inhaltlichen Bedeutungsvielfalt des Phänomens konzeptionell gerecht zu werden. In der Literatur herrscht allerdings weitgehend Einigkeit darüber, dass Vertrauen mehrdimensional zu konzeptualisieren ist.[381] Da bisher auch kein Ansatz zur Konzeptualisierung des Vertrauens in die Interne Revision existiert, auf den in der vorliegenden Untersuchung rekurriert werden könnte, soll auf der Grundlage bisheriger empirischer Forschungserkenntnisse zu einzelnen Dimensio-

---

[378] Vgl. *Meifert* (2003), S. 60.

[379] Vgl. *Singh/Sirdeshmukh* (2000), S. 154.

[380] Vgl. *Butler* (1991), S. 648, der insgesamt zehn Dimensionen identifiziert. *Swan et al.* (1988), S. 2f., beschreiben fünf Dimensionen, wohingegen *Mayer/Davis/Schoorman* (1995), S. 717, drei Dimensionen als ausreichend erachten. *Ganesan/Hess* (1997), S. 440, konzeptualisieren Vertrauen anhand von zwei Dimensionen. *Walsh/Beatty* (2007), S. 138, verwenden schließlich keine Dimension und messen Vertrauen direkt über sechs Indikatoren.

[381] Vgl. *Rossmann* (2010), S. 78; *Meifert* (2003), S. 61f.; *Bhattacharya/Devinney/Pillutla* (1998), S. 468. *Späth/Jedrzejczyk* (2008), S. 116, und *Singh/Sirdeshmukh* (2000), S. 154, weisen in diesem Zusammenhang auf Probleme bei der Messung von Vertrauen hin, wenn es lediglich als Globalmaß im Sinne einer 1-Item-Skala erhoben wird. So auch bereits *Butler* (1991), S. 647.

nen des Vertrauens eine für die Interne Revision zweckmäßige Konzeptualisierung vorgenommen werden.[382]

In einer umfangreichen Metaanalyse untersuchen PALMATIER ET AL. verschiedene Antezedenzen, Mediatoren und Zielgrößen im Kontext des Relationship Marketing.[383] Die Autoren überprüfen auf der Basis von über einhundert wissenschaftlichen Studien den Einfluss von neun verschiedenen Antezedenzen auf das Vertrauen von Kunden. Dabei finden sie heraus, dass die Kompetenz eines Anbieters und das Kommunikationsverhalten in einer dyadischen Beziehung den stärksten positiven Einfluss auf das Vertrauen eines Kunden ausüben.[384] Der stärkste Einfluss ergibt sich aus dem Kommunikationsverhalten, gefolgt von der Kompetenz. Hinsichtlich des Kommunikationsverhaltens bestätigen sie damit die Ergebnisse einer früheren Metaanalyse von GEYSKENS/ STEENKAMP/KUMAR.[385] Ihre Untersuchungsergebnisse entsprechen weiterhin denen empirischer Untersuchungen zum Einfluss des Kommunikationsverhaltens und der Kompetenz auf das Vertrauen in anderen Forschungskontexten. Diese Untersuchungen können gleichermaßen nachweisen, dass die Kompetenzen des Vertrauensnehmers sowie die Kommunikation zwischen Vertrauensgeber und Vertrauensnehmer maßgeblich zum Vertrauensaufbau beitragen.[386] Dagegen kann Vertrauen seinerseits auch das Kommunikationsverhalten beeinflussen, indem die Kommunikation zeitnaher, glaubwürdiger und effizienter wird. Dieser Ansicht nach ist Kommunikation eine Folge von Vertrauen, was allerdings für die vorliegende Untersuchung irrelevant ist.[387] Dies

---

382 *Castaldo/Premazzi/Zerbini* (2010), S. 660, stellen in ihrer umfassenden inhaltsanalytischen Studie fest, dass bei der Konzeptualisierung von Vertrauen zu selten frühere Forschungserkenntnisse berücksichtigt werden.

383 Vgl. *Palmatier et al.* (2006).

384 Vgl. *Palmatier et al.* (2006), S. 144f.

385 Vgl. *Geyskens/Steenkamp/Kumar* (1998), S. 239f.

386 Vgl. *Rossmann* (2010), S. 122; *Doney/Barry/Abratt* (2007), S. 1109; *Becerra/Gupta* (2003), S. 38; *Sirdeshmukh/Singh/Sabol* (2002), S. 28; *Davis et al.* (2000), S. 571; *Swan/Bowers/Richardson* (1999), S. 98.

387 Vgl. zur Kommunikation als Determinante und als Folge von Vertrauen *Milankovic/ Lentz* (2004), S. 35f.; *Schweer/Thies* (2003), S. 77–80.

gilt es vielmehr in weiteren Forschungsarbeiten zur Internen Revision näher zu untersuchen.

Bereits Ende der 1980er-Jahre untersuchen SWAN ET AL. das Vertrauen in einem Einkäufer-Verkäufer-Kontext.[388] Auf der Grundlage einer umfassenden Literaturanalyse konzeptualisieren sie diese Größe anhand von fünf Dimensionen. Mithilfe einer Regressionsanalyse weisen sie den stärksten positiven Einfluss der Verlässlichkeit des Vertrauensnehmers auf das Vertrauen nach.[389] Die Bedeutung und positive Wirkung der Verlässlichkeit des Vertrauensnehmers auf seine Vertrauenswürdigkeit wurde darüber hinaus auch in späteren empirischen Studien mehrfach belegt.[390] Diese Ergebnisse finden sich zudem in einer explorativen Untersuchung von Vertrauen im Kontext von Arbeitsbeziehungen wieder, in der festgestellt werden konnte, dass die Verlässlichkeit eines Vertrauensnehmers besonders stark mit dem Aspekt „Vertrauen" in Verbindung gebracht wird.[391]

Das Vertrauen in die Interne Revision wird anhand dieser Dimensionen konzeptualisiert. Die Kompetenz umfasst die Fähigkeiten, Fertigkeiten und Kenntnisse, über die ein Vertrauensnehmer verfügen muss, um valide und reliable Informationen anbieten zu können.[392] In dieser Dimension beurteilt der Vertrauensgeber, ob der Vertrauensnehmer in der Lage ist, die erwarteten Ergebnisse zu liefern.[393] Kompetenzen stellen gewissermaßen die Mindestvoraussetzungen für Vertrauen dar und sind eine notwendige, wenngleich keine

---

[388] Vgl. *Swan et al.* (1988).

[389] Vgl. *Swan et al.* (1988), S. 7.

[390] Vgl. u.a. *Svensson* (2005), S. 420; *Delgado-Ballester/Munuera-Alemán/Yagüe-Guillén* (2003), S. 43; *Hawes/Rao/Baker* (1993), S. 65; *Butler* (1991), S. 657; *Hawes/Mast/Swan* (1989), S. 5.

[391] Vgl. *Späth/Jedrzejczyk* (2008), S. 123–125.

[392] Vgl. *Swan/Bowers/Richardson* (1999), S. 94; *Mayer/Davis/Schoorman* (1995), S. 717. *Butler* (1991), S. 646, definiert dagegen die Kompetenz als die technischen und zwischenmenschlichen Fähigkeiten, die für den jeweiligen Job erforderlich sind.

[393] Vgl. *Milankovic/Lentz* (2004), S. 17.

hinreichende Bedingung.[394] Die Kompetenzdimension erscheint auch für die Konzeptualisierung des Vertrauens in die Interne Revision gerechtfertigt, da der Auftraggeber ein kompetentes Handeln von den Revisionsmitarbeitern erwarten wird. Nur kompetente Revisionsmitarbeiter sind in der Lage, die an sie delegierten Aufgaben wahrzunehmen und ihrer Verantwortung im Unternehmen gerecht zu werden.[395] Dies erfordert nicht nur Fach- und Methodenkompetenz, um mit einem systematisch-methodischen Vorgehen problemlösungsorientiert handeln zu können, sondern auch sozial-kommunikative Fähigkeiten. Diese umfassen neben guten Umgangsformen und Empathie in zwischenmenschlichen Beziehungen auch Konsensfähigkeit und Redegewandtheit der Revisionsmitarbeiter. Mündliche und schriftliche Kommunikationsfähigkeiten sind dabei inbegriffen.[396]

Daneben gewinnt der Aufbau von Vertrauen über personale Betreuungskonzepte, wie z.B. durch Aus- und Weiterbildung, sowie über den Aufbau von Fach- und Methodenwissen, zunehmend an Bedeutung.[397] Bedingt durch die steigende Komplexität von Unternehmensstrukturen, die steigende Anforderungen an die Steuerung von Leistungserstellungsprozessen sowie Informations- und Governance-Systemen implizieren, ist eine regelmäßige Weiterentwicklung der Kompetenzen der Revisionsmitarbeiter unabdingbar, um zukünftigen Entwicklungen mit modernen Vorgehensweisen und Arbeitstechniken begegnen zu können.[398] Zur Stärkung der Kompetenzen ist daher nach der Rekrutierung der Mitarbeiter eine konsequente Weiterbildung obligatorisch.[399] Um im weiteren Verlauf der Untersuchung gezielte Ansatzpunkte zum Vertrauensaufbau zu erhalten, wird sowohl eine Dimension für die aktuell vorhandenen fachlich-methodischen und sozial-kommunikativen Kompetenzen

---

394 Vgl. *Martin* (2003), S. 131. So auch *Vargo/Lusch* (2004), S. 3, die konstatieren: „[S]kills and knowledge are the fundamental unit of exchange."

395 Vgl. *IIA Austria* (Hrsg.) (2009), S. 27. Siehe auch *Hobuss/Diamant* (2000), S. 1039.

396 Vgl. *IIA Austria* (Hrsg.) (2009), S. 82. Siehe auch *Bungartz* (2009), S. 68.

397 Vgl. *Rossmann* (2010), S. 6.

398 Vgl. *IIA Austria* (Hrsg.) (2009), S. 93.

399 Vgl. *Müller/Kemper* (2009), S. 258; *Zwingmann* (2007), S. 52; *Hofmann* (2005), S. 167.

der Revisionsmitarbeiter als auch eine Dimension für deren Weiterentwicklung konzeptualisiert.[400]

Kommunikation kann definiert werden als ein formeller und informeller Informationsaustausch zwischen Vertrauensgeber und Vertrauensnehmer.[401] Der Fokus liegt dabei auf der Wirkung von Informationen und weniger auf ihrer Quantität oder der Kommunikationshäufigkeit. Durch Kommunikation werden die Eigenschaften des Vertrauensnehmers für den Vertrauensgeber besser einschätzbar, da er für seine Beurteilung auf eine breitere Informationsbasis zurückgreifen kann.[402] Gleichzeitig ermöglicht die Kommunikation, gemeinsame Ziele zu entwickeln und Konfliktpotenziale frühzeitig zu erkennen.[403] In der Internen Revision kommt der Kommunikation mit dem Auftraggeber ein hoher Stellenwert zu, da der Leiter Interne Revision direkt mit ihm kommunizieren und zusammenarbeiten muss. Dies ist einerseits erforderlich, um Informationen über strategische und operative Entwicklungen sowie über generelle Risiko-, System- und Kontrollaspekte auszutauschen und im Fall von Veränderungen im Unternehmensumfeld schnell und adäquat reagieren zu können.[404] Andererseits sollte der Auftraggeber seine Anforderungen und Anliegen an den Leiter Interne Revision kommunizieren. Wenn der Leiter Interne Revision die erforderlichen Kenntnisse darüber hat, welche Anforderungen an die Interne Revision gestellt werden bzw. wo aus Sicht des Auftraggebers unternehmensinterne Verbesserungspotenziale liegen, kann eine vertrauensvolle Revisionsarbeit stattfinden.[405]

---

[400] Die Bedeutung der Kompetenz und den Bedarf an Weiterentwicklung zeigen auch die Ausführungen von *Arena/Jeppesen* (2010), S. 120–122, die zu einem sehr differenzierten Bild in Internen Revisionen dänischer Unternehmen gelangen.

[401] Vgl. *Morgan/Hunt* (1994), S. 25; *Anderson/Narus* (1990), S. 44.

[402] Vgl. *Becerra/Gupta* (2003), S. 33.

[403] Vgl. *Anderson/Weitz* (1989), S. 315.

[404] Vgl. *IIA Austria* (Hrsg.) (2009), S. 65; *Müller/Kemper* (2009), S. 259.

[405] Vgl. *Zwingmann* (2007), S. 46.

Unter Verlässlichkeit werden schließlich bestimmte Prinzipien des Vertrauensnehmers verstanden, die der Vertrauensgeber für akzeptabel hält.[406] Der Vertrauensgeber berücksichtigt dabei die Fragen, ob das Verhalten und die Handlungen des Vertrauensnehmers kongruent zu seinen Worten sind und ob er implizite und explizite Versprechen einhält.[407] Einem Vertrauensnehmer wird eine hohe Verlässlichkeit zugesprochen, die durch glaubwürdige Berichte Dritter oder Zertifizierungen vermittelt wird.[408] Da unternehmerische Entscheidungen auf einer angemessenen Informationsgrundlage beruhen müssen und im Rahmen der Revisionstätigkeiten eine Vielzahl von Informationen verarbeitet und analysiert werden, ist die Verlässlichkeit der Internen Revision sicherzustellen.[409] Der Auftraggeber wird dann die Informationen und Ergebnisse der Internen Revision als Entscheidungsgrundlage nutzen, wenn er davon überzeugt ist, sich auf diese verlassen zu können. Die Verlässlichkeit gewinnt auch vor dem Hintergrund einer möglichen Haftung der Auftraggeber infolge von Sorgfaltspflichtverletzungen zunehmend an Relevanz. Außerdem fordert der Berufsstand in den Grundsätzen zum Ethikkodex der Internen Revision ein rechtschaffendes Verhalten der Revisionsmitarbeiter, woraus sich das Vertrauen in ihre Tätigkeiten begründet.[410]

Der Auftraggeber wird sein Vertrauen in die Interne Revision hoch einschätzen, wenn er die Vertrauenswürdigkeit anhand der vier Dimensionen positiv beurteilt. Vertrauen ergibt sich nicht als eine bipolare Ja/Nein-Einschätzung, sondern stellt ein Kontinuum dar.[411] In Abhängigkeit von der individuellen Beurteilung durch den Auftraggeber kann die Vertrauenswürdigkeit tendenzi-

---

406 Vgl. *Mayer/Davis/Schoorman* (1995), S. 719. Ähnlich auch *Moorman/Deshpandé/Zaltman* (1993), S. 84.

407 Vgl. *Friedrich* (2004), S. 186; *Mayer/Davis/Schoorman* (1995), S. 719.

408 Vgl. *Späth* (2008), S. 99; *Mayer/Davis/Schoorman* (1995), S. 719. Ähnlich auch *Rousseau et al.* (1998), S. 399, die im Rahmen ihres „Calculus-based Trust" konstatieren, dass glaubwürdige Informationen von Dritten oder Zertifizierungen Vertrauenswürdigkeit des Vertrauensnehmers signalisieren.

409 Vgl. *Albrecht/Gaenslen* (2009), S. 100; *Bantleon/Siebert* (2007), S. 250.

410 Vgl. *IIA Austria* (Hrsg.) (2009), S. 16f.

411 Vgl. *Kennedy/Ferrell/Thorne LeClair* (2001), S. 75; *Singh/Sirdeshmukh* (2000), S. 155.

ell hoch oder tendenziell niedrig eingeschätzt werden. Analog zu der Vorgehensweise bei der Konzeptualisierung der Qualität der Internen Revision, bei der das Konstrukt durch ihre Dimensionen verursacht wird, wird im weiteren Verlauf der Untersuchung von Komponenten des Vertrauens gesprochen. Das Vertrauen in die Interne Revision wird dementsprechend anhand der in Tabelle 7 aufgeführten Komponenten konzeptualisiert.

Konstrukt	Komponente
Vertrauen in die Interne Revision	Fachlich-methodische und sozial-kommunikative Kompetenzen
	Weiterentwicklung der fachlich-methodischen und sozial-kommunikativen Kompetenzen
	Kommunikation mit der Internen Revision
	Verlässlichkeit der Internen Revision

Tabelle 7: Konzeptualisierung des Vertrauens in die Interne Revision

4.3.2.2 Operationalisierung

In diesem Abschnitt wird das Vertrauen in die Interne Revision, das mit vier Komponenten konzeptualisiert wurde, anhand von geeigneten Indikatoren operationalisiert und damit einer direkten Beobachtung und Messung zugänglich gemacht. Da weder ein einheitliches Begriffsverständnis noch ein einheitlicher Konzeptualisierungsansatz existieren, fehlt auch eine einheitliche Operationalisierung.[412] Entsprechend der Vorgehensweise bei der Operationalisierung der Qualität der Internen Revision werden aufbauend auf der Konzeptualisierung des Vertrauens Indikatoren herausgearbeitet, anhand derer der Auftraggeber die Vertrauenswürdigkeit der Internen Revision beurteilen kann. Dazu wird wiederum das internationale Regelwerk der beruflichen Praxis um einschlägige Literaturbeiträge ergänzt.

412 *Möllering/Sydow* (2005), S. 71, stellen dazu fest, dass die Operationalisierung und insbesondere die Messung von Vertrauen umstritten sind. Ähnlich auch *Lewicki/Tomlinson/Gillespie* (2006), S. 992, die darauf hinweisen, dass zwar zahlreiche Definitionen und Konzeptualisierungen entwickelt wurden, die Operationalisierung und Messung von Vertrauen mit dieser Entwicklung aber nicht Schritt gehalten hat.

Für die Operationalisierung der ersten Vertrauenskomponente sind Indikatoren zu formulieren, die eine Beurteilung der fachlich-methodischen und sozial-kommunikativen Kompetenzen der Revisionsmitarbeiter ermöglichen. Die dafür entwickelten Indikatoren sind der Tabelle 8 zu entnehmen. Sie werden im Folgenden kurz vorgestellt.

Komponente	Kurzbezeichnung der Indikatoren
Fachlich-methodische und sozial-kommunikative Kompetenzen	Fachliche Kompetenzen
	Soziale Kompetenzen
	Kommunikative Fähigkeiten
	IT-Kenntnisse

Tabelle 8: Operationalisierung der Vertrauenskomponente „Fachlich-methodische und sozial-kommunikative Kompetenzen"

Für die Beurteilung der fachlich-methodischen Kompetenzen soll weder auf spezifische Fach- und Methodenkenntnisse der Revisionsmitarbeiter Bezug genommen noch soll im Bereich der sozial-kommunikativen Kompetenzen ein bestimmtes Sozial- oder Gesprächsverhalten der Revisionsmitarbeiter eingeschätzt werden. Vielmehr wird eine allgemeine Beurteilung bei den Auftraggebern erhoben, für die die ersten drei Indikatoren der Tabelle 8 herangezogen werden. Aufgrund der hohen Bedeutung der Informationstechnologie (IT) für die Unternehmen und für die Interne Revision, wird dagegen für die Kenntnisse im IT-Bereich ein eigenständiger Indikator formuliert.[413] Einerseits sind betriebliche Abläufe im Unternehmen häufig technologisiert bzw. automatisiert und erfordern für eine ordnungsgemäße Prüfung entsprechende IT-Kenntnisse von den Revisionsmitarbeitern, andererseits werden vermehrt technische Prüfungen und Systemprüfungen notwendig, die ausreichende Sachkenntnisse im Umgang mit unterschiedlichen Softwareapplikationen voraussetzen.[414]

Die regelmäßige Weiterentwicklung der Kompetenzen der Revisionsmitarbeiter stellt die Grundlage dafür dar, zukünftigen Entwicklungen im Unterneh-

---

413 Vgl. *Fahrion/Geis* (2007), S. 261. So auch *Rossmann* (2010), S. 300.

414 Vgl. *Hofmann* (2005), S. 162; *Steffelbauer-Meuche* (2004), S. 11; *Ruud/Bodenmann/Kienast* (2000), S. 1033.

men angemessen begegnen zu können und beugt möglichen Adäquanzproblemen der Internen Revision vor.[415] Für die Beurteilung der zweiten Vertrauenskomponente werden die in Tabelle 9 formulierten Indikatoren verwendet.

Komponente	Kurzbezeichnung der Indikatoren
Weiterentwicklung der fachlich-methodischen und sozial-kommunikativen Kompetenzen	Individuelle Fortbildungsmaßnahmen
	Förderung berufsspezifischer Examen
	Durchführung von Feedbackgesprächen mit den Revisionsmitarbeitern
	Bereitstellung von gewonnenem Wissen

Tabelle 9: Operationalisierung der Vertrauenskomponente „Weiterentwicklung der fachlich-methodischen und sozial-kommunikativen Kompetenzen"

Die Revisionsmitarbeiter sollen entsprechend ihrem aktuellen Kenntnisstand und in Abstimmung mit ihrer weiteren Karriereplanung individuell gefördert und geschult werden.[416] Das DIIR fordert für Revisionsmitarbeiter, die bereits Certified Internal Auditor (CIA) sind, innerhalb von zwei Jahren einen Weiterbildungsnachweis von 80 Stunden.[417] In diesem Zusammenhang werden Fachexamina (z.B. CIA, CFSA) als unternehmensexterne Weiterbildungsmöglichkeit zunehmend wichtiger, um den Herausforderungen des unternehmerischen Wandels begegnen zu können.[418] Eine Förderung in finanzieller und zeitlicher Hinsicht von Unternehmensseite kann dabei geboten sein.[419] Darüber hinaus kann durch regelmäßige, revisionsintern durchgeführte Feedbackgespräche Weiterentwicklungsbedarf der Revisionsmitarbeiter frühzeitig identifiziert werden. Revisionsinterne Gespräche fördern den Meinungsaustausch untereinander sowie die gegenseitige Vermittlung praktischer Kenntnisse und Erfahrungen.[420] Schließlich wird durch die Bereitstellung von Wissen, das während einzelner Prüfungs- und Beratungsaufträge gewonnen wird, die Einarbeitung

[415] Vgl. *DIIR* (Hrsg.) (2005), S. 311.
[416] Ähnlich auch *Bauer* (2010), S. 100; *Linsi* (2003), S. 200.
[417] Vgl. *DIIR* (Hrsg.) (2010a).
[418] Vgl. *Zwingmann* (2007), S. 50; *Hofmann* (2000), S. 73.
[419] Vgl. *Bauer* (2010), S. 100.
[420] Ähnlich auch *Kimpel/Nyholm/Tinz* (2007), S. 247; *Krey* (2001b), S. 2463.

und Ausbildung neuer Mitarbeiter erleichtert und beschleunigt.[421] Aufgrund einer vergleichsweise hohen Fluktuationsrate in der Internen Revision wird durch die Sicherung von Wissen und den Know-how-Transfer der Abfluss der wichtigsten Ressource der Internen Revision verhindert, sodass eine Sammlung und Verbreitung von Best Practices ermöglicht wird.[422]

Basierend auf dem in der Konzeptualisierung vorgestellten Kommunikationsverständnis werden für die Beurteilung der Kommunikation zwischen dem Auftraggeber und dem Leiter Interne Revision die in Tabelle 10 angegebenen Indikatoren erhoben.

Komponente	Kurzbezeichnung der Indikatoren
Kommunikation mit der Internen Revision	Kenntnisse der Anforderungen des Auftraggebers
	Informationsaustausch zwischen dem Leiter Interne Revision und dem Auftraggeber
	Informationen über nicht umgesetzte Empfehlungen und Maßnahmen

Tabelle 10: Operationalisierung der Vertrauenskomponente „Kommunikation mit der Internen Revision"

Zunächst ist es erforderlich, dass der Leiter Interne Revision die Bedürfnisse und Anforderungen des Auftraggebers kennt und diese entsprechend kommuniziert werden.[423] Für den Vertrauensaufbau ist es weiterhin von Bedeutung, dass der Auftraggeber regelmäßig über aktuelle Entwicklungen im Unternehmen sowie über Missstände und Versäumnisse informiert wird.[424] Der Auftraggeber muss sich darauf verlassen können, dass ihm keine wesentlichen Informationen und Erkenntnisse aus der Tätigkeit der Internen Revision vorenthalten werden.[425] Nicht zuletzt durch die beim Auftraggeber verbleibende Verantwortung in Bezug auf die Restrisikoübernahme ist er über Empfehlungen

---

421 Vgl. *Krumm* (2006), S. 226.

422 Vgl. *Blümel/Haeußler/Pröpsting* (2004), S. 142. Ähnlich auch *Linsi* (2003), S. 213.

423 Ähnlich auch *Rossmann* (2010), S. 300; *Anderson/Weitz* (1992), S. 32.

424 Vgl. *Kaminski* (2008), S. 64. Ähnlich auch *Rossmann* (2010), S. 300; *Anderson/Weitz* (1992), S. 32.

425 Vgl. *Funk* (1988), S. 7.

und Maßnahmen, die von den geprüften Einheiten nicht umgesetzt werden, zu informieren.[426]

Für die Operationalisierung der letzten Vertrauenskomponente sind Indikatoren herauszuarbeiten, anhand derer die Verlässlichkeit der Internen Revision beurteilt werden kann. Tabelle 11 zeigt die dafür entwickelten Indikatoren.

Komponente	Kurzbezeichnung der Indikatoren
Verlässlichkeit der Internen Revision	Gewährleistung der Unabhängigkeit
	Schutz vor rechtlichen Konsequenzen
	Durchführung von internen und externen Qualitätsbeurteilungen

Tabelle 11: Operationalisierung der Vertrauenskomponente „Verlässlichkeit der Internen Revision"

Besondere Bedeutung kommt der Unabhängigkeit der Internen Revision zu, wonach keine Umstände vorliegen dürfen, die die Fähigkeit beeinträchtigen, die Revisionsaufgaben unbeeinflusst wahrzunehmen.[427] KAMINSKI konstatiert dazu, dass die Unabhängigkeit „aus Sicht der Unternehmensleitung zu einem besonderen Vertrauen, das sie der Tätigkeit der Internen Revision und deren Ergebnissen entgegenbringen kann"[428], führt. Wenn die Unabhängigkeit der Internen Revision gewährleistet ist, kann sich der Auftraggeber auf die Informationen und Ergebnisse der Internen Revision für eine fundierte unternehmerische Entscheidung verlassen. Außerdem sollte sichergestellt werden, dass im Unternehmen relevante Gesetze sowie interne und externe Weisungen und Richtlinien eingehalten werden, aus denen bei einer Zuwiderhandlung etwaige rechtliche Konsequenzen für den Auftraggeber resultieren könnten.[429] Um ein verlässliches und rechtschaffendes Vorgehen zu signalisieren, sollten die Revisionsmitarbeiter helfen, den Auftraggeber vor rechtlichen Konsequenzen zu schützen. Eine weitere Signalwirkung kann darüber hinaus durch glaubwür-

---

426 Vgl. *IIA Austria* (Hrsg.) (2009), S. 50; *Funk* (1988), S. 8.

427 Vgl. *IIA Austria* (Hrsg.) (2009), S. 24. So auch *Linsi* (2003), S. 203.

428 *Kaminski* (2008), S. 61.

429 Vgl. *Albrecht/Gaenslen* (2009), S. 96; *Zehnder* (1994), S. 1034; *Hofmann* (1992), S. 171.

dige Berichte Dritter oder Zertifizierungen erreicht werden. Mit der Implementierung eines Programms zur Qualitätssicherung und -verbesserung verpflichtet sich der Leiter Interne Revision, regelmäßig interne und externe Beurteilungen durchzuführen.[430] Während interne Beurteilungen mindestens einmal jährlich von unternehmensinternen Personen durchzuführen sind, werden externe Beurteilungen mindestens alle fünf Jahre durch einen unabhängigen, nicht dem Unternehmen angehörenden Prüfer durchgeführt.[431] Die Ergebnisse der internen und externen Beurteilungen sowie daraus resultierende Maßnahmen und deren Umsetzung sind dem Auftraggeber zu berichten.[432] Externe Beurteilungen bieten in diesem Zusammenhang „die Chance, das Ansehen und die Stellung der IR im Unternehmen nachhaltig zu verbessern und das Vertrauen von Vorstand und Aufsichtsrat sowie von Stakeholdern in die Verlässlichkeit der Ergebnisse der IR zu stärken“[433].

Bereits MÖLLERING/SYDOW und LEWICKI/TOMLINSON/GILLESPIE haben festgestellt, dass keine Vorschrift zur Messung von Vertrauen existiert.[434] Aus diesem Grund kann nicht auf eine bestehende Systematisierung oder einen entwickelten Messansatz zurückgegriffen werden. Vielmehr muss sich die Konstruktion der Messvorschrift für die Vertrauensindikatoren aus den Zielen der Untersuchung ergeben. Im weiteren Verlauf der Untersuchung sollen Ansatzpunkte zur Stärkung des Vertrauens in die Interne Revision vonseiten der Auftraggeber identifiziert werden, indem wahrgenommene Defizite der Vertrauenswürdigkeit aufgedeckt werden. Dies ist gleichwohl nur bei einer separaten Erhebung der Erwartungen der Auftraggeber möglich. Unter Berücksichtigung der Überlegungen innerhalb der sozialen Austauschtheorie macht der Auftraggeber die Attraktivität seiner Beziehung zur Internen Revision anhand seines

---

430 Vgl. *IIA Austria* (Hrsg.) (2009), S. 30.

431 Vgl. *IIA Austria* (Hrsg.) (2009), S. 101 und S. 103. Siehe auch *Fahrion/Geis* (2007), S. 260f.

432 Vgl. *IIA Austria* (Hrsg.) (2009), S. 101 und S. 108.

433 *Cauers/Häge* (2007b), S. 165.

434 Vgl. *Lewicki/Tomlinson/Gillespie* (2006), S. 992; *Möllering/Sydow* (2005), S. 71.

erwarteten Ergebnisniveaus (CL) fest, das dementsprechend die Sollkomponente im Sinne des C-D-Paradigmas widerspiegelt. Die Messung des Vertrauens in die Interne Revision erfolgt damit in analoger Weise zur Messung der Qualität der Internen Revision.

4.3.3 Konkretisierung der Akzeptanz der Internen Revision

4.3.3.1 Konzeptualisierung

Für die Konzeptualisierung der Akzeptanz der Internen Revision kann zunächst auf die grundlegenden Erkenntnisse der Akzeptanzforschung zurückgegriffen werden. Bei dieser wird zwischen einer Einstellungs- und einer Verhaltensebene der Akzeptanz unterschieden.[435] Während sich die Verhaltensebene der Akzeptanz in einem beobachtbaren Verhalten in Form einer tatsächlichen Nutzung eines Produkts oder einer (technischen) Innovation zeigt, spiegelt sich die Einstellungsebene in einer latenten bzw. potenziellen Akzeptanzbereitschaft wider.[436] Aufgrund des einstellungsgeprägten Akzeptanzbegriffs dieser Arbeit, wird im Folgenden auf die einstellungsorientierte Akzeptanz rekurriert.[437]

Das Konstrukt der Einstellung ist ein Phänomen der Sozialpsychologie und der Konsumentenverhaltensforschung und stellt eine besonders geeignete Zielgröße für ein Marketingmanagement dar.[438] Die Gründe dafür liegen in der Annahme eines positiven wie negativen Einflusses von Einstellungen auf das Verhalten sowie einer relativ einfachen Beeinflussbarkeit, sodass sie als idea-

[435] Vgl. *Bürg/Kronburger/Mandl* (2004), S. 5; *Simon* (2001), S. 89; *Müller-Böling/Müller* (1986), S. 25.

[436] Vgl. *Kollmann* (1999), S. 127; *Müller-Böling/Müller* (1986), S. 27.

[437] *Stachelsky* (1983), S. 50, zufolge kann man bei der Verwendung des Begriffs „Akzeptanz" in der sozial- und wirtschaftswissenschaftlichen Literatur davon ausgehen, dass nahezu jede Akzeptanzforschung auch eine Art Einstellungsuntersuchung ist.

[438] Vgl. *Trommsdorff* (2009), S. 146; *Petty/Wegener/Fabrigar* (1997), S. 610.

ler Prädiktor des konkreten Verhaltens von Personen gelten.[439] Unter einer Einstellung wird eine psychologische, nicht immer bewusste Haltung verstanden, die sich in der Bewertung eines bestimmten Bezugsobjekts mit einem gewissen Grad an Zustimmung oder Ablehnung zeigt.[440] Sie wird nicht geerbt, sondern in der Regel unbewusst erlernt. Einstellungen zeichnen sich demnach dadurch aus, dass sie immer auf ein Objekt bezogen sind und eine Person erfahrungsbedingt im Zeitablauf erlernt, positiv oder negativ auf dieses Objekt zu reagieren.[441] Zudem lässt der Terminus „Haltung" offen, ob eine Einstellung eine dauerhafte oder eine temporäre Erscheinung ist, die sich bewusst oder unbewusst ergibt.[442] Dieser Betrachtungsweise liegt das Konzept der Ziel-Mittel-Beziehung (Means-End-Chain) zugrunde, nach der Einstellungen als subjektiv wahrgenommene Eignung eines Objekts zur Bedürfnisbefriedigung aufgefasst werden.[443]

Trotz der intensiven wissenschaftlichen Auseinandersetzung mit dem Konstrukt der Einstellung hat sich bislang keine einheitliche Konzeptualisierung etabliert. Die Frage nach der Dimensionalität von Einstellungen kann nur in Abhängigkeit des zu bewertenden Objekts und vor dem Hintergrund der zugrunde liegenden Forschungsziele beantwortet werden.[444] Je nach Forschungsrichtung werden unterschiedliche Schwerpunkte dahingehend gesetzt, ob sich Einstellungen aus einer oder mehreren Dimensionen bilden.[445]

---

[439] Vgl. *Unger* (2008), S. 53; *Ajzen* (2001), S. 37.

[440] Vgl. *Eagly/Chaiken* (2007), S. 585; *Ajzen/Fishbein* (2000), S. 2; *Petty/Wegener/Fabrigar* (1997), S. 611.

[441] Vgl. *Nieschlag/Dichtl/Hörschgen* (2002), S. 594f.

[442] Vgl. *Kroeber-Riel/Weinberg/Gröppel-Klein* (2009), S. 216; *Eagly/Chaiken* (2007), S. 585.

[443] Vgl. *Kroeber-Riel/Weinberg/Gröppel-Klein* (2009), S. 216; *Foscht/Swoboda* (2007), S. 61.

[444] Vgl. *Schmidt* (1996), S. 57, dort Fußnote 6. Ähnlich auch *Solomon/Bamossy/Askegaard* (2001), S. 156.

[445] Vgl. *Unger* (1998), S. 146.

Die Vertreter eines eindimensionalen Ansatzes postulieren, dass Einstellungen einen evaluativen Charakter aufweisen und sich in einer zustimmenden oder ablehnenden Haltung gegenüber einem Objekt äußern.[446] Personen nehmen Objekte nicht unvoreingenommen wahr, sondern bilden Erwartungen, die als individuelle Vergleichsmaßstäbe dienen.[447] Anhand der Erwartungen wird das Objekt einer Bewertung unterzogen.[448] Das Bewertungsurteil stellt das Ergebnis eines kognitiven Prozesses aus der Assoziation zwischen dem Objekt und den zu bewertenden Merkmalen dar.[449] Im Sinne der Ziel-Mittel-Beziehung bewertet eine Person zum einen den subjektiv erwarteten Befriedigungswert des Objekts und prüft zum anderen, inwieweit das Objekt als Mittel zur Zielerreichung geeignet erscheint.[450] Die Einstellung wird auf Basis kognitiver Aktivitäten erfasst.[451] Aufgrund seiner Eindimensionalität ist dieser Ansatz in empirischen Untersuchungen einfach einsetzbar, erlaubt allerdings kaum differenzierte Einblicke in die während der Einstellungsbildung ablaufenden psychischen Prozesse.[452]

Im Gegensatz dazu gehen die Vertreter mehrdimensionaler Ansätze davon aus, dass sich Einstellungen aus zwei oder mehr Dimensionen heraus bilden. Danach weisen diese sowohl affektive (gefühlsmäßige) als auch kognitive (verstandesmäßige) Elemente auf, anhand derer ein Urteil getroffen wird.[453] Die

---

[446] Vgl. *Kroeber-Riel/Weinberg/Gröppel-Klein* (2009), S. 239; *Betz* (2003), S. 104.

[447] Vgl. *Unger* (2008), S. 54.

[448] Vgl. *Kollmann* (1998), S. 93. Ähnlich auch *Rentsch* (1988), S. 10.

[449] Vgl. *Ajzen* (2001), S. 33.

[450] Ähnlich argumentiert auch *Meinig* (1991), S. 33, in Bezug auf die Inanspruchnahme oder Ablehnung einer Dienstleistung, bei der Konsumenten die Konsequenzen antizipieren und bewerten. Je höher der Beitrag zur Befriedigung bestimmter Bedürfnisse, den sie sich durch die Akzeptanz der Dienstleistung versprechen, desto aufgeschlossener ist ihre Haltung der Dienstleistung gegenüber und desto eher werden sie diese in Anspruch nehmen.

[451] Vgl. *Kroeber-Riel/Weinberg/Gröppel-Klein* (2009), S. 217.

[452] Vgl. *Betz* (2003), S. 104; *Hätty* (1989), S. 73.

[453] Vgl. *Kroeber-Riel/Weinberg/Gröppel-Klein* (2009), S. 212; *Bürg/Kronburger/Mandl* (2004), S. 5; *Petty/Wegener/Fabrigar* (1997), S. 613. Andere Ansätze berücksichtigen darüber hinaus auch konative (intentionale) Elemente, die allerdings als problematisch

affektiven Elemente beziehen sich auf motivationale und emotionale Aspekte der Einstellung. Sie drücken sich in positiven oder negativen Gefühlen gegenüber dem Objekt aus.[454] Die kognitiven Elemente spiegeln dagegen die gedanklich bewerteten Informationen und Kenntnisse zu Merkmalen des Objekts wider.[455] Dabei werden seine Vor- und Nachteile aus subjektiver Sicht auf Basis dieser Informationen und Kenntnisse gegeneinander abgewogen, wodurch die Parallelen zu dem eindimensionalen Ansatz deutlich werden.[456] Dies impliziert zugleich die Gegenüberstellung von Kosten und Nutzen des Objekts unter Berücksichtigung des persönlichen Kontexts.[457] Nach diesem Ansatz konstituieren sich Einstellungen aus zwei Dimensionen, die voneinander abhängig sind und nach Konsistenz streben. Aufgrund des interdependenten Beziehungsverhältnisses der Dimensionen weisen einige Autoren darauf hin, dass Einstellungen eher eine eindimensionale Struktur haben.[458]

Einstellungen können somit ein- oder mehrdimensional konzeptualisiert werden. Diese Erkenntnisse können auch auf die Akzeptanz der Internen Revision übertragen werden. Im Mittelpunkt der vorliegenden Arbeit steht die systematische Untersuchung der Einflussfaktoren der Akzeptanz und nicht der psychische Prozess eines Auftraggebers bei seiner Akzeptanzbildung, sodass eine eindimensionale Konzeptualisierung für die Akzeptanz der Internen Revision gewählt wird.[459] Ferner ist es zweckmäßig, die Akzeptanz als eindimensionales, kognitiv geprägtes Phänomen zu erfassen, da die Unternehmensleitung

angesehen werden und umstritten sind. Vgl. *Trommsdorff* (2009), S. 151; *Foscht/Swoboda* (2007), S. 63; *Schrader* (2001), S. 134; *Müller-Böling/Müller* (1986), S. 25.

454 Vgl. *Aronson/Wilson/Akert* (2008), S. 195; *Foscht/Swoboda* (2007), S. 62.

455 Vgl. *Homburg/Krohmer* (2009), S. 40; *Nieschlag/Dichtl/Hörschgen* (2002), S. 596.

456 Vgl. *Aronson/Wilson/Akert* (2008), S. 194; *Unger* (2008), S. 55.

457 Vgl. *Gounaris* (2005), S. 128; *Simon* (2001), S. 89.

458 Vgl. *Berekoven/Eckert/Ellenrieder* (2009), S. 73 und S. 78; *Betz* (2003), S. 106.

459 Zudem weisen *Giere/Wirtz/Schilke* (2006), S. 679, darauf hin, dass die Entscheidung zu einer eindimensionalen oder mehrdimensionalen Konzeptualisierung davon abhängig zu machen ist, wie differenziert ein Sachverhalt im Rahmen eines Forschungsvorhabens untersucht werden soll. Siehe auch *Weiber/Mühlhaus* (2010), S. 82; *MacKenzie/Podsakoff/Jarvis* (2005), S. 714.

als Auftraggeber der Internen Revision ihre Haltung gegenüber der Internen Revision kaum aus motivationalen und emotionalen Beweggründen bilden wird, sondern rational die Vor- und Nachteile der Internen Revision bewertet. LANGER/PEDELL stellen dazu fest, dass das Topmanagement bei der Beurteilung der Internen Revision quantitative Faktoren, wie beispielsweise Wirtschaftlichkeitsaspekte, berücksichtigt.[460]

4.3.3.2 Operationalisierung

In der folgenden Operationalisierung gilt es, die Akzeptanz der Internen Revision mit geeigneten Indikatoren für die empirische Untersuchung beobachtbar und messbar zu machen. Da sich bislang der Akzeptanzbegriff nur vereinzelt und schlagwortartig in der revisionsspezifischen Literatur finden lässt, kann auf keine bestehende Skala zur Operationalisierung zurückgegriffen werden. Daher sind Indikatoren herauszuarbeiten, in denen sich die Bewertung des Auftraggebers hinsichtlich der Nützlichkeit der Internen Revision widerspiegelt.

Wie im Rahmen der Konzeptualisierung gezeigt wurde beruht das Bewertungsurteil auf kognitiven Prozessen, indem rational zwischen den Vor- und Nachteilen eines Objekts vor dem Hintergrund der Ziel-Mittel-Beziehung abgewogen wird. In Bezug auf die Interne Revision erfolgt eine Konkretisierung auf ein kosten-nutzen-orientiertes Bewertungskalkül, da sich die Interne Revision ebenso wie andere Funktionsbereiche im Unternehmen einer Vorteilhaftigkeitsbetrachtung durch die Unternehmensleitung als Auftraggeber unterziehen muss. Hierfür sollen an dieser Stelle nicht die Probleme der Quantifizierung von Kosten und Nutzen im Kontext der Internen Revision nachgezeichnet werden. Vielmehr wird insbesondere für den Nutzenaspekt der Internen Revision ein qualitativer Indikator formuliert, der die Beurteilung der In-

[460] Vgl. *Langer/Pedell* (2010), S. 93f.

ternen Revision als Entwicklungsfunktion für zukünftige Führungskräfte umfasst.

Die Personalentwicklungsfunktion beinhaltet die Ausbildung und die Einarbeitung qualifizierter Führungskräfte durch die Tätigkeit in der Internen Revision. Über die Beschäftigung in der Internen Revision wird die Möglichkeit geboten, dass sich zukünftige Führungskräfte innerhalb kurzer Zeit einen Überblick über alle Unternehmensbereiche sowie die dort vorzufindenden Funktionen und implementierten Prozesse verschaffen können.[461] Der vielseitige Einsatz in der Internen Revision erlaubt es, Managementprobleme, Fertigungsverfahren, technische Aufgabenstellungen und unterschiedliche Organisationsstrukturen kennenzulernen.[462] Die gesammelten Erfahrungen und Kenntnisse aus der Revisionstätigkeit werden durch die zukünftigen Führungskräfte in den operativen Bereichen – damit im gesamten Unternehmen – nutzbar gemacht und ermöglichen die frühzeitige Identifizierung von Risiken und Schwachstellen in Geschäftsprozessen. Die zukünftigen Führungskräfte fungieren damit als Informationsvermittler und Multiplikator im Unternehmen, indem sie geltende Regeln sowie unternehmensinterne Richtlinien kommunizieren und die Anwendung neuer Arbeits- und Entscheidungstechniken anregen.[463] Insbesondere der Multiplikatoreffekt hebt Nutzenpotenziale für die Unternehmensleitung als Auftraggeber, da sie durch ihn zu einer unternehmensweit gelebten Kontroll- und Überwachungskultur beitragen kann.

Ein weiterer Nutzenaspekt ergibt sich nicht zuletzt aus der Leitungsaufgabe der Unternehmensleitung der Gesellschaft gegenüber. Zu ihren – aus betriebswirtschaftlichen Erkenntnissen typologisch umschriebenen – Leitungsaufgaben gehört auch eine personalpolitische Führungsaufgabe, die die Besetzung von wichtigen Führungspositionen im Unternehmen mit entsprechend qualifi-

---

[461] Vgl. *Zwingmann* (2007), S. 52; *Funk* (1988), S. 9.
[462] Vgl. *Hofmann* (2005), S. 170.
[463] Vgl. *Peemöller/Richter* (2000), S. 72f.

zierten Mitarbeitern umfasst.[464] Durch gezielte Personalpolitik, die qualifizierte Revisionsmitarbeiter bei der Besetzung von Führungspositionen berücksichtigt, kann die Unternehmensleitung ihrer personalpolitischen Leitungsaufgabe gerecht werden.[465] Die Initiative für eine solche Personalpolitik beruht allerdings nicht auf den Bemühungen der Internen Revision, sondern muss durch die Unternehmensleitung als Auftraggeber veranlasst werden.[466] Dazu wird der Auftraggeber dann bereit sein, wenn er von der Arbeit der Internen Revision und ihrer Personalentwicklungsfunktion überzeugt ist und sie akzeptiert. Demnach spiegelt sich die Akzeptanz der Internen Revision in der Beurteilung dieses Indikators wider.

Des Weiteren erscheint es vor dem Hintergrund der systematischen Untersuchung der Einflussfaktoren der Akzeptanz nicht zielführend, sämtliche (potenzielle) Nutzenaspekte der Internen Revision zu berücksichtigen, da sie weder quantifizierbar noch für eine empirische Untersuchung konkret verbalisiert werden können. Zudem mag bezweifelt werden, dass sich die Auftraggeber der Nutzenaspekte der Internen Revision immer ausreichend bewusst sind. Vielmehr vollzieht sich die Beurteilung der Vorteilhaftigkeit der Internen Revision unbewusst, indem die Auftraggeber einen geistigen Vergleich bestimmter Kosten- und Nutzenkategorien durchführen. Aus diesem Grund wird ein Indikator formuliert, der auf die Beurteilung der wirtschaftlichen Vorteilhaftigkeit der Internen Revision abzielt und eine Einschätzung des Kosten-Nutzen-Verhältnisses erfordert.[467] Ein Auftraggeber, der eine positive Haltung gegenüber der Internen Revision hat, schätzt die (unbewussten) Nutzenpotenziale höher ein als ein Auftraggeber mit einer negativen Haltung. Letzterer wird den oftmals bewussten und häufig quantifizierbaren Kostenkategorien

[464] Vgl. *Wellhöfer* (2008), § 4 Rz. 15; *Fleischer* (2006), § 1 Rz. 15.

[465] Vgl. *Hofmann* (2005), S. 170.

[466] Vgl. *Albrecht/Gaenslen* (2009), S. 97. So weisen *Palazzesi/Pfyffer* (2002), S. 138f., darauf hin, dass eine mangelnde Bereitschaft der Internen Revision, Mitarbeiter auszubilden und sie nach Erreichung der Ziele abgeben zu müssen, besteht. Ähnlich auch *Kaminski* (2008), S. 69.

[467] Vgl. auch *Geis* (2010), S. 165, die für die Beurteilung der Wirtschaftlichkeit der Internen Revision die Messung von Kosten und Nutzen vorschlägt.

eine höhere Bedeutung beimessen und folglich das Kosten-Nutzen-Verhältnis der Internen Revision schlechter beurteilen. Eine höhere Akzeptanz zeigt sich demnach in einer positiven Beurteilung des Kosten-Nutzen-Verhältnisses.

Im Gegensatz zur Konzeptualisierung und Operationalisierung der Qualität und des Vertrauens wird die Akzeptanz der Internen Revision nicht durch die Indikatoren geformt, sondern sie spiegelt sich in ihnen wider. Die Messvorschrift der Akzeptanz der Internen Revision ergibt sich in analoger Weise zu ihren Einflussfaktoren. In der folgenden Tabelle 12 sind die für die Akzeptanz der Internen Revision zu erhebenden Indikatoren mit ihren jeweiligen Kurzbezeichnungen aufgeführt.

Konstrukt	Kurzbezeichnung der Indikatoren
Akzeptanz der Internen Revision	Entwicklung zukünftiger Führungskräfte
	Kosten-Nutzen-Verhältnis

Tabelle 12: Operationalisierung der Akzeptanz der Internen Revision

4.4 Entwicklung und Aufbau des Fragebogens

Nachdem die Konstrukte anhand der vorangegangenen Konzeptualisierung und Operationalisierung konkretisiert worden sind, können die Entwicklung und der Aufbau des Fragebogens folgen. Die Erstellung des standardisierten Fragebogens orientiert sich an der von HOMBURG/KROHMER empfohlenen Vorgehensweise.[468] Diese ist in sechs Schritte unterteilt, beginnend mit der Entscheidung über die Inhalte der Indikatoren.

Die Inhalte der Indikatoren sind maßgeblich durch die Operationalisierung der Konstrukte determiniert. Auf die Formulierung von Kontrollfragen in Form von invers formulierten Indikatoren wurde verzichtet, da sie in erheblichem

[468] Vgl. *Homburg/Krohmer* (2009), S. 295–305. Der Fragebogen für die Auftraggeber der Internen Revision war im Rahmen einer Forschungskooperation in eine gemeinsame Fragebogenaktion mit der Universität Stuttgart eingebettet. Diese erfolgte mit Unterstützung des DIIR.

Maße die Reliabilität der Messung beeinträchtigen können.[469] Der Fragebogen umfasst insgesamt 33 Indikatoren über die Ausgestaltung der Internen Revision.[470] Damit konnte eine angemessene Bearbeitungszeit für die Auftraggeber von etwa zehn Minuten erreicht werden. Aufgrund der separaten Erhebung von „Erwartung“ und „Wahrnehmung“ hinsichtlich der einzelnen Indikatoren waren von den Auftraggebern zwei Fragen zu beantworten:

1. Welche Erwartung haben Sie an die nachfolgend konkretisierte Ausgestaltung der Internen Revision? (Erwartung an den Sollzustand)
2. Wie schätzen Sie die nachfolgend konkretisierte Ausgestaltung der Internen Revision ein? (Einschätzung der Istsituation)

In einem zweiten Entwicklungsschritt wurde das Format der Indikatoren festgelegt. Zur Erhebung der Ausgestaltung der Internen Revision wurden die Indikatoren, zu denen die Auftraggeber ihren Zustimmungsgrad auf einer endpunktbenannten sechsstufigen Ratingskala jeweils für ihre Erwartung an den Sollzustand und ihre Einschätzung der Istsituation anzugeben hatten, in Aussageform formuliert.[471] Die Endpunkte hinsichtlich der Erwartung an den Sollzustand waren mit „Muss voll und ganz zutreffen“ und „Muss gar nicht zutreffen“ beschriftet. Der Zustimmungsgrad für die Einschätzung der Istsituation reichte dagegen von „Trifft voll und ganz zu“ bis „Trifft gar nicht zu“. Zusätzlich wurde in dieser Antwortspalte die Kategorie „Kann ich nicht einschätzen“ eingefügt, da angenommen werden musste, dass nicht jeder Auftraggeber jeden Indikator ausreichend gut einschätzen, gleichwohl aber seine Erwartungshaltung äußern kann. Die sechsstufige Skala ermöglicht es den Auftrag-

---

469 Vgl. zu den negativen Folgen von invers formulierten Indikatoren *Schermelleh-Engel/ Werner* (2007), S. 127f.

470 Siehe dazu den vollständigen Fragebogen in Anhang 2. Neben den in der Operationalisierung entwickelten Indikatoren wird zusätzlich eine globale Akzeptanzeinschätzung als Prüfindikator erhoben.

471 Die geradzahlige Skala soll die Auftraggeber zu einer eindeutigen Entscheidung bewegen. Außerdem kann durch die Beschriftung der Endpunkte der Skala und der grafisch gleichen Abstände der einzelnen Skalenzwischenpunkte eine semantische Äquidistanz angenommen werden. Vgl. *Berekoven/Eckert/Ellenrieder* (2009), S. 68; *Porst* (2008), S. 73. Für die Kodierung des Fragebogens wird einem hohen Zustimmungsgrad der Wert 6 und einem niedrigen Zustimmungsgrad der Wert 1 zugewiesen.

gebern, ihre Erwartung und Wahrnehmung hinsichtlich der Ausgestaltung der Internen Revision hinreichend differenziert abzugeben, ohne gleichzeitig ihre Diskriminationsfähigkeit zu überfordern.[472]

Bei der im dritten Schritt folgenden Formulierung der Indikatoren wurde auf ein hohes Maß an semantischer und pragmatischer Verständlichkeit geachtet und daher auf die Verwendung von mehrdeutigen Begriffen, Fremdwörtern und Fachbegriffen verzichtet. Dazu trug auch die prägnante Satzkonstruktion bei, in der lange und komplexe Formulierungen weitgehend vermieden werden konnten. Aufzählungen in Form von Und-Verknüpfungen wurden entzerrt und als unterschiedliche Indikatorausprägungen formuliert.[473]

Im vierten Schritt wurde die Reihenfolge der einzelnen Indikatoren festgelegt. Einfache und unkritische Fragen zu den allgemeinen Angaben des Unternehmens wurden an den Anfang des Fragebogens gestellt. Daran schlossen sich die zu beurteilenden Indikatoren an, deren Reihenfolge weitgehend einem berufsspezifischen Assessmentprozess des DIIR nachgebildet ist.[474] Insbesondere wurden die Indikatoren zur Erfassung der Qualität, des Vertrauens und der Akzeptanz nicht zusammenhängend erhoben, um negative Ausstrahlungseffekte bei der Bearbeitung des Fragebogens zu verhindern und die Effekte methodischer Verzerrungen zu minimieren.[475] Die logische Nachvollziehbarkeit des Fragebogens wurde durch Bildung von drei Themenkomplexen sichergestellt, sodass die Auftraggeber einen schnellen Überblick über die zu behandelnden Aspekte erhalten konnten, ohne die Beziehungen zwischen den Kon-

---

[472] Vgl. *Berekoven/Eckert/Ellenrieder* (2009), S. 70; *Jankisz/Moosbrugger* (2007), S. 51.

[473] Dies wurde bei den Indikatoren mit den Nummern 21, 22, 24 und 29 des Fragebogens vorgenommen.

[474] Siehe dazu den Leitfaden zum Quality Assessment des DIIR. Vgl. *DIIR* (Hrsg.) (2007).

[475] Vgl. *Podsakoff et al.* (2003), S. 888. Methodische Verzerrungen können dann entstehen, wenn sowohl die abhängigen als auch die unabhängigen Variablen bei demselben Informanten erhoben werden (Common-Method-Bias). Die Ursache dieser möglichen Verzerrungen kann in den Konsistenzbestrebungen des Informanten gesehen werden, der versucht, untersuchungsrelevante Zusammenhänge im Rahmen der Befragung zu erkennen und konsistent zu antworten. Siehe dazu auch die Ausführungen zur Repräsentativität und Güte der Datenbasis in Abschnitt 4.5.2 und die dort zitierte Literatur.

strukten zu erkennen.[476] Innerhalb der Themenkomplexe wurden ebenfalls mögliche Verzerrungseffekte in Form von Ausstrahlungs- und Platzierungseffekten durch die Reihenfolge der Indikatoren berücksichtigt.[477] Diese können dann vorliegen, wenn ein Indikator Kognitionen aktiviert, durch die die Interpretation der nachfolgenden Indikatoren beeinflusst wird.[478]

Inhalt des fünften Schritts war die übersichtliche und ansprechende Gestaltung des Fragebogens, damit dieser auf die Auftraggeber motivierend wirkte, um die Teilnahmebereitschaft zu erhöhen. Die Übersichtlichkeit wurde durch die Untergliederung in zwei Hauptteile gewährleistet, wobei der zweite zusätzlich in drei Themenkomplexe eingeteilt wurde. Diese wurden darüber hinaus durch einen dezenten Farbhintergrund optisch hervorgehoben. Schließlich wurden die Indikatoren fortlaufend nummeriert und in einer klaren, gut lesbaren Schrift dargestellt.

Im sechsten und letzten Schritt wurde der Fragebogenentwurf einem umfassenden Pretest unterzogen. Hierzu wurde der Fragebogenentwurf zwei Mitgliedern des Wissenschaftlichen Beirats des DIIR, zwei Wirtschaftsprüfern, drei Leitern einer Internen Revision sowie sieben Vorständen und mehreren Wissenschaftlern vorgelegt. Zusätzlich nahmen die Vorstandsmitglieder des DIIR an dem Pretest teil. Als Erprobungsform wurde die Debriefing-Methode eingesetzt, bei der die Befragten zunächst allein den Fragebogenentwurf ausfüllen und anschließend entstandene Schwierigkeiten mit dem Untersuchungsleiter erörtert werden.[479] Im Fokus des Pretests standen die Verständlichkeit und die Reihenfolge der Indikatoren sowie die Praktikabilität der Antwortkategorien. Außerdem wurden die Relevanz der Indikatoren für die Beurteilung der Qualität und des Vertrauens diskutiert und ein Indikator-Zuordnungstest durchgeführt.[480] Die geäußerten Unklarheiten und Verbesserungsvorschläge

[476] Ähnlich auch *Pfennig* (2009), S. 104.
[477] Vgl. *Stier* (1999), S. 182.
[478] Vgl. *Jankisz/Moosbrugger* (2007), S. 67.
[479] Vgl. *Homburg/Krohmer* (2008), S. 47; *Jankisz/Moosbrugger* (2007), S. 70.
[480] Siehe zum Indikator-Zuordnungstest die Ausführungen in Abschnitt 5.1.4.3.

hinsichtlich der Verständlichkeit und der Reihenfolge der Indikatoren wurden kritisch analysiert und bei der endgültigen Fertigstellung des Fragebogens berücksichtigt.

4.5 Datenbasis

4.5.1 Umfang

Der Erhebungszeitraum erstreckte sich von Ende Juli bis Ende September 2009. Insgesamt beteiligten sich 41 Auftraggeber der Internen Revision an der Befragung. Dies entspricht einer Rücklaufquote von 24,1 % und stellt einen guten Wert dar.[481] Obwohl die Auftraggeber jeweils zwei Antwortspalten mit je 33 Indikatoren zu beantworten hatten, könnten insbesondere die kurze Bearbeitungszeit sowie der logische Aufbau und die optische Gestaltung des Fragebogens maßgeblichen Einfluss auf die Rücklaufquote genommen haben. Wird darüber hinaus berücksichtigt, dass börsennotierte Unternehmen häufig als Untersuchungsobjekt bei empirischen Studien ausgewählt werden und die berufliche Belastung der befragten Personen vergleichsweise hoch ist, deutet die Rücklaufquote auf ein hohes Interesse der Auftraggeber an der behandelten Thematik hin und kann besonders vor diesem Hintergrund als gut bewertet werden.

4.5.2 Repräsentativität und Güte

Die Repräsentativität und Güte einer Datenbasis ist von hoher Relevanz für die Verallgemeinerung der Aussagen von Untersuchungsergebnissen. Für die Beurteilung, ob diese repräsentativ sind, wird nachfolgend die Stichprobe zum einen anhand der im Fragebogen erhobenen allgemeinen Angaben und zum

[481] Bei schriftlichen Befragungen werden Rücklaufquoten von 15 % und höher als gut bewertet. Vgl. dazu *Homburg/Krohmer* (2009), S. 286.

anderen anhand unternehmensbezogener Merkmale charakterisiert. Daran schließt sich die Beurteilung der Güte der Stichprobe durch die Überprüfung möglicher Verzerrungen (Biases) im Antwortverhalten an.

Hinsichtlich der Funktion der Auftraggeber zeigt sich, dass die Stichprobe zum überwiegenden Teil aus Vorständen der Unternehmen besteht. Die Ergebnisse zur Verteilung der Funktion der Auftraggeber im Unternehmen sind in Abbildung 5 grafisch dargestellt. Die Auswertung der Daten ergab, dass keiner der befragten Auftraggeber der Vorsitzende des Aufsichtsrats oder des Prüfungsausschusses ist, sodass auf die Darstellung dieser beiden Antwortkategorien verzichtet wird.

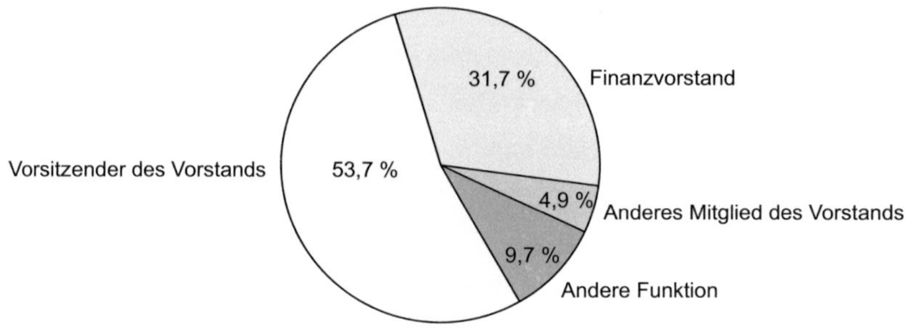

Abbildung 5: Funktion der Auftraggeber der Internen Revision im Unternehmen

Ein Großteil der Befragten ist Vorsitzender des Vorstands (53,7 %). Mit einem Anteil von 31,7 % stellen die Finanzvorstände die zweitgrößte Teilnehmergruppe dar. Lediglich 4,9 % der Befragungsteilnehmer sind ein anderes Mitglied des Vorstands, wohingegen 9,7 % eine andere Funktion im Unternehmen innehaben.[482] Ähnliche Ergebnisse finden sich auch in früheren Studien zur Internen Revision, sodass anzunehmen ist, dass die Stichprobe die für eine Interne Revision typischen Vorgesetzten als Auftraggeber repräsentiert.[483]

---

482 Als andere Funktion wurden u.a. der Corporate Governance Officer und der Chief Compliance Officer genannt.

483 Nach einer vom DIIR durchgeführten Studie aus dem Jahr 2005 sind zwei Drittel der befragten Revisionsleiter dem Vorstand zugeordnet. Vgl. *DIIR* (Hrsg.) (2005), S. 137.

Ein wesentlich differenzierteres Bild zeigt dagegen die Charakterisierung der Unternehmen anhand der Anzahl der Hierarchieebenen unterhalb des Vorstands. Jeweils rund ein Viertel der Unternehmen weist eine hierarchische Struktur von drei, vier oder fünf Ebenen auf, die ein Indiz für die Heterogenität der Stichprobe liefert und die Komplexität der Unternehmen repräsentiert. Im Durchschnitt verfügen die Unternehmen über 3,97 Hierarchieebenen bei einer Standardabweichung von 1,08. Abbildung 6 veranschaulicht die Verteilung der Anzahl der Hierarchieebenen in der Stichprobe.

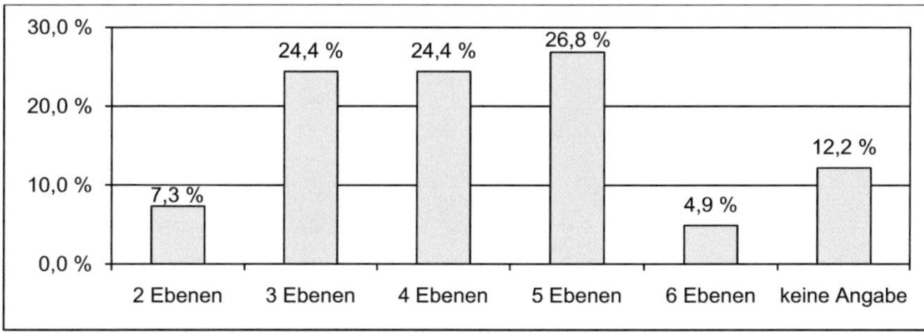

Abbildung 6: Anzahl der Hierarchieebenen unterhalb des Vorstands

Die Einschätzung der Kunden- und Lieferantenstruktur durch die Auftraggeber verdeutlicht ein ähnliches Bild, wobei deutliche Unterschiede in der Einschätzung bei der Kunden- und Lieferantenstruktur des Unternehmens erkennbar sind. In Abbildung 7 sind die Ergebnisse der Einschätzung der Auftraggeber dargestellt.

Während 78,1 % der Befragten die Komplexität ihrer Lieferantenstruktur in den beiden mittleren Kategorien einschätzen, entscheiden sich bei der Beurteilung der Kundenstruktur lediglich 58,5 % für diese Antwortmöglichkeiten. Ein Anteil von 31,7 % beurteilt die Kundenstruktur vielmehr als hochkomplex.

Zu vergleichbaren Ergebnissen kommt auch eine Studie von ERNST & YOUNG aus dem Jahr 2007, wonach 70 % der Internen Revisionen der Unternehmensleitung unterstellt sind. Vgl. *Ernst & Young* (Hrsg.) (2007), S. 16.

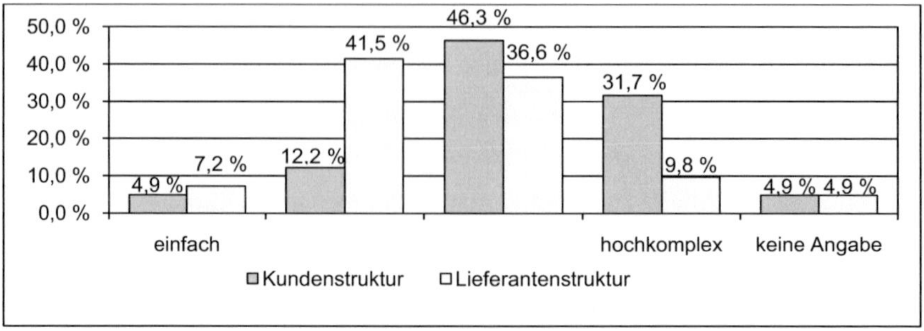

Abbildung 7: Einschätzung der Kunden- und Lieferantenstruktur des Unternehmens

Die höhere Komplexitätsbeurteilung der Kundenstruktur spiegelt sich auch in einem Vergleich der Mittelwerte wider. Die Auftraggeber beurteilen die Komplexität der Kundenstruktur durchschnittlich mit 3,10 bei einer Standardabweichung von 0,82. Weniger komplex wird dagegen die Lieferantenstruktur mit einem Mittelwert von 2,51 und einer Standardabweichung von 0,79 beurteilt.

Neben der Beschreibung der Stichprobe anhand der im Fragebogen erhobenen allgemeinen Angaben kann sie darüber hinaus hinsichtlich unternehmensbezogener Merkmale charakterisiert werden. Dazu werden die Merkmale „Branchenzugehörigkeit“, „Indexzugehörigkeit/Börsensegment“ und die „Mitarbeiterzahl“ herangezogen. Die Mitarbeiterzahl dient als Surrogat für die Unternehmensgröße.[484]

Hinsichtlich der Branchenzugehörigkeit weist die Stichprobe eine breite Streuung auf wie Abbildung 8 zeigt.[485]

---

484 Weitere Kennzahlen für die Größe eines Unternehmens stellen die Umsatzerlöse und die Bilanzsumme dar. Diese schienen bei einigen Branchen, wie z.B. Banken und Versicherungen, weniger geeignet. Zudem ist die Aussagekraft der Umsatzerlöse vor dem Hintergrund der Finanzmarktkrise eingeschränkt, da die Auswirkungen auf die Unternehmen branchenabhängig sehr unterschiedlich waren. Die Daten wurden den aktuellen Geschäftsberichten entnommen.

485 Die Zuordnung der Unternehmen zu den einzelnen Branchen orientiert sich an der Branchenzuordnung der Deutschen Börse. Für die weitere Darstellung wurden Branchen mit nur wenigen Antworten mit ähnlichen Branchen zusammengefasst.

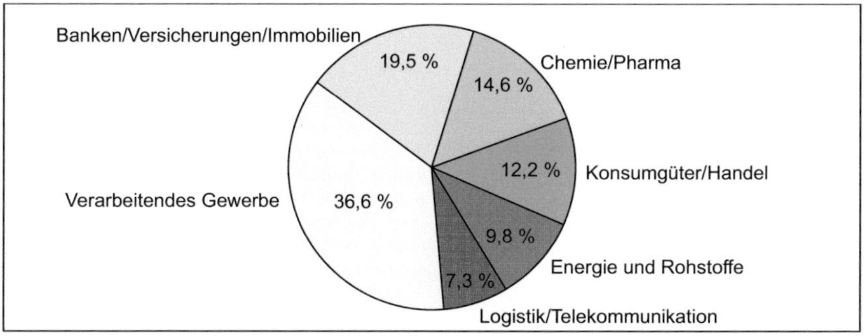

Abbildung 8: Charakterisierung der Stichprobe anhand der Branchenzugehörigkeit

Mit 36,6 % stellen die Unternehmen des verarbeitenden Gewerbes den größten Anteil der Stichprobe dar. Danach folgen die Unternehmen aus dem Finanzsektor mit einem Anteil von 19,5 %. Die Unternehmen aus dem Bereich „Chemie/Pharma" sind mit 14,6 % vertreten, gefolgt von Handelsunternehmen und Unternehmen der Konsumgüterindustrie mit 12,2 %. Aus der Branche „Energie und Rohstoffe" beteiligten sich 9,8 % der Unternehmen. Den geringsten Anteil stellen die Unternehmen der Logistik- und Telekommunikationsbranche mit 7,3 %.

Ähnlich stellt sich die Charakterisierung der Stichprobe anhand der Indexzugehörigkeit bzw. der Börsensegmente dar, die in Abbildung 9 veranschaulicht ist.[486] Der größte Anteil entfällt mit jeweils 19,5 % auf Unternehmen, die im SDAX bzw. im General Standard gelistet sind. Danach folgen die im DAX zusammengefassten Bluechips, von denen 14,6 % an der Umfrage teilnahmen.

[486] Die Einteilung der Unternehmen nach der Indexzugehörigkeit bzw. dem Börsensegment basiert auf den Vorgaben der Deutschen Börse. Die Börsensegmente umfassen den Prime und General Standard. Jedes Unternehmen kann dabei entscheiden, für welches Börsensegment ein Listing beantragt wird. Vgl. *Deutsche Börse* (Hrsg.) (2010), S. 9 Tz. 1.5.1. Nur die Unternehmen, die ein Listing im Prime Standard beantragt haben, können in die Auswahlindizes DAX, MDAX, SDAX oder TecDAX aufgenommen werden (Indexzugehörigkeit). Die Kategorie „Sonstige" umfasst die Unternehmen, deren Aktien an einer deutschen Regionalbörse gehandelt werden.

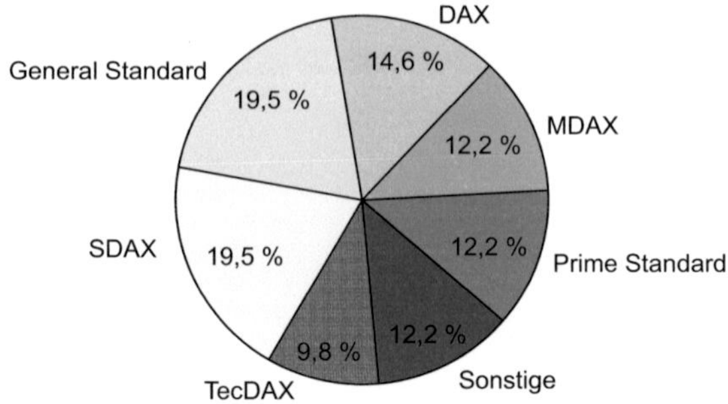

Abbildung 9: Charakterisierung der Stichprobe anhand der Indexzugehörigkeit bzw. der Börsensegmente

Mit jeweils einem Anteil von 12,2 % verteilen sich die Unternehmen auf den MDAX, den Prime Standard und die Kategorie „Sonstige“. Die Unternehmen aus den Technologiebranchen, die im TecDAX zusammengefasst sind, stellen mit 9,8 % den geringsten Anteil dar. Insgesamt kann die Verteilung der Indexzugehörigkeit bzw. Börsensegmente als heterogen bezeichnet werden und gibt den deutschen Aktienmarkt adäquat wieder.

Hinsichtlich der Unternehmensgröße – gemessen an der Anzahl der Mitarbeiter – zeigt sich, dass der überwiegende Teil (31,6 %) der befragten Auftraggeber in einem Unternehmen mit 1.001 bis 5.000 Mitarbeitern tätig ist. Danach folgen, mit einem Anteil von 22,0 % Unternehmen, die mehr als 25.000 Mitarbeiter beschäftigt haben. Die Größenklassen bis 1.000 sowie von 5.001 bis 10.000 weisen jeweils einen Anteil von 17,1 % auf. Die wenigsten Auftraggeber in dieser Untersuchung, mit einem Anteil von 12,2 %, sind in einem Unternehmen tätig, dass zwischen 10.001 und 25.000 Mitarbeiter beschäftigt. Wie Abbildung 10 verdeutlicht, sind Unternehmen jeder Größenordnung in der Stichprobe vertreten.

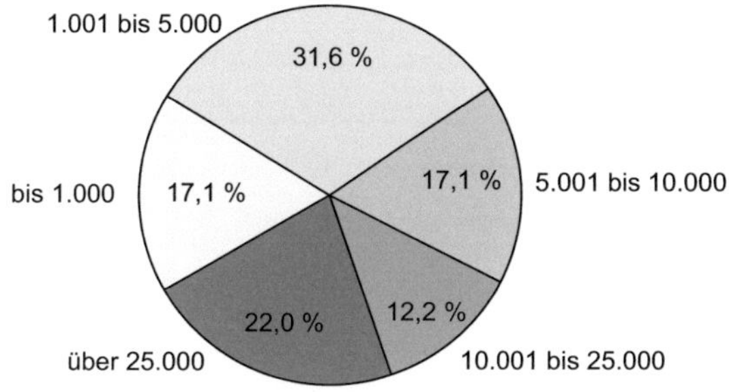

Abbildung 10: Charakterisierung der Stichprobe anhand der Unternehmensgröße

Mit einem Chi-Quadrat-Anpassungstest wurde ferner überprüft, ob die Häufigkeiten der unternehmensbezogenen Merkmale in der Stichprobe und in der Grundgesamtheit gleich verteilt sind.[487] Auf einem Signifikanzniveau von 5 % konnten keine Unterschiede in den Häufigkeitsverteilungen der drei betrachteten Merkmale festgestellt werden, sodass von einer repräsentativen Datenbasis ausgegangen werden kann.

An die Beurteilung der Repräsentativität schließt sich die Überprüfung der Stichprobe auf Verzerrungen im Antwortverhalten an. Dazu wurde auf das Vorliegen eines Nonresponse-Bias getestet. Ein Nonresponse-Bias kann auftreten, wenn sich Auftraggeber der Erhebung durch ihre (partielle) Teilnahmeverweigerung entzogen haben. Diese Arten des Nonresponse-Bias werden als Unit-Nonresponse und Item-Nonresponse bezeichnet.[488] Die daraus entstehenden Lücken in der Datenbasis bergen die Gefahr, dass es bei der weiteren Analyse zu Verzerrungen und in der Folge zu Fehlschlüssen und Fehlentscheidungen kommen kann.[489]

---

[487] Vgl. zum Chi-Quadrat-Anpassungstest *Homburg/Krohmer* (2009), S. 335–338; *Brosius* (2008), S. 409–413; *Duller* (2008), S. 114–116. Die im Fragebogen erhobenen allgemeinen Angaben zum Unternehmen konnten hinsichtlich ihrer Häufigkeitsverteilungen nicht überprüft werden, da die Angaben hierzu von der Grundgesamtheit nicht vorlagen.

[488] Vgl. *Schnell/Hill/Esser* (2008), S. 306.

[489] Vgl. *Göthlich* (2009), S. 119.

Bei der Unit-Nonresponse stehen aufgrund der Nichtteilnahme der Auftraggeber keine Datensätze zur Verfügung, wodurch schließlich die Höhe der Rücklaufquote determiniert wird. Die beste Möglichkeit dem entgegenzuwirken ist die Erhöhung der Rücklaufquote selbst.[490] Um die Teilnahme an der eigenen Befragung zu erhöhen, wurde zunächst die Aktualität der Thematik in einem kurzen Begleitschreiben dargelegt, um die intrinsische Motivation der Befragungsteilnehmer anzuregen.[491] Bereits in der Entwicklungsphase des Fragebogens wurde gleichfalls auf eine angemessene Bearbeitungszeit geachtet. Darüber hinaus wurden zusätzlich extrinsische Anreize in Form eines exklusiven Auswertungsberichts und eine Verlosung zur Teilnahme an einer Fachtagung des „mercator business network – Dialog für Wissenschaft und Wirtschaft e.V.“ gesetzt. Für die individuelle Betreuung der Befragungsteilnehmer wurden elektronische und fernmündliche Kontaktmöglichkeiten angeboten. Schließlich wurde eine Nachfassaktion durchgeführt, die zwei Wochen vor Ablauf der Rücksendefrist begann, um den Befragten ausreichend Zeit für die Beantwortung des Fragebogens zu geben. Dabei wurden sämtliche Unternehmen, die bis zu diesem Zeitpunkt noch nicht geantwortet hatten, telefonisch kontaktiert und zu einer Teilnahme ermutigt. Insgesamt konnte durch diese Maßnahmen ein guter Rücklauf erzielt werden und der Unit-Nonresponse eingeschränkt werden. Als Gründe für die Teilnahmeverweigerung wurden zeitliche Restriktionen der Auftraggeber angeführt oder auf unternehmensinterne Richtlinien verwiesen, die eine Teilnahme an Befragungen grundsätzlich ausschließen.[492] Inwiefern die im Fragebogen aufgedruckte Referenznummer einer Teilnahmeverweigerung zuträglich war und als Verletzung der Anonymität

[490] Vgl. *Matthes* (2007), S. 92; *Armstrong/Overton* (1977), S. 396.

[491] Vgl. zum Begleitschreiben Anhang 1.

[492] Ähnliche Gründe werden auch in der Studie von *Arena/Azzone* (2009), S. 47f., angeführt. *Göthlich* (2009), S. 119, kritisiert darüber hinaus, dass in vielen Studien zwar über die Rücklaufquote berichtet wird, oftmals aber Informationen über mögliche Gründe der Nichtantwort fehlen.

verstanden wurde, lässt sich kaum beurteilen. Allerdings ergibt sich für eine effiziente Nachfassaktion kaum eine Alternative zu dieser Vorgehensweise.[493]

Bei einem Item-Nonresponse wird dagegen der Fragebogen unvollständig ausgefüllt. Die fehlenden Antworten entstehen zum einen durch nicht beantwortete Indikatoren und zum anderen durch die Auswahl der Antwortkategorie „Kann ich nicht einschätzen“. Beide Arten werden in den statistischen Auswertungen als fehlende Werte behandelt.[494] Um im zweiten Teil der Untersuchung die Gruppe der Meinungslosen besser beurteilen zu können, werden beide Arten von fehlenden Antworten in separaten Kategorien erfasst.

Um auszuschließen, dass die Datenbasis durch Verzerrungen im Antwortverhalten beeinflusst ist, wurde ein Nonresponse-Bias-Test durchgeführt. Dabei wird angenommen, dass Befragungsteilnehmer, die erst nach einem externen Stimulus antworten, in ihrem Antwortverhalten den Nichtteilnehmern ähnlicher sind als den Teilnehmern, die vor einem Stimulus geantwortet haben.[495] Diejenigen, die spät antworteten, stellen somit ein Substitut der Nichtteilnehmer dar. Für die Überprüfung der Datenbasis auf signifikante Verzerrungen im Antwortverhalten wurden die früh eingetroffenen Antworten mit den spät eingetroffenen Antworten verglichen, indem zwei Gruppen gebildet wurden. Die erste Gruppe umfasst die Antworten, die vor der Nachfassaktion und die zweite Gruppe diejenigen, die nach der Nachfassaktion zurückgesendet wurden. Das Antwortverhalten der beiden Gruppen wurde anschließend mithilfe des

---

[493] Vgl. *Schnell/Hill/Esser* (2008), S. 363.

[494] Für die Auswertungen im ersten Teil der Untersuchung werden Abweichungen nur dann ermittelt, wenn Werte für beide Antwortspalten vorliegen. Sobald ein Wert fehlt, wird keine Abweichung errechnet und die fehlende Diskrepanz über den Mittelwert der verbleibenden Datensätze substituiert. Im zweiten Teil der Untersuchung werden Datensätze mit fehlenden Werten durch einen fallweisen Ausschluss ignoriert. Vgl. dazu *Göthlich* (2009), S. 123.

[495] Vgl. *Armstrong/Overton* (1977), S. 397. Diese Überlegung ist in der wissenschaftlichen Literatur weitverbreitet und stellt die übliche Forschungspraxis dar. Siehe dazu auch die Arbeiten von *Pfennig* (2009), S. 110; *Bruhn/Georgi/Hadwich* (2008), S. 1297; *Matthes* (2007), S. 92; *Goodwin-Stewart/Kent* (2006), S. 391.

nicht parametrischen Mann-Whitney-U-Tests verglichen.[496] Ihm liegt die Nullhypothese gleicher Verteilungen der Zustimmungsgrade der Früh- und Spätantwortenden zugrunde. Der Test ergab auf einem Signifikanzniveau von 5 % bei nur zwei der 74 getesteten Indikatoren einen signifikanten Unterschied im Antwortverhalten.[497] Dies entspricht lediglich einem Anteil von 2,7 %, sodass davon ausgegangen werden kann, dass kein wesentlicher Nonresponse-Bias vorliegt.

Darüber hinaus wurde die Stichprobe auf das Vorliegen eines Common-Method-Bias getestet. Mit dem Common-Method-Bias wird die Problematik beschrieben, dass systematische Messfehler auf die Erhebungsmethode und nicht auf die Beziehungen zwischen den relevanten Variablen zurückzuführen sind.[498] Die Ursachen dafür sind mannigfaltig, wobei die Akquieszenz (Zustimmungstendenz) und der sogenannte Single-Source-Bias in dieser Arbeit als wesentliche Ursachen betrachtet werden können.[499] Die Akquieszenz bezeichnet die Tendenz eines Befragten, den vorgegebenen Fragen unkritisch ohne Bezug zum Frageninhalt zuzustimmen.[500] Einen Spezialfall des Common-Method-Bias stellt der Single-Source-Bias dar. Dieser beschreibt den Fehler, der entstehen kann, wenn sowohl die abhängigen als auch die unabhängigen Variablen bei demselben Befragten erhoben werden, da dieser durch sein Konsistenzbestreben versucht, untersuchungsrelevante Zusammenhänge zu erkennen und konsistent zu antworten.[501] Für die Überprüfung eines Common-Method-Bias kann der Harman-Single-Factor-Test eingesetzt werden.[502]

---

[496] Vgl. zum Mann-Whitney-U-Test *Brosius* (2008), S. 857–859.

[497] Signifikante Unterschiede im Antwortverhalten liegen in Bezug auf die Indikatoren Nr. 12 und Nr. 32 des Fragebogens hinsichtlich der erwarteten Ausgestaltung der Internen Revision vor. Vgl. dazu Anhang 3.

[498] Vgl. *Backhaus/Blechschmidt/Eisenbeiß* (2006), S. 713f.; *Cote/Buckley* (1987), S. 315.

[499] Einen detaillierten Überblick über die Ursachen des Common-Method-Bias geben *Podsakoff et al.* (2003), S. 881–885, und in deutscher Übersetzung *Söhnchen* (2009), S. 141.

[500] Vgl. *Jankisz/Moosbrugger* (2007), S. 61; *Podsakoff et al.* (2003), S. 882.

[501] Vgl. *Söhnchen* (2009), S. 140; *Backhaus/Blechschmidt/Eisenbeiß* (2006), S. 714; *Reinartz/Krafft/Hoyer* (2004), S. 301.

[502] Eine detaillierte Übersicht über weitere Testverfahren geben *Podsakoff et al.* (2003), S. 890–892.

Dazu werden alle erhobenen Indikatoren einer unrotierten explorativen Faktorenanalyse unterzogen und anschließend analysiert, ob nur ein Faktor extrahiert wird oder ein Generalfaktor den Großteil der Varianz der Indikatoren erklärt.[503] Allerdings ist kritisch anzumerken, dass in der Literatur keine Grenzwerte für die Anzahl der Faktoren oder den Varianzanteil des Generalfaktors existieren, sodass ein Vergleich mit Ergebnissen anderer Studien vorzunehmen ist.[504] Aus der Faktorenanalyse zu der Erwartung an den Sollzustand gingen insgesamt zwölf Faktoren mit einem Eigenwert größer als eins hervor, die kumuliert 77,5 % der Varianz erklären. Der dabei extrahierte Generalfaktor erklärt davon 16,5 %. Bei der Analyse der Einschätzung der Istsituation wurden ebenfalls zwölf Faktoren mit einem Eigenwert größer als eins extrahiert, die insgesamt 81,6 % der Varianz der Indikatoren erklären. Der Generalfaktor erklärt davon 26,2 %.[505] Andere Studien berichten von einer Faktorenanzahl zwischen 10 und 25 Faktoren, die kumuliert zwischen 65,3 % und 78,3 % der Varianz erklären. Die durch den Generalfaktor erklärte Varianz liegt zwischen 19,03 % und 26,2 %.[506] In einer Metastudie stellten COTE/BUCKLEY fest, dass ungefähr ein Viertel der Varianz auf den systematischen Messfehler der Erhebungsmethode zurückzuführen ist, wobei sie ebenso Unterschiede in den einzelnen Wissenschaftsdisziplinen herausfanden.[507] Die besseren Erhebungsmethoden werden demnach im Marketingbereich eingesetzt, bei denen 15,8 % der Varianz auf den Common-Method-Bias entfällt.[508] Vor dem Hintergrund dieser Ausführungen kann angenommen werden, dass mögliche Verzerrungen der Stichprobe durch den Common-Method-Bias vergleichsweise gering aus-

---

[503] Vgl. *Podsakoff et al.* (2003), S. 889; *Podsakoff/Organ* (1986), S. 536. Siehe dort auch Kritik an diesem Testverfahren. Für die Analyse in SPSS wurde die unrotierte Hauptkomponenten-Faktorenanalyse verwendet, bei der die Extraktion der Faktoren auf dem Eigenwertkriterium basiert.

[504] Vgl. *Greve* (2006), S. 111; *Podsakoff et al.* (2003), S. 890.

[505] Vgl. zu den Ergebnissen des Harman-Single-Factor-Tests Anhang 4.

[506] Vgl. *Pfennig* (2009), S. 111; *Pelz* (2008), S. 183; *Greve* (2006), S. 111; *Reinartz/Krafft/Hoyer* (2004), S. 301.

[507] Vgl. *Cote/Buckley* (1987).

[508] Vgl. *Cote/Buckley* (1987), S. 316f.

fallen. Auf der Basis dieser Auswertungen kann insgesamt von einer hohen Güte der Datenbasis ausgegangen werden.

5 Empirische Untersuchung der Wirkungsbeziehungen

Im dritten Kapitel wurden die Kausalzusammenhänge zwischen der Qualität der Internen Revision, dem Vertrauen in die Interne Revision und ihrer Akzeptanz theoretisch und empirisch fundiert sowie die Forschungshypothesen formuliert. In Abschnitt 4.3 wurden die drei Konstrukte konzeptualisiert und operationalisiert, um sie empirisch beobachtbar und messbar zu machen. Im folgenden Kapitel werden die Ergebnisse der empirischen Untersuchung zu den Kausalzusammenhängen im Kontext der Internen Revision vorgestellt. Ziel ist es, die theoretisch hergeleiteten Forschungshypothesen empirisch zu überprüfen. Hierfür werden zunächst die methodischen Grundlagen der Untersuchung dargestellt. Bei der Schätzung von Kausalmodellen nimmt die Modellbeurteilung einen bedeutenden Stellenwert ein, sodass im zweiten Abschnitt die entwickelten Messmodelle empirisch validiert werden. Im Anschluss daran wird im dritten Abschnitt die Güte des Strukturmodells beurteilt und die Forschungshypothesen zu den Kausalzusammenhängen werden überprüft. Das Kapitel schließt mit einer Zusammenfassung der gewonnenen Erkenntnisse mithilfe einer Grafik.

5.1 Methodische Grundlagen

5.1.1 Methodenwahl

Die Auswahl eines geeigneten Verfahrens für die Analyse der empirisch gewonnenen Daten hat sich an dem Ziel des ersten Teils der Untersuchung zu orientieren, die Kausalzusammenhänge empirisch zu überprüfen. Dafür stehen grundsätzlich regressions- und kausalanalytische Verfahren zur Verfügung. Im Vergleich zu einer multiplen Regressionsanalyse weist die Kausalanalyse drei Vorteile auf. Erstens wird die Annahme einer fehlerfreien Messung der relevanten Modellvariablen aufgegeben und über eine indirekte Indikatormessung berücksichtigt.[509] Zweitens ermöglichen kausalanalytische Verfahren die Behandlung von komplexen, mehrstufigen Abhängigkeitsstrukturen (kausale Ketten), die durch eine multiple Regressionsanalyse nicht modelliert werden können.[510] Drittens ist die mit einer Regressionsanalyse verbundene Annahme der Unabhängigkeit der exogenen Variablen restriktiver, da bei hoher Multikollinearität die Regressionsparameter verzerren können.[511] Aufgrund der genannten Vorteile der Kausalanalyse und insbesondere der Möglichkeit, komplexe Abhängigkeitsstrukturen abbilden zu können, wird im ersten Teil der Untersuchung ein kausalanalytisches Verfahren verwendet.

Der Begriff der Kausalanalyse ist ein Oberbegriff für varianz- und kovarianzbasierte Analyseverfahren, die die betriebswirtschaftliche Forschung in den letzten Jahrzehnten stark geprägt haben.[512] Zu den varianzbasierten Verfahren wird der Partial Least Squares-(PLS-) Ansatz und zu den kovarianzbasierten Verfahren u.a. der Linear Structural Relationships-(LISREL-)Ansatz gezählt. Beide Verfahren unterscheiden sich hinsichtlich einzelner Kriterien, die in der Literatur erarbeitet wurden.[513] Für die vorliegende Untersuchung kann insbesondere der erforderliche Stichprobenumfang für den Einsatz eines Verfahrens als das entscheidende Kriterium identifiziert werden.

Während der kovarianzbasierte Ansatz für die Modellschätzung den Maximum-Likelihood-Algorithmus nutzt und Stichproben von mehr als 200 Elementen benötigt, ist der Einsatz von varianzbasierten Verfahren bereits bei

---

[509] Vgl. *Chin/Marcolin/Newsted* (2003), S. 197; *Homburg/Baumgartner* (1995a), S. 1092. *Bentler* (1983), S. 15, weist darauf hin, dass Messfehler nahezu bei allen nicht experimentell erhobenen Daten vorliegen und eine Nichtberücksichtigung die Schätzung der Ergebnisse stark verzerren kann.

[510] Vgl. *Weiber/Mühlhaus* (2010), S. 19; *Homburg/Baumgartner* (1995a), S. 1092.

[511] Vgl. *Homburg* (1992), S. 499. Bei varianzbasierten Kausalanalysen kann Multikollinearität zwischen Indikatoren ebenfalls zu Problemen führen, da sie auf einem regressionsanalytischen Ansatz basieren.

[512] Vgl. *Homburg/Klarmann* (2006), S. 727.

[513] Vgl. dazu *Weiber/Mühlhaus* (2010), S. 65–69; *Henseler/Ringle/Sinkovics* (2009), S. 296f.; *Herrmann/Huber/Kressmann* (2006), S. 38–44; *Scholderer/Balderjahn* (2005), S. 90–93.

sehr kleinen Stichprobengrößen möglich.[514] Als Faustregel wird gefordert, dass die Stichprobe mindestens zehnmal so groß wie die Anzahl der Indikatoren des komplexesten formativen Konstrukts ist oder zehnmal so groß wie die größte Anzahl exogener Konstrukte, die ein endogenes Konstrukt erklären.[515] Dagegen wird auch ein Multiplikator von fünf oder eine absolute Stichprobe von größer als 30 für ausreichend erachtet.[516] Bedingt durch die Schätzung einzelner Teilmodelle und nicht des Gesamtmodells ist der varianzbasierte Ansatz bei geringen Stichprobenumfängen einsetzbar.[517] Für die weitere Untersuchung der Kausalzusammenhänge wird daher der varianzbasierte PLS-Ansatz verwendet.[518]

5.1.2 Grundlagen zur Analyse von Kausalmodellen

Die Qualität der Internen Revision, das Vertrauen in die Interne Revision und die Akzeptanz der Internen Revision stellen a priori nicht direkt messbare Größen dar, die deshalb als theoretische Konstrukte oder latente Variablen bezeichnet werden.[519] Ein theoretisches Konstrukt kann wie folgt definiert werden: „[A]n abstract entity which represents the ‚true', nonobservational state or nature of a phenomenon."[520] Die formulierten Hypothesen zielen auf die kausalen Abhängigkeiten zwischen den Konstrukten ab, die mithilfe eines

---

514 Vgl. *Boßow-Thies/Panten* (2009), S. 370; *Albers/Hildebrandt* (2006), S. 15; *Herrmann/Huber/Kressmann* (2006), S. 39 und S. 44; *Homburg/Klarmann* (2006), S. 734.

515 Vgl. *Götz/Liehr-Gobbers* (2004), S. 721; *Chin* (1998b), S. 311.

516 Vgl. *Ihl et al.* (2006), S. 172; *Chin/Newsted* (1999), S. 314; *Gopal/Bostrom/Chin* (1992), S. 57.

517 Vgl. *Herrmann/Huber/Kressmann* (2006), S. 39.

518 Hierzu wird die Software SmartPLS in der Version 2.0.M3 verwendet. Auf die Darstellung des PLS-Schätzalgorithmus wird in dieser Arbeit verzichtet, da er bereits in einschlägigen Grundlagenwerken ausführlich erläutert wird. Vgl. dazu *Boßow-Thies/Panten* (2009), S. 367–370; *Huber et al.* (2007), S. 6–9; *Betzin/Henseler* (2005), S. 60–68.

519 Vgl. *Nieschlag/Dichtl/Hörschgen* (2002), S. 392.

520 *Bagozzi/Fornell* (1982), S. 24. Eine Darstellung weiterer Definitionsmöglichkeiten findet sich bei *Bollen* (2002), S. 607–615.

Kausalmodells abgebildet werden. Um die Abhängigkeiten und Beziehungen theoretischer Konstrukte spezifizieren zu können, ist es notwendig, diese anhand beobachtbarer Größen, sogenannter manifester Variablen oder Indikatoren, empirisch greifbar und damit messbar zu machen.[521] Dies erfolgte bereits im Rahmen der Operationalisierung.

Bei Kausalmodellen wird somit zwischen einem Strukturmodell, das die Abhängigkeiten und Beziehungen mindestens zwei theoretischer Konstrukte abbildet, und mehreren Messmodellen, die die entsprechenden Konstrukte empirisch messbar machen, differenziert.[522] Die Kombination eines Strukturmodells und mehrerer Messmodelle wird als Strukturgleichungsmodell bezeichnet.[523] Die nachfolgende Abbildung 11 veranschaulicht ein Strukturgleichungsmodell, bestehend aus einem Strukturmodell und drei Messmodellen. Die abhängigen latenten Variablen werden als endogene Variablen (η) bezeichnet und stellen die im Strukturmodell zu erklärenden Variablen dar. Die unabhängige latente Variable wird als exogene Variable (ξ) bezeichnet und im Strukturmodell nicht erklärt.[524] Einen Sonderfall stellt die latente Variable η_1 dar, die einerseits durch ξ erklärt wird und andererseits einen Beitrag zur Erklärung von η_2 leistet. Sie stellt insofern eine Mischform in Abhängigkeit der zu betrachtenden Beziehung dar. Die Beziehungen zwischen exogenen und endogenen Variablen werden aufgrund theoretischer und sachlogischer Überlegungen aufgestellt, die durch die Pfeilrichtungen repräsentiert werden.[525] Die Stärke der Wirkungsbeziehungen der latenten Variablen drückt sich in der Höhe der jeweiligen Pfadkoeffizienten (γ) aus.[526]

---

[521] Vgl. *Homburg/Giering* (1996), S. 6.
[522] Vgl. *Ringle et al.* (2006), S. 81; *Anderson/Gerbing* (1982), S. 453.
[523] Vgl. *Weiber/Mühlhaus* (2010), S. 31.
[524] Vgl. *Weiber/Mühlhaus* (2010), S. 33; *Ringle et al.* (2006), S. 82.
[525] Vgl. *Huber et al.* (2007), S. 3; *Götz/Liehr-Gobbers* (2004), S. 716.
[526] Vgl. *Krafft/Götz/Liehr-Gobbers* (2005), S. 85.

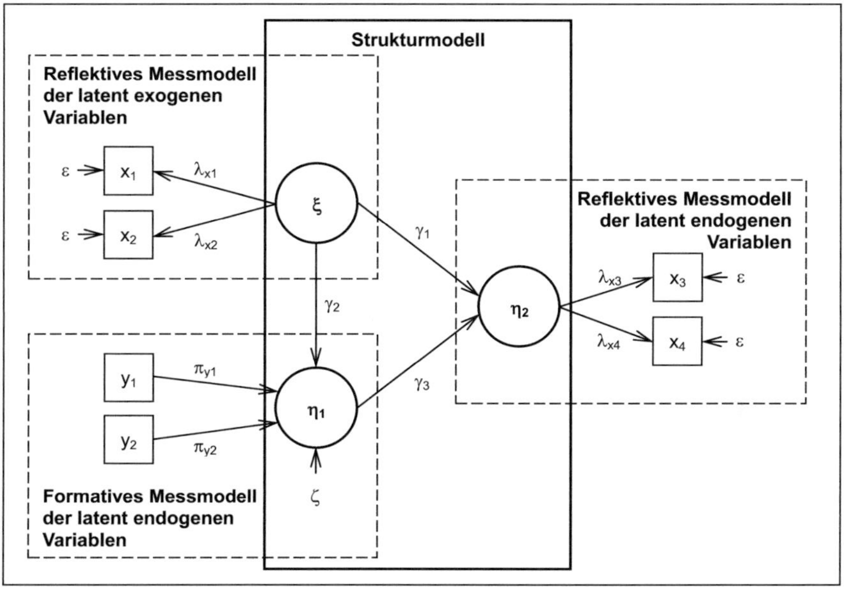

Abbildung 11: Darstellung eines Strukturgleichungsmodells
(Quelle: In Anlehnung an *Götz/Liehr-Gobbers* (2004), S. 716)

In Abbildung 11 wird neben dem Strukturmodell das jeweilige Messmodell der latenten Variablen veranschaulicht. Bei der Modellierung der Messmodelle müssen insbesondere die Richtungen der Beziehungen zwischen der latenten Variablen und ihren Indikatoren spezifiziert werden. Hierfür können reflektive oder formative Messmodelle eingesetzt werden. Bei einem reflektiv spezifizierten Messmodell geben die Indikatoren die latente Variable wieder, die daher auch als Effektindikatoren bezeichnet werden.[527] Die reflektive Spezifikation basiert auf einem faktoranalytischen Ansatz und wird in einem Strukturgleichungsmodell durch gerichtete Pfeile von der latenten Variablen zu den Indikatoren verdeutlicht.[528] Die Werte an den Pfeilen stellen die Faktorladungen (λ) der jeweiligen Indikatoren dar. Eine Voraussetzung für die Mes-

[527] Vgl. *Henseler/Ringle/Sinkovics* (2009), S. 289; *Diamantopoulos/Riefler* (2008), S. 1184.

[528] Vgl. *Diamantopoulos/Riefler/Roth* (2008), S. 1204; *MacKenzie/Podsakoff/Jarvis* (2005), S. 711.

sung einer latenten Variablen mit reflektiven Indikatoren ist die Unidimensionalität des Messmodells, d.h., die Indikatorausprägungen können auf einen einzigen dahinterliegenden Faktor zurückgeführt werden.[529] Die Unidimensionalität erfordert eine hohe Korrelation der Indikatoren und bedeutet gleichzeitig, dass die Indikatoren untereinander austauschbar sind.[530] Sie repräsentieren das gleiche Konstrukt mit unterschiedlichen Fehlertermen. Eine fehlerhafte Messung wird daher auf Indikatorebene angenommen und ist in Abbildung 11 mit ε gekennzeichnet.[531]

Eine formative Spezifikation ist hingegen dadurch charakterisiert, dass die kausale Richtung umgekehrt ist, sodass die Indikatoren die latente Variable verursachen.[532] Die latente Variable stellt eine Kombination ihrer Indikatoren dar, die in der Literatur auch als kausale Indikatoren bezeichnet werden.[533] Grafisch wird die Kausalitätsrichtung durch gerichtete Pfeile von den jeweiligen Indikatoren zu der latenten Variablen verdeutlicht. Methodisch basiert diese Vorgehensweise auf einem regressionsanalytischen Ansatz. Die Werte an den Pfeilen repräsentieren die Gewichte (π) der einzelnen Indikatoren und werden als standardisierte Betakoeffizienten interpretiert. Die Indikatoren können, müssen aber nicht miteinander korrelieren, da sie nicht auf eine gemeinsame Ursache zurückzuführen sind, sondern unterschiedliche Aspekte des theoretischen Konstrukts abdecken.[534] Dies erfordert eine vollständige Konzeptualisierung und Operationalisierung der Konstrukte und eine möglichst

529 Vgl. *Gerbing/Anderson* (1988), S. 186.

530 Vgl. *Christophersen/Grape* (2009), S. 105; *Bollen/Lennox* (1991), S. 308.

531 Vgl. *Coltman et al.* (2008), S. 1254; *Fassott/Eggert* (2005), S. 36; *Edwards/Bagozzi* (2000), S. 161.

532 Vgl. *Christophersen/Grape* (2009), S. 106; *Henseler/Ringle/Sinkovics* (2009), S. 289; *Scholderer/Balderjahn/Paulssen* (2006), S. 641.

533 Vgl. *Henseler/Ringle/Sinkovics* (2009), S. 289; *Diamantopoulos/Riefler* (2008), S. 1184; *MacKenzie/Podsakoff/Jarvis* (2005), S. 712. *Rossiter* (2002), S. 314, spricht in diesem Zusammenhang auch von „formed attributes".

534 Vgl. *Christophersen/Grape* (2009), S. 106; *Götz/Liehr-Gobbers* (2004), S. 718; *Diamantopoulos/Winklhofer* (2001), S. 271.

umfassende Berücksichtigung aller Indikatoren.[535] Bei formativen Messmodellen ist insofern die Auswahl der Indikatoren von herausragender Bedeutung, denn sie formen das Konstrukt und sind untereinander nicht austauschbar.[536] Die kausalen Indikatoren sollen das Konstrukt in seiner gesamten inhaltlichen Breite vollständig abdecken, da eine Nichtberücksichtigung oder Eliminierung einzelner Indikatoren die inhaltliche Bedeutung des gesamten Konstrukts veränderte.[537] Eine Skalenbereinigung sollte daher nur mit äußerster Sorgfalt und auf Basis inhaltlicher Überlegungen erfolgen.[538] Im Gegensatz zu einer reflektiven Spezifikation wird der Messfehlerterm auf Konstruktebene (ζ) angenommen.[539]

Die Bestimmung der richtigen Spezifikationsart ist in der Literatur nicht abschließend diskutiert.[540] Dies ist im Wesentlichen dadurch bedingt, dass sich in vielen Bereichen begründete Argumente für beide Spezifikationsarten finden lassen.[541] Als Entscheidungsgrundlagen für die Bestimmung eines formativen oder eines reflektiven Messmodells werden zum einen die kausale Richtung zwischen Indikatoren und Konstrukt und zum anderen die Austauschbarkeit der Indikatoren herangezogen.[542] Nach Ansicht einiger Autoren ist dagegen allein die Frage der Kausalitätsrichtung entscheidend. Mögliche weitere Entscheidungskriterien folgen schließlich erst aus dieser Eigenschaft.[543]

---

535 Vgl. *Götz/Liehr-Gobbers* (2004), S. 719.

536 Vgl. *Diamantopoulos/Winklhofer* (2001), S. 271.

537 Vgl. *MacKenzie/Podsakoff/Jarvis* (2005), S. 712; *Diamantopoulos/Winklhofer* (2001), S. 271; *Bollen/Lennox* (1991), S. 308.

538 Vgl. *Krafft/Götz/Liehr-Gobbers* (2005), S. 78; *Diamantopoulos/Winklhofer* (2001), S. 273.

539 Vgl. *Diamantopoulos/Riefler/Roth* (2008), S. 1205; *Edwards/Bagozzi* (2000), S. 162.

540 Vgl. *Edwards/Bagozzi* (2000), S. 156, die dazu feststellen: „[L]ittle attention has been devoted to the conditions in which measures should be specified as reflective or formative in the first place."

541 Vgl. *Eberl* (2006b), S. 102; *Jarvis/MacKenzie/Podsakoff* (2003), S. 203.

542 Vgl. *Eberl* (2006a), S. 657.

543 Vgl. *Fassott* (2006), S. 71; *Herrmann/Huber/Kressmann* (2006), S. 47. Nach Ansicht von *Edwards/Bagozzi* (2000), S. 157–160, sollte die Ermittlung der Kausalitätsrichtung

In der Forschungspraxis hat gerade die richtige Bestimmung der Spezifikationsart zu Kritik an dem Einsatz von Kausalanalysen geführt.[544] Oftmals wird der automatische Einsatz einer reflektiven Messung angenommen, ohne die Kausalitäten zwischen Indikator und Konstrukt zu untersuchen. In der Folge kommt es zu Fehlspezifikationen und zu einer unangemessenen Anwendung von Gütekriterien der klassischen Testtheorie, die häufig zu einer Eliminierung von Indikatoren führen, obwohl dies bei einer korrekten formativen Spezifikation aus inhaltlichen Überlegungen nicht sachgerecht ist.[545] Die fehlerhafte Skalenbereinigung führt zu Verzerrungen bei der Parameterschätzung des Strukturmodells und in der Folge zu falschen Schlussfolgerungen über die hypothetische Beziehung zwischen den Konstrukten.[546] Wie die Ausführungen zur Konzeptualisierung und Operationalisierung der in der vorliegenden Untersuchung verwendeten Konstrukte verdeutlicht haben, werden die Qualität der Internen Revision und das Vertrauen in die Interne Revision durch ihre Komponenten und Indikatoren verursacht und dementsprechend formativ spezifiziert. Die Akzeptanz der Internen Revision spiegelt sich hingegen in der Beurteilung der Nützlichkeit der Internen Revision wider und wird daher reflektiv spezifiziert.

Die bisher dargestellten Grundlagen zur Analyse von Kausalmodellen beziehen sich auf die Anwendung eindimensionaler Konstrukte. Daneben können,

---

auf der Grundlage wissenschaftstheoretischer Prinzipien der Kausalität basieren. Dazu fordern sie die Unterschiedlichkeit von Ursache und Wirkung als eigenständige Phänomene, ihre Kovariation, eine zeitliche Vorgänger-Nachfolger-Beziehung von Ursache und Wirkung sowie den Ausschluss alternativer Erklärungsmodelle. Vgl. dazu auch *Eberl* (2006a), S. 658.

[544] Vgl. *Diamantopoulos/Riefler* (2008); *Albers/Hildebrandt* (2006); *Diamantopoulos/ Winklhofer* (2001).

[545] In der von *Fassott* (2006), S. 76, durchgeführten Analyse von drei führenden deutschen Fachzeitschriften dominieren mit 75,4 % Arbeiten mit einem reflektiven Messmodell, von denen 35,2 % fehlspezifiziert sind. Zu vergleichbaren Ergebnissen kommen auch *Jarvis/MacKenzie/Podsakoff* (2003), S. 206f., bei ihrer Analyse von vier internationalen Marketingjournals. Sie stellen fest, dass von den untersuchten Studien insgesamt 29,3 % der Messmodelle fehlerhaft reflektiv spezifiziert sind.

[546] Vgl. *Albers/Hildebrandt* (2006), S. 16; *Jarvis/MacKenzie/Podsakoff* (2003), S. 216. Siehe ausführlich zu den Folgen einer Fehlspezifikation *Albers* (2010), S. 414–417.

in Abhängigkeit von ihrer Komplexität, theoretische Konstrukte auch mehrdimensional konzeptualisiert werden. Ein mehrdimensionales Konstrukt liegt dann vor, wenn auf nachgelagerten Ebenen unterschiedliche, jedoch verwandte Dimensionen als ein einheitliches Konstrukt aufgefasst werden.[547] Auf der jeweils letzten Ebene werden die Dimensionen – und damit auch das Konstrukt – über geeignete Indikatoren operationalisiert. JARVIS/MACKENZIE/PODSAKOFF unterscheiden vier Grundtypen mehrdimensionaler Konstrukte, die in Abbildung 12 schematisch dargestellt sind.

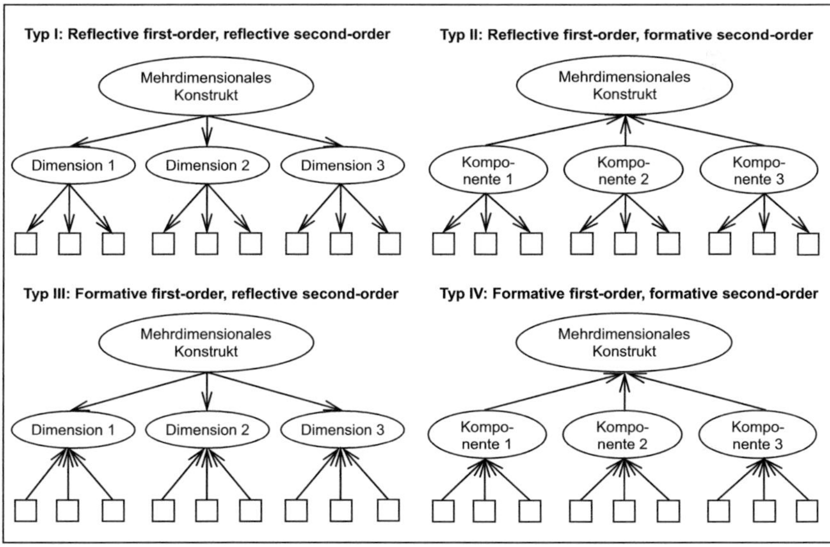

Abbildung 12: Grundtypen mehrdimensionaler Konstrukte zweiter Ordnung
(Quelle: In Anlehnung an *Jarvis/MacKenzie/Podsakoff* (2003), S. 205)

Während eindimensionale Konstrukte aus nur einer einzigen Dimension bestehen und die zugehörigen Indikatoren direkt mit dem Konstrukt verbunden sind, wird bei mehrdimensionalen Konstrukten angenommen, dass sich diese aus verschiedenen Komponenten zusammensetzen bzw. in verschiedenen Di-

[547] Vgl. *Ruiz et al.* (2008), S. 1280; *Giere/Wirtz/Schilke* (2006), S. 678. Ähnlich auch *Weiber/Mühlhaus* (2010), S. 217, die von Konstrukten höherer Ordnung sprechen. Darüber hinaus unterscheiden *Homburg/Giering* (1996), S. 6, einfaktorielle und mehrfaktorielle Konstrukte. Auf diese Unterscheidung wird hier verzichtet.

mensionen widerspiegeln.[548] Auch bei mehrdimensionalen Konstrukten ist die Beziehung zwischen dem Konstrukt und seinen Komponenten bzw. Dimensionen sowie zwischen den Komponenten bzw. Dimensionen und den zu ihnen gehörenden Indikatoren von Bedeutung. Sie können reflektiv oder formativ sein oder eine Kombination aus beiden darstellen.

Die Entscheidung zu einer ein- oder mehrdimensionalen Konzeptualisierung ist davon abhängig, wie differenziert ein Sachverhalt untersucht werden soll.[549] Bei Konstrukten, die nicht im primären Fokus der Untersuchung stehen, kann eine eindimensionale Konzeptualisierung gewählt werden, sodass das Konstrukt und die Komponente bzw. Dimension deckungsgleich sind.[550] Daneben kann eine Konzeptualisierung über mehrere Ebenen dann sinnvoll sein, wenn die zugrunde liegenden Konstrukte sehr komplex sind und gleichzeitig mit nur wenigen empirischen Beobachtungen analysiert werden sollen.[551]

Im Rahmen der Konzeption der empirischen Untersuchung wurden die Qualität und das Vertrauen als komplexe, mehrdimensionale Konstrukte konzeptualisiert und operationalisiert, da sie als Einflussfaktoren der Akzeptanz im Fokus der Untersuchung stehen. Dabei formen die im Rahmen der Operationalisierung identifizierten Indikatoren inhaltlich die jeweilige Komponente, sodass auf erster Ebene eine formative Beziehung angenommen wird. Gleichzeitig stellen die Komponenten ihrerseits Bestimmungsgrößen des jeweils betrachteten Konstrukts dar, das auf zweiter Ebene ebenfalls zu einer formativen Beziehung führt.[552] Beide Konstrukte entsprechen damit dem in Abbildung 12

[548] Vgl. *Weiber/Mühlhaus* (2010), S. 82; *Homburg/Giering* (1996), S. 6. Im Folgenden wird entsprechend dem in der Konzeptualisierung eingeführten Terminus bei formativen Spezifikationen von Komponenten und bei reflektiven Spezifikationen von Dimensionen gesprochen.

[549] Vgl. *Giere/Wirtz/Schilke* (2006), S. 679. Ähnlich auch *Christophersen/Grape* (2009), S. 106.

[550] Vgl. *Giere/Wirtz/Schilke* (2006), S. 679; *MacKenzie/Podsakoff/Jarvis* (2005), S. 714.

[551] Vgl. *Albers/Götz* (2006), S. 673.

[552] Vgl. *Weiber/Mühlhaus* (2010), S. 82.

dargestellten Typ IV einer „Formative first-order, formative second-order"-Modellierung. Diese Modellierungsart ist immer dann sinnvoll, wenn Maßnahmen und Handlungsempfehlungen abgeleitet werden sollen, da die Bestimmungsgrößen eines Konstrukts mit einer hohen oder niedrigen Ausprägung identifiziert werden können.[553] Schließlich sollen konkrete Ansatzpunkte zur Verbesserung der Qualität und zur Stärkung des Vertrauens aufgezeigt und ihre Bedeutung zur Förderung der Akzeptanz abgeschätzt werden, wozu eine formative Spezifikation die zweckmäßigste Modellierungsart darstellt.[554] Das Konstrukt der Akzeptanz der Internen Revision wird hingegen eindimensional konzeptualisiert und durch zwei reflektive Indikatoren gemessen.

5.1.3 Besonderheit bei der Schätzung von mehrdimensionalen Konstrukten

Mehrdimensionale Konstrukte unterscheiden sich grundlegend von eindimensionalen Konstrukten. Eine wesentliche Besonderheit von mehrdimensionalen Konstrukten besteht in ihrer Schätzung im Rahmen eines varianzbasierten Ansatzes. Für die Identifizierung und Schätzung eines mehrdimensionalen Konstrukts werden in der Literatur drei verschiedene Vorgehensweisen diskutiert.

Die erste Möglichkeit besteht in der Methode der wiederholten Indikatoren (Hierarchical-Component-Ansatz), wobei alle manifesten Variablen der Komponenten als reflektive Indikatoren des mehrdimensionalen Konstrukts fungieren.[555] Diese Vorgehensweise ist bei einer Modellierung des Typs IV möglich, sofern keine hohen Abhängigkeiten zwischen den Indikatoren bestehen und die Indikatorenanzahl innerhalb der einzelnen Komponenten identisch ist, um eine implizite Gewichtung der Komponenten zu vermeiden.[556] Zwar beruht die

---

553 Vgl. *Albers/Götz* (2006), S. 673. So auch *Huber et al.* (2007), S. 32.

554 Vgl. *Fassott* (2006), S. 84.

555 Vgl. *Tenenhaus et al.* (2005), S. 196; *Wold* (1982), S. 41.

556 Vgl. *Albers/Götz* (2006), S. 674; *Giere/Wirtz/Schilke* (2006), S. 688.

Schätzung der Qualität und des Vertrauens auf einer Typ IV-Modellierung, bei der allerdings die einzelnen Komponenten unterschiedlich viele Indikatoren aufweisen. Die Methode der wiederholten Indikatoren zur Schätzung der mehrdimensionalen Konstrukte ist folglich im Rahmen dieser Untersuchung nicht anwendbar.

Die zweite Möglichkeit zur Umsetzung mehrdimensionaler Konstrukte in einem PLS-Ansatz ist die Anwendung eines sogenannten MIMIC-Modells.[557] Bei diesem Modell werden zusätzlich die mehrdimensionalen Konstrukte direkt mittels geeigneter Indikatoren reflektiv operationalisiert und gemessen, um auf diese Weise eine Identifizierung der formativen Konstrukte zu erreichen und eine Schätzung zu ermöglichen.[558] Die Nachteile dieser Vorgehensweise bestehen zum einen in dem größeren Umfang der Erhebung, da für jedes Konstrukt mindestens zwei zusätzliche reflektive Indikatoren zu erheben sind.[559] Zum anderen basieren die weiteren Berechnungen des Gesamtmodells auf diesen Indikatoren, sodass die Informationen der Komponentenebene verloren gehen.[560] Aufgrund der aufgeführten Nachteile wird das MIMIC-Modell in dieser Arbeit nicht verwendet.

Die dritte Möglichkeit stellt ein zweistufiges Verfahren dar, das von ALBERS/GÖTZ entwickelt wurde, und auf den Überlegungen eines faktorwertbasierten Ansatzes beruht.[561] Dazu wird das gesamte Kausalmodell in zwei Teilmodelle zerlegt. Das erste Teilmodell umfasst die Komponenten und ihre zugehörigen Indikatoren, deren Gewichte und Signifikanzen durch Eliminierung der Konstruktebene (Qualität, Vertrauen) ermittelt werden. Dabei werden Komponentenwerte pro Beobachtung bestimmt, die in einem zweiten Teilmodell als

---

[557] Die Abkürzung MIMIC steht für „Multiple Effect Indicators for Multiple Causes". Vgl. *Bruhn/Georgi/Hadwich* (2008), S. 1298; *MacKenzie/Podsakoff/Jarvis* (2005), S. 726; *Winklhofer/Diamantopoulos* (2002), S. 153.

[558] Vgl. *Albers/Götz* (2006), S. 674.

[559] Vgl. *Diamantopoulos/Riefler/Roth* (2008), S. 1213; *Albers/Götz* (2006), S. 674.

[560] Vgl. *Riemenschneider* (2006), S. 259. So auch *Huber et al.* (2007), S. 39.

[561] Vgl. *Albers/Götz* (2006), S. 674. Ein ähnliches Vorgehen schlagen auch *Giere/Wirtz/Schilke* (2006), S. 688f., und *Yi/Davis* (2003), S. 158f., vor.

formative Indikatoren für die Konstrukte fungieren.[562] Das zweite Teilmodell dient dann zur Schätzung der Gewichte zwischen den Komponenten und Konstrukten sowie der Pfadkoeffizienten des Strukturmodells.[563] Diese Vorgehensweise erfordert keine Erhebung zusätzlicher Indikatoren und nutzt, im Gegensatz zum MIMIC-Modell, durch die Schätzung von Teilmodellen die erhobenen Informationen vollständig aus. Daher wird in der vorliegenden Untersuchung das zweistufige Verfahren von ALBERS/GÖTZ verwendet.

5.1.4 Gütebeurteilung von Messmodellen

5.1.4.1 Reliabilität und Validität von Messungen

Die vorliegende empirische Untersuchung zu den Kausalzusammenhängen von Qualität, Vertrauen und Akzeptanz kann als die bislang einzige dieser Art im Kontext der Internen Revision angesehen werden. Folglich war es erforderlich, ein revisionsspezifisches Messinstrument in Form eines Fragebogens zu entwickeln. Das Ziel einer empirischen Datenerhebung mithilfe eines geeigneten Messinstruments besteht in einer möglichst exakten und fehlerfreien Erhebung der zu untersuchenden Konstrukte, um die theoriegestützten Überlegungen bestätigen zu können.[564] Die reliable und valide Messung der zu untersuchenden Konstrukte ist daher eine conditio sine qua non der empirischen Forschung.[565]

---

[562] Vgl. *Huber et al.* (2007), S. 8; *Giere/Wirtz/Schilke* (2006), S. 689, dort Fußnote 88. So auch *Pelz* (2008), S. 165. Alternativ können die einzelnen Komponenten durch die gewichteten Mittelwerte der Indikatorausprägungen ersetzt werden. Vgl. dazu *Albers/Götz* (2006), S. 674.

[563] Siehe zu einer beispielhaften Anwendung *Huber et al.* (2007), S. 110–112, und zur empirischen Anwendung *Pfennig* (2009), S. 218f.; *Ulaga/Eggert* (2006), S. 130; *Yi/Davis* (2003), S. 158–160.

[564] Vgl. *Fassott* (2006), S. 69. *Hildebrandt* (2008), S. 84, spricht in diesem Zusammenhang von empirischer Prüfung zum Nachweis faktischer Wahrheit.

[565] Vgl. *Peter* (1979), S. 6.

Der Zusammenhang zwischen der Reliabilität und der Validität einer Messung lässt sich anschaulich anhand folgender Gleichung verdeutlichen:[566]

$$X_O = X_T + X_S + X_R .$$

Der beobachtete Messwert (X_O) setzt sich aus dem wahren Wert (X_T), dem systematischen Fehler (X_S) sowie dem zufälligen Fehler (X_R) zusammen. Die Reliabilität (Zuverlässigkeit) einer Messung gibt das Ausmaß an, mit dem ein erhaltenes Messergebnis frei von zufälligen Fehlern ist und die beobachteten interindividuellen Unterschiede der Messergebnisse durch tatsächliche Unterschiede in den Indikatorausprägungen erklärbar sind.[567] Bei einer vollkommenen Reliabilität gilt $X_R = 0$.[568] Eine Messung ist zuverlässig, wenn unter der Voraussetzung konstanter Bedingungen wiederholte Messungen zu gleichen Ergebnissen führen.[569] Ursachen, die dennoch zufällige Fehler bedingen, werden in äußeren Einflüssen, mangelnder Präzision des Messinstruments oder zeitlich inkonsistentem Antwortverhalten der Befragten gesehen.[570] Das Ausmaß der Reliabilität wird durch den Reliabilitätskoeffizienten ausgedrückt, der das Verhältnis zwischen der Varianz des wahren Werts und der tatsächlichen Varianz der erhobenen Werte angibt. Je geringer die Fehler bei der Messung sind, desto geringer ist ihre Fehlervarianz und desto höher ist die Reliabilität.[571] Da die Varianz der wahren Werte nicht beobachtbar ist, erfolgt eine Schätzung des Reliabilitätskoeffizienten über Korrelationen.[572] Für die Korrelationsschätzung wird auf Methoden der internen Konsistenz zurückgegriffen, die die Indikatoren desselben Messinstruments auf alle möglichen Arten in zwei Gruppen unterteilen und deren Korrelationen bestimmen.[573] Das

---

566 Vgl. *Himme* (2009), S. 486; *Churchill* (1979), S. 65; *Bohrnstedt* (1970), S. 82.

567 Vgl. *Schermelleh-Engel/Werner* (2007), S. 114; *Michel/Conrad* (1982), S. 37.

568 Vgl. *Churchill* (1979), S. 65.

569 Vgl. *Berekoven/Eckert/Ellenrieder* (2009), S. 81; *Schnell/Hill/Esser* (2008), S. 151.

570 Vgl. *Herrmann/Homburg/Klarmann* (2008), S. 11.

571 Vgl. *Schermelleh-Engel/Werner* (2007), S. 115; *Peter* (1979), S. 7.

572 Vgl. *Himme* (2009), S. 487.

573 Vgl. *Berekoven/Eckert/Ellenrieder* (2009), S. 81; *Himme* (2009), S. 488; *Carmines/Zeller* (1979), S. 45. Weitere Methoden für die Überprüfung der Reliabilität sind das Test-Retest-Verfahren sowie das Paralleltestverfahren. Sie erfordern die Durchführung

reflektive Messmodell wird in der vorliegenden Untersuchung anhand der Internen-Konsistenz-Methode beurteilt. Bei formativen Messmodellen ist eine Beurteilung der Reliabilität auf Basis der internen Konsistenz nicht zielführend, weil die Indikatoren nicht notwendigerweise miteinander korrelieren müssen.

Die Reliabilität ist eine notwendige, aber keine hinreichende Bedingung für die Validität (Gültigkeit) einer Messung.[574] Die Validität gibt das Ausmaß an, mit dem die erhobenen Indikatoren den zu untersuchenden Sachverhalt hinreichend genau erfassen und das messen, was sie messen sollen.[575] Das bedeutet, dass weder zufällige noch systematische Fehler auftreten. Bei einer vollkommen validen Messung ist $X_S = X_R = 0$, sodass $X_O = X_T$ gilt.[576] Ursachen für die Entstehung von systematischen Fehlern sind die Wirkung anderer bzw. ähnlicher Konstrukte oder nicht intendierter Konstrukte oder die Wirkung von Indikatoren, die im Messinstrument nicht berücksichtigt werden.[577] Die Überprüfung der Validität einer Messung erfolgt anhand der Inhalts-, Konvergenz-, Diskriminanz- und nomologischen Validität.

Die Inhaltsvalidität gibt den Grad an, zu dem die Indikatoren dem inhaltlich-semantischen Bereich eines Konstrukts angehören und alle Bedeutungsinhalte dieses Konstrukts abbilden.[578] Hierfür müssen die Indikatoren inhaltlich so beschaffen sein, dass sie das Konstrukt hinreichend repräsentativ abbilden. In diesem Zusammenhang wird auch von einem Repräsentationsschluss gesprochen, wenn die erhobene Menge der Indikatoren die hypothetische Gesamtheit

einer Vergleichsmessung und sind in der forschungspraktischen Anwendung relativ aufwendig. Siehe zu diesen Methoden ausführlich *Himme* (2009), S. 487f.; *Schermelleh-Engel/Werner* (2007), S. 116–122; *Michel/Conrad* (1982), S. 39–42.

574 Vgl. *Peter* (1979), S. 6.

575 Vgl. *Berekoven/Eckert/Ellenrieder* (2009), S. 82; *Hartig/Frey/Jude* (2007), S. 136; *Bühner* (2006), S. 36.

576 Vgl. *Churchill* (1979), S. 65.

577 Vgl. *Balderjahn* (2003), S. 131.

578 Vgl. *Balderjahn* (2003), S. 131; *Homburg/Giering* (1996), S. 7; *Bohrnstedt* (1970), S. 92.

aller Indikatoren repräsentativ wiedergibt.[579] Je besser die erhobenen Indikatoren die Bedeutungsinhalte eines Konstrukts erfassen, desto höher ist die Validität der Messung. Insbesondere bei der Beurteilung formativer Messmodelle ist aufgrund ihrer Eigenschaft – das Konstrukt wird durch die Komponenten und Indikatoren verursacht – die Inhaltsvalidität von zentraler Bedeutung.[580]

Die Konvergenzvalidität ist ein wesentlicher Bestandteil der übergeordneten Konstruktvalidität, die ihrerseits als aussagekräftigste Form der Validitätsprüfung anzusehen ist.[581] Konvergenzvalidität liegt dann vor, wenn unterschiedliche Messungen desselben Konstrukts zu ähnlichen (konvergenten) Ergebnissen führen.[582] Dies erfordert, dass die Indikatoren eines Konstrukts miteinander korrelieren.[583] Je größer der Zusammenhang zwischen den Indikatoren und dem Konstrukt, desto höher ist die Konvergenzvalidität.[584] Bedingt durch das Korrelationserfordernis kann die Konvergenzvalidität nur bei reflektiven Messmodellen sinnvoll angewendet werden.

Einen weiteren Bestandteil der Konstruktvalidität stellt die Diskriminanzvalidität dar. Sie gibt den Grad an, in dem andere Konstrukte bei der Messung ausgeschlossen sind. Dafür sollten die Indikatoren unterschiedlicher Konstrukte nicht oder nur gering miteinander korrelieren.[585]

Schließlich kann von nomologischer Validität ausgegangen werden, wenn theoretisch postulierte Zusammenhänge als Korrespondenzregeln empirisch bestätigt werden.[586] Dabei erfolgt eine Verknüpfung des Bereichs der Theorie mit

---

[579] Vgl. *Hartig/Frey/Jude* (2007), S. 141f.; *Bühner* (2006), S. 36; *Michel/Conrad* (1982), S. 56.

[580] Vgl. *Himme* (2009), S. 492. Noch restriktiver ist die Ansicht von *Rossiter* (2002), S. 308, der die Inhaltsvalidität als einzig erforderliche Validitätsart ansieht.

[581] Vgl. *Balderjahn* (2003), S. 132.

[582] Vgl. *Kuß* (2007), S. 100.

[583] Vgl. *Homburg/Giering* (1996), S. 7; *Peter/Churchill* (1986), S. 4; *Bohrnstedt* (1970), S. 96.

[584] Vgl. *Balderjahn* (2003), S. 132.

[585] Vgl. *Peter/Churchill* (1986), S. 4.

[586] Vgl. *Himme* (2009), S. 493; *Peter* (1981), S. 135.

dem Bereich der Beobachtung (Empirie) und erfordert einen übergeordneten theoretischen Bezugsrahmen.[587] Aus diesem können Hypothesen über die Korrespondenzregeln der zu untersuchenden Konstrukte hergeleitet und in ein nomologisches Netz eingebettet werden.[588]

Von einer validen Messung kann ausgegangen werden, wenn die einzelnen Validitätsarten verifiziert werden.[589] Bei der Beurteilung reflektiver Messmodelle wird auf die Indikatorreliabilität sowie die Inhalts-, Konvergenz- und Diskriminanzvalidität rekurriert. Mit den beiden letzten Kriterien wird die Konstruktvalidität beurteilt, sodass eine weitere Überprüfung der nomologischen Validität redundant ist. Sie stellt vielmehr ein Kriterium für die Beurteilung formativer Messmodelle dar. Die Herleitung der Hypothesen erfolgt im Rahmen dieser Arbeit nicht auf der Grundlage einer einzigen abgesicherten Theorie, sondern durch mehrere komplementäre theoretische Ansätze. Die nomologische Validität wird angenommen, wenn die hypothetischen Zusammenhänge zwischen den Konstrukten statistisch bestätigt werden.[590] Eine weitere Einschränkung ergibt sich bei der Anwendung der Validitätsarten für formative Messmodelle. Die Beurteilung der Konvergenzvalidität ist bei formativen Messmodellen aufgrund der fehlenden Korrelationsbedingung der Indikatoren nicht sinnvoll durchführbar, sodass im weiteren Verlauf der Untersuchung die Inhalts- und Diskriminanzvalidität sowie die nomologische Validität überprüft werden.[591] Die Reliabilität der formativen Messung wird mithilfe der Indikatorrelevanz und -signifikanz überprüft.

Nachfolgend werden die Gütekriterien zur Beurteilung der Reliabilität und Validität der Messmodelle in einem PLS-Ansatz vorgestellt. Hierfür werden

587 Vgl. *Hartig/Frey/Jude* (2007), S. 145; *Homburg/Giering* (1996), S. 7.
588 Vgl. *Peter/Churchill* (1986), S. 5.
589 Vgl. *Homburg/Giering* (1996), S. 8.
590 Vgl. *Krafft/Götz/Liehr-Gobbers* (2005), S.82; *Diamantopoulos/Winklhofer* (2001), S. 273.
591 Vgl. *Huber et al.* (2007), S. 45; *Hulland* (1999), S. 201.

zunächst die in dieser Arbeit verwendeten Gütekriterien für reflektive und anschließend diejenigen für formative Messmodelle erläutert.

5.1.4.2 Gütekriterien zur Beurteilung reflektiver Messmodelle

Für die Gütebeurteilung des reflektiven Messmodells werden die in der Literatur üblichen Gütekriterien im Rahmen eines PLS-Ansatzes herangezogen.[592] Die Beurteilung der Inhaltsvalidität anhand der Unidimensionalität des Messmodells erfolgt unter Verwendung einer explorativen Faktorenanalyse.[593] Für die Beurteilung der Reliabilität auf Indikatorebene werden die Höhe und die Signifikanz der Faktorladungen herangezogen. Die Beurteilung der Güte auf Konstruktebene erfolgt anhand des Reliabilitätskoeffizienten und der durchschnittlich erfassten Varianz (DEV) für die Konvergenzvalidität. Darüber hinaus wird die Diskriminanzvalidität anhand des Fornell-Larcker-Kriteriums sowie der Ladungen zwischen den reflektiven Indikatoren und anderer im Modell enthaltener Konstrukte beurteilt.[594]

Die explorative Faktorenanalyse versucht die Beziehungszusammenhänge von Indikatoren mit dem Ziel zu analysieren, die ihnen zugrunde liegende Faktorenstruktur zu identifizieren und sie auf möglichst wenige Faktoren zu verdichten.[595] Die ex ante Formulierung von Hypothesen über die Faktorenzuordnung ist dabei nicht erforderlich. Ausgangspunkt ist die Korrelationsmatrix der zu betrachtenden Indikatoren. Darauf aufbauend werden hoch korrelierte Indikatoren zu Faktoren extrahiert. Zur Überprüfung der Unidimensionalität des reflektiven Messmodells sollte für jeden Indikatorensatz genau ein Faktor auf Basis des Eigenwertkriteriums extrahiert werden und die jeweiligen Indikato-

[592] Vgl. *Götz/Liehr-Gobbers/Krafft* (2010), S. 694–696; *Henseler/Ringle/Sinkovics* (2009), S. 300; *Huber et al.* (2007), S. 86–97; *Herrmann/Huber/Kressmann* (2006), S. 56f.

[593] Vgl. *Götz/Liehr-Gobbers/Krafft* (2010), S. 694; *Hildebrandt/Temme* (2006), S. 624.

[594] Vgl. *Ringle/Spreen* (2007), S. 213.

[595] Vgl. ausführlich zur explorativen Faktorenanalyse *Backhaus et al.* (2008), S. 323–387; *Bühner* (2006), S. 179–234.

ren ausreichend hoch auf diesen Faktor laden.[596] Als Grenzwert wird eine Faktorladung von mindestens 0,4 gefordert, wobei Indikatoren mit einem geringeren Wert aus dem Messmodell zu eliminieren sind.[597] Der extrahierte Faktor sollte darüber hinaus mindestens 50 % der Varianz seiner Indikatoren erklären.[598]

Die Reliabilität auf Indikatorebene wird als Indikatorreliabilität bezeichnet und gibt an, wie gut ein Indikator gemessen wird, d.h. wie viel Varianzanteil des Indikators durch die latente Variable erklärt wird.[599] Hierfür wird gefordert, dass die durch die latente Variable erklärte Varianz größer ist als die Varianz der Messfehler und somit mindestens 50 % beträgt.[600] Die quadrierte Faktorladung spiegelt den Varianzanteil des Indikators wider, sodass eine Varianzerklärung von mindestens 50 % dann erreicht wird, wenn die Faktorladung einen Wert von 0,7 übersteigt.[601] Dabei wird jedoch vernachlässigt, dass die Faktorladungen zwischen Konstrukt und Indikator in einem PLS-Ansatz tendenziell überschätzt werden und demnach ein Wert von 0,8 aussagekräftiger ist.[602] Indikatoren, die diesen Wert nicht erreichen, werden aus dem Messmodell eliminiert. Anhand des t-Werts der Faktorladungen kann beurteilt werden, ob sich der Wert signifikant von null unterscheidet.[603] Im Rahmen des PLS-Verfahrens können die t-Werte über Resampling-Techniken wie dem

---

[596] Vgl. *Homburg/Giering* (1996), S. 8. Nach dem Eigenwertkriterium wird die Anzahl der zu extrahierenden Faktoren durch die Anzahl der Faktoren mit einem Eigenwert größer als eins determiniert. Der Eigenwert eines Faktors wird über die Summe der quadrierten Faktorladungen über alle Indikatoren berechnet. Vgl. dazu *Backhaus et al.* (2008), S. 353.

[597] Vgl. *Homburg/Giering* (1996), S. 12; *Gerbing/Anderson* (1988), S. 189.

[598] Vgl. *Homburg/Giering* (1996), S. 12; *Homburg/Baumgartner* (1995b), S. 170. Die Berechnung wird mit SPSS 17.0.2 durchgeführt.

[599] Vgl. *Götz/Liehr-Gobbers/Krafft* (2010), S. 694.

[600] Vgl. *Henseler/Ringle/Sinkovics* (2009), S. 299.

[601] Vgl. *Henseler/Ringle/Sinkovics* (2009), S. 299; *Ringle/Spreen* (2007), S. 212; *Chin* (1998a), S. XIII. *Homburg/Baumgartner* (1995b), S. 170, halten dagegen einen Grenzwert von 0,6 für ausreichend. Ebenso weist *Hulland* (1999), S. 198, darauf hin, dass bei der Verwendung neuer Indikatoren auch geringere Faktorladungen auftreten können.

[602] Vgl. *Herrmann/Huber/Kressmann* (2006), S. 56.

[603] Vgl. *Bagozzi/Yi/Phillips* (1991), S. 431.

Bootstrapping- oder dem Jackknifing-Verfahren berechnet werden.[604] In dieser Untersuchung wird das leistungsfähigere Bootstrapping-Verfahren eingesetzt, das aufgrund seines geringeren Standardfehlers dem Jackknifing-Verfahren vorzuziehen ist.[605] Mithilfe des Bootstrapping-Verfahrens werden aus einer einzigen Stichprobe durch wiederholte Zufallsziehungen (Ziehen mit Zurücklegen) weitere Unterstichproben (Samples) erzeugt. Auf der Grundlage dieser Vergleichsdaten kann ein Signifikanztest durchgeführt werden.[606] Auf einem Signifikanzniveau von 10 % kann bei einem t-Wert von 1,30 (einseitiger Test) eine von null verschiedene Faktorladung angenommen werden.[607]

Die Beurteilung der Konvergenzvalidität erfolgt auf Konstruktebene anhand des Reliabilitätskoeffizienten und der DEV. Beide Maße können als eine generalisierte Variante von Cronbach Alpha angesehen werden, bei denen ebenso Messfehlereinflüsse berücksichtigt werden.[608] Allerdings wird die Anwendung des Cronbach Alpha als Maß der internen Konsistenz zum einen aufgrund seiner positiven Abhängigkeit von der Anzahl der verwendeten Indikatoren und zum anderen aufgrund der Gleichgewichtung der Faktorladungen kritisiert.[609] Aufgrund dieser Kritik soll als Maß der internen Konsistenz der Reliabilitätskoeffizient ρ_C verwendet werden, der formal wie folgt definiert ist:[610]

---

604 Vgl. *Herrmann/Huber/Kressmann* (2006), S. 39f.; *Chin* (1998b), S. 318–320.

605 Vgl. *Herrmann/Huber/Kressmann* (2006), S. 56; *Efron/Gong* (1983), S. 40.

606 Vgl. dazu *Henseler/Ringle/Sinkovics* (2009), S. 305–307; *Reimer* (2009), S. 527–534; *Efron/Gong* (1983), S. 37–39. In dieser Arbeit wird die Bootstrapping-Prozedur mit 1.000 Samples durchgeführt.

607 Vgl. *Homburg/Giering* (1996), S. 11. Aufgrund der vorliegenden Stichprobengröße werden die t-Werte für 40 Freiheitsgrade herangezogen. Siehe zu den einzelnen Werten in Abhängigkeit von der Irrtumswahrscheinlichkeit *Backhaus et al.* (2008), S. 558; *Büning/Trenkler* (1994), S. 372. Im ersten Teil der Untersuchung wird ein Signifikanzniveau von 10 % zugrunde gelegt, das in der Forschungspraxis als ausreichend gilt. Vgl. dazu *Homburg/Klarmann/Krohmer* (2008), S. 226; *Hansmann/Ringle* (2005), S. 227; *Zhu/Kraemer* (2005), S. 74.

608 Vgl. *Böing* (2001), S. 105.

609 Vgl. *Hildebrandt/Temme* (2006), S. 624f.; *Ringle et al.* (2006), S. 87; *Gerbing/Anderson* (1988), S. 190.

610 Vgl. *Huber et al.* (2007), S. 35; *Fornell/Larcker* (1981), S. 45.

$$\rho_C = \frac{\left(\sum_{i=1}^{I} \lambda_{ij}\right)^2}{\left(\sum_{i=1}^{I} \lambda_{ij}\right)^2 + \sum_{i=1}^{I} \mathrm{Var}\,(\varepsilon_i)} \,.$$

Der Term λ_{ij} ist die geschätzte Faktorladung des Indikators i, der der latenten Variablen j zugeordnet ist. Der Term Var (ε_i) stellt die geschätzte Varianz des Messfehlers des Indikators i dar. Der Reliabilitätskoeffizient kann Werte zwischen null und eins annehmen, wobei hohe Werte auf eine hohe Reliabilität hinweisen. In der Literatur werden Werte größer als 0,7 als akzeptabel betrachtet.[611]

Zudem kann die Konvergenzvalidität mit der DEV beurteilt werden. Sie spiegelt die Relation der durch das Konstrukt erklärten Varianz zur Varianz des Messfehlers wider.[612] Die DEV errechnet sich nach folgender Formel:[613]

$$\mathrm{DEV} = \frac{\sum_{i=1}^{I} \lambda_{ij}^2}{\sum_{i=1}^{I} \lambda_{ij}^2 + \sum_{i=1}^{I} \mathrm{Var}\,(\varepsilon_i)} \,.$$

Die Notation des Reliabilitätskoeffizienten gilt hier entsprechend. Der Wertebereich liegt zwischen null und eins, wobei eine DEV von mindestens 0,5 gefordert wird.[614]

Ein zur Konvergenzvalidität komplementäres Konzept ist die Diskriminanzvalidität. Um die diskriminante Validität des reflektiven Messmodells annehmen zu können, muss die gemeinsame Varianz zwischen dem Konstrukt und seinen reflektiven Indikatoren größer sein als die gemeinsame Varianz der Indikato-

---

[611] Vgl. *Ringle et al.* (2006), S. 87; *Hulland* (1999), S. 199. Demgegenüber halten andere Autoren bereits einen Wert von 0,6 für ausreichend. Vgl. dazu *Götz/Liehr-Gobbers/Krafft* (2010), S. 695; *Ringle/Spreen* (2007), S. 212; *Homburg/Baumgartner* (1995b), S. 170.

[612] Vgl. *Ringle/Spreen* (2007), S. 212; *Huber et al.* (2007), S. 88.

[613] Vgl. *Huber et al.* (2007), S. 36; *Fornell/Larcker* (1981), S. 46.

[614] Vgl. *Henseler/Ringle/Sinkovics* (2009), S. 299; *Fornell/Larcker* (1981), S. 46.

ren mit anderen Konstrukten.[615] Hierfür wird das strenge Fornell-Larcker-Kriterium überprüft. Danach muss die DEV eines Konstrukts größer sein als jede seiner quadrierten Korrelation (r^2) mit anderen Konstrukten im Modell.[616] Zusätzlich kann ein liberaleres Verfahren zur Beurteilung der Diskriminanzvalidität herangezogen werden. Innerhalb dieses Verfahrens werden Faktorladungen zwischen anderen im Modell enthaltenen Konstrukten und den reflektiven Indikatoren berechnet (Cross Loadings).[617] Dabei müssen die zu betrachtenden Indikatoren eine höhere Faktorladung mit dem ihnen zugeordneten Konstrukt aufweisen als mit einem anderen.[618] Die in dieser Arbeit verwendeten Gütekriterien und ihre jeweiligen Anspruchsniveaus zur Beurteilung des reflektiven Messmodells sind in der nachfolgenden Tabelle 13 zusammengefasst.

Güteart	Gütekriterium	Anspruchsniveau
Inhaltsvalidität (explorative Faktorenanalyse)	Unidimensionalität	Extraktion nur eines Faktors
	Faktorladung eines einzelnen Indikators	≥ 0,4
	Erklärter Varianzanteil des Faktors	≥ 0,5
Indikatorreliabilität	Faktorladung eines einzelnen Indikators	≥ 0,8
	Signifikanz der Faktorladung (t-Wert)	≥ 1,30
Konvergenzvalidität	Reliabilitätskoeffizient ρ_C)	≥ 0,7
	Durchschnittlich erfasste Varianz (DEV)	≥ 0,5
Diskriminanzvalidität	Fornell-Larcker-Kriterium	DEV > quadrierten Korrelationen r^2 zwischen den Konstrukten
	Cross Loadings	Ladung von Konstrukt$_i$ auf die Indikatoren > Ladung von Konstrukt$_j$ auf die Indikatoren; für alle $i \neq j$ Konstrukte

Tabelle 13: Gütekriterien zur Beurteilung des reflektiven Messmodells

615 Vgl. *Hulland* (1999), S. 199.

616 Vgl. *Götz/Liehr-Gobbers/Krafft* (2010), S. 696; *Fornell/Larcker* (1981), S. 46.

617 Vgl. *Ringle/Spreen* (2007), S. 213.

618 Vgl. *Henseler/Ringle/Sinkovics* (2009), S. 300; *Chin* (1998b), S. 321.

5.1.4.3 Gütekriterien zur Beurteilung formativer Messmodelle

Bei einem formativen Messmodell ist die kausale Richtung der Beziehung zwischen dem Konstrukt und den Komponenten sowie den Indikatoren im Vergleich zu einem reflektiven Messmodell umgekehrt. Die Indikatoren formen die Komponenten und diese wiederum das Konstrukt, sodass eine Veränderung der Indikatoren und/oder der Komponenten eine Veränderung des Konstrukts bedingt.[619] Aus diesem Grund können die Gütekriterien für reflektive Messmodelle nicht auf formative Messmodelle übertragen werden.[620] Stattdessen sind alternative Gütekriterien zur Beurteilung der Reliabilität und Validität entwickelt worden, bei denen zusätzlich die Besonderheiten von mehrdimensionalen Konstrukten zu berücksichtigen sind. Hierfür wird zunächst die Inhaltsvalidität überprüft. Die Beurteilung der Reliabilität erfolgt anhand der Indikatorrelevanz und -signifikanz, die ebenso die Prüfung auf Multikollinearität umfasst. Zur weiteren Überprüfung der Validität des formativen Messmodells werden die Diskriminanzvalidität und die nomologische Validität beurteilt.

Die Inhaltsvalidität wird mithilfe eines Indikator-Zuordnungstests überprüft, bei dem den Testpersonen alle Indikatoren formativ operationalisierter Komponenten mit der Bitte vorgelegt werden, die Indikatoren den einzelnen Komponenten zuzuordnen.[621] Falls diese Zuordnung der vom Forscher a priori vorgenommenen Zuordnung entspricht, kann eine hohe Inhaltsvalidität des Messmodells angenommen werden. Dafür werden zwei Indizes berechnet. Der p_{sa}-Index (Proportion of Substantive Agreement) ist ein Maß für die Eindeutigkeit der Zuordnung und gibt den relativen Anteil richtiger Zuordnungen für einen Indikator an. Er ist definiert als der Quotient aus der Anzahl richtiger Zuordnungen (n_c) zur Anzahl der Testpersonen (N). Der p_{sa}-Index kann Werte zwi-

619 Vgl. *Jarvis/MacKenzie/Podsakoff* (2003), S. 201.

620 Vgl. *Diamantopoulos/Winklhofer* (2001), S. 271.

621 Vgl. *Krafft/Götz/Liehr-Gobbers* (2005), S. 76. Die Zuordnung der einzelnen Komponenten zu den latenten Variablen ergibt sich dagegen aus der in Abschnitt 4.3 vorgestellten Konzeptualisierung.

schen null und eins annehmen, wobei höhere Werte auf ein höheres Maß an Übereinstimmung hindeuten.[622] Formal wird er wie folgt berechnet:[623]

$$p_{sa} = \frac{n_c}{N} \; .$$

Der c_{sv}-Index (Substantive-validity Coefficient) hingegen ist ein Maß für die inhaltliche Relevanz und gibt an, wie stark ein Indikator einer anderen Komponente als der a priori vom Forscher festgelegten Komponente zugeordnet wird. Für die Berechnung des c_{sv}-Indexes wird die Differenz zwischen der Anzahl richtiger Zuordnungen (n_c) und der am häufigsten genannten falschen Zuordnung (n_o) zu einer Komponente ermittelt und in Relation zur Anzahl der Testpersonen (N) gesetzt.[624] Formal wird der c_{sv}-Index wie folgt berechnet:[625]

$$c_{sv} = \frac{n_c - n_o}{N} \; .$$

Er nimmt Werte zwischen -1 und 1 an, wobei hohe positive Werte eine hohe Inhaltsvalidität und Werte nahe -1 eine Zuordnung zu einer anderen Komponente anzeigen.[626] Um einen indifferenten Wertebereich auszuschließen, wird in dieser Arbeit für den p_{sa}-Index ein Wert von größer als 0,5 und für den c_{sv}-Index ein Wert von größer als null gefordert.

Im Rahmen der Indikatorrelevanz wird der Beitrag eines Indikators zur Konstruktbildung analysiert.[627] Die Höhe der Indikatorgewichte liefert einen ersten Anhaltspunkt, welche Bedeutung den Indikatoren beizumessen ist.[628] Im Vergleich zu den Faktorladungen in einem reflektiven Messmodell weisen die Indikatorgewichte in einem formativen Messmodell oft niedrigere Werte auf, die

---

[622] Vgl. *Fassott/Eggert* (2005), S. 42; *Krafft/Götz/Liehr-Gobbers* (2005), S. 77.
[623] Vgl. *Krafft/Götz/Liehr-Gobbers* (2005), S. 77; *Anderson/Gerbing* (1991), S. 734.
[624] Vgl. *Krafft/Götz/Liehr-Gobbers* (2005), S. 77.
[625] Vgl. *Anderson/Gerbing* (1991), S. 734.
[626] Vgl. *Fassott/Eggert* (2005), S. 42.
[627] Vgl. *Krafft/Götz/Liehr-Gobbers* (2005), S. 77.
[628] Vgl. *Ringle/Spreen* (2007), S. 213.

jedoch nicht den Rückschluss auf eine niedrige Reliabilität zulassen.[629] Folglich existieren in der Literatur keine quantitativen Grenzwerte über die Höhe der Indikatorgewichte.[630]

Für die Indikatorsignifikanz werden t-Werte der Indikatorgewichte ermittelt, die einen weiteren Anhaltspunkt zur Einschätzung ihrer Reliabilität liefern.[631] Entsprechend der Ermittlung der t-Werte bei reflektiven Messmodellen wird bei formativen Messmodellen ebenfalls auf das leistungsfähigere Bootstrapping-Verfahren zurückgegriffen. Bei einem vorgegebenen Signifikanzniveau von 10 % wird ein t-Wert von 1,30 (einseitiger Test) angestrebt. Die Beurteilung der Indikatorrelevanz im Sinne einer Indikatoreneliminierung erfolgt nicht ausschließlich anhand dieser statistischen Maße, sondern unter Berücksichtigung inhaltlicher Überlegungen.[632] Eine Eliminierung führt unweigerlich zu einer inhaltlichen Veränderung des gesamten Konstrukts und wird nur bei Vorliegen hoher Multikollinearität zwischen den Indikatoren als zulässig erachtet.[633]

Da die Schätzung eines formativen Messmodells auf einem regressionsanalytischen Ansatz basiert, ist dieser bei perfekter linearer Abhängigkeit (Multikollinearität) der Indikatoren rechnerisch nicht mehr durchführbar.[634] Außerdem hängt die Stabilität der Indikatorgewichte zum einen von der Fallzahl und zum anderen von der Stärke der Korrelationen zwischen den Indikatoren des Konstrukts ab.[635] Insbesondere hohe Korrelationen zwischen den Indikatoren erschweren die Schätzung ihrer Gewichte und führen in der Folge zu ungenauen

---

629 Vgl. *Götz/Liehr-Gobbers/Krafft* (2010), S. 698; *Spillecke* (2006), S. 95.

630 Vgl. *Huber et al.* (2007), S. 45; *Spillecke* (2006), S. 95. Lediglich *Ringle* (2004b), S. 334, schlägt ein Indikatorgewicht von mindestens 0,2 vor.

631 Vgl. *Herrmann/Huber/Kressmann* (2006), S. 57.

632 Vgl. *Krafft/Götz/Liehr-Gobbers* (2005), S. 78; *Diamantopoulos/Winklhofer* (2001), S. 273.

633 Vgl. *Götz/Liehr-Gobbers/Krafft* (2010), S. 698; *Diamantopoulos/Riefler* (2008), S. 1193; *Bollen/Lennox* (1991), S. 308.

634 Vgl. *Backhaus et al.* (2008), S. 87.

635 Vgl. *Greve* (2006), S. 141.

Schätzergebnissen.[636] Schließlich ist bei kollinearen Indikatoren der Einfluss eines einzelnen Indikators nicht mehr isoliert feststellbar, sodass angenommen wird, dass sie redundante Informationen enthalten.[637] Aus diesen Gründen stellt die Überprüfung der Multikollinearität in formativen Messmodellen eine zentrale Güteart dar, die mithilfe unterschiedlicher Kriterien beurteilt werden kann.[638]

Erste Hinweise für Multikollinearität liefert die Korrelationsmatrix der Indikatoren, mit der bivariate Korrelationen aufgezeigt werden. Auf Basis von Simulationsstudien konnte gezeigt werden, dass bei PLS-Schätzungen bivariate Korrelationen von mehr als 0,7 zu verzerrten Parameterschätzungen führen.[639] Als Grenzwert für die bivariaten Korrelationskoeffizienten wird daher ein Wert von 0,7 angenommen.[640]

Die Korrelationskoeffizienten messen jedoch nur paarweise Abhängigkeiten, sodass trotz niedriger Werte eine hohe Multikollinearität im Messmodell bestehen kann.[641] Folglich wird in einem zweiten Schritt das Vorliegen von Multikollinearität anhand des Variance Inflation Factors (VIF) und des Konditionsindexes (KI) beurteilt.

---

[636] Vgl. *Coltman et al.* (2008), S. 1254; *Grewal/Cote/Baumgartner* (2004), S. 520; *Jagpal* (1982), S. 431.

[637] Vgl. *Diamantopoulos/Winklhofer* (2001), S. 272.

[638] Eine Übersicht dazu bieten *Schneider* (2009), S. 223–228, und *Grewal/Cote/Baumgartner* (2004), S. 521.

[639] Vgl. *Cassel/Hackl/Westlund* (1999), S. 443f. Ähnlich auch *Grewal/Cote/Baumgartner* (2004), S. 528. Weitere Autoren halten auch hohe Korrelationskoeffizienten nahe eins für noch akzeptabel. Vgl. dazu *Backhaus et al.* (2008), S. 89; *Ihl et al.* (2006), S. 172; *Belsley/Kuh/Welsch* (1980), S. 92.

[640] In dieser Arbeit wird der Rangkorrelationskoeffizient Spearman Rho für ordinale Variablen verwendet, da die Voraussetzungen des Korrelationskoeffizienten nach Pearson (Normalverteilung, Intervallskalierung) nicht vollständig erfüllt werden. Vgl. dazu *Brosius* (2008), S. 503–518.

[641] Vgl. *Backhaus et al.* (2008), S. 89.

Der VIF ergibt sich formal wie folgt:[642]

$$VIF_i = \frac{1}{1 - R_i^2} .$$

R_i^2 stellt das Bestimmtheitsmaß für die Regression der unabhängigen Variablen auf die abhängige Variable i dar. Hierfür werden mehrere Regressionen berechnet, bei denen jeweils ein ursprünglich unabhängiger Indikator durch die anderen derselben Komponente zugeordneten Indikatoren erklärt wird. Das Bestimmtheitsmaß basiert auf dem Varianzanteil eines Indikators, der durch die übrigen Indikatoren erklärt wird.[643] Entsprechend deuten hohe Werte des VIF auf das Vorliegen von Multikollinearität hin. In der Literatur wird häufig ein Wert von kleiner zehn, der einem Bestimmtheitsmaß von 0,9 entspricht, als akzeptabel angesehen.[644] Allerdings wird dieser Grenzwert als zu liberal kritisiert und insbesondere bei einer PLS-Schätzung mit kleinen Stichproben eine konservativere Grenze in Höhe von vier empfohlen.[645]

Abschließend wird das Vorliegen von Multikollinearität anhand des KI beurteilt, der wie folgt ermittelt wird:[646]

$$KI_i = \frac{Eigenwert_{max}}{Eigenwert_i} .$$

Der KI ist der Quotient aus dem größten Eigenwert und dem jeweils zu betrachtenden Eigenwert der Varianz-Kovarianz-Matrix. Je größer der Wert des

642 Vgl. *Götz/Liehr-Gobbers* (2004), S. 729; *Belsley/Kuh/Welsch* (1980), S. 93.

643 Vgl. *Huber et al.* (2007), S. 39.

644 Vgl. *Götz/Liehr-Gobbers/Krafft* (2010), S. 699; *Bruhn/Georgi/Hadwich* (2008), S. 1298; *Diamantopoulos/Winklhofer* (2001), S. 272.

645 Vgl. *Ringle/Spreen* (2007), S. 214; *Craney/Surles* (2002), S. 398. Andere Autoren halten hingegen auch einen VIF kleiner als fünf bereits für ausreichend. Vgl. dazu *Diamantopoulos/Riefler* (2008), S. 1193; *Studenmund* (2006), S. 271.

646 Vgl. *Schneider* (2009), S. 227; *Belsley/Kuh/Welsch* (1980), S. 104.

KI ist, desto stärker ist die Multikollinearität, wobei ein Wert von kleiner als 30 anzustreben ist.[647]

Wie bereits erwähnt, kann bei Vorliegen von Multikollinearität der entsprechende Indikator eliminiert werden. Daneben kann es zielführender sein von einer Eliminierung abzusehen und die kollinearen Indikatoren zu einem Index zusammenzufassen und diesen Index in die Analyse einfließen zu lassen.[648] Eine Indexbildung ist dann sinnvoll, wenn die Indikatoren inhaltlich denselben Aspekt des theoretischen Konstrukts erfassen und auf Basis derselben Skala erhoben werden.[649] Wenn eine kompensatorische Wirkung der Indikatoren angenommen werden kann, wird das arithmetische Mittel gebildet und dieses für die weitere Analyse verwendet. Anderenfalls sollte das geometrische Mittel der Indikatoren genutzt werden.[650]

Die in Abschnitt 5.1.3 dargestellte Besonderheit bei der Schätzung mehrdimensionaler Konstrukte und die Anwendung des zweistufigen Verfahrens machen eine weitergehende Beurteilung der einzelnen Komponenten erforderlich. Sie werden im PLS-Ansatz als formative Indikatoren des jeweiligen Konstrukts eingesetzt, wobei sie dieselben Untersuchungsschritte durchlaufen wie die komponentenformenden Indikatoren.[651] Die Komponenten werden anhand ihrer Relevanz und Signifikanz beurteilt, für die die Ausführungen zu den Indikatoren sinngemäß gelten. Schließlich wird das Vorliegen von Multikollinearität zwischen den Komponenten anhand der vorgestellten Verfahren überprüft.

---

[647] Vgl. *Krafft/Götz/Liehr-Gobbers* (2005), S. 79. Nach *Belsley/Kuh/Welsch* (1980), S. 105, deuten Werte bis 10 auf schwache und Werte zwischen 30 und 100 auf mäßige bis starke Abhängigkeiten hin.

[648] Vgl. *Albers/Hildebrandt* (2006), S. 13. So auch *Greve* (2006), S. 144.

[649] Vgl. *Schneider* (2009), S. 230; *Diamantopoulos/Riefler/Roth* (2008), S. 1212.

[650] Vgl. *Diamantopoulos/Riefler* (2008), S. 1191; *Albers/Hildebrandt* (2006), S. 13. So auch *Homburg/Hoyer/Fassnacht* (2002), S. 94.

[651] Vgl. *Giere/Wirtz/Schilke* (2006), S. 688.

Während die Diskriminanzvalidität eines reflektiven Messmodells anhand des Fornell-Larcker-Kriteriums überprüft werden kann, ist dies bei formativen Messmodellen nicht sinnvoll, da die Indikatoren das Konstrukt verursachen. Stattdessen kann bei formativen Messmodellen die Eigenschaft der Prädiktorenspezifikation zur Evaluierung der Diskriminanzvalidität genutzt werden.[652] Diese stellt auf die Berechnung konkreter Werte für die einzelnen Konstrukte ab. Die Korrelationsmatrix der ermittelten Konstruktwerte liefert dann Hinweise auf die Diskriminanzvalidität. Die Korrelationen sollen einen Wert kleiner als 0,9 aufweisen.[653]

Die nomologische Validität wird schließlich durch die Verbindung eines formativ gemessenen Konstrukts mit mindestens einem weiteren Konstrukt aufgezeigt.[654] Dabei wird untersucht, inwiefern sich ein hypothetischer Zusammenhang empirisch bestätigt, wobei die Hypothesen auf einem theoretischen Bezugsrahmen basieren sollten.[655] Nomologische Validität liegt vor, wenn die Pfadkoeffizienten zwischen den Konstrukten ihrem Vorzeichen nach den theoretisch erwarteten Zusammenhang widerspiegeln, der zudem durch die Stärke und Signifikanz bestätigt wird.[656] Die Pfadkoeffizienten sollten einen Wert von mindestens 0,10 bei einem Signifikanzniveau von 10 % (entspricht einem t-Wert von 1,30 bei einem einseitigen Test) aufweisen.[657]

Tabelle 14 auf der nachfolgenden Seite fasst die Gütekriterien für die Beurteilung der formativen Messmodelle und die jeweiligen Anspruchsniveaus zusammen.

---

[652] Vgl. *Herrmann/Huber/Kressmann* (2006), S. 57.

[653] Vgl. *Huber et al.* (2007), S. 38; *Herrmann/Huber/Kressmann* (2006), S. 57.

[654] Vgl. *Ihl et al.* (2006), S. 172; *Krafft/Götz/Liehr-Gobbers* (2005), S. 82; *Diamantopoulos/Winklhofer* (2001), S. 273.

[655] Vgl. *Christophersen/Grape* (2009), S. 113; *Peter/Churchill* (1986), S. 4f.; *Peter* (1981), S. 135.

[656] Vgl. *Henseler/Ringle/Sinkovics* (2009), S. 302; *Götz/Liehr-Gobbers* (2004), S. 730.

[657] Vgl. *Lohmöller* (1989), S. 60.

<table>
<tr><th>Güteart</th><th>Gütekriterium</th><th>Anspruchsniveau</th></tr>
<tr><td rowspan="2">Inhaltsvalidität</td><td>p_{sa}-Index</td><td>> 0,5</td></tr>
<tr><td>c_{sv}-Index</td><td>> 0</td></tr>
<tr><td rowspan="5">Indikatorrelevanz und -signifikanz; Multikollinearität</td><td>Gewichte</td><td>Qualitative Analyse</td></tr>
<tr><td>Signifikanz der Gewichte (t-Wert)</td><td>≥ 1,30</td></tr>
<tr><td>Begutachtung der bivariaten Korrelationen</td><td>≤ 0,7</td></tr>
<tr><td>Variance Inflation Factor (VIF)</td><td>≤ 4</td></tr>
<tr><td>Konditionsindex (KI)</td><td>≤ 30</td></tr>
<tr><td>Diskriminanzvalidität</td><td>Begutachtung der Korrelationsmatrix der Konstrukte ($r_{i,j}$); für alle i ≠ j Konstrukte</td><td>≤ 0,9</td></tr>
<tr><td rowspan="3">Nomologische Validität</td><td>Vorzeichen der Pfadkoeffizienten</td><td>Entsprechend der Hypothese</td></tr>
<tr><td>Stärke der Pfadkoeffizienten</td><td>≥ 0,10</td></tr>
<tr><td>Signifikanz der Pfadkoeffizienten (t-Wert)</td><td>≥ 1,30</td></tr>
</table>

Tabelle 14: Gütekriterien zur Beurteilung der formativen Messmodelle

5.1.5 Gütebeurteilung von Strukturmodellen

5.1.5.1 Gütekriterien zur Beurteilung von Strukturmodellen

Neben der Beurteilung der einzelnen Messmodelle ist die Beurteilung des Strukturmodells erforderlich, um die a priori vermuteten Beziehungen zwischen den Konstrukten bewerten und empirisch überprüfen zu können. Im Gegensatz zu kovarianzbasierten Verfahren können bei dem varianzbasierten PLS-Ansatz aufgrund seiner vergleichsweise wenig restriktiven Verteilungsannahmen keine inferenzstatistischen Tests zur Messung der Gesamtgüte des Modells durchgeführt werden.[658] Dennoch werden in der Literatur Gütekriterien zur Beurteilung von Strukturmodellen vorgestellt, die in ihrer Gesamtbetrachtung Aussagen über die Anpassung des Modells erlauben. In dieser Untersuchung werden hierfür zunächst Vorzeichen, Stärke und Signifikanz der Pfadkoeffizienten überprüft. Die weitere Beurteilung des Strukturmodells er-

[658] Vgl. *Götz/Liehr-Gobbers/Krafft* (2010), S. 701; *Ringle et al.* (2006), S. 86.

folgt anhand des Bestimmtheitsmaßes, der Effektgröße sowie der Prognoserelevanz.[659]

Die Pfadkoeffizienten im Strukturmodell werden wie standardisierte Betakoeffizienten interpretiert und zeigen den Einfluss eines Konstrukts auf ein nachgelagertes Konstrukt auf.[660] Um die hypothetischen Zusammenhänge empirisch zu bestätigen, müssen die Pfadkoeffizienten die gleichen Vorzeichen wie die zugrunde liegende Hypothese aufweisen.[661] An die Stärke der Pfadkoeffizienten werden bei deren Schätzung im Rahmen eines varianzbasierten Verfahrens im Vergleich zu kovarianzbasierten Verfahren weniger strenge Anforderungen gestellt.[662] Selbst bei weniger validen Indikatoren ist keine drastische Überschätzung der Pfadkoeffizienten zu befürchten, sodass die Strukturbeziehungen eher niedriger geschätzt werden. Die Literatur gibt hier keinen eindeutigen Richtwert vor, sodass für die vorliegende Untersuchung entsprechend der Empfehlung von LOHMÖLLER ein Mindestwert von 0,10 angenommen wird.[663] Die a priori formulierte Hypothese lässt sich dann bestätigen, wenn die Stärke des Pfadkoeffizienten signifikant ist. Wie bei der Berechnung der Indikatorsignifikanz wird ebenfalls mithilfe des Bootstrapping-Verfahrens ein t-Wert ermittelt, der bei einer Irrtumswahrscheinlichkeit von höchstens 10 % den Wert von 1,30 (einseitiger Test) überschreiten sollte. Nicht signifikante Pfadkoeffizienten oder deren Vorzeichen entgegen der Hypothesenformulierung sind, bestätigen demnach die vermuteten Beziehungen nicht.[664]

---

[659] Vgl. *Henseler/Ringle/Sinkovics* (2009), S. 303; *Herrmann/Huber/Kressmann* (2006), S. 58; *Krafft/Götz/Liehr-Gobbers* (2005), S. 85.

[660] Vgl. *Götz/Liehr-Gobbers* (2004), S. 730.

[661] Vgl. *Henseler/Ringle/Sinkovics* (2009), S. 304.

[662] Vgl. *Herrmann/Huber/Kressmann* (2006), S. 45; *Chin/Newsted* (1999), S. 313.

[663] Vgl. *Lohmöller* (1989), S. 60. *Chin* (1998a), S. XIII fordert dagegen einen Mindestwert von 0,2. Siehe auch *Ihl et al.* (2006), S. 174.

[664] Vgl. *Henseler/Ringle/Sinkovics* (2009), S. 304; *Krafft/Götz/Liehr-Gobbers* (2005), S. 83f.

Das zentrale Kriterium für die Anpassungsgüte des Strukturmodells stellt das Bestimmtheitsmaß R^2 der endogenen Variablen dar.[665] Es gibt den Anteil der durch vorgelagerte Konstrukte erklärten Varianz der endogenen Variablen an und misst so die Güte der Anpassung des Modells an die empirischen Daten.[666] Insofern sind Aussagen darüber möglich, wie gut die endogene Variable durch andere beeinflussende Konstrukte erklärt wird.[667] Das Bestimmtheitsmaß ist auf Werte zwischen null und eins normiert, wobei die Anpassungsgüte umso besser ist, je höher das Bestimmtheitsmaß und folglich der Anteil der erklärten Varianz an der Gesamtvarianz ist. Allerdings sind hinsichtlich einer akzeptablen Höhe keine allgemein gültigen Aussagen möglich, da dies von der jeweiligen Problemstellung abhängig ist.[668] Eine differenzierte Meinung hinsichtlich der Höhe der Bestimmtheitsmaße äußert CHIN, der Werte von 0,67 als substanziell, von 0,33 als durchschnittlich und von 0,19 als schwach einstuft.[669] Diese Werte können als „sehr gute Orientierung zur Beurteilung des Bestimmtheitsmaßes in Partial Least Squares-Modellen“[670] herangezogen werden. In dieser Untersuchung werden diese Werte für die Beurteilung der Anpassungsgüte zugrunde gelegt. Da das Bestimmtheitsmaß durch die Anzahl der unabhängigen Variablen beeinflusst wird, ist das korrigierte Bestimmtheitsmaß zu untersuchen, bei dem der R^2-Wert um die Zahl der unabhängigen Variablen korrigiert ist.[671] Das korrigierte Bestimmtheitsmaß wird standard-

665 Vgl. *Henseler/Ringle/Sinkovics* (2009), S. 303. So auch *Hulland* (1999), S. 202, der gleichfalls kritisiert, dass in einigen Studien nur für ausgewählte endogene Variablen das Bestimmtheitsmaß angegeben wird. Er plädiert dafür, die Bestimmtheitsmaße aller endogenen Variablen zu berichten.

666 Vgl. *Götz/Liehr-Gobbers/Krafft* (2010), S. 701; *Backhaus et al.* (2008), S. 67.

667 Vgl. *Huber et al.* (2007), S. 107.

668 Vgl. *Backhaus et al.* (2008), S. 93.

669 Vgl. *Chin* (1998b), S. 323. *Homburg/Baumgartner* (1995b), S. 172, fordern dagegen einen einheitlichen Mindestwert von 0,4.

670 *Ringle* (2004a), S. 15, dort Fußnote 40.

671 Vgl. *Weiber/Mühlhaus* (2010), S. 257; *Boßow-Thies/Panten* (2009), S. 377; *Backhaus et al.* (2008), S. 71.

mäßig in SmartPLS nicht berichtet, sodass für die Ermittlung die folgende Formel zugrunde gelegt wird:[672]

$$R^2_{korr.} = R^2 - \frac{J \cdot (1 - R^2)}{K - J - 1} .$$

Dabei bezeichnet J die Anzahl der latent exogenen Variablen, K die Anzahl der Beobachtungen und K – J – 1 die Anzahl der Freiheitsgrade.

Basierend auf dem korrigierten Bestimmtheitsmaß kann neben der Beurteilung der Pfadkoeffizienten weiterhin untersucht werden, ob eine latent exogene Variable einen signifikanten Einfluss auf eine latent endogene Variable ausübt.[673] Als Maß kann die Effektgröße herangezogen werden, die auf einer Analyse der Veränderung des Bestimmtheitsmaßes beruht und wie folgt ermittelt wird:[674]

$$f^2 = \frac{R^2_{eingeschlossen} - R^2_{ausgeschlossen}}{1 - R^2_{eingeschlossen}} .$$

Das $R^2_{eingeschlossen}$ stellt dabei das Bestimmtheitsmaß der latent endogenen Variablen unter Einschluss und das $R^2_{ausgeschlossen}$ das Bestimmtheitsmaß unter Ausschluss einer bestimmten latent exogenen Variable dar.[675] Bei einem $f^2 \geq 0{,}02$ kann von einem schwachen, bei einem $f^2 \geq 0{,}15$ von einem moderaten und bei einem $f^2 \geq 0{,}35$ von einem substanziellen Einfluss der betrachteten exogenen Variablen zur Erklärung der endogenen Variablen ausgegangen werden.[676] Allerdings ist bei einer geringen Effektgröße nicht zwingend der Rückschluss auf die Unwichtigkeit des Einflusses zu ziehen.[677]

---

672 Vgl. *Backhaus et al.* (2008), S. 71; *Cohen et al.* (2003), S. 84.

673 Vgl. *Weiber/Mühlhaus* (2010), S. 257; *Herrmann/Huber/Kressmann* (2006), S. 59.

674 Vgl. *Chin* (1998b), S. 316; *Cohen* (1988), S. 410.

675 Vgl. *Götz/Liehr-Gobbers* (2004), S. 731; *Chin* (1998b), S. 317.

676 Vgl. *Henseler/Ringle/Sinkovics* (2009), S. 303; *Cohen* (1988), S. 413f.

677 Vgl. *Eggert/Fassott/Helm* (2005), S. 110; *Chin/Marcolin/Newsted* (2003), S. 211.

In diesem Zusammenhang wird in der jüngeren Forschungspraxis zunehmend empfohlen, die Totaleffekte einzelner Indikatoren und Komponenten exogener Variablen auf eine endogene Variable zu untersuchen.[678] Die Totaleffekte ergeben sich dabei aus der Multiplikation der einzelnen Indikator- bzw. Komponentengewichte mit den entsprechenden Pfadkoeffizienten zwischen der exogenen und der endogenen Variablen.[679] Diese lassen sich wiederum in einen direkten und in einen indirekten Effekt separieren und bieten dadurch die Möglichkeit einer differenzierten Einflussanalyse. Eine Separierung der Effekte ist insbesondere bei mediierenden Variablen von Bedeutung und wird daher im nachfolgenden Abschnitt detailliert dargestellt und erläutert.

Neben den auf die Erklärungskraft des Strukturmodells abzielenden Gütekriterien kann die Prognoserelevanz von reflektiv gemessenen endogenen Variablen mithilfe des Stone-Geisser-Kriteriums (Q^2) beurteilt werden.[680] Das Stone-Geisser-Kriterium wird auf Basis einer verteilungsfreien Blindfolding-Prozedur in PLS geschätzt, bei der ein Teil der Rohdaten als fehlend angenommen und durch modellspezifische Parameterschätzungen rekonstruiert wird.[681] Formal stellt es sich wie folgt dar:[682]

$$Q_j^2 = 1 - \frac{\sum_k E_{ji}}{\sum_k O_{ji}} .$$

Dabei stellt E_{ji} die Quadratsumme der Prognosefehler für die Schätzwerte dar und O_{ji} die Quadratsumme aus der Differenz von Schätzwert und Mittelwert der verbleibenden Daten für das betrachtete Konstrukt j und die Indikatoren i. Mit diesem Kriterium kann überprüft werden, ob die im Modell enthaltenen Daten einen Erklärungsbeitrag leisten und frei von Redundanzen sind. Das

[678] Vgl. *Albers* (2010), S. 423; *Henseler/Ringle/Sinkovics* (2009), S. 304.

[679] Vgl. *Boßow-Thies/Panten* (2009), S. 377; *Herrmann/Huber/Kressmann* (2006), S. 60.

[680] Vgl. *Weiber/Mühlhaus* (2010), S. 257; *Fornell/Bookstein* (1982), S. 450.

[681] Vgl. zur Blindfolding-Prozedur *Weiber/Mühlhaus* (2010), S. 258; *Herrmann/Huber/Kressmann* (2006), S. 58; *Tenenhaus et al.* (2005), S. 174–176.

[682] Vgl. *Huber et al.* (2007), S. 37; *Fornell/Cha* (1994), S. 73.

Stone-Geisser-Kriterium zeigt also an, wie gut die empirischen Daten mit dem Modell und seinen Parametern abgebildet werden.[683] Liegt der Q^2-Wert über null, besitzt das Modell Prognoserelevanz. Negative Werte sprechen gegen die Prognosegüte der Modellstruktur.[684] Die Gütekriterien zur Beurteilung des Strukturmodells und ihre Anspruchsniveaus sind in der nachfolgenden Tabelle 15 zusammengefasst.

Beurteilungsziel	Gütekriterium	Anspruchsniveau
Wirkungsbeziehung zwischen den Konstrukten	Vorzeichen der Pfadkoeffizienten	Entsprechend der Hypothese
	Stärke der Pfadkoeffizienten	≥ 0,10
	Signifikanz der Pfadkoeffizienten (t-Wert)	≥ 1,30
Anpassungsgüte	Bestimmtheitsmaß $R^2_{korr.}$	= 0,19 (schwach)
		= 0,33 (durchschnittlich)
		= 0,67 (substanziell)
Erklärungsbeitrag der exogenen Variablen	Effektgröße f^2	= 0,02 (schwach)
		= 0,15 (moderat)
		= 0,35 (substanziell)
Prognoserelevanz	Stone-Geisser-Kriterium Q^2	> 0

Tabelle 15: Gütekriterien zur Beurteilung des Strukturmodells

5.1.5.2 Beurteilung mediierender Effekte

In Abschnitt 3.3 wird eine mediierende Wirkung des Vertrauenskonstrukts postuliert, bei der die Wirkung zwischen der Qualität der Internen Revision und ihrer Akzeptanz durch das Vertrauen vonseiten der Auftraggeber teilweise oder vollständig vermittelt wird. Unter einem Mediator wird eine latente Variable verstanden, die zunächst durch eine vorgelagerte latente Variable beeinflusst

---

683 Vgl. *Götz/Liehr-Gobbers/Krafft* (2010), S. 702; *Fornell/Cha* (1994), S. 72.

684 Vgl. *Weiber/Mühlhaus* (2010), S. 258; *Chin* (1998b), S. 318.

wird und ihrerseits einen Effekt auf die latente Zielvariable bewirkt.[685] Die Abbildung 13 stellt eine mediierende Wirkungsbeziehung schematisch dar.

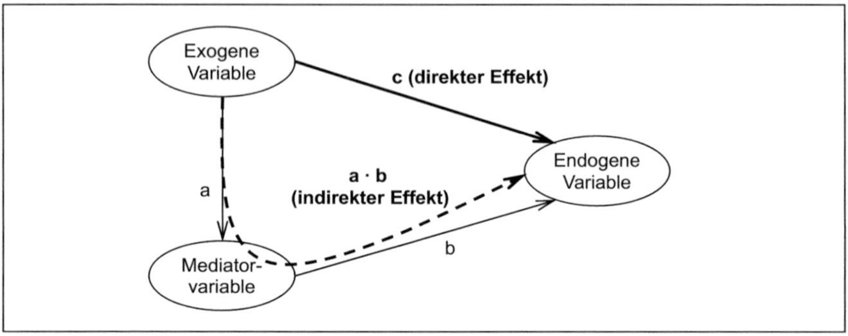

Abbildung 13: Schematische Darstellung einer mediierenden Wirkungsbeziehung
(Quelle: In Anlehnung an *Helm/Eggert/Garnefeld* (2010), S. 528)

Die gesamte Wirkung der exogenen Variablen auf die endogene Variable wird als Totaleffekt bezeichnet und stellt die Summe des direkten und indirekten Effekts dar. Der indirekte Effekt des Mediatoreinflusses berechnet sich dabei aus dem Produkt der Pfade a und b.[686] Gleichfalls ist, wie bereits im vorherigen Abschnitt angeführt, eine differenzierte Analyse der Wirkungsbeziehungen auf Indikator- und Komponentenebene durch entsprechende Multiplikation der Gewichte mit den jeweiligen Pfadkoeffizienten möglich.[687] Allerdings nimmt die absolute Wirkung einzelner Indikatoren in einem mehrdimensionalen Konstrukt aufgrund der multiplikativen Verknüpfung ab. Von einer mediierenden Wirkung kann gesprochen werden, wenn die folgenden Voraussetzungen erfüllt sind:[688]

1. Der Zusammenhang zwischen der exogenen Variablen und der Mediatorvariablen ist signifikant (Pfad a).

---

[685] Vgl. *Müller* (2009), S. 245; *Bortz/Döring* (2006), S. 3.

[686] Vgl. *Huber et al.* (2007), S. 71.

[687] Vgl. *Boßow-Thies/Panten* (2009), S. 377.

[688] Vgl. *Huber et al.* (2007), S. 70; *Eggert/Fassott/Helm* (2005), S. 105; *Baron/Kenny* (1986), S. 1176.

2. Der Zusammenhang zwischen der Mediatorvariablen und der endogenen Variablen ist signifikant (Pfad b).
3. Der Zusammenhang zwischen der exogenen und der endogenen Variablen (Pfad c) ist ohne den Zusammenhang zwischen der exogenen Variablen und der Mediatorvariablen (Pfad a) signifikant größer als mit diesem Zusammenhang.

Zur Überprüfung dieser Voraussetzungen kann auf unterschiedliche Testverfahren zurückgegriffen werden.[689] Die Causal-Steps-Methode geht insbesondere auf die grundlegende Arbeit von BARON/KENNY zurück, die die Erfüllung der drei Voraussetzungen anhand separater Teilmodelle schätzen.[690] Dadurch wird diese Methode sehr umfassend und liefert in Strukturgleichungsmodellen mit latenten Variablen nur näherungsweise Mediationsausmaße.[691] Dagegen stellen die Product-of-Coefficients-Methoden reduzierte Ansätze dar, die es ermöglichen, direkte und indirekte Effekte innerhalb eines Gesamtmodells zu testen.[692] Innerhalb dieses Gesamtmodells sind die erste und zweite Voraussetzung unmittelbar aus der Beurteilung des Strukturmodells erkennbar, sodass es genügt, die Signifikanz des indirekten Effekts zu belegen.[693] Für die Berechnung der Signifikanz hat der z-Test von Sobel als Product-of-Coefficient-Methode eine starke Verbreitung gefunden.[694] Die Testgröße z berechnet sich dabei nach folgender Formel:[695]

$$z = \frac{a \cdot b}{\sqrt{b^2 \cdot s_a^2 + a^2 \cdot s_b^2 + s_a^2 \cdot s_b^2}},$$

[689] Vgl. *Müller* (2009), S. 246–249.

[690] Vgl. *Baron/Kenny* (1986).

[691] Vgl. *Müller* (2009), S. 247; *Baron/Kenny* (1986), S. 1176f.

[692] Vgl. *Helm/Eggert/Garnefeld* (2010), S. 526. Ebenso empfehlen *Scholderer/Balderjahn* (2006), S. 64, bei der Untersuchung eines Mediatoreffekts in PLS immer auch die direkten Pfade mitzuschätzen.

[693] Vgl. *Helm/Eggert/Garnefeld* (2010), S. 526.

[694] Vgl. *Müller* (2009), S. 248.

[695] Vgl. *Helm/Eggert/Garnefeld* (2010), S. 526; *Baron/Kenny* (1986), S. 1177.

wobei a und b die Koeffizienten der Pfade a und b sowie s_a und s_b die entsprechenden Standardfehler darstellen. Die Nullhypothese, dass kein oder ein negativer indirekter Effekt besteht, kann auf einem Signifikanzniveau von 10 % ($z \geq 1{,}30$ einseitiger Test) zurückgewiesen werden.

Das Ausmaß des mediierenden Effekts kann darüber hinaus mit der Größe Variance Accounted for (VAF) berechnet werden. Sie gibt das Verhältnis des indirekten Effekts der exogenen Variablen auf die endogene Variable zu dem Totaleffekt an und wird wie folgt ermittelt:[696]

$$\mathrm{VAF} = \frac{a \cdot b}{a \cdot b + c} .$$

Die Notation entspricht derer des z-Tests mit der Ergänzung, dass c den Pfadkoeffizienten zwischen der exogenen und der endogenen Variablen bezeichnet. Entsprechend der Höhe des VAF kann zwischen einer partiellen und einer vollständigen Mediation unterschieden werden. Eine partielle Mediation liegt vor, wenn der VAF Werte kleiner als eins aufweist. In diesem Fall kann ein Suppressoreffekt durch unterschiedliche Vorzeichen des direkten und indirekten Effekts entstehen.[697] Dagegen liegt bei einer vollständigen Mediation der Pfadkoeffizient c nahe bei null. Sein Vorzeichen ist damit irrelevant. In einem solchen Fall kann ein statistischer Suppressoreffekt entstehen, bei dessen Vorliegen empfohlen wird, den VAF-Wert auf eins zu setzen.[698] In der Tabelle 16 sind die Kriterien zur Beurteilung des mediierenden Effekts zusammenfassend dargestellt.

Beurteilungsziel	Gütekriterium	Anspruchsniveau
Signifikanz des mediierenden Effekts	z-Test nach Sobel (z-Wert)	≥ 1,30
Ausmaß des mediierenden Effekts	Variance Accounted For (VAF)	Kein Mindestanspruchsniveau erforderlich

Tabelle 16: Gütekriterien zur Beurteilung des mediierenden Effekts

[696] Vgl. *Eggert/Fassott/Helm* (2005), S. 106.

[697] Vgl. *Shrout/Bolger* (2002), S. 432.

[698] Vgl. *Eggert/Fassott/Helm* (2005), S. 105; *Shrout/Bolger* (2002), S. 434.

5.2 Empirische Validierung der Messmodelle

5.2.1 Beurteilung der Inhaltsvalidität der formativen Indikatoren

Nachdem die Gütekriterien zur Beurteilung der Messmodelle und des Strukturmodells vorgestellt worden sind, kann nun die empirische Validierung der verwendeten Messmodelle erfolgen. Nach der Operationalisierung der einzelnen Konstrukte wurde im Rahmen der Fragebogenentwicklung ein Indikator-Zuordnungstest für die formativ gemessenen Konstrukte mit 13 Pretestteilnehmern durchgeführt.[699] Diese pragmatische Verfahrensweise erlaubt die Überprüfung der Inhaltsvalidität der formativen Indikatoren. Eine erste Auswertung der Ergebnisse ergab die Notwendigkeit zur sprachlichen Anpassung einer Komponentenbezeichnung, um die inhaltliche Relevanz einzelner Indikatoren besser zu verdeutlichen.[700] Die Werte für den p_{sa}-Index und den c_{sv}-Index nach der Anpassung sind in den folgenden Tabellen 17 und 18 – getrennt nach beiden Konstrukten – angegeben. Die festgelegten Grenzwerte werden von allen formativen Indikatoren überschritten.

In der Qualitätskomponente „Planung und Vorbereitung der Revisionsaufträge“ ist der Indikator „Austausch mit dem Abschlussprüfer“ durch vergleichsweise niedrige Werte gekennzeichnet. Die Auswertung des Indikator-Zuordnungstests ergab, dass dieser häufig auch der Durchführungskomponente bzw. der Vertrauenskomponente „Verlässlichkeit der Internen Revision“ zugeordnet wurde. Dasselbe Bild zeigte sich ebenso bei einzelnen Indikatoren der Komponente „Durchführung der Revisionsaufträge“, die alternativ der genannten Vertrauenskomponente zugewiesen wurden. Da die zuvor definierten Grenzwerte überschritten werden und somit mehr richtige Zuordnungen als am häufigsten genannte Falschzuordnungen vorliegen, waren keine Anpassungsmaßnahmen erforderlich. Die Ergebnisse des Indikator-Zuordnungstests

[699] Vgl. dazu auch *Hansen* (2009), S. 143; *Lucco* (2008), S. 152; *Pelz* (2008), S. 177; *Saab* (2007), S. 161f.

[700] Dabei handelt es sich um die Qualitätskomponente „Berichterstattung und Maßnahmenmonitoring“, die in „Berichterstattung und Follow-up“ umbenannt wurde.

deuten bei der Qualität der Internen Revision auf eine zufriedenstellende Inhaltsvalidität hin.

Nr.[701]	Komponente	Kurzbezeichnung der Indikatoren	p_{sa}	c_{sv}
8	Interaktion mit den geprüften Einheiten	Auftragsankündigung	1,00	1,00
9		Erklärung der Auftragsziele	1,00	1,00
12		Integration der geprüften Einheiten in den Prüfungsprozess	0,92	0,85
15		Durchführung konstruktiver Schlussbesprechungen	0,77	0,54
2	Planung und Vorbereitung der Revisionsaufträge	Prüfungsumfang umfasst alle Aktivitäten des Unternehmens	0,69	0,54
4		Konzentration auf risikobehaftete Prüffelder	0,77	0,54
5		Flexible Reaktion auf außerplanmäßige Vorkommnisse	0,69	0,54
6		Wechsel der Prüfungsschwerpunkte als Ausdruck einer Mehrjahresplanung	1,00	1,00
32		Austausch mit dem Abschlussprüfer	0,54	0,31
10	Durchführung der Revisionsaufträge	Minimierung entstehender Störungen bei Auftragsdurchführung	0,54	0,38
11		Anwendung strikter Verfahrensvorschriften	0,77	0,54
14		Einhaltung der Prüfungsdauer	0,85	0,77
22a		Schnelle Reaktion bei Verdacht auf dolose Handlungen	0,54	0,23
22b		Diskrete Reaktion bei Verdacht auf dolose Handlungen	0,54	0,23
13	Berichterstattung und Follow-up	Standardisierte schriftliche Berichterstattung	1,00	1,00
16		Zeitnahe Berichterstattung	0,92	0,85
17		Überwachung der Umsetzung von Empfehlungen und vereinbarten Maßnahmen	0,92	0,85
21a		Objektive Revisionsberichte	0,77	0,62
21b		Verständliche Revisionsberichte	0,77	0,62

Tabelle 17: Ergebnisse des Indikator-Zuordnungstests für die Qualität der Internen Revision

Dagegen ist das Vertrauenskonstrukt durch ausnahmslos gute Werte für beide Indizes gekennzeichnet wie Tabelle 18 verdeutlicht.

[701] Die angegebene Nummer bezieht sich auf die Nummerierung der Indikatoren im Fragebogen.

Nr.	Komponente	Kurzbezeichnung der Indikatoren	p_{sa}	c_{sv}
24a	Fachlich-methodische und sozial-kommunikative Kompetenzen	Fachliche Kompetenzen	1,00	1,00
24b		Soziale Kompetenzen	1,00	1,00
26		Kommunikative Fähigkeiten	1,00	1,00
28		IT-Kenntnisse	1,00	1,00
18	Weiterentwicklung der fachlich-methodischen und sozial-kommunikativen Kompetenzen	Durchführung von Feedbackgesprächen mit den Revisionsmitarbeitern	0,77	0,69
19		Bereitstellung von gewonnenem Wissen	0,92	0,85
27		Individuelle Fortbildungsmaßnahmen	1,00	1,00
30		Förderung berufsspezifischer Examen	1,00	1,00
3	Kommunikation mit der Internen Revision	Informationsaustausch zwischen dem Leiter Interne Revision und dem Auftraggeber	0,92	0,85
20		Informationen über nicht umgesetzte Empfehlungen und Maßnahmen	1,00	1,00
31		Kenntnisse der Anforderungen des Auftraggebers	0,85	0,77
1	Verlässlichkeit der Internen Revision	Gewährleistung der Unabhängigkeit	1,00	1,00
23		Schutz vor rechtlichen Konsequenzen	0,69	0,62
29a		Durchführung von internen Qualitätsbeurteilungen	0,85	0,77
29b		Durchführung von externen Qualitätsbeurteilungen	0,85	0,77

Tabelle 18: Ergebnisse des Indikator-Zuordnungstests für das Vertrauen in die Interne Revision

Aufgrund der guten Werte für die formativen Vertrauensindikatoren kann insgesamt eine gute Inhaltsvalidität für das Vertrauen in die Interne Revision angenommen werden. Somit können in den nachfolgenden Abschnitten die weiteren Gütekriterien zur Beurteilung der formativen Messmodelle der Konstrukte überprüft werden.

5.2.2 Empirische Validierung der Qualität der Internen Revision

5.2.2.1 Beurteilung der Qualitätsindikatoren

Die Qualität der Internen Revision wurde als mehrdimensionales formatives Konstrukt mit vier Komponenten konzeptualisiert und mit 19 Indikatoren operationalisiert. Entsprechend dem in Abschnitt 5.1.4.3 vorgestellten Vorgehen bei der Beurteilung formativer Messmodelle wird im Folgenden die Beurteilung der Gütekriterien auf Indikatorebene vorgenommen.

Für die Messung der Qualitätskomponente „Interaktion mit den geprüften Einheiten“ wurden vier formative Indikatoren erhoben. Die Indikatoren und ihre Gütekriterien sind in Tabelle 19 dargestellt.

Nr.	Kurzbezeichnung der Indikatoren	Gewicht	t-Wert	Maximale Korrelation (mit Nr.)	VIF
8	Auftragsankündigung	0,01$^{n.s.}$	0,07	0,51 (9)	1,39
9	Erklärung der Auftragsziele	0,30**	1,74	0,66 (12)	2,35
12	Integration der geprüften Einheiten in den Prüfungsprozess	0,72****	4,26	0,66 (9)	2,32
15	Durchführung konstruktiver Schlussbesprechungen	0,07$^{n.s.}$	0,65	0,61 (12)	2,17
Konditionsindex: 15,60					
n.s. nicht signifikant ** 5 %-Signifikanzniveau (t-Wert ≥ 1,68) **** 0,1 %-Signifikanzniveau (t-Wert ≥ 3,31)					

Tabelle 19: Ergebnisse der Qualitätskomponente „Interaktion mit den geprüften Einheiten“

Der Indikator „Auftragsankündigung“ leistet mit einem Gewicht von 0,01 keinen signifikanten Erklärungsbeitrag für die Interaktion mit den geprüften Einheiten. Trotz seiner geringen Relevanz verbleibt der Indikator im Messmodell, da weder die bivariate Korrelation noch der VIF auf das Vorliegen von Multikollinearität hindeuten. Dagegen weist die „Erklärung der Auftragsziele“ mit einem hoch signifikanten[702] Gewicht von 0,30 einen moderaten Erklärungsanteil auf. Die Überprüfung der Multikollinearität verdeutlicht, dass der bivariate Korrelationskoeffizient den kritischen Grenzwert von 0,7 unterschreitet und der VIF in einem akzeptablen Wertebereich liegt, sodass keine wechselseitigen Abhängigkeiten vorliegen. Den größten Einfluss auf die Interaktion der Revisionsmitarbeiter mit den geprüften Einheiten hat die „Integration der geprüften Einheiten in den Prüfungsprozess“ mit einem höchst signifikanten Gewicht von 0,72. Eine lineare Abhängigkeit kann zudem ausge-

[702] In den nachfolgenden Ausführungen wird ein Signifikanzniveau von 10 % (t-Wert ≥ 1,30) als schwach, von 5 % (t-Wert ≥ 1,68) als hoch, von 1 % (t-Wert ≥ 2,42) als sehr hoch und von 0,1 % (t-Wert ≥ 3,31) als höchst bezeichnet.

schlossen werden, obwohl die Korrelation mit dem Indikator „Erklärung der Auftragsziele“ nahe dem kritischen Grenzwert liegt. Schließlich hat die „Durchführung konstruktiver Schlussbesprechungen“ aufgrund des nicht signifikanten Gewichts von 0,07 für die Interaktion der Revisionsmitarbeiter mit den geprüften Einheiten keinen Einfluss. Da die Gütekriterien für die Beurteilung der Multikollinearität auf keine Abhängigkeiten hindeuten, verbleibt dieser Indikator weiterhin im Messmodell. Darüber hinaus deutet der KI mit einem Wert von 15,60 insgesamt darauf hin, dass Multikollinearität in der Komponente „Interaktion mit den geprüften Einheiten“ kein Problem darstellt.

Die Komponente „Planung und Vorbereitung der Revisionsaufträge“ wurde mit fünf Indikatoren formativ operationalisiert. Die Indikatoren und die erzielten Messergebnisse sind in Tabelle 20 zusammengefasst.

Nr.	Kurzbezeichnung der Indikatoren	Gewicht	t-Wert	Maximale Korrelation (mit Nr.)	VIF
2	Prüfungsumfang umfasst alle Aktivitäten des Unternehmens	$0,10^{n.s.}$	1,02	0,22 (4)	1,05
4	Konzentration auf risikobehaftete Prüffelder	0,67****	3,66	0,22 (2)	1,10
5	Flexible Reaktion auf außerplanmäßige Vorkommnisse	0,48***	2,91	0,21 (4)	1,11
6	Wechsel der Prüfungsschwerpunkte als Ausdruck einer Mehrjahresplanung	0,21*	1,36	0,22 (32)	1,09
32	Austausch mit dem Abschlussprüfer	0,35**	2,12	0,22 (6)	1,16
Konditionsindex: 8,15					

n.s. nicht signifikant
* 10 %-Signifikanzniveau (t-Wert ≥ 1,30)
** 5 %-Signifikanzniveau (t-Wert ≥ 1,68)
*** 1 %-Signifikanzniveau (t-Wert ≥ 2,42)
**** 0,1 %-Signifikanzniveau (t-Wert ≥ 3,31)

Tabelle 20: Ergebnisse der Qualitätskomponente „Planung und Vorbereitung der Revisionsaufträge“

Dabei zeigt sich, dass der Indikator „Prüfungsumfang umfasst alle Aktivitäten des Unternehmens“ keinen signifikanten Einfluss auf die Bildung der Planungs- und Vorbereitungskomponente ausübt. Eine Eliminierung dieses Indikators wird jedoch nicht vorgenommen, da die Gütekriterien der Multikollinearität auf geringe Abhängigkeiten hindeuten. Dagegen leistet die „Konzentration auf risikobehaftete Prüffelder“ den größten Erklärungsbeitrag für diese Komponente. Das hohe Gewicht von 0,67 wird auf einem Signifikanzniveau von 0,1 % bestätigt. Darüber hinaus deuten die Werte der bivariaten Korrelation und des VIF darauf hin, dass keine signifikanten wechselseitigen Abhängigkeiten bestehen. Einen im Vergleich dazu geringeren Einfluss übt die „Flexible Reaktion auf außerplanmäßige Vorkommnisse“ auf die Planung und Vorbereitung der Revisionsaufträge mit einem Gewicht von 0,48 aus, das bei einer Irrtumswahrscheinlichkeit von höchstens 1 % statistisch bestätigt werden kann. Auch hier deuten die Kriterien zur Beurteilung der Multikollinearität auf keine signifikanten Abhängigkeiten hin. Der „Wechsel der Prüfungsschwerpunkte als Ausdruck einer Mehrjahresplanung“ leistet mit einem Gewicht von 0,21 einen im Vergleich zu den beiden zuvor dargestellten Indikatoren geringeren Erklärungsbeitrag, der allerdings noch auf einem Signifikanzniveau von 10 % bestätigt wird. Die Werte für den bivariaten Korrelationskoeffizienten und den VIF unterschreiten die festgelegten Grenzwerte, sodass keine ernsthafte Multikollinearität vorliegt. Schließlich trägt der „Austausch mit dem Abschlussprüfer“ mit einem hoch signifikanten Gewicht von 0,35 zur Bildung der Komponente bei. Hinweise auf wechselseitige Abhängigkeiten liegen nicht vor. Der KI von 8,15 zeigt ebenfalls insgesamt schwache Abhängigkeiten unter den Indikatoren an.

Die Operationalisierung der dritten Qualitätskomponente „Durchführung der Revisionsaufträge“ erfolgte anhand von fünf Indikatoren, die formativ gemessen wurden. Tabelle 21 gibt einen Überblick über die Indikatoren und ihre Messergebnisse.

Den größten und gleichzeitig höchst signifikanten Erklärungsbeitrag leistet die „Minimierung entstehender Störungen bei Auftragsdurchführung“ mit einem Wert von 0,57. Sowohl der bivariate Korrelationskoeffizient als auch der VIF deuten auf keine ernsthafte Multikollinearität hin.

Nr.	Kurzbezeichnung der Indikatoren	Gewicht	t-Wert	Maximale Korrelation (mit Nr.)	VIF
10	Minimierung entstehender Störungen bei Auftragsdurchführung	0,57****	4,20	0,66 (22)	1,63
11	Anwendung strikter Verfahrensvorschriften	0,16$^{n.s.}$	1,03	0,54 (10)	1,31
14	Einhaltung der Prüfungsdauer	0,14*	1,30	0,38 (11)	1,11
22a	Schnelle Reaktion bei Verdacht auf dolose Handlungen	0,42**	2,40	0,66 (10)	1,55
22b	Diskrete Reaktion bei Verdacht auf dolose Handlungen				
Konditionsindex: 8,24					
n.s. nicht signifikant * 10 %-Signifikanzniveau (t-Wert ≥ 1,30) ** 5 %-Signifikanzniveau (t-Wert ≥ 1,68) **** 0,1 %-Signifikanzniveau (t-Wert ≥ 3,31)					

Tabelle 21: Ergebnisse der Qualitätskomponente „Durchführung der Revisionsaufträge“

Dagegen wird der Einfluss des Indikators „Anwendung strikter Verfahrensvorschriften“ mit einem Gewicht von 0,16 statistisch nicht bestätigt. Die Ergebnisse zur Beurteilung der Multikollinearität lassen jedoch keine Hinweise auf eine wechselseitige Abhängigkeit erkennen, sodass eine Eliminierung dieses Indikators nicht erforderlich ist. Als dritten Indikator in dieser Komponente wurde die „Einhaltung der Prüfungsdauer“ identifiziert. Sein Erklärungsbeitrag ist mit einem Gewicht von 0,14 noch bei einer Irrtumswahrscheinlichkeit von höchstens 10 % statistisch signifikant. Zudem weisen die bivariate Korrelation mit dem Indikator Nr. 11 und der VIF von 1,11 auf keine Abhängigkeitsprobleme hin. Diese lagen vielmehr bei den Indikatoren hinsichtlich einer schnellen und diskreten Reaktion bei einem Verdacht auf dolose Handlungen vor. Entsprechend dem in Abschnitt 5.1.4.3 dargelegten Vorgehen wird es als zielführend erachtet, statt einen der Indikatoren zu eliminieren sie zu einem Index zusammenzufassen. Eine Indexbildung bietet sich an, da beide Indikatoren einen inhaltlich gleichen Aspekt der Auftragsdurchführung abbilden, sie auf der gleichen Skala erhoben worden sind und der Index einer sinnvollen Interpretation zugänglich ist. Der Einfluss des zusammengefassten Indikators ist mit einem Gewicht von 0,42 hoch signifikant. Nach der Indexbildung weisen zudem die Gütekriterien für die Überprüfung der Multikollinearität akzeptable Werte auf. Dass für die Komponente „Durchführung der Revisionsaufträge“ insgesamt von schwachen Abhängigkeiten zwischen den Indikatoren ausgegangen werden kann, zeigt der Wert für den KI in Höhe von 8,24.

Die letzte Qualitätskomponente „Berichterstattung und Follow-up“ wurde mit fünf Indikatoren erhoben. Die Messung erfolgte formativ. Die in Tabelle 22 dargestellten Ergebnisse zeigen ein sehr differenziertes Bild in Bezug auf die jeweiligen Einflussstärken.

Nr.	Kurzbezeichnung der Indikatoren	Gewicht	t-Wert	Maximale Korrelation (mit Nr.)	VIF
13	Standardisierte schriftliche Berichterstattung	0,04$^{n.s.}$	0,52	0,49 (21a)	1,28
16	Zeitnahe Berichterstattung	–0,11$^{n.s.}$	0,87	0,25 (17)	1,23
17	Überwachung der Umsetzung von Empfehlungen und vereinbarten Maßnahmen	0,88****	4,45	0,58 (21a)	1,85
21a	Objektive Revisionsberichte	0,31*	1,56	0,58 (17)	1,82
21b	Verständliche Revisionsberichte	–0,13$^{n.s.}$	0,90	0,52 (17)	1,52
Konditionsindex: 16,25					
n.s. nicht signifikant * 10 %-Signifikanzniveau (t-Wert ≥ 1,30) **** 0,1 %-Signifikanzniveau (t-Wert ≥ 3,31)					

Tabelle 22: Ergebnisse der Qualitätskomponente „Berichterstattung und Follow-up“

Während der Einfluss einer standardisierten schriftlichen sowie zeitnahen Berichterstattung der Prüfungsergebnisse statistisch nicht bestätigt werden kann, verfügt die „Überwachung der Umsetzung von Empfehlungen und vereinbarten Maßnahmen“ als Indikator für das Follow-up-Verfahren einer Internen Revision über den größten Erklärungsanteil dieser Komponente. Das Gewicht von 0,88 wird höchst signifikant bestätigt. Die Werte für die bivariate Korrelation und den VIF sind im Vergleich zu den anderen Indikatoren höher, liegen jedoch unterhalb der festgelegten Grenzwerte. Dies ist ebenfalls bei den beiden zuvor genannten Indikatoren festzustellen, die trotz ihrer fehlenden Indikatorrelevanz und -signifikanz nicht aus dem Messmodell entfernt werden, da keine Hinweise auf das Vorliegen signifikanter Multikollinearität bestehen. Ähnlich differenziert stellen sich auch die Ergebnisse hinsichtlich eines objektiven und verständlichen Revisionsberichts dar. Während der Indikator „Objektive Revisionsberichte“ noch einen moderaten signifikanten Erklärungsbeitrag in Höhe von 0,31 leistet, kann dies für den Indikator „Verständliche Revisionsberichte“ auf keinem vorgegebenen Signifikanzniveau statistisch bestätigt werden. Beide Indikatoren weisen in Bezug auf das Vorliegen von Multikollinearität akzeptable Werte auf, sodass eine Eliminierung des Indikators Nr. 21b nicht geboten ist. Der Wert des KI von 16,25 zeigt darüber hinaus an, dass keine Multikollinearitätsprobleme innerhalb der Komponente bestehen.

5.2.2.2 Beurteilung der Qualitätskomponenten

Für die Beurteilung eines „Formative first-order, formative second-order“-Konstrukts ist die Besonderheit der PLS-Schätzung zu berücksichtigen. Durch die Anwendung des zweistufigen Verfahrens fungieren die einzelnen Komponenten der Qualität der Internen Revision nunmehr als formative Indikatoren des Konstrukts. Für die Beurteilung der Komponenten werden dieselben Untersuchungsschritte durchlaufen, wie sie bereits auf Indikatorebene diskutiert wurden. Die Ergebnisse für die Komponenten sind zusammenfassend in Tabelle 23 dargestellt.

lfd. Nr.	Bezeichnung der Komponenten	Gewicht	t-Wert	Maximale Korrelation (mit lfd. Nr.)	VIF
1	Interaktion mit den geprüften Einheiten	0,41***	2,83	0,65 (3)	3,24
2	Planung und Vorbereitung der Revisionsaufträge	0,16**	1,89	0,63 (1)	1,80
3	Durchführung der Revisionsaufträge	0,36****	3,32	0,65 (1)	2,40
4	Berichterstattung und Follow-up	0,22**	1,79	0,62 (1)	2,17
Konditionsindex: 13,21					
** 5 %-Signifikanzniveau (t-Wert ≥ 1,68) *** 1 %-Signifikanzniveau (t-Wert ≥ 2,42) **** 0,1 %-Signifikanzniveau (t-Wert ≥ 3,31)					

Tabelle 23: Ergebnisse des Konstrukts „Qualität der Internen Revision“

Die Gewichte verdeutlichen, dass die einzelnen Komponenten unterschiedlich stark zur Bildung der Qualität der Internen Revision beitragen. Den größten Erklärungsbeitrag leistet die Komponente „Interaktion mit den geprüften Einheiten“ mit einem Gewicht von 0,41, das auf einem Signifikanzniveau von 1 % statistisch bestätigt wird. Danach folgt die „Durchführung der Revisionsaufträge“, die einen höchst signifikanten Einfluss von 0,36 auf die Qualität der Internen Revision ausübt. Von den beiden verbleibenden Komponenten geht ein vergleichsweise geringerer Einfluss aus. Während die Komponente „Berichterstattung und Follow-up“ einen hoch signifikanten Einfluss von 0,22 aufweist, leistet die Komponente „Planung und Vorbereitung der Revisionsaufträge“ einen Erklärungsbeitrag von 0,16, der ebenfalls bei einer Irrtumswahrscheinlichkeit von höchstens 5 % statistisch bestätigt wird. Eine nachträgliche Eliminierung oder inhaltliche Veränderung des Konstrukts ist trotz der hohen bivariaten Korrelationen nicht erforderlich, da sowohl die einzelnen VIF als auch der KI die kritischen Grenzwerte unterschreiten.

Allerdings sind die vergleichsweise hohen Korrelationen ursächlich für die Diskriminanz der Konstrukte. Die Ergebnisse der Korrelationsmatrix der Konstrukte für die Überprüfung der Diskriminanzvalidität ergeben eine maximale Korrelation von 0,87. Der festgelegte Grenzwert von 0,9 wird damit unterschritten, sodass insgesamt eine ausreichende Diskriminanzvalidität angenommen werden kann.

Die Überprüfung des Gütekriteriums der nomologischen Validität erfordert eine Begutachtung der Pfadkoeffizienten zwischen den einzelnen Konstrukten und ermöglicht dadurch Rückschlüsse auf das hier betrachtete Messmodell. Einen ersten approximativen Hinweis liefert der bivariate Korrelationskoeffizient zwischen den ermittelten Konstruktwerten der Qualität und der global gemessenen Akzeptanzeinschätzung.[703] Mit einem höchst signifikanten Wert von 0,45 weist dieser auf einen mittleren positiven Zusammenhang hin. Da die zu begutachtenden Pfadkoeffizienten Gegenstand der Gütebeurteilung im Strukturmodell sind, erfolgt die abschließende Überprüfung der nomologischen Validität des Messmodells in Abschnitt 5.3.

[703] Die globale Akzeptanzeinschätzung wurde mithilfe des Indikators Nr. 33 des Fragebogens erhoben.

Die revisionsspezifische Konzeptualisierung der Qualität, insbesondere durch die Berücksichtigung einer Interaktionskomponente, kann bei der Betrachtung der Ergebnisse insgesamt bestätigt werden. Die Auftraggeber der Internen Revision messen der Interaktionskomponente die höchste Bedeutung bei. Ihr Einfluss auf die Qualität der Internen Revision übersteigt sogar die prozessorientierte Komponente „Durchführung der Revisionsaufträge". Mit einem Einfluss von 0,36 leistet sie dennoch einen maßgeblichen Erklärungsbeitrag. Weniger überraschend erscheinen dagegen die vergleichsweise geringeren Einflüsse der Komponenten „Berichterstattung und Follow-up" und „Planung und Vorbereitung der Revisionsaufträge", da im Rahmen der Berichterstattung letztlich die Auftragsdurchführung nur zusammenfassend präsentiert wird. Ein ähnliches Bild zeigt sich auch für die Planungs- und Vorbereitungsphase, der die Auftraggeber die geringste Bedeutung beimessen. Ein Grund dafür könnte die intensive Beteiligung des Auftraggebers in dieser Phase sein, die ihm eigene Kontrollen und Überwachungen der Internen Revision ermöglicht, sodass die Qualität in diesem Bereich für ihn von untergeordneter Bedeutung ist. Aufgrund des statistisch signifikanten Einflusses dieser Komponente ist sie gleichwohl für die Qualitätsbeurteilung der Auftraggeber von Relevanz. Die Beurteilung der Qualität der Internen Revision orientiert sich nach diesen Erkenntnissen insbesondere an den Revisionstätigkeiten vor Ort und der Interaktion der Revisionsmitarbeiter mit den geprüften Einheiten. Planende und vorbereitende Revisionsmaßnahmen sowie die Berichterstattung und das Follow-up-Verfahren scheinen für die Auftraggeber von nachrangiger Bedeutung zu sein.

5.2.3 Empirische Validierung des Vertrauens in die Interne Revision

5.2.3.1 Beurteilung der Vertrauensindikatoren

Analog zur Qualität der Internen Revision wurde das Vertrauen als mehrdimensionales formatives Konstrukt mit vier Komponenten konzeptualisiert und anhand von 15 Indikatoren operationalisiert. Im Folgenden werden die Gütekriterien auf Indikatorebene beurteilt.

Die erste Vertrauenskomponente wurde mit den in Tabelle 24 aufgeführten Indikatoren formativ operationalisiert, von denen der Indikator „Fachliche Kompetenzen" mit einem Gewicht von 0,34 zu ihrer Erklärung beiträgt. Dies wird bei einer Irrtumswahrscheinlichkeit von höchstens 5 % statistisch bestätigt. Ebenso weisen der bivariate Korrelationskoeffizient und der VIF gute Werte auf, die auf eine schwache Multikollinearität hindeuten.

Nr.	Kurzbezeichnung der Indikatoren	Gewicht	t-Wert	Maximale Korrelation (mit Nr.)	VIF
24a	Fachliche Kompetenzen	0,34**	1,95	0,56 (28)	1,48
24b	Soziale Kompetenzen	0,29*	1,54	0,56 (26)	1,71
26	Kommunikative Fähigkeiten	0,03$^{n.s.}$	0,19	0,56 (24b)	1,39
28	IT-Kenntnisse	0,58***	2,67	0,56 (24a)	1,45
Konditionsindex: 16,73					

n.s. nicht signifikant
* 10 %-Signifikanzniveau (t-Wert ≥ 1,30)
** 5 %-Signifikanzniveau (t-Wert ≥ 1,68)
*** 1 %-Signifikanzniveau (t-Wert ≥ 2,42)

Tabelle 24: Ergebnisse der Vertrauenskomponente „Fachlich-methodische und sozial-kommunikative Kompetenzen"

Dagegen liegt der VIF-Wert für die sozialen Kompetenzen der Revisionsmitarbeiter geringfügig höher, unterschreitet jedoch den festgelegten Grenzwert. Der Einfluss dieses Indikators mit einem moderaten Gewicht von 0,29 wird auf einem Signifikanzniveau von 10 % bestätigt. Für die kommunikativen Fähigkeiten der Revisionsmitarbeiter lässt sich allerdings kein signifikanter Einfluss auf das wahrgenommene Vertrauen vonseiten der Auftraggeber feststellen. Von einer Eliminierung dieses Indikators aus dem Messmodell wird aufgrund der akzeptablen Werte für die Multikollinearität jedoch abgesehen. Den größten Erklärungsanteil liefern die IT-Kenntnisse der Revisionsmitarbeiter. Der hohe Einfluss von 0,58 ist bei einer Irrtumswahrscheinlichkeit von höchstens 1 % statistisch signifikant. Darüber hinaus liegen nicht nur die Multikollinearitätswerte dieses Indikators, sondern auch der KI für die gesamte Komponente in einem akzeptablen Wertebereich, sodass wechselseitige Abhängigkeiten kein ernsthaftes Problem in diesem Teil des Messmodells darstellen.

Die Ergebnisse zu den Indikatoren der Komponente „Weiterentwicklung der fachlich-methodischen und sozial-kommunikativen Kompetenzen" zeigen ein sehr differenziertes Bild. Diese Komponente wurde mit vier formativen Indikatoren operationalisiert, deren Messergebnisse in Tabelle 25 aufgeführt sind.

Nr.	Kurzbezeichnung der Indikatoren	Gewicht	t-Wert	Maximale Korrelation (mit Nr.)	VIF
18	Durchführung von Feedbackgesprächen mit den Revisionsmitarbeitern	0,75****	6,65	0,41 (19)	1,16
19	Bereitstellung von gewonnenem Wissen	0,18*	1,51	0,41 (18)	1,15
27	Individuelle Fortbildungsmaßnahmen	0,26***	2,84	0,34 (19)	1,21
30	Förderung berufsspezifischer Examen	–0,31***	3,20	0,14 (27)	1,08
Konditionsindex: 6,50					
* 10 %-Signifikanzniveau (t-Wert ≥ 1,30) *** 1 %-Signifikanzniveau (t-Wert ≥ 2,42) **** 0,1 %-Signifikanzniveau (t-Wert ≥ 3,31)					

Tabelle 25: Ergebnisse der Vertrauenskomponente „Weiterentwicklung der fachlich-methodischen und sozial-kommunikativen Kompetenzen"

Den größten Einfluss auf die Weiterentwicklung der Revisionsmitarbeiter hat danach die Durchführung von Feedbackgesprächen mit einem höchst signifikanten Gewicht von 0,75. Die Bereitstellung von Wissen, das aus den einzelnen Revisionsaufträgen gewonnen wird, leistet dagegen lediglich einen Beitrag von 0,18 zur Erklärung der Weiterentwicklungskomponente, der bei einer Irrtumswahrscheinlichkeit von höchstens 10 % statistisch bestätigt wird. Der Einfluss des Indikators „Individuelle Fortbildungsmaßnahmen" ist mit 0,26 nur geringfügig höher, wird gleichzeitig aber auf einem höheren Signifikanzniveau bestätigt. Dagegen zeigt sich bei dem Indikator „Förderung berufsspezifischer Examen" ein negativer Einfluss auf die Weiterentwicklung der Revisionsmitarbeiter, der sehr hoch signifikant bestätigt wird. Die abschließende Beurteilung der Multikollinearität verdeutlicht sowohl anhand der paarweisen Abhängigkeiten als auch anhand der VIF-Werte eine schwache lineare Abhängigkeit zwischen den einzelnen Indikatoren. Diese Einschätzung wird darüber hinaus durch den Wert des KI von 6,50 gestützt.

Die dritte Vertrauenskomponente beinhaltet drei formative Indikatoren zur „Kommunikation mit der Internen Revision“. Die in Tabelle 26 dargestellten Ergebnisse zeigen, dass ein sehr hoch signifikanter Einfluss von dem Indikator „Informationsaustausch zwischen dem Leiter Interne Revision und dem Auftraggeber“ mit einem Gewicht von 0,58 auf die Bildung dieser Komponente ausgeübt wird. Die Werte der Gütekriterien für die Beurteilung der Multikollinearität unterschreiten die festgelegten Grenzwerte, sodass keine Hinweise auf das Vorliegen von wechselseitigen Abhängigkeiten bestehen.

Nr.	Kurzbezeichnung der Indikatoren	Gewicht	t-Wert	Maximale Korrelation (mit Nr.)	VIF
3	Informationsaustausch zwischen dem Leiter Interne Revision und dem Auftraggeber	0,58***	3,27	0,63 (31)	1,63
20	Informationen über nicht umgesetzte Empfehlungen und Maßnahmen	0,18*	1,34	0,67 (31)	1,55
31	Kenntnisse der Anforderungen des Auftraggebers	0,41**	2,22	0,67 (20)	1,72
Konditionsindex: 10,14					
* 10 %-Signifikanzniveau (t-Wert ≥ 1,30) ** 5 %-Signifikanzniveau (t-Wert ≥ 1,68) *** 1 %-Signifikanzniveau (t-Wert ≥ 2,42)					

Tabelle 26: Ergebnisse der Vertrauenskomponente „Kommunikation mit der Internen Revision“

Der Erklärungsbeitrag der Informationsversorgung über nicht umgesetzte Empfehlungen und Maßnahmen liegt mit 0,18 vergleichsweise niedriger, wird aber auf einem Signifikanzniveau von 10 % statistisch bestätigt. Obwohl der bivariate Korrelationskoeffizient mit dem Indikator Nr. 31 recht nahe an der Grenze von 0,7 liegt, zeigt der VIF-Wert mit 1,55 eine schwache lineare Abhängigkeit der Indikatoren an. Darüber hinaus weisen die „Kenntnisse der Anforderungen des Auftraggebers“ innerhalb dieser Komponente den zweitgrößten Erklärungsbeitrag auf. Dieser liegt bei 0,41 und kann auf einem 5 %-Signifikanzniveau bestätigt werden. Wie bereits bei dem Indikator Nr. 20 erläutert, ist die paarweise Abhängigkeit dieser beiden Indikatoren vergleichsweise hoch, jedoch werden die festgelegten Grenzwerte sowohl für den Korrelationskoeffizienten als auch den VIF unterschritten. Insgesamt liegen bei der Begutachtung des KI-Werts von 10,14 nur schwache lineare Abhängigkeiten vor, sodass Multikollinearität kein Problem darstellt.

Die letzte Komponente des Vertrauens in die Interne Revision wurde mit vier Indikatoren operationalisiert. Die Messung erfolgte wiederum formativ. In der Tabelle 27 sind die einzelnen Indikatoren mit den erzielten Ergebnissen aufgeführt.

<table>
<tr><th>Nr.</th><th>Kurzbezeichnung der Indikatoren</th><th>Gewicht</th><th>t-Wert</th><th>Maximale Korrelation (mit Nr.)</th><th>VIF</th></tr>
<tr><td>1</td><td>Gewährleistung der Unabhängigkeit</td><td>0,87****</td><td>5,64</td><td>0,53 (29)</td><td>1,31</td></tr>
<tr><td>23</td><td>Schutz vor rechtlichen Konsequenzen</td><td>$-0,18^{\text{n.s.}}$</td><td>1,08</td><td>0,52 (29)</td><td>1,17</td></tr>
<tr><td>29a</td><td>Durchführung von internen Qualitätsbeurteilungen</td><td rowspan="2">0,34**</td><td rowspan="2">1,87</td><td rowspan="2">0,53 (1)</td><td rowspan="2">1,24</td></tr>
<tr><td>29b</td><td>Durchführung von externen Qualitätsbeurteilungen</td></tr>
<tr><td colspan="6">Konditionsindex: 7,73</td></tr>
<tr><td colspan="6">n.s. nicht signifikant
** 5 %-Signifikanzniveau (t-Wert ≥ 1,68)
**** 0,1 %-Signifikanzniveau (t-Wert ≥ 3,31)</td></tr>
</table>

Tabelle 27: Ergebnisse der Vertrauenskomponente „Verlässlichkeit der Internen Revision“

Den größten und gleichzeitig höchst signifikanten Erklärungsbeitrag für die „Verlässlichkeit der Internen Revision“ leistet mit einem Gewicht von 0,87 der Indikator „Gewährleistung der Unabhängigkeit“. Die Gütekriterien für die Beurteilung der Multikollinearität deuten auf keine signifikanten wechselseitigen Abhängigkeiten hin. Der Schutz des Vorstands vor rechtlichen Konsequenzen weist ein negatives Gewicht auf, das allerdings statistisch nicht bestätigt werden kann. Da keine Multikollinearität zwischen diesem und den weiteren Indikatoren vorliegt und der Inhalt der Komponente nicht verändert werden soll, wird der Indikator nicht eliminiert. Bei der Überprüfung der Indikatoren Nr. 29a und 29b auf das Vorliegen von Multikollinearität konnte eine hohe wechselseitige Abhängigkeit festgestellt werden. Aus diesem Grund wird – analog zu der Behandlung der Qualitätsindikatoren Nr. 22a und 22b – aus den beiden Indikatoren ein Index gebildet, der in der weiteren Analyse berücksichtigt wird. Der Indexindikator übt mit einem hoch signifikanten Gewicht von 0,34 einen Einfluss auf die „Verlässlichkeit der Internen Revision" aus. Die Gütekriterien für die Beurteilung der Multikollinearität weisen akzeptable Werte auf. Insgesamt deutet der niedrige KI-Wert von 7,73 auf schwache Abhängigkeiten zwischen den Indikatoren dieser Komponente hin.

5.2.3.2 Beurteilung der Vertrauenskomponenten

Das Vertrauenskonstrukt stellt ebenfalls ein „Formative first-order, formative second-order"-Konstrukt dar, das mithilfe des zweistufigen Verfahrens geschätzt wird. Die einzelnen Komponenten dienen dabei wiederum als formative Indikatoren des Konstrukts. Die Ergebnisse der einzelnen Beurteilungsschritte sind in Tabelle 28 aufgeführt.

lfd. Nr.	Bezeichnung der Komponenten	Gewicht	t-Wert	Maximale Korrelation (mit lfd. Nr.)	VIF
1	Fachlich-methodische und sozial-kommunikative Kompetenzen	0,29***	2,84	0,69 (3)	1,94
2	Weiterentwicklung der fachlich-methodischen und sozial-kommunikativen Kompetenzen	0,38***	3,03	0,56 (3)	2,01
3	Kommunikation mit der Internen Revision	0,28**	2,31	0,69 (1)	2,18
4	Verlässlichkeit der Internen Revision	0,29**	2,39	0,44 (2)	1,47
Konditionsindex: 8,21					
** 5 %-Signifikanzniveau (t-Wert ≥ 1,68) *** 1 %-Signifikanzniveau (t-Wert ≥ 2,42)					

Tabelle 28: Ergebnisse des Konstrukts „Vertrauen in die Interne Revision"

Während die einzelnen Gewichte der Qualitätskomponenten zur Erklärung der Qualität der Internen Revision sehr unterschiedlich sind, zeichnen sich die Vertrauenskomponenten durch nahezu identische Gewichte aus. Den größten Einfluss auf das Vertrauen vonseiten der Auftraggeber übt die „Weiterentwicklung der fachlich-methodischen und sozial-kommunikativen Kompetenzen" aus. Das Gewicht von 0,38 wird auf einem Signifikanzniveau von 1 % statistisch bestätigt. Daneben unterschreiten die Werte der Multikollinearitätskriterien die festgelegten Grenzwerte, sodass keine wechselseitigen Abhängigkeiten vorliegen. Danach folgen jeweils mit einem Gewicht von 0,29 die Komponenten „Verlässlichkeit der Internen Revision“ und „Fachlich-methodische und sozial-kommunikative Kompetenzen“, deren Einfluss auf das Vertrauen in die Interne Revision auf einem Signifikanzniveau von mindestens 5 % bestätigt wird. Die hohe paarweise lineare Abhängigkeit der Komponente „Fachlich-methodische und sozial-kommunikative Kompetenzen“ mit der Komponente Nr. 3 liefert erste Hinweise für das Vorliegen von Multikollinearität, da der Grenzwert von 0,7 nur geringfügig unterschritten wird. Dieser Hinweis kann jedoch bei der Begutachtung des VIF relativiert werden, da ein Wert von 1,94 auf schwache Abhängigkeiten hindeutet. Einen im Vergleich zu den beiden zuvor genannten Komponenten nur unwesentlich geringeren Erklärungsbeitrag für die Bildung von Vertrauen in die Interne Revision leistet die Komponente „Kommunikation mit der Internen Revision“ mit einem hoch signifikanten Gewicht von 0,28. Ihre hohe bivariate Korrelation mit den Kompetenzen der Revisionsmitarbeiter deutet zunächst auf das Vorliegen von Multikollinearität hin, die allerdings aufgrund des VIF-Werts von 2,18 nicht bestätigt werden kann. Schließlich kann aufgrund der Höhe des KI von 8,21 insgesamt auf schwache Multikollinearität der Vertrauenskomponenten geschlossen werden.

Die Begutachtung der Korrelationsmatrix der Konstrukte ergibt – analog zur Qualität der Internen Revision – eine maximale Korrelation von 0,87. Diese Korrelation besteht folglich zwischen den beiden Konstrukten der Qualität und des Vertrauens. Da der festgelegte Grenzwert unterschritten wird, kann insgesamt eine ausreichende Diskriminanzvalidität der beiden Konstrukte angenommen werden.

Der höchst signifikante bivariate Korrelationskoeffizient von 0,44 zwischen den Konstruktwerten des Vertrauens und der global gemessenen Akzeptanzeinschätzung weist auf einen mittleren positiven Zusammenhang der Konstrukte hin und liefert einen approximativen Hinweis für die nomologische Validität. Die abschließende Beurteilung der nomologischen Validität für das Messmodell des Vertrauens in die Interne Revision erfolgt im Rahmen der Beurteilung des Strukturmodells.

Auch bei dem Vertrauenskonstrukt bestätigt sich die revisionsspezifische Konzeptualisierung, bei der die Kompetenz in zwei separate Komponenten untergliedert wurde. Insbesondere der Weiterentwicklung der Kompetenzen messen die Auftraggeber eine hohe Bedeutung bei. Ein Grund kann darin liegen, dass sich die Interne Revision, bedingt durch rasche Veränderungen im Unternehmen und seinem Umfeld, stets mit neuen Herausforderungen konfrontiert sieht, die eine schnelle Anpassungsfähigkeit und eine regelmäßige Weiterentwicklung der Revisionsmitarbeiter verlangen. Andererseits kann aus Sicht der Auftraggeber ein Grund auch in der derzeitigen unzureichenden Kompetenz der Revisionsmitarbeiter gesehen werden, die eine Weiterentwicklung erforderlich macht. Dies gilt es im nächsten Kapitel detaillierter zu untersuchen. Die derzeitigen Kompetenzen und die Verlässlichkeit der Internen Revision werden dagegen von den Auftraggebern gleichbedeutend eingeschätzt. Offensichtlich sind nicht nur die Unabhängigkeit im Unternehmen und die Durchführung von Qualitätsbeurteilungen für den Vertrauensaufbau beim Auftraggeber wichtig, sondern auch kompetente Revisionsmitarbeiter. Erstaunlich ist allerdings der geringe Einfluss der Kommunikation auf das Vertrauen. Obwohl empirische Studien herausfanden, dass das Kommunikationsverhalten für einen Vertrauensaufbau von höchster Bedeutung ist, bestätigt sich dies im Kontext der Internen Revision nicht. Ein Grund für dieses Ergebnis kann nur vermutet werden. Durch einen formellen und informellen Informationsaustausch sollen Ziele abgestimmt und mögliche Konflikte im Vorfeld erkannt werden. Möglicherweise nimmt der Auftraggeber bereits implizit an, dass die Interne Revision seine Bedürfnisse und Anforderungen kennt und ohne weitere Rücksprachen in seinem Sinne handeln wird, sodass ein Informationsaustausch über Risiko-, System- und Kontrollaspekte des Unternehmens aus seiner Sicht nicht erforderlich ist. Die Beurteilung des Vertrauens in die Interne Revision orientiert sich nach diesen Erkenntnissen insbesondere an der Weiterentwicklung der Kompetenzen der Revisionsmitarbeiter. Die verbleibenden Komponenten üben einen geringeren, aber statistisch nachweisbaren Einfluss auf die Vertrauenswürdigkeit der Internen Revision aus.

5.2.4 Empirische Validierung der Akzeptanz der Internen Revision

Im nachfolgenden Abschnitt wird das Konstrukt der Akzeptanz der Internen Revision hinsichtlich seiner Güte beurteilt. Wie in Abschnitt 4.3.3.1 dargelegt, wurde die Akzeptanz eindimensional konzeptualisiert. Die Operationalisierung erfolgte mit zwei reflektiven Indikatoren. Die Ergebnisse zu den Gütekriterien sind in Tabelle 29 dargestellt.

Nr.	**Kurzbezeichnung der Indikatoren**	**Faktorladung des Indikators** (explorative Faktoren-analyse)	**Erklärter Varianz-anteil** (explorative Faktoren-analyse)	**Faktorladung des Indikators**	**t-Wert**
7	Kosten-Nutzen-Verhältnis	0,82	0,67	0,83****	11,59
25	Entwicklung zukünftiger Führungskräfte	0,82		0,81****	12,50

Reliabilitätskoeffizient ρ_C)	0,80
DEV	0,67
Fornell-Larcker-Kriterium	0,67 (DEV) < $0{,}83^2$ (r^2)
**** 0,1 %-Signifikanzniveau (t-Wert ≥ 3,31)	

Tabelle 29: Ergebnisse des Konstrukts „Akzeptanz der Internen Revision"

Mithilfe der explorativen Faktorenanalyse kann insgesamt eine einfaktorielle Struktur (Unidimensionalität) nach dem Eigenwertkriterium extrahiert werden. Die Gütekriterien weisen für die inhaltliche Validität des Konstrukts akzeptable Werte auf. Die Faktorladungen der Indikatoren liegen mit 0,82 deutlich über dem geforderten Mindestniveau von 0,4. Zudem erklärt der extrahierte Faktor mehr als zwei Drittel der Varianz dieser beiden Indikatoren und überschreitet ebenfalls den festgelegten Grenzwert.

Die Überprüfung der Reliabilität auf Indikatorebene erfolgte im Rahmen der PLS-Schätzung. Der Indikator „Kosten-Nutzen-Verhältnis" reflektiert mit einer Faktorladung von 0,83 die Akzeptanz der Internen Revision geringfügig besser als der Indikator „Entwicklung zukünftiger Führungskräfte" mit einer Faktorladung von 0,81. Beide Ergebnisse werden auf einem Signifikanzniveau von 0,1 % bestätigt. Insgesamt kann konstatiert werden, dass beide Indikatoren eine ausreichende Reliabilität aufweisen und damit die Akzeptanz der Internen Revision angemessen widerspiegeln.

Die Überprüfung der Konvergenzvalidität erfolgt auf Konstruktebene anhand des Reliabilitätskoeffizienten ρ_C und der DEV. Sowohl der geforderte Mindestwert für den ρ_C von 0,7 als auch für die DEV von 0,5 werden für die Akzeptanz der Internen Revision überschritten. Folglich kann für das Konstrukt eine ausreichende Konvergenzvalidität angenommen werden.

Schließlich wird anhand des Fornell-Larcker-Kriteriums die Diskriminanzvalidität des reflektiven Messmodells beurteilt, wonach die DEV des Konstrukts größer als jede quadrierte Korrelation (r^2) dieses Konstrukts mit einem anderen Konstrukt sein sollte. Die höchste Korrelation mit r = 0,83 besteht zwischen dem Akzeptanzkonstrukt und dem Vertrauenskonstrukt. Die DEV unterschreitet geringfügig die quadrierte Korrelation mit r^2 = 0,69, sodass das strenge Fornell-Larcker-Kriterium nur knapp nicht erfüllt wird. Um dennoch auf die Diskriminanzvalidität schließen zu können, werden die Faktorladungen zwischen den beiden anderen Konstrukten und den reflektiven Indikatoren überprüft. In Tabelle 30 sind die entsprechenden Ergebnisse aufgeführt.

Nr.	Kurzbezeichnung der Indikatoren	Akzeptanz der Internen Revision	Qualität der Internen Revision	Vertrauen in die Interne Revision
7	Kosten-Nutzen-Verhältnis	0,83	0,74	0,66
25	Entwicklung zukünftiger Führungskräfte	0,81	0,56	0,70

Tabelle 30: Cross Loadings der reflektiven Indikatoren

Beide Indikatoren weisen die höchste Faktorladung mit dem ihnen zugeordneten Konstrukt der Akzeptanz der Internen Revision auf. Da das strenge Fornell-Larcker-Kriterium nur knapp nicht erfüllt wird, die Werte der Cross Loadings jedoch eine eindeutige Diskriminanz anzeigen, kann insgesamt eine ausreichende Diskriminanzvalidität für das reflektive Messmodell angenommen werden. Die Akzeptanz der Internen Revision wird damit insgesamt reliabel und valide gemessen.

5.3 Beurteilung des Strukturmodells und Überprüfung der Forschungshypothesen

Für die Beantwortung der ersten Forschungsfrage und die Überprüfung der damit verbundenen Forschungshypothesen werden im folgenden Abschnitt die Ergebnisse der Gütekriterien des Strukturmodells dargestellt. In einem ersten Schritt werden die direkten Wirkungsbeziehungen zwischen den Konstrukten sowie der Erklärungsbeitrag der Qualität der Internen Revision näher analysiert. Daran schließt sich die Beurteilung der Anpassungsgüte und der Prognoserelevanz des Strukturmodells an. Die Untersuchung der mediierenden Wirkung des Vertrauens in die Interne Revision erfolgt im letzten Teil dieses Abschnitts. Die Forschungshypothesen werden simultan bei der Beurteilung der entsprechenden Gütekriterien überprüft. Die Ergebnisse zu den direkten Wirkungsbeziehungen und den Effektgrößen sind der Tabelle 31 auf der nachfolgenden Seite zu entnehmen. Der Einfluss eines exogenen Konstrukts auf ein nachgelagertes Konstrukt wird anhand der Pfadkoeffizienten beurteilt. Dabei sollte weniger die Signifikanz der Einzelbeziehungen im Vordergrund stehen als vielmehr die Stärke des Zusammenhangs.[704] Der Zusammenhang zwischen der Qualität der Internen Revision und ihrer Akzeptanz weist ein positives Vorzeichen auf und entspricht der vermuteten Wirkungsbeziehung. Die Hypothese H_1 kann auf einem hohen Signifikanzniveau bestätigt werden.

[704] Vgl. *Boßow-Thies/Panten* (2009), S. 377; *Albers/Hildebrandt* (2006), S. 26.

Direkte Wirkungsbeziehungen zwischen den Konstrukten	Vorzeichen des Pfadkoeffizienten	Stärke des Pfadkoeffizienten	t-Wert	Effektgröße f^2
Qualität der Internen Revision → Akzeptanz der Internen Revision	+ (entspricht Hypothese)	0,30**	1,88	0,02
Qualität der Internen Revision → Vertrauen in die Interne Revision	+ (entspricht Hypothese)	0,87****	35,75	3,16
Vertrauen in die Interne Revision → Akzeptanz der Internen Revision	+ (entspricht Hypothese)	0,57****	3,38	0,19
** 5 %-Signifikanzniveau (t-Wert ≥ 1,68) **** 0,1 %-Signifikanzniveau (t-Wert ≥ 3,31)				

Tabelle 31: Ergebnisse der direkten Wirkungsbeziehungen und der Effektgrößen

Eine positive Qualitätsbeurteilung der Auftraggeber hat damit einen positiven Einfluss auf die Akzeptanz der Internen Revision. Der Einfluss ist allerdings mit einem Wert von 0,30 vergleichsweise gering. Dies bestätigt sich auch bei der Begutachtung der Effektgröße. Mit einem f^2 von 0,02 wird knapp die Untergrenze eines schwachen Einflusses zur Erklärung der Akzeptanz der Internen Revision erreicht.

Dagegen ist die direkte Wirkung der Qualität der Internen Revision auf das Vertrauen in die Interne Revision mit einem Pfadkoeffizienten von 0,87 sehr hoch. Zudem weist dieser ein positives Vorzeichen auf und entspricht der vermuteten Wirkungsbeziehung. Die Hypothese H_2 wird bei einer Irrtumswahrscheinlichkeit von höchstens 0,1 % statistisch bestätigt. Eine positive Beurteilung der Qualität der Internen Revision wirkt damit als Verstärker im lerntheoretischen Sinne und erhöht das Vertrauen in die Interne Revision vonseiten der Auftraggeber. Ebenso bestätigt die Effektgröße f^2 von 3,16 die Einschätzung einer substanziellen Beziehung zwischen den beiden Konstrukten.

Für die Qualität der Internen Revision können hinsichtlich ihrer direkten Wirkungsbeziehungen zwei zentrale Zusammenhänge festgestellt werden. Zum einen übt sie einen substanziellen Einfluss auf das Vertrauen in die Interne Revision aus. Zum anderen ist ihr Erklärungsbeitrag und damit ihr Einfluss auf die Akzeptanz der Internen Revision vergleichsweise gering. Dennoch kann eine Verbesserung der Qualität der Internen Revision sowohl zu einer Stärkung des Vertrauens als auch zu einer Förderung der Akzeptanz führen.

Ferner kann die dritte Hypothese H_3, die einen positiven Zusammenhang zwischen dem Vertrauen in die Interne Revision und der Akzeptanz der Internen Revision postuliert, bestätigt werden. Das Vorzeichen des Pfadkoeffizienten stimmt mit der formulierten Forschungshypothese überein und wird auf einem Signifikanzniveau von 0,1 % bestätigt. Die Stärke des Pfadkoeffizienten von 0,57 sowie die Effektgröße f^2 in Höhe von 0,19 zeigen einen positiv moderaten Einfluss auf die Akzeptanz. Die direkte Wirkungsbeziehung des Vertrauens auf die Akzeptanz überschreitet damit deutlich den direkten Einfluss der Qualität auf die Akzeptanz. Bei ausschließlicher Berücksichtigung der direkten Einflüsse wirkt eine Stärkung des Vertrauens akzeptanzsteigernder als eine Verbesserung der Qualität.

Schließlich kann auf der Grundlage dieser Ausführungen die nomologische Validität der beiden formativen Messmodelle abschließend überprüft werden. Die Pfadkoeffizienten bestätigen aufgrund ihrer positiven Vorzeichen den theoretisch erwarteten Zusammenhang und überschreiten ihrer Stärke nach den festgelegten Grenzwert von 0,1 deutlich. Des Weiteren wird der Zusammenhang mindestens auf einem 5 %-Signifikanzniveau statistisch bestätigt, sodass insgesamt eine nomologisch valide Messung der formativen Konstrukte angenommen werden kann.

Nachdem die direkten Wirkungsbeziehungen und die Effektgrößen untersucht worden sind, werden nun die Anpassungsgüte des Modells an die empirischen Daten sowie die Prognoserelevanz der reflektiven Zielgröße beurteilt. Die Ergebnisse zu diesen Gütekriterien sind in Tabelle 32 zusammengefasst.

Konstrukt	Bestimmtheitsmaß R^2	Korrigiertes Bestimmtheitsmaß $R^2_{korr.}$	Stone-Geisser-Kriterium Q^2
Vertrauen in die Interne Revision	0,759	0,747	–
Akzeptanz der Internen Revision	0,717	0,702	0,489

Tabelle 32: Ergebnisse der Anpassungsgüte und der Prognoserelevanz

Den Bestimmtheitsmaßen der beiden endogenen Konstrukte kommt eine besondere Bedeutung zu, da eine möglichst vollständige Erklärung dieser Größen anzustreben ist. Für das Vertrauenskonstrukt ergibt sich ein korrigiertes Bestimmtheitsmaß von 0,747, d.h., beachtliche 74,7 % der gesamten Varianz des Vertrauens können durch das Modell erklärt werden. Auf der Basis der Erfahrungswerte von CHIN kann dieser Wert als substanziell bezeichnet werden. Für die Akzeptanz wird ein nur unwesentlich geringeres korrigiertes Bestimmtheitsmaß von 0,702 ermittelt, das ebenfalls als substanziell bezeichnet werden kann. Insgesamt weist das entwickelte Kausalmodell eine sehr gute Anpassung an die empirischen Daten auf und kann die beiden Konstrukte substanziell erklären. Ferner wird gezeigt, dass die Qualität der Internen Revision und das in sie gesetzte Vertrauen sehr wichtige Einflussfaktoren für die Erklärung der Akzeptanz beim Auftraggeber sind. Dass das Modell darüber hinaus nur Informationen enthält, die einen Erklärungsbeitrag leisten, indiziert das Stone-Geisser-Kriterium Q^2 mit einem Wert von 0,489. Der Wert überschreitet deutlich den Grenzwert von null, sodass dem Modell die Prognoserelevanz attestiert werden kann.

Im Rahmen der empirischen Überprüfung des Strukturmodells findet auch die Beurteilung des mediierenden Effekts des Vertrauens in die Interne Revision und die Überprüfung der Forschungshypothese H_4 statt. In Tabelle 33 sind die Ergebnisse der mediierenden Wirkungsbeziehung aufgeführt.

Indirekte Wirkungsbeziehung zwischen den Konstrukten	**Indirekter Effekt**	**z-Wert**	**VAF**
Qualität der Internen Revision → Vertrauen in die Interne Revision → Akzeptanz der Internen Revision	0,50****	3,36	62,01 %
**** 0,1 %-Signifikanzniveau (t-Wert ≥ 3,31)			

Tabelle 33: Ergebnisse der mediierenden Wirkungsbeziehung

Die Höhe des mediierenden bzw. indirekten Effekts ergibt sich durch die Multiplikation der Pfadkoeffizienten von dem Qualitätskonstrukt auf das Vertrauenskonstrukt (0,87) sowie von diesem auf das Akzeptanzkonstrukt (0,57). Die

Vermutung – entsprechend der Forschungshypothese H_4, nach der das Vertrauen in die Interne Revision den Einfluss der Qualität auf die Akzeptanz vermittelt – gilt als bestätigt, wenn die Signifikanz des mediierenden Effekts belegt wird. Mit einem z-Wert von 3,36 kann diese Vermutung bei einer Irrtumswahrscheinlichkeit von höchstens 0,1 % statistisch bestätigt werden. Das bedeutet, dass die Qualität der Internen Revision die Akzeptanz sowohl direkt in Höhe des Pfadkoeffizienten von 0,30 als auch über das Vertrauen indirekt in Höhe von 0,50 beeinflusst. Das Ausmaß des mediierenden Effekts zeigt der VAF-Wert von 62,01 % an. Danach ist mehr als die Hälfte des Totaleffekts der Qualität der Internen Revision auf die Akzeptanz auf den indirekten Effekt zurückzuführen. Im Umkehrschluss macht der direkte Effekt lediglich 37,99 % der Qualitätswirkung aus. Es liegt damit eine höchst signifikante partielle Mediation vor. Aufgrund derselben Vorzeichen von direktem und indirektem Effekt ist kein Suppressoreffekt entstanden. Der Totaleffekt von 0,80 übersteigt die gesamte Wirkung des Vertrauenskonstrukts in Höhe von 0,57 deutlich. Unter Berücksichtigung der Totaleffekte führt eine Qualitätsverbesserung zu deutlich höheren Akzeptanzsteigerungen als eine Stärkung des Vertrauens.

Anhand der Beurteilung des mediierenden Effekts wird deutlich, dass die Qualität der Internen Revision zwar einen vergleichsweise geringen direkten Einfluss auf die Akzeptanz ausübt, ihre Gesamtwirkung jedoch aufgrund des indirekten Effekts die Wirkung des Vertrauens übersteigt. Dies veranschaulicht auch eine differenzierte Einflussanalyse der einzelnen Wirkungen auf Komponenten- und Indikatorebene, die – getrennt nach beiden Konstrukten – in den beiden nachfolgenden Tabellen 34 und 35 dargestellt sind. Sofern bei einem Indikator im Rahmen der Untersuchung des Messmodells ein nicht signifikantes Gewicht ermittelt wurde, übt dieser Indikator weder einen Einfluss auf die ihm zugeordnete Komponente noch auf die nachgelagerten Konstrukte aus, da die dem Bootstrapping-Verfahren zugrunde liegende Nullhypothese eines von null verschiedenen Gewichts nicht verworfen werden kann.[705]

Wirkungen von ... auf die Akzeptanz der Internen Revision	**Indirekter Effekt über Qualität**	**Indirekter Effekt über Vertrauen**	**Totaleffekt**
Interaktion mit den geprüften Einheiten	**0,12**	**0,20**	**0,32**
(8) Auftragsankündigung	0,00	0,00	0,00
(9) Erklärung der Auftragsziele	0,04	0,06	0,10
(12) Integration der geprüften Einheiten in den Prüfungsprozess	0,09	0,14	0,23
(15) Durchführung konstruktiver Schlussbesprechungen	0,00	0,00	0,00
Planung und Vorbereitung der Revisionsaufträge	**0,05**	**0,08**	**0,13**
(2) Prüfungsumfang umfasst alle Aktivitäten des Unternehmens	0,00	0,00	0,00
(4) Konzentration auf risikobehaftete Prüffelder	0,03	0,05	0,08
(5) Flexible Reaktion auf außerplanmäßige Vorkommnisse	0,02	0,04	0,06
(6) Wechsel der Prüfungsschwerpunkte als Ausdruck einer Mehrjahresplanung	0,01	0,02	0,03
(32) Austausch mit dem Abschlussprüfer	0,02	0,03	0,05
Durchführung der Revisionsaufträge	**0,11**	**0,18**	**0,29**
(10) Minimierung entstehender Störungen bei Auftragsdurchführung	0,06	0,10	0,16
(11) Anwendung strikter Verfahrensvorschriften	0,00	0,00	0,00
(14) Einhaltung der Prüfungsdauer	0,02	0,03	0,05
(22) Schnelle und diskrete Reaktion bei Verdacht auf dolose Handlungen	0,05	0,08	0,13
Berichterstattung und Follow-up	**0,07**	**0,11**	**0,18**
(13) Standardisierte schriftliche Berichterstattung	0,00	0,00	0,00
(16) Zeitnahe Berichterstattung	0,00	0,00	0,00
(17) Überwachung der Umsetzung von Empfehlungen und vereinbarten Maßnahmen	0,06	0,10	0,16
(21a) Objektive Revisionsberichte	0,02	0,03	0,05
(21b) Verständliche Revisionsberichte	0,00	0,00	0,00

Tabelle 34: Wirkungseffekte der Qualität der Internen Revision auf die Akzeptanz der Internen Revision

Nachfolgende Tabelle 35 zeigt die Wirkungseffekte des Vertrauens der Internen Revision auf die Akzeptanz der Internen Revision.

---

705 Vgl. *Huber et al.* (2007), S. 117.

Wirkungen von ... auf die Akzeptanz der Internen Revision	Indirekter Effekt über Vertrauen	Totaleffekt
Fachlich-methodische und sozial-kommunikative Kompetenzen	**0,17**	**0,17**
(24a) Fachliche Kompetenzen	0,06	0,06
(24b) Soziale Kompetenzen	0,05	0,05
(26) Kommunikative Fähigkeiten	0,00	0,00
(28) IT-Kenntnisse	0,10	0,10
Weiterentwicklung der fachlich-methodischen und sozial-kommunikativen Kompetenzen	**0,21**	**0,21**
(18) Durchführung von Feedbackgesprächen mit den Revisionsmitarbeitern	0,16	0,16
(19) Bereitstellung von gewonnenem Wissen	0,04	0,04
(27) Individuelle Fortbildungsmaßnahmen	0,06	0,06
(30) Förderung berufsspezifischer Examen	–0,07	–0,07
Kommunikation mit der Internen Revision	**0,16**	**0,16**
(3) Informationsaustausch zwischen dem Leiter Interne Revision und dem Auftraggeber	0,09	0,09
(20) Informationen über nicht umgesetzte Empfehlungen und Maßnahmen	0,03	0,03
(31) Kenntnisse der Anforderungen des Auftraggebers	0,07	0,07
Verlässlichkeit der Internen Revision	**0,17**	**0,17**
(1) Gewährleistung der Unabhängigkeit	0,15	0,15
(23) Schutz vor rechtlichen Konsequenzen	0,00	0,00
(29) Durchführung von internen und externen Qualitätsbeurteilungen	0,06	0,06

Tabelle 35: Wirkungseffekte des Vertrauens in die Interne Revision auf die Akzeptanz der Internen Revision

Ein Vergleich zwischen den indirekten Effekten der Qualitätskomponenten über die Qualität (Tabelle 34) und den indirekten Effekten der Vertrauenskomponenten über das Vertrauen (Tabelle 35) zeigt zunächst erhebliche Unterschiede, die einen höheren Einfluss des Vertrauens signalisieren. Nach Berücksichtigung der indirekten Effekte der Qualitätskomponenten über das Vertrauen übersteigen nahezu sämtliche Totaleffekte der Qualitätskomponenten die Totaleffekte der Vertrauenskomponenten.

Unter Berücksichtigung sämtlicher Komponenten wird aus Sicht der Auftraggeber den beiden Qualitätskomponenten „Interaktion mit den geprüften Einheiten“ (0,32) und „Durchführung der Revisionsaufträge“ (0,29) die höchste

Bedeutung beigemessen. Danach folgt die Vertrauenskomponente „Weiterentwicklung der fachlich-methodischen und sozial-kommunikativen Kompetenzen" mit einem Totaleffekt von 0,21. Eine nahezu gleich hohe Bedeutung schreiben die Auftraggeber den Komponenten „Berichterstattung und Follow-up" (0,18), „Fachlich-methodische und sozial-kommunikative Kompetenzen" (0,17), „Verlässlichkeit der Internen Revision" (0,17) sowie der „Kommunikation mit der Internen Revision" (0,16) zu. Den geringsten Stellenwert nimmt schließlich die Qualitätskomponente „Planung und Vorbereitung der Revisionsaufträge" mit einem Totaleffekt auf die Akzeptanz der Internen Revision von 0,13 ein.

Neben der Bedeutungsrangfolge der einzelnen Komponenten können auch die jeweiligen Indikatoren entsprechend ihren Totaleffekten in eine Rangfolge gebracht werden. Dies gewinnt vor dem Hintergrund einer sachgerechten Ressourcenallokation in der Internen Revision und dem anhaltenden Erfordernis einer herausragenden Revisionsarbeit zunehmend an Bedeutung, da die Indikatoren die entscheidenden Bestimmungsgrößen der Qualität und des Vertrauens darstellen.[706] Je höher die jeweiligen Totaleffekte der Indikatoren sind, desto größer sind ihre Bedeutung für die Auftraggeber und ihr Einfluss zur Förderung der Akzeptanz der Internen Revision. Umso bedeutsamer ist gleichzeitig, dass die Erwartungen der Auftraggeber hinsichtlich dieser Indikatoren erfüllt werden. Die Untersuchung in welchem Maße die Erwartungen bereits erfüllt werden, ist Inhalt des nachfolgenden Kapitels.

5.4 Zusammenfassende Darstellung der empirischen Ergebnisse

Abschließend werden die gewonnenen Erkenntnisse aus der empirischen Untersuchung zu den Wirkungsbeziehungen der Qualität der Internen Revision,

---

[706] So auch *Herrmann/Huber/Kressmann* (2006), S. 60, die auf Basis der Totaleffekte von formativen Indikatoren eine Rangreihung dieser Indikatoren nach ihrem Einfluss auf die Zielgröße vorschlagen, sodass Allokationsentscheidungen hinsichtlich der erfassten Indikatoren getroffen werden können.

dem Vertrauen in die Interne Revision und der Akzeptanz der Internen Revision grafisch abgebildet. Hierfür wird das bereits in Abschnitt 3.3 veranschaulichte Strukturmodell um die entwickelten Messmodelle erweitert und um die empirischen Ergebnisse ergänzt. Die zuvor ermittelten Totaleffekte der Komponenten und Indikatoren dienen ihrerseits als Ausgangspunkt für die Identifizierung von Ansatzpunkten zur Verbesserung der Qualität und zur Stärkung des Vertrauens im nachfolgenden Kapitel. Das vollständige Kausalmodell zur Erklärung und Förderung der Akzeptanz der Internen Revision ist auf der nachfolgenden Seite in Abbildung 14 dargestellt. Die angegebene Nummerierung der Indikatoren bezieht sich auf deren Nummerierung im Fragebogen.

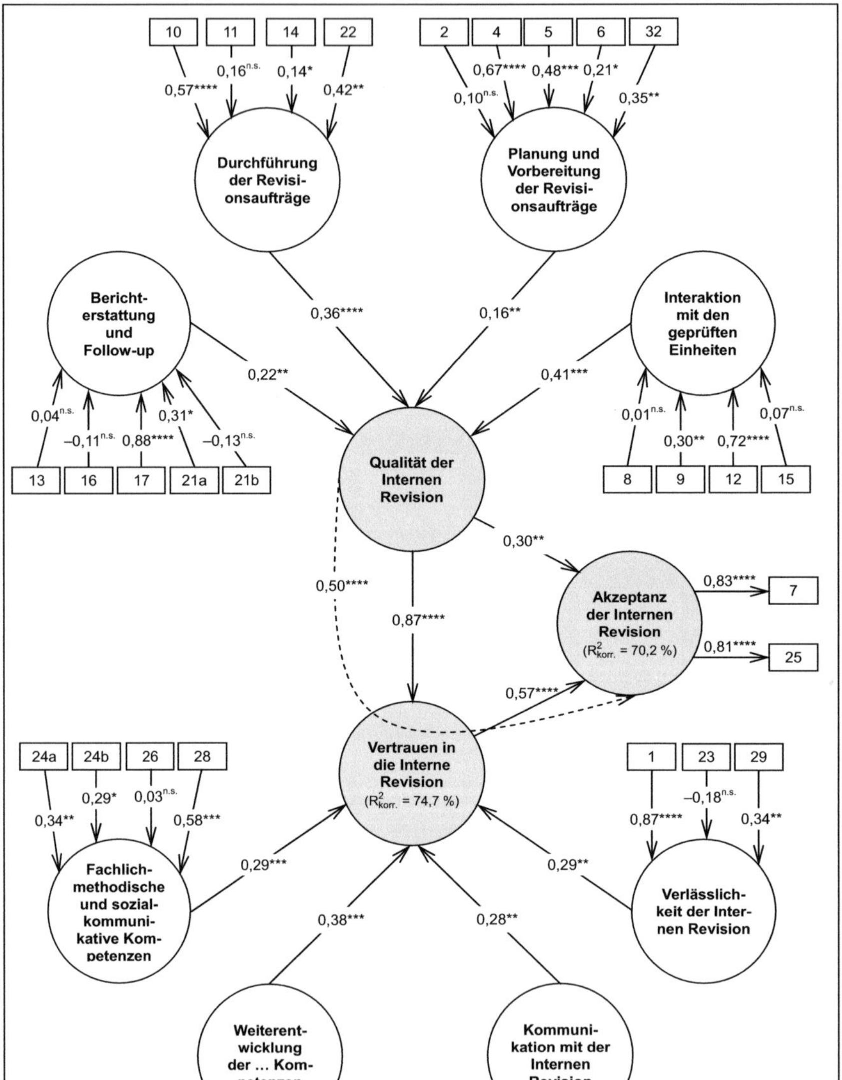

Abbildung 14: Grafische Darstellung der empirischen Ergebnisse zu den Wirkungsbeziehungen

6 Ansatzpunkte für die Interne Revision zur Verbesserung der Qualität und zur Stärkung des Vertrauens

Nachdem die erste Forschungsfrage im vorangegangenen Kapitel beantwortet werden konnte, werden nun, aufbauend auf den empirischen Erkenntnissen zu den Wirkungsbeziehungen, Ansatzpunkte für die Interne Revision zur Verbesserung der Qualität und zur Stärkung des Vertrauens herausgearbeitet. Diese Ansatzpunkte ergeben sich aus einem Vergleich des Antwortverhaltens der Auftraggeber hinsichtlich der Erwartung an den Sollzustand und der Einschätzung der Istsituation. Eine negative Diskrepanz im Antwortverhalten bei den Indikatoren deutet auf potenzielle Schwachstellen in der Ausgestaltung der Internen Revision hin. Den theoretischen Überlegungen des C-D-Paradigmas folgend, führt ein positiver Soll-Ist-Vergleich zu einer positiven Diskonfirmation und die wahrgenommene Ausgestaltung übersteigt die von dem Auftraggeber erwartete Ausgestaltung der Internen Revision. Anderenfalls liegt eine negative Diskonfirmation vor, die aus dissonanztheoretischer Sicht zu einem Ungleichgewicht des kognitiven Systems des Auftraggebers führen kann. In diesem Fall sollte die Interne Revision proaktiv und frühzeitig Maßnahmen zur Verbesserung einleiten. Die Ergreifung adäquater Maßnahmen ist dabei umso bedeutender, je größer der Einfluss des identifizierten Indikators auf die Akzeptanz der Internen Revision ist. Hierfür werden die einzelnen Komponenten und Indikatoren nachfolgend, entsprechend ihren Totaleffekten auf die Akzeptanz der Internen Revision, in eine absteigende Reihenfolge gebracht.[707] Die Grundlage für diese Reihenfolge bilden die in den Tabellen 34 und 35 in Abschnitt 5.3 dokumentierten Ergebnisse.

Um Ansatzpunkte zur Verbesserung der Qualität und zur Stärkung des Vertrauens identifizieren zu können, werden zunächst die methodischen Grundlagen für den zweiten Teil der Untersuchung vorgestellt. Im Anschluss daran

[707] Vgl. dazu auch *Boßow-Thies/Panten* (2009), S. 377; *Herrmann/Huber/Kressmann* (2006), S. 60.

wird im zweiten Abschnitt mithilfe deskriptiver Daten die Beurteilung der Auftraggeber hinsichtlich der Ausgestaltung der Internen Revision auf Komponenten- und Indikatorebene aufgezeigt. Das Kapitel endet mit der Identifizierung und näheren Betrachtung signifikanter Unterschiede im Antwortverhalten der Auftraggeber.

6.1 Methodische Grundlagen

6.1.1 Methodenwahl

Die Auswahl einer geeigneten Methode zur Identifizierung von Ansatzpunkten zur Verbesserung der Qualität und zur Stärkung des Vertrauens hat sich gleichermaßen an dem zugrunde liegenden Untersuchungsziel zu orientieren. Dafür bedarf es einer Methode, mit der ein signifikant unterschiedliches Antwortverhalten auf Indikatorebene aufgedeckt werden kann. Im Rahmen der Konstruktion der Messvorschrift für die Qualität und das Vertrauen wurde bereits eine Variante gewählt, mit der die wahrgenommene und die erwartete Ausgestaltung der Internen Revision in separaten Antwortspalten erfasst wurden. Diskrepanzen im Antwortverhalten können durch Unterschiede in der Beurteilung der jeweiligen Indikatoren hinsichtlich der wahrgenommenen und der erwarteten Ausgestaltung entstehen.[708] Positive und ausgeglichene Diskrepanzen im Antwortverhalten deuten auf eine angemessene Ausgestaltung der Internen Revision hin. Negative Diskrepanzen bei den einzelnen Indikatoren zeigen dagegen Verbesserungspotenzial auf. Aus statistischer Sicht gelten Diskrepanzen als bestätigt, wenn sich die Beurteilung der Auftraggeber in Bezug auf die wahrgenommene und die erwartete Ausgestaltung der Internen Revision signifikant voneinander unterscheidet.

Für die methodische Bestimmung signifikanter Unterschiede im Antwortverhalten bieten sich zahlreiche parametrische und nicht parametrische Testver-

---

[708] Ein hoher Zustimmungsgrad wird mit dem Wert 6 und ein niedriger Zustimmungsgrad mit dem Wert 1 kodiert. Die Diskrepanzen können damit zwischen –5 und +5 variieren.

fahren an.[709] Parametrische Testverfahren ermöglichen es, Indikatoren auf Unterschiede hinsichtlich ihrer Mittelwerte zu überprüfen. Dafür stellen sie restriktive mathematisch-statistische Anforderungen an die empirischen Daten, wonach in der Regel die Normalverteilung von intervallskalierten Merkmalen sowie Varianzhomogenität der Stichproben gefordert werden. Es werden somit Anforderungen an eine bestimmte Verteilungsform gestellt.[710] Die Anforderungen nicht parametrischer Testverfahren sind wesentlich schwächer, da sie keine speziellen Verteilungsannahmen erfordern, aber gerade dann gegenüber parametrischen Verfahren effizienter sind, wenn eine postulierte Verteilung nicht vorliegt.[711] Nicht parametrische Testverfahren können dann eingesetzt werden, wenn die restriktiven Annahmen der parametrischen Tests nicht erfüllt werden, da ihre Anwendbarkeit häufig nur eine nicht intervallskalierte, stetig verteilte Variable und Homomerität der Stichprobenverteilungen voraussetzt.[712] Diese Testverfahren erlauben eine Überprüfung der Gleichheit von Verteilungen hinsichtlich ihrer zentralen Tendenz. Definitionsgemäß kann eine Diskrepanz bei zwei oder mehr Stichproben vorliegen. In dieser Arbeit ist die Anzahl der Stichproben, zwischen denen ein signifikanter Unterschied bestimmt werden soll, durch die beiden Antwortspalten der Erwartung an den Sollzustand und der Einschätzung der Istsituation determiniert, sodass in der weiteren Betrachtung ein Zweistichprobenfall zugrunde gelegt wird. Für die Auswahl eines geeigneten parametrischen oder nicht parametrischen Testverfahrens für den Zweistichprobenfall zur methodischen Bestimmung von Unterschieden wird die Strategie zur Identifizierung von Signifikanztests von

[709] Eine Übersicht einzelner parametrischer und nicht parametrischer Testverfahren findet sich bei *Kähler* (2008), S. 377. Eine detaillierte Übersicht über nicht parametrische Testverfahren liefern *Reuschenbach* (2009), S. 501, und *Janssen/Laatz* (2007), S. 562.

[710] Vgl. *Bortz/Lienert/Boehnke* (2008), S. 81.

[711] Vgl. *Büning/Trenkler* (1994), S. 2. Nicht parametrische Testverfahren werden in der Literatur häufig auch als verteilungsfreie Testverfahren bezeichnet.

[712] Vgl. *Bortz/Lienert/Boehnke* (2008), S. 81; *Kähler* (2008), S. 410. Unter Homomerität wird das Vorliegen von Verteilungen desselben Typs der zu untersuchenden Stichproben verstanden.

KÄHLER herangezogen.[713] Dafür ist die Überprüfung von drei Verfahrensschritten erforderlich.

In einem ersten Schritt ist zu überprüfen, ob die zugrunde liegenden Stichproben verbunden oder unverbunden sind. Bei unverbundenen Stichproben werden die zu untersuchenden Indikatoren aus verschiedenen Grundgesamtheiten erhoben.[714] Dagegen entstehen verbundene Stichproben durch die gleichzeitige Erhebung von Indikatoren an ein- und demselben Subjekt, wobei die Erhebungen als Paare zusammengefasst werden und inhaltlich zusammenhängen.[715] Die Beurteilung der Auftraggeber hinsichtlich der Ausgestaltung der Internen Revision erfolgt zum einen in Bezug auf die erwartete und zum anderen in Bezug auf die wahrgenommene Ausgestaltung, sodass die jeweiligen Ausprägungen bei jedem Auftraggeber als Befragungssubjekt paarweise auftreten und inhaltlich zusammenhängen. Die beiden Antwortspalten des Fragebogens stellen demnach einen Zweistichprobenfall für verbundene Stichproben dar.

Darüber hinaus ist in einem zweiten Schritt das vorliegende Skalenniveau zu untersuchen. Wie bereits bei der Entwicklung des Fragebogens berücksichtigt, geben die endpunktbenannte Skala sowie die gleichen Abstände der Skalenzwischenpunkte den Auftraggebern ein Zustimmungskontinuum vor, das als äquidistant interpretiert werden kann. Endpunktbenannte und äquidistante Ratingskalen implizieren eine Intervallskalierung, sodass ein kardinales Skalenniveau angenommen werden kann.[716]

Schließlich sind in einem dritten Schritt die ermittelten Unterschiede im Antwortverhalten auf das Vorliegen einer Normalverteilung zu testen. Die Be-

---

[713] Vgl. *Kähler* (2008), S. 424.

[714] Vgl. *Reuschenbach* (2009), S. 502.

[715] Vgl. *Brosius* (2008), S. 867; *Matthäus* (2007), S. 152. Verbundene Stichproben werden auch als abhängige oder gepaarte Stichproben bezeichnet. Vgl. *Kähler* (2008), S. 381.

[716] Vgl. *Greving* (2009), S. 68; *Porst* (2008), S. 80. In einer aufwendigen Simulationsstudie konnte gezeigt werden, dass „statistische Entscheidungen von der Skalenqualität des untersuchten Zahlenmaterials weitgehend unbeeinflusst bleiben". Vgl. dazu *Bortz/Döring* (2006), S. 182, und die dort zitierte Studie.

trachtung der grafischen Darstellung des Häufigkeitspolygons der ermittelten Unterschiede rechtfertigt nicht die Annahme normal verteilter Diskrepanzen, sodass eine statistische Überprüfung vorgenommen wird. Das Vorliegen einer Normalverteilung kann mit dem Kolmogorov-Smirnov-Test sowie dem Shapiro-Wilks-Test überprüft werden.[717] Beide Testverfahren prüfen die Nullhypothese, dass die empirisch beobachtete Verteilung einer perfekten Normalverteilung folgt. Wie die Ergebnisse im Anhang 5 zeigen, muss die Nullhypothese auf einem Signifikanzniveau von 1 % bei nahezu allen Diskrepanzen verworfen werden. Der Strategie von KÄHLER folgend, stellt der Wilcoxon-Test damit ein geeignetes Verfahren für die methodische Bestimmung der Unterschiede zwischen der wahrgenommenen und der erwarteten Ausgestaltung der Internen Revision dar.[718]

6.1.2 Überprüfung der Voraussetzungen

Der Wilcoxon-Test gehört zu der Gruppe der nicht parametrischen Testverfahren, die keine speziellen Verteilungsannahmen erfordern. Er wird häufig in medizinischen Studien angewendet, in denen die Wirksamkeit eines Medikaments untersucht werden soll. Aus statistischer Sicht eignet sich der Test für die Überprüfung der Unterschiede in der zentralen Tendenz von Verteilungen, wobei nicht nur die Richtung, sondern auch die Größe der Unterschiede berücksichtigt wird.[719] Hierfür wird vorausgesetzt, dass die beobachteten Wertepaare, bei denen Unterschiede festgestellt werden sollen, mindestens intervallskaliert erhoben werden, damit eine sinnvolle Differenzenbildung möglich

[717] Bei Stichproben mit wenigen Beobachtungen (weniger als 50) wird empfohlen, zusätzlich den Shapiro-Wilks-Test auf Normalverteilung durchzuführen. Vgl. dazu *Brosius* (2008), S. 393; *Lozan/Kausch* (2007), S. 83.

[718] Dieser Test wird auch als Vorzeichenrangtest, Wilcoxon-Test für Paardifferenzen oder Wilcoxon-Vorzeichen-Rangtest bezeichnet. Für die Berechnung wird die Software SPSS 17.0.2 verwendet.

[719] Vgl. *Bortz/Lienert* (2008), S. 191; *Janssen/Laatz* (2007), S. 583; *Siegel* (2001), S. 72.

ist.[720] Ferner setzt der Wilcoxon-Test voraus, dass die beobachteten Wertepaare wechselseitig unabhängig sind und ihre Verteilungen als stetig angenommen werden. Darüber hinaus wird eine identische Verteilungsform der Wertepaare gefordert, deren Differenzen sich symmetrisch um den Median verteilen. Unter der Nullhypothese entstammen die Differenzen einer Grundgesamtheit und die zugrunde liegenden Verteilungen stimmen überein.[721]

Wie bereits im Rahmen der Methodenwahl überprüft wurde, kann bei einer endpunktbenannten Skala, deren Skalenzwischenpunkte die gleichen Abstände aufweisen, eine äquidistante Ratingskala angenommen werden, die eine Intervallskalierung impliziert. Es sei daher an dieser Stelle auf die Ausführungen im vorherigen Abschnitt verwiesen.

Ob die Wertepaare wechselseitig unabhängig sind, muss aus der Art ihrer Gewinnung geschlossen werden.[722] Dabei muss berücksichtigt werden, dass die Beobachtungen von ein- und demselben Auftraggeber stammen. Für die Annahme der wechselseitigen Unabhängigkeit müssen die Daten aus einer homogenen und zuvor definierten Grundgesamtheit erhoben worden sein und dürfen nicht aus unterschiedlichen Populationen stammen.[723] Die Grundgesamtheit in der vorliegenden Untersuchung umfasst die Auftraggeber einer eigenständigen Internen Revision in deutschen börsennotierten Unternehmen, die in räumlicher, sachlicher und zeitlicher Hinsicht eindeutig abgegrenzt ist. Zudem wurden die Daten nicht aus einer weiteren Population von Auftraggebern gewonnen, die den angeführten Abgrenzungskriterien nicht genügt, sodass eine wechselseitige Unabhängigkeit der Wertepaare angenommen werden kann.

---

[720] Vgl. *Reuschenbach* (2009), S. 507. Für eine sinnvolle Bildung der Differenzen zwischen den Wertepaaren ist ein Intervallskalenniveau erforderlich, obwohl der Wilcoxon-Test im weiteren Verlauf nur die ordinalen Informationen dieser Differenzen nutzt.

[721] Vgl. *Kähler* (2008), S. 419; *Brunner/Langer* (1999), S. 73; *Büning/Trenkler* (1994), S. 171.

[722] Vgl. *Sachs/Hedderich* (2009), S. 380.

[723] Vgl. *Sachs/Hedderich* (2009), S. 381; *Bortz/Lienert* (2008), S. 193; *Bortz/Lienert/Boehnke* (2008), S. 264.

Stetige Verteilungen sind dadurch gekennzeichnet, dass einzelne Punkte jeden beliebigen Wert annehmen können und ihre Eintrittswahrscheinlichkeit gleich null ist. Aus theoretischer Sicht wäre eine stetige Verteilung der Wertepaare gegeben, wenn das Zustimmungskontinuum im Fragebogen eine unendlich feine Abstufung aufweisen würde. Dies kann jedoch zu einer Überforderung der Befragungsteilnehmer führen und gaukelt eine Differenziertheit vor, die tatsächlich bei den Befragten nicht existiert.[724] Außerdem ist der daraus resultierende Informationsgewinn nur unwesentlich höher als bei einer diskreten Abstufung. Daher wird in der Forschungspraxis kaum zwischen diskreter und stetiger Verteilung differenziert und sich vielmehr an den Möglichkeiten der Messinstrumente sowie der Forschungsinteressen orientiert.[725] Auch stetige Merkmale können nur mit einem diskreten Instrument gemessen werden.[726]

Abschließend sind die erhobenen Wertepaare daraufhin zu untersuchen, ob sie identisch und somit ihre Differenzen symmetrisch, wenngleich nicht normal, verteilt sind. Dies kann zum einen über die Verteilungsfunktion der zugrunde liegenden Stichproben bestimmt werden. Die Wertepaare sind identisch verteilt, wenn die jeweiligen Beurteilungen der wahrgenommenen und der erwarteten Ausgestaltung der Internen Revision homomer verteilt sind, d.h. Verteilungen desselben Typs vorliegen.[727] Bei Erfüllung dieser Voraussetzung kann im Rahmen des Wilcoxon-Tests bei der Annahme der Alternativhypothese auf die Ungleichheit der zentralen Tendenz, also auf Unterschiede im Antwortverhalten, geschlossen werden.[728] Zum anderen kann die Symmetrie der Differenzen anhand ihrer Schiefe beurteilt werden, die Art und Stärke der Abweichung

[724] Vgl. *Brosius/Koschel/Haas* (2009), S. 98.

[725] Vgl. *Brosius/Koschel/Haas* (2009), S. 53.

[726] Vgl. *Büning/Trenkler* (1994), S. 43; *Buck* (1979), S. 502.

[727] Vgl. *Bortz/Lienert/Boehnke* (2008), S. 81 und S. 265; *Sachs* (2004), S. 202.

[728] Vgl. *Kähler* (2008), S. 410; *Marascuilo/McSweeney* (1977), S. 334. *Reuschenbach* (2009), S. 507f., kommt im Sinne eines konservativen Testansatzes ebenfalls zu dem Ergebnis, dass identische Verteilungen zu einer Nichtablehnung der Nullhypothese führen, sodass im Umkehrschluss bei Annahme der Alternativhypothese die Unterschiedlichkeit der Lageparameter angenommen werden kann.

einer Verteilung von der symmetrischen Form misst. Streuen die Werte auf der rechten Seite einer Verteilung stärker als auf der linken Seite, wird die Verteilung als rechtsschief bezeichnet und das Schiefemaß ist positiv. Bei negativen Schiefemaßen liegt hingegen eine linksschiefe Verteilung vor.[729] Ob die ermittelten Schiefemaße der Diskrepanzen statistisch bedeutsam sind, kann mithilfe des z-Tests überprüft werden. Die Testgröße z wird nach folgender Formel berechnet:[730]

$$z = \frac{S}{s_S},$$

wobei S die Schiefe der Verteilung und s_S den Standardfehler der Schiefe bezeichnet. Erreicht oder überschreitet die Testgröße z auf einem Signifikanzniveau von 1 % den kritischen Wert von ±2,58 (zweiseitiger Test), liegt eine statistisch bedeutsame Schiefe vor.[731] Bei der Überprüfung der Schiefemaße kann festgestellt werden, dass bei etwa zwei Drittel der analysierten Differenzen keine statistisch bedeutsame Schiefe vorliegt und eine symmetrische Form angenommen werden kann. Bei dem verbleibenden Drittel der Differenzen wird die Homomerität der ihr zugrunde liegenden Stichprobenverteilungen untersucht, die aufgrund ihrer negativen Schiefemaße jeweils linksschiefe, aber identische Verteilungsverläufe aufweisen. Die Voraussetzungen zur Anwendung des Wilcoxon-Tests sind damit erfüllt.

6.1.3 Darstellung der Methode

Der Wilcoxon-Test hat bisher in der betriebswirtschaftlichen Forschung keine Beachtung gefunden und ist im Vergleich zu kausalanalytischen Verfahren

729 Vgl. *Brosius* (2008), S. 361.

730 Vgl. *Lienert/Raatz* (1998), S. 148.

731 Vgl. *Lozan/Kausch* (2007), S. 81. Die z-Werte für unterschiedliche Irrtumswahrscheinlichkeiten können bei *Bortz/Döring* (2006), S. 757–761, entnommen werden. Die Ergebnisse sind in Anhang 6 dokumentiert. Schiefemaße und Standardfehler wurden in SPSS 17.0.2 berechnet.

weniger etabliert. Daher wird an dieser Stelle die methodische Vorgehensweise dieses Testverfahrens kurz erläutert.

Bei dem Wilcoxon-Test werden zunächst die Differenzen in den Zustimmungsgraden der Auftraggeber hinsichtlich der wahrgenommenen und der erwarteten Ausgestaltung der Internen Revision berechnet, die Werte zwischen –5 und +5 annehmen können. Anschließend werden die absoluten Differenzen in eine aufsteigende Rangfolge gebracht. Der niedrigste Rang erhält die Rangziffer eins und der höchste Rang die Rangziffer m. Bei jeder Rangziffer wird zusätzlich das Vorzeichen der Differenz vermerkt.[732] Danach wird die Summe der positiven Rangziffern (R^+) und die Summe der negativen Rangziffern (R^-) gebildet. Als Testgröße W wird die niedrigere der beiden Rangsummen $W = Min\ (R^+, R^-)$ festgelegt. Unter der Nullhypothese bestehen keine Unterschiede im Antwortverhalten und die Verteilung der Zustimmungsgrade der wahrgenommenen und der erwarteten Ausgestaltung der Internen Revision stimmen überein, sodass die Rangsummen dicht beieinander liegen.[733]

Aufgrund des Einsatzes eines diskreten Messinstruments können beim Willcoxon-Test zwei Arten von Bindungen auftreten.[734] Zum einen können Nulldifferenzen entstehen, wenn der Zustimmungsgrad der wahrgenommenen Ausgestaltung der Internen Revision dem Zustimmungsgrad der erwarteten Ausgestaltung entspricht. Sie sind ein Indiz für die Richtigkeit der Nullhypothese und sollten nicht aus der weiteren Betrachtung eliminiert werden.[735] Bei insgesamt p Nulldifferenzen wird ihnen einheitlich der Rang $\frac{(p+1)}{2}$ zugewiesen, wo-

[732] Vgl. *Sachs/Hedderich* (2009), S. 464; *Janssen/Laatz* (2007), S. 584; *Siegel* (2001), S. 73.

[733] Vgl. *Kähler* (2008), S. 419. Siehe auch *Reuschenbach* (2009), S. 507; *Janssen/Laatz* (2007), S. 584.

[734] Vgl. *Reuschenbach* (2009), S. 507; *Bortz/Lienert/Boehnke* (2008), S. 262; *Buck* (1979), S. 502.

[735] Vgl. *Bortz/Lienert* (2008), S. 196; *Kähler* (2008), S. 416. Demgegenüber empfehlen andere Autoren, entstehende Nulldifferenzen zu eliminieren. Vgl. dazu *Reuschenbach* (2009), S. 507; *Janssen/Laatz* (2007), S. 584; *Buck* (1979), S. 507.

bei dieser Rang jeweils zur Hälfte ein positives und ein negatives Vorzeichen erhält.[736] Bei ungeradzahligen Nulldifferenzen wird zugunsten einer konservativen Teststrategie dem verbleibenden Rang das Vorzeichen mit der niedrigeren Rangsumme zugewiesen.[737] Zum anderen können Verbunddifferenzen auftreten, wenn zwei oder mehr Differenzen identische Werte haben. Sie erhalten einheitlich den mittleren Rang, wobei sich das jeweilige Vorzeichen aus der algebraischen Differenz ergibt.[738]

Die Nullhypothese, nach der keine Unterschiede im Antwortverhalten der Auftraggeber bestehen, kann schließlich abgelehnt werden, wenn auf einem Signifikanzniveau von 5 % die berechnete Testgröße W kleiner oder gleich einem kritischen Wert W_{krit} ist.[739] Im Rahmen der weiteren Untersuchung der Unterschiede im Antwortverhalten der Auftraggeber werden die in SPSS ermittelten empirischen Signifikanzen angegeben.[740] Die Nullhypothese ist abzulehnen, wenn die empirische Signifikanz kleiner oder gleich dem festgelegten Signifikanzniveau von 5 % ist.

---

[736] Vgl. *Bortz/Lienert* (2008), S. 196; *Marascuilo/McSweeney* (1977), S. 333.

[737] Alternativ kann der Rang für die verbleibende Nulldifferenz auch jeweils zur Hälfte der positiven und der negativen Rangsumme zugeschlagen werden. Vgl. dazu *Bortz/Lienert/Boehnke* (2008), S. 262; *Marascuilo/McSweeney* (1977), S. 333. In SPSS werden Nulldifferenzen standardmäßig nicht berücksichtigt. Um diese dennoch in die Betrachtung einzubeziehen, sind zunächst die Ränge der absoluten Differenzen (inkl. Nulldifferenzen) manuell zu ermitteln. Anschließend wird diesen Rängen in einer neuen Spalte das entsprechende Vorzeichen ihrer algebraischen Differenz zugewiesen, wobei Nulldifferenzen das Vorzeichen entsprechend der obigen Ausführungen erhalten. Zusätzlich wird eine weitere Spalte eingefügt, die für jeden Befragten den Wert null aufweist. Der Wilcoxon-Test kann dann unter Berücksichtigung der Nulldifferenzen über diese beiden Spalten durchgeführt werden.

[738] Vgl. *Reuschenbach* (2009), S. 507; *Bortz/Lienert* (2008), S. 196; *Marascuilo/McSweeney* (1977), S. 334.

[739] Vgl. *Sachs/Hedderich* (2009), S. 464. Der kritische Wert ist abhängig von der zugrunde liegenden Stichprobengröße und beträgt z.B. 279 für eine Stichprobengröße von 41 und einer Irrtumswahrscheinlichkeit von 5 % (zweiseitiger Test). Eine Übersicht über die kritischen Werte für den Wilcoxon-Test findet sich bei *Sachs/Hedderich* (2009), S. 466; *Kähler* (2008), S. 490; *Büning/Trenkler* (1994), S. 392.

[740] Für die Beurteilung der empirischen Signifikanz wird aufgrund der Stichprobengröße die exakte Signifikanz verwendet.

6.2 Deskriptive Ergebnisse der Beurteilung der Ausgestaltung der Internen Revision

6.2.1 Deskriptive Ergebnisse der Beurteilung der Komponenten

Nachdem im ersten Teil der Untersuchung die Relevanz der einzelnen Indikatoren und Komponenten aus Sicht der Auftraggeber sowie die Wirkungsbeziehungen der Konstrukte aufgezeigt worden sind, sollen in diesem Abschnitt die Ergebnisse der aktuellen Beurteilung der Qualität der Internen Revision und des Vertrauens in die Interne Revision auf Komponentenebene deskriptiv vorgestellt werden. Aufgrund der formativen Konzeptualisierungen und Operationalisierungen der Konstrukte können die einzelnen Komponenten als Teilurteile der Qualität und des Vertrauens betrachtet werden. Die Höhe der einzelnen Teilurteile kann dabei sehr unterschiedlich sein. Der Auftraggeber vermag beispielsweise die Teilqualität der Auftragsdurchführung als besser zu beurteilen als die Teilqualität der Planung und Vorbereitung der Revisionsaufträge. Die Qualität der Internen Revision sowie das Vertrauen in die Interne Revision werden entsprechend ihrem formativen Charakter als zusammengesetztes Konstrukt ihrer Komponenten verstanden.

Eine Möglichkeit, die einzelnen Teilurteile zu einem Gesamturteil zusammenzufassen, besteht in der Bildung eines Indexwerts.[741] Für die Indexermittlung werden verschiedene mathematische Verfahren vorgeschlagen, die von einer einfachen additiven über eine multiplikative bis hin zu einer gewichteten additiven Zusammenfassung reichen. Wie die empirischen Ergebnisse im vorangegangenen Kapitel gezeigt haben, kommt den einzelnen Indikatoren und Komponenten eine unterschiedlich hohe Bedeutung zu, die bei der Aggregation zu berücksichtigen ist. Da die Beurteilung der jeweiligen Indikatoren das Gesamturteil direkt in Abhängigkeit vom Erfüllungsgrad der Erwartungen beeinflusst, wird von einem linearen Zusammenhang zwischen den Teilurteilen und

[741] Vgl. zur Indexbildung *Schnell/Hill/Esser* (2008), S. 166–179; *Bortz/Döring* (2006), S. 143–149.

dem Gesamturteil ausgegangen.[742] Der Indexwert der Teilurteile ergibt sich demnach als gewichteter Mittelwert der Diskrepanzen der einer Komponente zugeordneten signifikanten Indikatoren. In gleicher Weise ergibt sich der Indexwert für das Gesamturteil, der sich aus den gewichteten Mittelwerten der einzelnen Teilurteile errechnet.[743] Den aus dem Antwortverhalten der Auftraggeber ermittelten Diskrepanzen bei den Indikatoren wird hierfür ein Wert zwischen 0 und 100 zugewiesen.[744] Eine Diskrepanz von –5 erhält einen Indexwert von 0 und eine Diskrepanz von +5 einen Indexwert von 100. Die exakte Erfüllung der Erwartungen entspricht damit einem Indexwert von 50. Die Ergebnisse der aktuellen Beurteilung der Qualität der Internen Revision durch ihre Auftraggeber in deutschen börsennotierten Unternehmen sind in Abbildung 15 dargestellt.

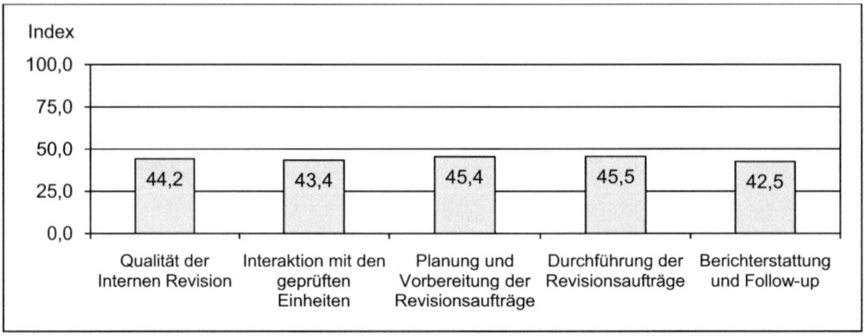

Abbildung 15: Ergebnisse der Beurteilung der Qualität der Internen Revision

Der Indexwert für die Qualität der Internen Revision liegt mit 44,2 unter dem Wert von 50 und deutet damit insgesamt auf eine unterdurchschnittliche Erfüllung der Erwartungen hin. Weitere Erkenntnisse dazu ergeben sich aus der Begutachtung der einzelnen Teilqualitäten. Offensichtlich werden in keiner der Teilqualitäten die Erwartungen der Auftraggeber vollständig erfüllt. Mit einer

[742] So auch *Pfennig* (2009), S. 167; *Schmitz* (2002), S. 52.

[743] Vgl. *Parasuraman/Zeithaml/Berry* (1988), S. 31. Siehe auch *Becerra/Gupta* (2003), S. 38, die aus den Vertrauensindikatoren einen Indexwert für die Vertrauenswürdigkeit errechnen. In ihrer Studie bleibt allerdings unklar, welches mathematische Verfahren sie dazu verwenden.

[744] Vgl. zu dieser Vorgehensweise auch *Pfennig* (2009), S. 180.

Bandbreite der Indexwerte von 42,5 bis 45,5 liegen die Erfüllungsgrade der Erwartungen sehr dicht beieinander. Die Qualitätskomponenten werden durch die Auftraggeber folglich nahezu gleich beurteilt. Gleichzeitig zeigen die Ergebnisse für alle Qualitätskomponenten Verbesserungsbedarf an. Dennoch ist erkennbar, dass der Revisionsprozess im Vergleich zur „Interaktion mit den geprüften Einheiten“ sowie zu „Berichterstattung und Follow-up“ von den Auftraggebern geringfügig besser beurteilt wird. Dagegen hat die Analyse der Wirkungsbeziehungen gezeigt, dass den einzelnen Komponenten unterschiedlich hohe Bedeutung beigemessen wird. Dies ermöglicht die Priorisierung der Komponenten und damit eine zweckmäßige Ressourcenallokation für die Erarbeitung von Verbesserungsmaßnahmen. Vor dem Hintergrund der hohen Bedeutung der Interaktionskomponente für die Qualität der Internen Revision scheinen insbesondere Maßnahmen in diesem Bereich zielführend zu sein. Das größte Verbesserungspotenzial aufgrund eines Indexwerts von 42,5 besteht dagegen bei den Qualitätsindikatoren der Komponente „Berichterstattung und Follow-up“. Da ihr Einfluss allerdings vergleichsweise schwach ist, sollten Verbesserungsmaßnahmen in diesem Bereich von nachrangiger Bedeutung sein.

Analog zur Vorgehensweise bei der Beurteilung der Qualität werden für die einzelnen Vertrauenskomponenten und für das globale Vertrauensurteil ebenfalls Indexwerte ermittelt. Die Ergebnisse der aktuellen Beurteilung der Vertrauenswürdigkeit der Internen Revision in deutschen börsennotierten Unternehmen zeigt Abbildung 16.

Bei der Beurteilung des Vertrauens in die Interne Revision zeigt sich ein ähnliches Bild wie bei der Beurteilung der Qualität der Internen Revision. Der ermittelte Indexwert für das Vertrauen in die Interne Revision beträgt 43,6 und unterschreitet den Wert von 50, der die exakte Erfüllung der Erwartungen repräsentiert. Der Indexwert liegt damit zugleich unter dem Indexwert für die Qualität der Internen Revision und deutet ebenfalls auf eine unterdurchschnittliche Vertrauensbeurteilung hin.

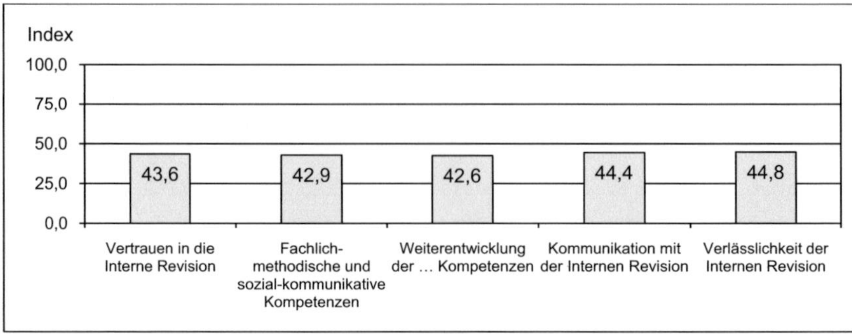

Abbildung 16: Ergebnisse der Beurteilung des Vertrauens in die Interne Revision

Dies zeigt sich auch bei der Betrachtung der einzelnen Vertrauenskomponenten. Wie bei der Qualität werden die jeweiligen Vertrauenskomponenten nahezu identisch beurteilt. Ihre Indexwerte reichen von 42,6 bis 44,8 und zeigen gleichfalls Potenziale zur Stärkung des Vertrauens auf. Im Gegensatz zu den Qualitätskomponenten variieren die Einflussstärken der Vertrauenskomponenten allerdings deutlich weniger. Die größte Bedeutung messen die Auftraggeber der Weiterentwicklung der Kompetenzen bei, die sie gleichzeitig am schlechtesten beurteilen. Gezielte Verbesserungsmaßnahmen der Internen Revision scheinen somit insbesondere in diesem Bereich erforderlich zu sein.

Insgesamt kann zur aktuellen Beurteilung der Qualität der Internen Revision und des Vertrauens in die Interne Revision festgestellt werden, dass die Erwartungen der Auftraggeber nur unzureichend erfüllt werden. Im Vergleich zur Qualität schätzen diese das Vertrauen geringfügig schlechter ein. In Kombination mit den gewonnenen Erkenntnissen aus der Analyse der Wirkungsbeziehungen sind erste Ansatzpunkte erkennbar, um die Revisionsressourcen sachgerecht und zielorientiert zur Verbesserung der Qualität sowie zur Stärkung des Vertrauens zu allozieren und so zur Förderung der Akzeptanz beizutragen.

6.2.2 Deskriptive Ergebnisse der Beurteilung der Indikatoren

Weitere Hinweise auf potenzielle Schwachstellen in der Ausgestaltung der Internen Revision liefert die Begutachtung der Mittelwerte und Standardabweichungen der Zustimmungsgrade bei den einzelnen Indikatoren. In der nachfolgenden Tabelle 36 sind diese sowohl für die Erwartung an den Sollzustand als auch für die Einschätzung der Istsituation für die Qualitätsindikatoren nebeneinandergestellt. Die jeweiligen Komponenten und Indikatoren sind entsprechend ihrer ermittelten Totaleffekte auf die Akzeptanz der Internen Revision in absteigender Reihenfolge sortiert.[745] Die Indikatoren, bei denen die Auftraggeber die höchste bzw. niedrigste Erwartung äußern und die sie am besten bzw. am schlechtesten einschätzen, sind fett hervorgehoben.

		Erwartung an den Sollzustand		**Einschätzung der Istsituation**	
Nr.	**Kurzbezeichnung der Indikatoren**	**Mittelwert**	**Standardabweichung**	**Mittelwert**	**Standardabweichung**
Interaktion mit den geprüften Einheiten					
12	Integration der geprüften Einheiten in den Prüfungsprozess	4,83	0,86	4,29	0,93
9	Erklärung der Auftragsziele	5,10	1,01	4,42	1,38
Durchführung der Revisionsaufträge					
10	Minimierung entstehender Störungen bei Auftragsdurchführung	4,90	0,90	4,33	0,86
22a	Schnelle Reaktion bei Verdacht auf dolose Handlungen	5,81	0,40	5,50	0,72
22b	**Diskrete Reaktion bei Verdacht auf dolose Handlungen**	**5,88**	**0,33**	**5,68**	**0,57**
14	**Einhaltung der Prüfungsdauer**	**4,55**	**1,01**	**4,18**	**1,01**
Berichterstattung und Follow-up					
17	Überwachung der Umsetzung von Empfehlungen und vereinbarten Maßnahmen	5,59	0,63	4,75	1,17
21a	Objektive Revisionsberichte	5,71	0,51	5,28	0,75

[745] Nicht signifikante Indikatoren werden aufgrund ihres nicht nachgewiesenen Einflusses auf die Akzeptanz der Internen Revision nicht weiter betrachtet. Außerdem werden die im ersten Teil der Untersuchung zu einem Index zusammengefassten Indikatoren im zweiten Teil der Untersuchung getrennt voneinander betrachtet.

Nr.	Kurzbezeichnung der Indikatoren	Erwartung an den Sollzustand		Einschätzung der Istsituation	
		Mittel-wert	Standard-abweichung	Mittel-wert	Standard-abweichung
Planung und Vorbereitung der Revisionsaufträge					
4	Konzentration auf risikobehaftete Prüf-felder	4,98	1,13	4,55	1,09
5	Flexible Reaktion auf außerplan-mäßige Vorkommnisse	5,51	0,55	5,00	0,87
32	Austausch mit dem Abschlussprüfer	5,28	0,93	4,90	1,14
6	Wechsel der Prüfungsschwerpunkte als Ausdruck einer Mehrjahresplanung	4,93	1,03	4,51	1,29

Tabelle 36: Mittelwerte und Standardabweichungen der Antworten bei den Qualitätsindikatoren

Bei der Betrachtung der Erwartungsspalte ist festzustellen, dass die Auftraggeber bezüglich der Qualität weitgehend hohe Erwartungen an ihre Interne Revision stellen. Während die Auftraggeber die „Diskrete Reaktion bei Verdacht auf dolose Handlungen" (Mittelwert 5,88) für nahezu unabdingbar erachten, ist ihre Erwartungshaltung hinsichtlich der „Einhaltung der Prüfungsdauer" mit einem Mittelwert von 4,55 vergleichsweise niedrig. Gleichzeitig werden diese beiden Indikatoren als die am besten bzw. am schlechtesten wahrgenommenen Indikatoren beurteilt. Erste Hinweise auf das Vorliegen von Unterschieden im Antwortverhalten liefert ein Vergleich der Mittelwerte der Erwartungs- und Einschätzungsspalte. Wie aus Tabelle 36 ersichtlich ist, unterschreiten die Mittelwerte der wahrgenommenen Ausgestaltung bei allen Indikatoren die Mittelwerte der erwarteten Ausgestaltung der Internen Revision, woraus negative Diskrepanzen resultieren.

Ein ähnliches Bild zeigt Tabelle 37 über die Beurteilung der Vertrauensindikatoren, in der in gleicher Weise die Mittelwerte und Standardabweichungen beider Antwortspalten vergleichend nebeneinandergestellt sind.

Die höchste Erwartung äußern die Auftraggeber hinsichtlich des Informationsaustauschs mit dem Leiter Interne Revision (Mittelwert 5,81), der gleichzeitig am besten wahrgenommen wird (Mittelwert 5,38). Dagegen scheinen die Auftraggeber hinsichtlich ihrer Erwartungshaltung zu der Förderung von berufsspezifischen Examen indifferent zu sein (Mittelwert 3,76).

		Erwartung an den Sollzustand		Einschätzung der Istsituation	
Nr.	**Kurzbezeichnung der Indikatoren**	**Mittelwert**	**Standardabweichung**	**Mittelwert**	**Standardabweichung**
Weiterentwicklung der fachlich-methodischen und sozial-kommunikativen Kompetenzen					
18	Durchführung von Feedbackgesprächen mit den Revisionsmitarbeitern	4,64	1,27	4,12	1,62
27	Individuelle Fortbildungsmaßnahmen	4,72	1,21	4,73	1,15
19	Bereitstellung von gewonnenem Wissen	5,03	1,13	4,44	1,42
30	**Förderung berufsspezifischer Examen**	**3,76**	**1,64**	3,75	1,59
Fachlich-methodische und sozial-kommunikative Kompetenzen					
28	IT-Kenntnisse	4,89	1,22	4,09	1,04
24a	Fachliche Kompetenzen	5,53	0,68	5,10	0,64
24b	Soziale Kompetenzen	5,31	0,77	4,57	0,77
Verlässlichkeit der Internen Revision					
1	Gewährleistung der Unabhängigkeit	5,76	0,44	5,35	0,77
29a	Durchführung von internen Qualitätsbeurteilungen	4,97	1,27	4,35	1,34
29b	**Durchführung von externen Qualitätsbeurteilungen**	4,03	1,51	**3,54**	**1,71**
Kommunikation mit der Internen Revision					
3	**Informationsaustausch zwischen dem Leiter Interne Revision und dem Auftraggeber**	**5,81**	**0,46**	**5,38**	**0,74**
31	Kenntnisse der Anforderungen des Auftraggebers	5,51	0,60	4,85	1,04
20	Informationen über nicht umgesetzte Empfehlungen und Maßnahmen	5,54	0,67	4,76	1,22

Tabelle 37: Mittelwerte und Standardabweichungen der Antworten bei den Vertrauensindikatoren

Den niedrigsten Zustimmungsgrad hinsichtlich der Einschätzung der Istsituation erhält mit einem Mittelwert von 3,54 der Indikator „Durchführung von externen Qualitätsbeurteilungen". Ein Vergleich der beiden Antwortspalten deutet erneut auf negative Diskrepanzen hin. Lediglich bei dem Indikator „Individuelle Fortbildungsmaßnahmen" überschreitet die Einschätzung der Istsituation geringfügig die Erwartung an den Sollzustand, sodass eine positive Diskrepanz vorliegt.

Das auf deskriptiver Basis gewonnene Bild der Ausgestaltung der Internen Revision lässt erkennen, dass zum einen bei jedem Indikator Abweichungen zwischen beiden Antwortspalten bestehen, die zum anderen – bis auf eine Ausnahme – ihrer Richtung nach negativ sind. Im Weiteren muss nunmehr überprüft werden, ob die Diskrepanzen statistisch bestätigt werden.

6.3 Identifizierung von Potenzialen zur Verbesserung der Qualität und zur Stärkung des Vertrauens

6.3.1 Signifikante Unterschiede im Antwortverhalten der Auftraggeber bei den Qualitätsindikatoren

Die Qualität der Internen Revision wurde im Rahmen der Kausalanalyse mit insgesamt 18 Indikatoren analysiert, von denen ein Indikator als Indexindikator berücksichtigt wurde. Die Ergebnisse zeigen, dass sieben Indikatoren keinen nachweislichen Einfluss auf die Qualität und die Akzeptanz der Internen Revision ausüben. Unter Berücksichtigung der Disaggregation des Indexindikators werden insgesamt zwölf Indikatoren im zweiten Teil der Untersuchung auf signifikante Unterschiede im Antwortverhalten der Auftraggeber untersucht. Die Tabelle 38 gibt neben der Kurzbezeichnung der Indikatoren und den Mittelwerten der Diskrepanzen die zweiseitigen empirischen Signifikanzen an.[746] Sofern die Alternativhypothese, die besagt, dass signifikant unterschiedliches Antwortverhalten der Auftraggeber vorliegt, angenommen werden kann, wird dies in der Spalte Bewertung mit einem Haken gekennzeichnet. Diese Indikatoren werden anschließend näher analysiert. Zum Zwecke einer besseren Orientierung bei den nachfolgenden Ausführungen wird den zu betrachtenden Indikatoren eine Referenz von (1) bis (11) zugewiesen.

[746] Die Mittelwerte der Diskrepanzen ergeben sich aufgrund unterschiedlicher Stichprobenumfänge der beiden Antwortspalten nicht aus der Subtraktion ihrer Mittelwerte.

Referenz	Kurzbezeichnung der Indikatoren	Mittelwert der Diskrepanz	Empirische Signifikanz	Bewertung
Interaktion mit den geprüften Einheiten				
(1)	Integration der geprüften Einheiten in den Prüfungsprozess	–0,63	0,004	✓
(2)	Erklärung der Auftragsziele	–0,75	0,001	✓
Durchführung der Revisionsaufträge				
(3)	Minimierung entstehender Störungen bei Auftragsdurchführung	–0,56	0,009	✓
(4)	Schnelle Reaktion bei Verdacht auf dolose Handlungen	–0,30	0,046	✓
	Diskrete Reaktion bei Verdacht auf dolose Handlungen	–0,20	0,127	
(5)	Einhaltung der Prüfungsdauer	–0,37	0,040	✓
Berichterstattung und Follow-up				
(6)	Überwachung der Umsetzung von Empfehlungen und vereinbarten Maßnahmen	–0,85	0,000	✓
(7)	Objektive Revisionsberichte	–0,45	0,001	✓
Planung und Vorbereitung der Revisionsaufträge				
(8)	Konzentration auf risikobehaftete Prüffelder	–0,43	0,002	✓
(9)	Flexible Reaktion auf außerplanmäßige Vorkommnisse	–0,51	0,003	✓
(10)	Austausch mit dem Abschlussprüfer	–0,41	0,005	✓
(11)	Wechsel der Prüfungsschwerpunkte als Ausdruck einer Mehrjahresplanung	–0,42	0,010	✓

Tabelle 38: Berechnete Mittelwerte der Diskrepanzen und signifikante Unterschiede im Antwortverhalten bei den Qualitätsindikatoren

Wie die negativen Mittelwerte der Diskrepanzen zeigen, schätzen die Auftraggeber die Ausgestaltung der Internen Revision ausnahmslos geringer ein als ihre Erwartung an diese Ausgestaltung. Bei einer Irrtumswahrscheinlichkeit von höchstens 5 % können diese Unterschiede im Antwortverhalten bei nahezu allen Indikatoren bestätigt werden. Bei dem Indikator „Diskrete Reaktion bei Verdacht auf dolose Handlungen" kann dagegen nicht auf unterschiedliche Zustimmungsgrade hinsichtlich der beiden Antwortspalten geschlossen werden.

Im Folgenden soll das Antwortverhalten, das den zuvor identifizierten signifikanten Diskrepanzen zugrunde liegt, mithilfe deskriptiver Daten näher untersucht werden.[747] Hierfür wird der jeweilige Indikator kurz vorgestellt und für jede Antwortkategorie der beiden Antwortspalten werden die relativen Häufigkeiten angegeben. Im Gegensatz zu der ausschließlichen Formulierung der Skalenendpunkte im Fragebogen dient die nachfolgend angegebene Verbalisierung der Skalenzwischenpunkte lediglich einem besseren Verständnis der Ausführungen.

(1) Integration der geprüften Einheiten in den Prüfungsprozess

Die Qualität der Internen Revision und deren Akzeptanz vonseiten ihrer Auftraggeber werden maßgeblich von der Interaktion der Revisionsmitarbeiter mit den geprüften Einheiten bestimmt. Einerseits sind die Integration der geprüften Einheiten in den Prüfungsprozess und die Kooperation mit ihnen für die Revisionsmitarbeiter selbst notwendige Voraussetzungen für die ordnungsgemäße Erbringung der Revisionsdienstleistungen, da diese entscheidend von der Informationsbereitstellung durch die geprüften Einheiten abhängig ist. Andererseits wird es den geprüften Einheiten erleichtert, Vorschläge für bestimmte Prüfungen zu unterbreiten. Darüber hinaus können Effizienz- und Effektivitätssteigerungen auf beiden Seiten realisiert werden. Die relativen Häufigkeiten der Antworten der Auftraggeber sind in Tabelle 39 dargestellt.

Antwortkategorie	Erwartung an den Sollzustand (in %)	Antwortkategorie	Einschätzung der Istsituation (in %)
Muss voll und ganz zutreffen	22,0	Trifft voll und ganz zu	7,3
Muss weitgehend zutreffen	46,3	Trifft weitgehend zu	34,1
Muss eher zutreffen	24,4	Trifft eher zu	29,3
Muss eher nicht zutreffen	7,3	Trifft eher nicht zu	22,0
Muss weitgehend nicht zutreffen	0,0	Trifft weitgehend nicht zu	0,0
Muss gar nicht zutreffen	0,0	Trifft gar nicht zu	0,0
Keine Angaben	0,0	Kann ich nicht einschätzen	4,9
		Keine Angaben	2,4

Tabelle 39: Relative Häufigkeiten der Antworten zum Qualitätsindikator „Integration der geprüften Einheiten in den Prüfungsprozess“

[747] So auch *Marten* (1999), S. 252.

Mit einem Mittelwert von –0,63 weicht das Antwortverhalten der Auftraggeber deutlich voneinander ab. Werden die ermittelten Werte der beiden ersten Antwortkategorien der Erwartungsspalte zusammengefasst, erwarten 68,3 % der Auftraggeber zumindest weitgehend die Integration der geprüften Einheiten in den Prüfungsprozess. In den entsprechenden Antwortkategorien hinsichtlich der Einschätzung der Istsituation nehmen dagegen lediglich 41,4 % dies entsprechend wahr. Mehr als die Hälfte der befragten Auftraggeber (51,3 %) nimmt die Integration der geprüften Einheiten in geringerem Ausmaß wahr, was maßgeblich zu der signifikanten Diskrepanz beiträgt. Aufgrund des sehr hohen Totaleffekts auf die Akzeptanz der Internen Revision, die diesem Indikator beigemessen wird, sollten die Revisionsmitarbeiter vermehrt auf eine kooperative Zusammenarbeit mit den geprüften Einheiten bedacht sein. Dafür könnten sie kritische Sachverhalte und identifizierte Problembereiche unmittelbar vor Ort diskutieren und verstärkt auf einzelne Prüfungswünsche eingehen.

(2) Erklärung der Auftragsziele

Die Ziele einzelner Revisionsaufträge sollten vor der Durchführung eines Auftrags festgelegt und kommuniziert werden. Sie spiegeln die Risikoeinschätzung der Internen Revision sowie die Wahrscheinlichkeit für das Vorliegen von Fehlern, dolosen Handlungen und sonstigen Regelverstößen wider.[748] Die Erklärung einzelner Auftragsziele kann im Rahmen von Kick-Off-Meetings erfolgen. Tabelle 40 stellt die relativen Häufigkeiten der einzelnen Antwortkategorien dar.

Mit 43,9 % erwartet die Mehrheit der Auftraggeber, dass die Auftragsziele den zu prüfenden Einheiten weitgehend umfassend erklärt werden. Nach Ansicht von mehr als einem Drittel der Befragten muss dies sogar voll und ganz zutreffen.

---

[748] Vgl. *IIA Austria* (Hrsg.) (2009), S. 42f.

Antwortkategorie	Erwartung an den Sollzustand (in %)	Antwortkategorie	Einschätzung der Istsituation (in %)
Muss voll und ganz zutreffen	36,7	Trifft voll und ganz zu	24,4
Muss weitgehend zutreffen	43,9	Trifft weitgehend zu	17,1
Muss eher zutreffen	12,2	Trifft eher zu	29,3
Muss eher nicht zutreffen	2,4	Trifft eher nicht zu	9,8
Muss weitgehend nicht zutreffen	0,0	Trifft weitgehend nicht zu	2,4
Muss gar nicht zutreffen	2,4	Trifft gar nicht zu	4,8
Keine Angaben	2,4	Kann ich nicht einschätzen	12,2
		Keine Angaben	0,0

Tabelle 40: Relative Häufigkeiten der Antworten zum Qualitätsindikator „Erklärung der Auftragsziele“

Dagegen schätzen sie die Istsituation mehrheitlich in der Kategorie „Trifft eher zu“ ein, wodurch schließlich die Diskrepanz in Höhe von –0,75 statistisch signifikant bestätigt wird. Weniger als ein Viertel sieht diese Anforderung in ihren Internen Revisionen als voll und ganz erfüllt an. Darüber hinaus fällt bei der Betrachtung der Antwortkategorien auf, dass 12,2 % der Auftraggeber keine Einschätzung der Istsituation angeben können. Dieses Ergebnis deutet auf einen erhöhten Kommunikationsbedarf mit dem Auftraggeber hin, um die Wahrnehmung des Qualitätsindikators insgesamt zu verbessern.

(3) Minimierung entstehender Störungen bei Auftragsdurchführung

Innerhalb der Qualitätskomponente „Durchführung der Revisionsaufträge“ weist der Indikator „Minimierung entstehender Störungen bei Auftragsdurchführung“ den größten Einfluss auf die Akzeptanz der Internen Revision auf. Umso bedeutender ist die Reduzierung der Abweichungen im Antwortverhalten, die zu einer signifikanten Diskrepanz von –0,56 geführt haben. Die Durchführung einzelner Revisionsaufträge führt zu einer Beeinträchtigung der Tagesaktivitäten der geprüften Einheiten, da Informationen bereitgestellt werden oder Mitarbeiter für Auskünfte zur Verfügung stehen müssen. Die Revisionsmitarbeiter sollten darauf bedacht sein, die Mitarbeiter der geprüften Einheiten nicht durch unverhältnismäßige Forderungen zu demotivieren sowie durch ihr Auftreten und ihre Vorgehensweise möglichen beeinträchtigenden Effekten entgegenzuwirken.[749] Daher sollte die Belastung auf ein für beide Seiten erträgliches Maß begrenzt werden.[750] Die relativen Häufigkeiten für die einzelnen Antworten der Auftraggeber sind der Tabelle 41 zu entnehmen.

Antwortkategorie	Erwartung an den Sollzustand (in %)	Antwortkategorie	Einschätzung der Istsituation (in %)
Muss voll und ganz zutreffen	24,4	Trifft voll und ganz zu	4,9
Muss weitgehend zutreffen	46,4	Trifft weitgehend zu	34,1
Muss eher zutreffen	22,0	Trifft eher zu	36,6
Muss eher nicht zutreffen	2,4	Trifft eher nicht zu	9,8
Muss weitgehend nicht zutreffen	2,4	Trifft weitgehend nicht zu	2,4
Muss gar nicht zutreffen	0,0	Trifft gar nicht zu	0,0
Keine Angaben	2,4	Kann ich nicht einschätzen	12,2
		Keine Angaben	0,0

Tabelle 41: Relative Häufigkeiten der Antworten zum Qualitätsindikator „Minimierung entstehender Störungen bei Auftragsdurchführung"

Die Mehrheit der Auftraggeber (70,8 %) erwartet von den Revisionsmitarbeitern weitgehend bzw. voll und ganz eine Minimierung der Störungen der Tagesaktivitäten der geprüften Einheiten bei der Auftragsdurchführung. 22,0 % der Befragten geben ihre Erwartungshaltung dagegen mit „Muss eher zutreffen" an. Auffallend bei der Betrachtung der Einschätzung der Istsituation ist, dass lediglich 4,9 % diese Anforderung als voll und ganz zutreffend wahrnehmen. Der weitaus größte Anteil der Auftraggeber (70,7 %) nimmt die Ausgestaltung dieses Indikators als geringer wahr. Verstärkt wird die Abweichung zudem durch 9,8 % der Auftraggeber, die dem eher nicht zustimmen können. Die Revisionsmitarbeiter sollten daher bei der Auftragsdurchführung bestrebt sein, die Tagesaktivitäten der geprüften Einheiten zu berücksichtigen und Störungen der operativen Arbeitsabläufe zu begrenzen.

[749] Vgl. *Kaminski* (2008), S. 65f.

[750] Vgl. *Zwingmann* (2007), S. 51.

(4) Schnelle Reaktion bei Verdacht auf dolose Handlungen

Im ersten Teil der Untersuchung konnte festgestellt werden, dass sich der Indexindikator „Schnelle und diskrete Reaktion bei Verdacht auf dolose Handlungen" mit einem Totaleffekt von 0,13 auf die Akzeptanz der Internen Revision auswirkt und damit den zweithöchsten Einfluss innerhalb der Komponente „Durchführung der Revisionsaufträge" aufweist. Eine schnelle Reaktion der Internen Revision ist insbesondere dann erforderlich, wenn Hinweise auf dolose Handlungen vorliegen, damit den potenziellen Defraudanten die Möglichkeit entzogen wird, wichtige Beweismittel zu vernichten oder andere Maßnahmen zu ergreifen, die zu einer Verschärfung der Situation für das Unternehmen führen.[751] Während für den Indikator „Diskrete Reaktion bei Verdacht auf dolose Handlungen" keine signifikante Diskrepanz nachgewiesen werden kann, sind die Antworthäufigkeiten der Auftraggeber hinsichtlich des Indikators „Schnelle Reaktion bei Verdacht auf dolose Handlungen" in folgender Tabelle 42 dargestellt.

Antwortkategorie	Erwartung an den Sollzustand (in %)	Antwortkategorie	Einschätzung der Istsituation (in %)
Muss voll und ganz zutreffen	80,5	Trifft voll und ganz zu	61,0
Muss weitgehend zutreffen	19,5	Trifft weitgehend zu	24,4
Muss eher zutreffen	0,0	Trifft eher zu	12,2
Muss eher nicht zutreffen	0,0	Trifft eher nicht zu	0,0
Muss weitgehend nicht zutreffen	0,0	Trifft weitgehend nicht zu	0,0
Muss gar nicht zutreffen	0,0	Trifft gar nicht zu	0,0
Keine Angaben	0,0	Kann ich nicht einschätzen	2,4
		Keine Angaben	0,0

Tabelle 42: Relative Häufigkeiten der Antworten zum Qualitätsindikator „Schnelle Reaktion bei Verdacht auf dolose Handlungen"

Die hohen Erwartungen sämtlicher Auftraggeber werden größtenteils von den Revisionsmitarbeitern erfüllt. Lediglich 14,6 % der Befragten äußern eine nur eher zutreffende Einschätzung bzw. können diesen Qualitätsindikator nicht

[751] Vgl. *Kaminski* (2008), S. 68.

einschätzen. Der hohe Erfüllungsgrad der Erwartungen spiegelt sich zudem in dem vergleichsweise guten Mittelwert der Diskrepanz (–0,30) wider. Dennoch werden die Abweichungen im Antwortverhalten statistisch bestätigt. Aus den Ergebnissen kann gefolgert werden, dass die Auftraggeber die Aufgaben der Internen Revision auch im Bereich der Verhinderung und Aufdeckung doloser Handlungen sehen und entsprechend eine hohe Erwartungshaltung formulieren. Gleichzeitig wird deutlich, dass die Revisionsmitarbeiter diese Erwartungen bereits erfüllen, aber weiterhin Verbesserungsbedarf besteht. Um bei Verdacht auf dolose Handlungen schnell und koordiniert zu reagieren, können Reaktionspläne formuliert und ein Fraudmanagement für die Interne Revision implementiert werden, worin die Vorgehensweise und die Kommunikationswege für solche Fälle festgelegt sind.

(5) Einhaltung der Prüfungsdauer

Der Indikator „Einhaltung der Prüfungsdauer" weist den geringsten nachgewiesenen Einfluss auf die Akzeptanz der Internen Revision innerhalb der Komponente „Durchführung der Revisionsaufträge" auf. Er ist dennoch von Bedeutung, sodass die bestehende Diskrepanz von –0,37 vermindert werden sollte. Die Einhaltung der Prüfungsdauer steht in einem engen Zusammenhang mit der Störungsminimierung der geprüften Einheiten, da eine Überschreitung der Prüfungsdauer gleichzeitig die Störungen der Tagesaktivitäten der geprüften Einheiten erhöht. Daneben sollten grundsätzlich kurze Prüfungsdauern angestrebt werden.[752] Die ermittelten Antworthäufigkeiten zeigt Tabelle 43.

Im Vergleich zu den bisher dargestellten Indikatoren scheint die Erwartungshaltung der Auftraggeber hinsichtlich der Einhaltung der Prüfungsdauer geringer zu sein. Zwar erwarten mehr als die Hälfte der Befragten, dass dies weitgehend zutreffen muss. Ein vergleichsweise hoher Anteil von 26,8 % hat sich jedoch für die Antwortkategorie „Muss eher zutreffen" entschieden.

---

752 Vgl. *Zwingmann* (2007), S. 51.

Antwortkategorie	Erwartung an den Sollzustand (in %)	Antwortkategorie	Einschätzung der Istsituation (in %)
Muss voll und ganz zutreffen	9,8	Trifft voll und ganz zu	9,8
Muss weitgehend zutreffen	51,3	Trifft weitgehend zu	22,0
Muss eher zutreffen	26,8	Trifft eher zu	41,5
Muss eher nicht zutreffen	4,9	Trifft eher nicht zu	14,6
Muss weitgehend nicht zutreffen	2,4	Trifft weitgehend nicht zu	4,8
Muss gar nicht zutreffen	2,4	Trifft gar nicht zu	0,0
Keine Angaben	2,4	Kann ich nicht einschätzen	7,3
		Keine Angaben	0,0

Tabelle 43: Relative Häufigkeiten der Antworten zum Qualitätsindikator „Einhaltung der Prüfungsdauer“

Die entsprechende Kategorie bei der Einschätzung der Istsituation weist dagegen einen hohen Anteil von 41,5 % auf. Eine bessere Wahrnehmung wird von 22,0 % der befragten Auftraggeber formuliert. Schließlich äußern 14,6 % der Auftraggeber, dass die Einhaltung der Prüfungsdauer eher nicht zutrifft. Die Ergebnisse zeigen, dass eine termingerechte Prüfungsdurchführung nicht immer gewährleistet ist. Dies kann durch unvorhersehbare Ereignisse während der Prüfungsdurchführung bedingt sein. Gleichwohl könnten Meilensteine für die Prüfungsdurchführung bereits in den Prüfungsplänen bestimmt werden, die maßgeblich die Prüfungsdauer determinieren.[753]

(6) Überwachung der Umsetzung von Empfehlungen und vereinbarten Maßnahmen

Die Überwachung der Umsetzung von im Revisionsbericht vereinbarten Empfehlungen und Maßnahmen wird als Follow-up-Verfahren bezeichnet. Dieser Indikator hat mit einem Totaleffekt von 0,16 den größten Einfluss innerhalb der Qualitätskomponente „Berichterstattung und Follow-up“ auf die Akzeptanz der Internen Revision. Die Implementierung eines formalen Follow-up-Verfahrens wird durch die Berufsgrundsätze der Internen Revision gefordert

[753] Vgl. *Berwanger/Kullmann* (2008), S. 139.

und stellt im Rahmen eines Quality Assessments einen Mindeststandard dar, dessen Nichteinhaltung automatisch zu einer unzureichenden Gesamtbewertung der Internen Revision führt.[754] Dabei muss das Verfahren eindeutig definiert sein und in Abhängigkeit von der Komplexität der vereinbarten Maßnahmen den Zeitrahmen, die Verantwortlichkeiten für die Umsetzung sowie die anschließende Berichterstattung beinhalten, um eine nachhaltige Wertschöpfung sicherzustellen. Zudem ist das weitere Vorgehen zu bestimmen, wenn vereinbarte Empfehlungen und Maßnahmen nicht oder nicht konsequent von den Verantwortlichen umgesetzt werden.[755] In Tabelle 44 sind die relativen Häufigkeiten für die einzelnen Antwortkategorien angegeben.

Antwortkategorie	Erwartung an den Sollzustand (in %)	Antwortkategorie	Einschätzung der Istsituation (in %)
Muss voll und ganz zutreffen	65,9	Trifft voll und ganz zu	36,6
Muss weitgehend zutreffen	26,8	Trifft weitgehend zu	17,1
Muss eher zutreffen	7,3	Trifft eher zu	29,3
Muss eher nicht zutreffen	0,0	Trifft eher nicht zu	12,2
Muss weitgehend nicht zutreffen	0,0	Trifft weitgehend nicht zu	2,4
Muss gar nicht zutreffen	0,0	Trifft gar nicht zu	0,0
Keine Angaben	0,0	Kann ich nicht einschätzen	0,0
		Keine Angaben	2,4

Tabelle 44: Relative Häufigkeiten der Antworten zum Qualitätsindikator „Überwachung der Umsetzung von Empfehlungen und vereinbarten Maßnahmen"

Bei der Betrachtung der Erwartungsspalte zeigt sich eine hohe Erwartungshaltung der Auftraggeber, da sich eine Mehrheit von 92,7 % für die beiden ersten Antwortkategorien entschieden hat. Auffallend bei der Beurteilung der Einschätzung der Istsituation ist, dass lediglich 53,7 % der Auftraggeber diese Anforderung entsprechend ihrer Erwartungen wahrnehmen. Die verbleibenden Auftraggeber (43,9 %) schätzen das Follow-up-Verfahren als weniger gut ein, was sich in einer hohen negativen Diskrepanz (–0,85) widerspiegelt. Wie be-

[754] Vgl. *IIA Austria* (Hrsg.) (2009), S. 50; *DIIR* (Hrsg.) (2007), S. 6.

[755] Vgl. *DIIR* (Hrsg.) (2005), S. 190f.; *SVIR* (Hrsg.) (2005), S. 76.

reits dargelegt, sind die Implementierung des Verfahrens und die Unterrichtung des Auftraggebers über die Ergebnisse nicht nur aus berufsrechtlicher Sicht entscheidend, sondern auch zur Sicherung eines mittel- bis langfristigen Unternehmenserfolgs. Auf der Grundlage der gewonnenen Erkenntnisse scheint eine bessere Kommunikation mit dem Auftraggeber für eine verbesserte Wahrnehmung des Follow-up-Verfahrens erforderlich zu sein. Diese könnte mittels periodischer Berichte an den Auftraggeber erfolgen, da die originäre Verantwortung für die (Nicht-)Umsetzung von Empfehlungen und Maßnahmen bei ihm verbleibt.[756]

(7) Objektive Revisionsberichte

An die Qualität der Revisionsberichte werden vonseiten des Berufsstands der Internen Revision hohe Anforderungen gestellt. Objektive Revisionsberichte sind das Ergebnis einer sachlichen und ausgewogenen Beurteilung aller relevanten Tatsachen und Umstände, über die unparteiisch und unvoreingenommen berichtet wird.[757] Die Formulierung der Revisionsberichte erfolgt frei von persönlichen Interessen und darf nicht durch Dritte beeinflusst werden. Die Auftraggeber der Internen Revision stellen eine zentrale Gruppe von Berichtsempfängern dar, deren Erwartungen und Einschätzungen hinsichtlich eines objektiven Revisionsberichts in Tabelle 45 aufgeführt sind.

Während 73,2 % der Auftraggeber ihre Erwartung an einen objektiven Revisionsbericht als „Muss voll und ganz zutreffen" beschreiben, schätzen 41,5 % von ihnen dies auch entsprechend ein. Mehr als die Hälfte der Befragten (53,7 %) schätzt die Objektivität der Revisionsberichte als weitgehend oder eher zutreffend ein, sodass die Erwartungen an einen objektiven Revisionsbericht bislang nicht erfüllt werden.

---

[756] Vgl. *SVIR* (Hrsg.) (2005), S. 76.

[757] Vgl. *IIA Austria* (Hrsg.) (2009), S. 47.

Antwortkategorie	Erwartung an den Sollzustand (in %)	Antwortkategorie	Einschätzung der Istsituation (in %)
Muss voll und ganz zutreffen	73,2	Trifft voll und ganz zu	41,5
Muss weitgehend zutreffen	24,4	Trifft weitgehend zu	43,9
Muss eher zutreffen	2,4	Trifft eher zu	9,8
Muss eher nicht zutreffen	0,0	Trifft eher nicht zu	2,4
Muss weitgehend nicht zutreffen	0,0	Trifft weitgehend nicht zu	0,0
Muss gar nicht zutreffen	0,0	Trifft gar nicht zu	0,0
Keine Angaben	0,0	Kann ich nicht einschätzen	2,4
		Keine Angaben	0,0

Tabelle 45: Relative Häufigkeiten der Antworten zum Qualitätsindikator „Objektive Revisionsberichte“

Das Ergebnis zeigt zwar einerseits eine grundsätzlich positive Wahrnehmung der Objektivität, liefert andererseits aber auch einen Beleg für das Vorliegen einer signifikanten Diskrepanz. Die Revisionsmitarbeiter sollten bei der Erstellung der Revisionsberichte auf eine sachliche, unparteiische und unvoreingenommene Formulierung achten, die durch keine persönlichen Interessen geleitet oder durch Dritte beeinflusst ist.[758] Schließlich ist die Objektivität ein zentrales Merkmal der Internen Revision, das seinen Ausdruck in der Dokumentation der Auftragsergebnisse finden sollte.

(8) Konzentration auf risikobehaftete Prüffelder

Der größte Einfluss auf die Akzeptanz der Internen Revision geht innerhalb der Qualitätskomponente „Planung und Vorbereitung der Revisionsaufträge“ von dem Indikator „Konzentration auf risikobehaftete Prüffelder“ aus. Entsprechend der internationalen Berufsgrundsätze der Internen Revision ist der Leiter Interne Revision für die Entwicklung einer risikoorientierten Prüfungsplanung verantwortlich.[759] Besonders hervorgehoben wird die risikoorientierte Prüfungsplanung darüber hinaus im Leitfaden zum Quality Assessment. Sie

[758] Vgl. *DIIR* (Hrsg.) (2005), S. 187.

[759] Vgl. *IIA Austria* (Hrsg.) (2009), S. 35.

stellt einen von fünf Mindeststandards dar, deren Nichteinhaltung zu einer unzureichenden Bewertung der Internen Revision führt.[760] Die Grundlage dafür ist, dass die Beurteilung der Risikopotenziale und Risikoprioritäten des Unternehmens einen zentralen Schritt im Planungsprozess darstellt, durch den die nachgelagerte Ressourcenallokation bei der Gestaltung der einzelnen Arbeitsprogramme sachgerecht determiniert werden kann.[761] Das Antwortverhalten der Auftraggeber, das der Diskrepanz zugrunde liegt, ist in Tabelle 46 dargestellt.

Antwortkategorie	Erwartung an den Sollzustand (in %)	Antwortkategorie	Einschätzung der Istsituation (in %)
Muss voll und ganz zutreffen	41,5	Trifft voll und ganz zu	17,1
Muss weitgehend zutreffen	31,7	Trifft weitgehend zu	41,5
Muss eher zutreffen	12,2	Trifft eher zu	22,0
Muss eher nicht zutreffen	12,2	Trifft eher nicht zu	12,2
Muss weitgehend nicht zutreffen	2,4	Trifft weitgehend nicht zu	4,8
Muss gar nicht zutreffen	0,0	Trifft gar nicht zu	0,0
Keine Angaben	0,0	Kann ich nicht einschätzen	0,0
		Keine Angaben	2,4

Tabelle 46: Relative Häufigkeiten der Antworten zum Qualitätsindikator „Konzentration auf risikobehaftete Prüffelder"

In Übereinstimmung mit den internationalen Berufsgrundsätzen der Internen Revision haben sich 41,5 % der Auftraggeber für die Antwortkategorie „Muss voll und ganz zutreffen" bzw. 31,7 % für die Kategorie „Muss weitgehend zutreffen" entschieden. Allerdings nimmt nur ein Anteil von 17,1 % die risikoorientierte Prüfungsplanung des Leiters Interne Revision als voll und ganz zutreffend wahr. Vielmehr schätzen 41,5 % der Auftraggeber die Konzentration auf risikobehaftete Prüffelder als weitgehend zutreffend ein. Die Gründe für das Ergebnis können nur vermutet werden. Zum einen könnte die Interne Revision eine systematische und risikoorientierte Erfassung der Prüfungsobjekte

---

[760] Vgl. *DIIR* (Hrsg.) (2007), S. 6.

[761] Vgl. *Peemöller* (2001), S. 1350; *Zehnder* (1994), S. 1035f. Siehe ausführlich zur Konzeption und Anwendung eines risikoorientierten Prüfungsansatzes in der Internen Revision *Krey* (2001a).

vernachlässigt haben und ihre Prüfungsplanung und -vorbereitung auf der Grundlage anderer Hinweise und Erfahrungen vornehmen. Zum anderen können die Ergebnisse darauf hindeuten, dass ein Verbesserungsbedarf hinsichtlich der Abstimmung von Prüfungsplänen mit dem Auftraggeber besteht. Insbesondere vor dem Hintergrund der Exkulpationsmöglichkeit des Auftraggebers sollte der Leiter Interne Revision konkrete Maßnahmen zur Reduzierung dieser Diskrepanz erarbeiten.

(9) Flexible Reaktion auf außerplanmäßige Vorkommnisse

Um unterjährig auf außerplanmäßige Ereignisse oder Sonderaufträge des Auftraggebers kurzfristig und flexibel reagieren zu können, bedarf es im Rahmen der Planung und Vorbereitung der Revisionsaufträge entsprechender Maßnahmen in der Kapazitätsplanung. Das bedeutet, dass eine gewisse Restkapazität der Internen Revision für Sonderthemen vorgehalten werden sollte, um diese ordnungsgemäß zu erledigen.[762] Die Erwartung und die Einschätzung der Auftraggeber in Bezug auf diesen Qualitätsindikator sind in Tabelle 47 dargestellt.

Antwortkategorie	Erwartung an den Sollzustand (in %)	Antwortkategorie	Einschätzung der Istsituation (in %)
Muss voll und ganz zutreffen	53,7	Trifft voll und ganz zu	31,7
Muss weitgehend zutreffen	43,9	Trifft weitgehend zu	41,5
Muss eher zutreffen	2,4	Trifft eher zu	22,0
Muss eher nicht zutreffen	0,0	Trifft eher nicht zu	4,8
Muss weitgehend nicht zutreffen	0,0	Trifft weitgehend nicht zu	0,0
Muss gar nicht zutreffen	0,0	Trifft gar nicht zu	0,0
Keine Angaben	0,0	Kann ich nicht einschätzen	0,0
		Keine Angaben	0,0

Tabelle 47: Relative Häufigkeiten der Antworten zum Qualitätsindikator „Flexible Reaktion auf außerplanmäßige Vorkommnisse“

[762] Vgl. *Zwingmann* (2007), S. 50.

Die Anforderung an eine flexible Reaktion auf außerplanmäßige Vorkommnisse ist in den internationalen Berufsgrundsätzen nicht kodifiziert, sondern ergibt sich aus dem nationalen DIIR-Revisionsstandard Nr. 3. Nahezu alle befragten Auftraggeber (97,6 %) erwarten, dass diese Anforderung zumindest weitgehend zutreffen muss. Dieser Erwartungshaltung stehen lediglich 73,2 % der Auftraggeber gegenüber, die dies auch entsprechend wahrnehmen. Fast ein Viertel entschied sich bei der Einschätzung der Istsituation für die Kategorie „Trifft eher zu“, sodass die Diskrepanz bei diesem Indikator statistisch signifikant bestätigt wird. Trotz der vergleichsweise guten Wahrnehmung dieses Indikators durch die Auftraggeber scheint die personelle und zeitliche Flexibilität der Internen Revision eingeschränkt zu sein, um unvorhergesehene Prüfungs- und Beratungsaufträge ordnungsgemäß erledigen zu können. Dies könnte auf eine zu geringe Personalkapazität in der Internen Revision hindeuten.

(10) Austausch mit dem Abschlussprüfer

Die Zusammenarbeit von Interner Revision und Abschlussprüfer ist im DIIR-Revisionsstandard Nr. 1 sowie dem IDW PS 321 kodifiziert. Die Aufgabengebiete der Internen Revision und der Abschlussprüfung überschneiden sich häufig im Bereich Finanz- und Rechnungswesen, Internes Kontrollsystem und Internes Überwachungssystem, sodass unter den Voraussetzungen des IDW PS 321 der Abschlussprüfer die Arbeiten der Internen Revision nutzen kann, um die Prüfungssicherheit und Wirtschaftlichkeit der Abschlussprüfung zu erhöhen.[763] Gleichzeitig ist es die Aufgabe des Leiters Interne Revision, Informationen an externe Stellen weiterzugeben und die Aktivitäten mit diesen Stellen zu koordinieren, damit alle Unternehmensbereiche geprüft und Doppelarbeiten vermieden werden.[764] Folglich ist für eine konstruktive Zusammenarbeit zwischen der Internen Revision und dem Abschlussprüfer der regel-

[763] Vgl. *Schmidt/Reimer* (2008), S. 645. Siehe zu den Voraussetzungen IDW PS 321 (2002), Tz. 17; *DIIR* (Hrsg.) (2001a), S. 35.

[764] Vgl. *IIA Austria* (Hrsg.) (2009), S. 37.

mäßige Austausch in Form von periodischen Gesprächen und gegenseitiger Abstimmung der Prüfungsinhalte von zentraler Bedeutung. Die für die Auftraggeber ermittelten Antworthäufigkeiten sind der Tabelle 48 zu entnehmen.

Antwortkategorie	Erwartung an den Sollzustand (in %)	Antwortkategorie	Einschätzung der Istsituation (in %)
Muss voll und ganz zutreffen	51,3	Trifft voll und ganz zu	39,0
Muss weitgehend zutreffen	26,8	Trifft weitgehend zu	22,0
Muss eher zutreffen	17,1	Trifft eher zu	22,0
Muss eher nicht zutreffen	0,0	Trifft eher nicht zu	9,8
Muss weitgehend nicht zutreffen	2,4	Trifft weitgehend nicht zu	2,4
Muss gar nicht zutreffen	0,0	Trifft gar nicht zu	0,0
Keine Angaben	2,4	Kann ich nicht einschätzen	0,0
		Keine Angaben	4,8

Tabelle 48: Relative Häufigkeiten der Antworten zum Qualitätsindikator „Austausch mit dem Abschlussprüfer"

Während 51,3 % der Auftraggeber den Austausch mit dem Abschlussprüfer voll und ganz und 26,8 % weitgehend erwarten, formulieren 17,1 % niedrigere Erwartungen. Dem stehen in den ersten beiden Antwortkategorien 61,0 % der Befragten gegenüber, die den Austausch mit dem Abschlussprüfer als zumindest weitgehend zutreffend wahrnehmen. Darüber hinaus nimmt fast ein Drittel den Austausch mit dem Abschlussprüfer in einer der mittleren Antwortkategorien wahr. Für den Leiter Interne Revision kann sich der Hinweis ergeben, dass eine Intensivierung der Zusammenarbeit mit dem Abschlussprüfer sowie weitere Abstimmungsmaßnahmen hinsichtlich einzelner Prüfungsinhalte anzustreben sind, um Synergieeffekte zu realisieren.

(11) Wechsel der Prüfungsschwerpunkte als Ausdruck einer Mehrjahresplanung

Den geringsten Einfluss auf die Akzeptanz der Internen Revision übt der Wechsel der Prüfungsschwerpunkte als Ausdruck einer mehrjährigen Prüfungsplanung innerhalb der Qualitätskomponente „Planung und Vorbereitung der Revisionsaufträge“ aus. Die zunehmende Komplexität von Unternehmen und ihren Prozessen macht es nahezu unmöglich, innerhalb eines Jahres sämtliche Prüfungsobjekte (Audit Universe) vollständig zu prüfen. Dennoch muss der Leiter Interne Revision sicherstellen, dass alle wesentlichen Risiken addressiert und innerhalb eines angemessenen Zeitraums alle wesentlichen unternehmerischen Abläufe geprüft werden.[765] Die Erwartungshaltung der Auftraggeber sowie ihre Einschätzung der Istsituation sind in Tabelle 49 aufgeführt.

Antwortkategorie	Erwartung an den Sollzustand (in %)	Antwortkategorie	Einschätzung der Istsituation (in %)
Muss voll und ganz zutreffen	39,0	Trifft voll und ganz zu	26,8
Muss weitgehend zutreffen	24,4	Trifft weitgehend zu	26,8
Muss eher zutreffen	26,8	Trifft eher zu	26,8
Muss eher nicht zutreffen	9,8	Trifft eher nicht zu	12,3
Muss weitgehend nicht zutreffen	0,0	Trifft weitgehend nicht zu	4,9
Muss gar nicht zutreffen	0,0	Trifft gar nicht zu	2,4
Keine Angaben	0,0	Kann ich nicht einschätzen	0,0
		Keine Angaben	0,0

Tabelle 49: Relative Häufigkeiten der Antworten zum Qualitätsindikator „Wechsel der Prüfungsschwerpunkte als Ausdruck einer Mehrjahresplanung“

Mit einem Anteil von 39,0 % haben sich die Auftraggeber für die Kategorie „Muss voll und ganz zutreffen“ entschieden. Jeweils rund ein Viertel äußert niedrigere Erwartungen an die Ausgestaltung dieses Qualitätsindikators. Differenzierter nehmen die Auftraggeber dagegen die Istsituation in ihren Internen Revisionen wahr. Während jeweils 26,8 % ihre Einschätzung zwischen „Trifft eher zu“ und „Trifft voll und ganz zu“ formulieren, sehen 17,2 % der Befragten eine Mehrjahresplanung in ihrer Internen Revision eher nicht bzw. als weitgehend nicht zutreffend an. Die Ergebnisse deuten darauf hin, dass eine mehrjährige Prüfungsplanung von den Auftraggebern nicht genehmigt worden ist oder ihnen diese aufgrund des langen Planungshorizonts bei der Beantwortung des Fragebogens nicht mehr bewusst war. Insbesondere der letztgenannte

[765] Vgl. *Fahrion/Geis* (2007), S. 259.

Aspekt könnte eine kontinuierliche Unterrichtung der Auftraggeber erforderlich machen.

6.3.2 Signifikante Unterschiede im Antwortverhalten der Auftraggeber bei den Vertrauensindikatoren

Das Vertrauen in die Interne Revision wurde mit insgesamt 15 Indikatoren operationalisiert und aufgrund eines Indexindikators mit 14 Indikatoren im Kausalmodell analysiert. Von ihnen üben zwei Indikatoren keinen statistisch nachweisbaren Einfluss auf das Vertrauen in die und die Akzeptanz der Internen Revision aus, sodass in der weiteren Untersuchung 13 Indikatoren auf signifikante Unterschiede im Antwortverhalten untersucht werden.[766] Tabelle 50 gibt die Mittelwerte und Standardabweichungen der Diskrepanzen für diese Vertrauensindikatoren an. Indikatoren, bei denen eine signifikante Diskrepanz nachgewiesen werden kann, sind mit einem Haken sowie einer Referenz von (1) bis (11) gekennzeichnet.

Referenz	Kurzbezeichnung der Indikatoren	Mittelwert der Diskrepanz	Empirische Signifikanz	Bewertung
Weiterentwicklung der fachlich-methodischen und sozial-kommunikativen Kompetenzen				
(1)	Durchführung von Feedbackgesprächen mit den Revisionsmitarbeitern	–0,60	0,033	✓
	Individuelle Fortbildungsmaßnahmen	–0,18	0,210	
(2)	Bereitstellung von gewonnenem Wissen	–0,72	0,021	✓
	Förderung berufsspezifischer Examen	0,03	0,983	
Fachlich-methodische und sozial-kommunikative Kompetenzen				
(3)	IT-Kenntnisse	–0,85	0,000	✓
(4)	Fachliche Kompetenzen	–0,41	0,002	✓
(5)	Soziale Kompetenzen	–0,78	0,000	✓

[766] Der Indexindikator wird für die weitere Betrachtung disaggregiert.

Referenz	Kurzbezeichnung der Indikatoren	Mittelwert der Diskrepanz	Empirische Signifikanz	Bewertung
Verlässlichkeit der Internen Revision				
(6)	Gewährleistung der Unabhängigkeit	–0,40	0,002	✓
(7)	Durchführung von internen Qualitätsbeurteilungen	–0,86	0,000	✓
(8)	Durchführung von externen Qualitätsbeurteilungen	–0,64	0,007	✓
Kommunikation mit der Internen Revision				
(9)	Informationsaustausch zwischen dem Leiter Interne Revision und dem Auftraggeber	–0,43	0,003	✓
(10)	Kenntnisse der Anforderungen des Auftraggebers	–0,67	0,000	✓
(11)	Informationen über nicht umgesetzte Empfehlungen und Maßnahmen	–0,78	0,000	✓

Tabelle 50: Berechnete Mittelwerte der Diskrepanzen und signifikante Unterschiede im Antwortverhalten bei den Vertrauensindikatoren

Wie bei den Qualitätsindikatoren liegen auch bei den Vertrauensindikatoren nahezu ausschließlich negative Diskrepanzen vor. Demzufolge werden die Erwartungen der Auftraggeber nicht vollständig erfüllt. Lediglich der Indikator „Förderung berufsspezifischer Examen“ weist eine positive Diskrepanz von 0,03 auf. Darüber hinaus ist die Abweichung zwischen der Erwartung und der Einschätzung der individuellen Fortbildungsmaßnahmen so gering, dass sie auf einem Signifikanzniveau von 5 % statistisch nicht bestätigt wird. Es kann insofern für beide Indikatoren angenommen werden, dass die Erwartungshaltung der Auftraggeber erfüllt wird. Mithilfe deskriptiver Daten werden die mit (1) bis (11) referenzierten Indikatoren im Folgenden näher betrachtet.

(1) Durchführung von Feedbackgesprächen mit den Revisionsmitarbeitern

Der Indikator „Durchführung von Feedbackgesprächen mit den Revisionsmitarbeitern“ ist der Weiterentwicklungskomponente zugeordnet und übt innerhalb dieser mit einem Totaleffekt von 0,16 den größten Einfluss auf die Akzeptanz der Internen Revision aus. Feedbackgespräche und Besprechungen einzelner Aufträge innerhalb der Internen Revision zeigen den einzelnen Revisionsmitarbeitern frühzeitig Verbesserungspotenziale bei ihren fachlich-methodischen und sozial-kommunikativen Kompetenzen auf und vermeiden in einer proaktiven Weise das Einschleichen von Routinefehlern. Gleichzeitig erfolgt durch den internen Meinungsaustausch eine kritische Auseinandersetzung mit der bisherigen Vorgehensweise bei einzelnen Aufträgen, was dementsprechend Weiterentwicklungspotenziale offenbaren kann.[767] In Tabelle 51 sind die relativen Häufigkeiten hinsichtlich der Erwartung und der Wahrnehmung an den Vertrauensindikator „Durchführung von Feedbackgesprächen mit den Revisionsmitarbeitern" dargestellt.

Antwortkategorie	Erwartung an den Sollzustand (in %)	Antwortkategorie	Einschätzung der Istsituation (in %)
Muss voll und ganz zutreffen	24,4	Trifft voll und ganz zu	12,2
Muss weitgehend zutreffen	22,0	Trifft weitgehend zu	19,5
Muss eher zutreffen	22,0	Trifft eher zu	9,8
Muss eher nicht zutreffen	7,3	Trifft eher nicht zu	9,8
Muss weitgehend nicht zutreffen	2,4	Trifft weitgehend nicht zu	2,4
Muss gar nicht zutreffen	2,4	Trifft gar nicht zu	7,3
Keine Angaben	19,5	Kann ich nicht einschätzen	34,1
		Keine Angaben	4,9

Tabelle 51: Relative Häufigkeiten der Antworten zum Vertrauensindikator „Durchführung von Feedbackgesprächen mit den Revisionsmitarbeitern"

Die Erwartungshaltung der Auftraggeber ist vergleichsweise breit verteilt und reicht mit nahezu gleichen Anteilen von „Muss voll und ganz zutreffen" bis „Muss eher zutreffen". Ähnlich differenziert stellt sich auch die Einschätzung der Istsituation dar, wobei 31,7 % der Befragten die Durchführung der Feedbackgespräche auf einem hohen Niveau wahrnehmen. Ein Anteil von jeweils 9,8 % hat sich für die Kategorien „Trifft eher zu" bzw. „Trifft eher nicht zu" entschieden. Auffallend ist allerdings, dass zum einen 19,5 % der Auftraggeber ihre Erwartung an diesen Indikator nicht formulieren können und zum an-

[767] Ähnlich auch *Krey* (2001b), S. 2463.

deren die Mehrheit von 34,1 % keine Einschätzung der Istsituation vornehmen kann. Dies lässt auf eine unzureichende Kommunikation über die Durchführung von Feedbackgesprächen an die Auftraggeber und eine mangelnde Transparenz des personalpolitischen Revisionsprozesses schließen, was insbesondere vor dem Hintergrund des hohen Totaleffekts dieses Indikators auf die Akzeptanz der Internen Revision verbessert werden sollte.

(2) Bereitstellung von gewonnenem Wissen

Das aktive Management von Wissen in der Internen Revision kann ein Erfolgsfaktor für das gesamte Unternehmen sein. Die Bereitstellung von aus den Aufträgen gewonnenem Wissen ermöglicht eine weitgehende Unabhängigkeit von den bisherigen Erfahrungen vorhandener Revisionsmitarbeiter und führt zu Produktivitätssteigerungen sowie einem schnelleren Auftragsdurchlauf.[768] Gleichzeitig erlaubt der Rückgriff auf bereits vorhandenes Wissen eine schnelle Weiterentwicklung insbesondere der fachlich-methodischen Kompetenzen der Revisionsmitarbeiter, da die Ressource Wissen als Best-Practice-Multiplikator in der Internen Revision fungieren kann. Die Erwartung und die Einschätzung der Auftraggeber hinsichtlich dieses Indikators sind der folgenden Tabelle 52 zu entnehmen.

Antwortkategorie	Erwartung an den Sollzustand (in %)	Antwortkategorie	Einschätzung der Istsituation (in %)
Muss voll und ganz zutreffen	29,3	Trifft voll und ganz zu	22,0
Muss weitgehend zutreffen	36,6	Trifft weitgehend zu	7,3
Muss eher zutreffen	9,8	Trifft eher zu	12,2
Muss eher nicht zutreffen	0,0	Trifft eher nicht zu	14,6
Muss weitgehend nicht zutreffen	2,4	Trifft weitgehend nicht zu	4,9
Muss gar nicht zutreffen	2,4	Trifft gar nicht zu	0,0
Keine Angaben	19,5	Kann ich nicht einschätzen	31,7
		Keine Angaben	7,3

Tabelle 52: Relative Häufigkeiten der Antworten zum Vertrauensindikator „Bereitstellung von gewonnenem Wissen“

[768] Vgl. *Krumm* (2006), S. 226.

Ein Anteil von knapp zwei Drittel (65,9 %) der befragten Auftraggeber formuliert hohe Erwartungen an die Bereitstellung von Wissen innerhalb der Internen Revision und fordert nahezu eine Verpflichtung zur Einrichtung eines Wissensmanagements. Tatsächlich nehmen lediglich 29,3 % dies in ihrer Internen Revision auch entsprechend wahr, wohingegen ein Anteil von 26,8 % indifferent im Hinblick auf die Wahrnehmung eines solchen Wissensmanagements ist. Daraus resultiert schließlich die vergleichsweise hohe negative Diskrepanz von –0,72. Wie bereits bei der Durchführung von Feedbackgesprächen ist auch hier die Gruppe der Meinungslosen auffällig. Von den befragten Auftraggebern haben 19,5 % keine Erwartung an diesen Indikator und 31,7 % können keine Einschätzung der Istsituation vornehmen. Die Gründe können nur vermutet werden, deuten jedoch, wie bereits bei dem vorherigen Indikator angeführt, auf eine unzureichende Kommunikation hinsichtlich der Nutzung von Wissensmanagementstrukturen hin.

(3) IT-Kenntnisse

Die IT-Kenntnisse der Revisionsmitarbeiter besitzen den höchsten Einfluss auf die Akzeptanz der Internen Revision innerhalb der Vertrauenskomponente „Fachlich-methodische und sozial-kommunikative Kompetenzen". Folglich ist es umso bedeutender, die hohe signifikante Abweichung im Antwortverhalten der Auftraggeber von –0,85 zu verringern. IT-Systeme sind in einem globalisierten und vernetzten Unternehmensumfeld zu einem strategischen Erfolgsfaktor geworden. Bedingt durch IT-gestützte Prozessabläufe, die Nutzung von Softwareapplikationen und den Einsatz von Prüfungs- und Beratungssoftware sind hervorragende IT-Kenntnisse eine wichtige Kompetenz der Revisionsmitarbeiter. Darüber hinaus wird durch die Berufsgrundsätze gefordert, dass sie Kenntnisse über grundlegende Risiken und Kontrollen von IT sowie von IT-gestützten Prüfungstechniken besitzen, die jedoch nicht den Anforderungen an den Kenntnisstand von spezialisierten IT-Revisoren genügen müssen.[769] Die Erwartungshaltung und die Einschätzung der Auftraggeber hinsichtlich dieses bedeutenden Indikators sind in Tabelle 53 dargestellt.

Antwortkategorie	Erwartung an den Sollzustand (in %)	Antwortkategorie	Einschätzung der Istsituation (in %)
Muss voll und ganz zutreffen	34,1	Trifft voll und ganz zu	7,3
Muss weitgehend zutreffen	29,3	Trifft weitgehend zu	19,5
Muss eher zutreffen	17,1	Trifft eher zu	31,7
Muss eher nicht zutreffen	4,9	Trifft eher nicht zu	17,1
Muss weitgehend nicht zutreffen	2,4	Trifft weitgehend nicht zu	4,9
Muss gar nicht zutreffen	2,4	Trifft gar nicht zu	0,0
Keine Angaben	9,8	Kann ich nicht einschätzen	14,6
		Keine Angaben	4,9

Tabelle 53: Relative Häufigkeiten der Antworten zum Vertrauensindikator „IT-Kenntnisse"

Wie aus der Tabelle 53 ersichtlich ist, formulieren 63,4 % der Auftraggeber hohe Erwartungen an die IT-Kenntnisse ihrer Revisionsmitarbeiter. Ein Anteil von 17,1 % der Befragten äußert geringere Erwartungen und hat sich entsprechend für die Antwortkategorie „Muss eher zutreffen" entschieden. Hingegen stellt sich die Einschätzung der Istsituation wesentlich differenzierter dar. Lediglich 26,8 % schätzen die IT-Kenntnisse entsprechend ihren hohen Erwartungen ein. Knapp die Hälfte (48,8 %) beurteilt diesen Indikator in den Kategorien „Trifft eher zu" oder „Trifft eher nicht zu" und bescheinigt den Revisionsmitarbeitern eher durchschnittliche IT-Kenntnisse. Gleichzeitig können 14,6 % der Auftraggeber die IT-Kenntnisse der Revisionsmitarbeiter nicht einschätzen. Insgesamt weisen diese Ergebnisse auf einen vermehrten Schulungsbedarf im Bereich IT hin, um den vergleichsweise hohen Erwartungen der Auftraggeber gerecht zu werden. Angesichts der hohen Bedeutung dieses Indikators für die Auftraggeber und der gleichzeitig großen Anzahl der Meinungslosen erscheint eine Verbesserung der IT-Kenntnisse zur Stärkung des Vertrauens geboten.

[769] Vgl. *IIA Austria* (Hrsg.) (2009), S. 28.

(4) Fachliche Kompetenzen

Die Prüfungs- und Beratungsdienstleistungen der Internen Revision erfordern von den Revisionsmitarbeitern hervorragende fachliche Kompetenzen, was beinhaltet, dass sie über das Wissen, die Fähigkeiten und sonstigen Qualifikationen verfügen, die nötig sind, damit sie ihrer Verantwortung und ihren beruflichen Anforderungen gerecht werden können.[770] Das fachliche Anforderungsprofil für Revisionsmitarbeiter ist dabei abhängig vom jeweiligen Unternehmen (Größe, Komplexität, Risikosituation), vom Unternehmensumfeld (rechtliche Rahmenbedingungen, Branche) sowie von der Art der durchzuführenden Aufträge (Prüfungs- oder Beratungsauftrag).[771] Die Überprüfung der Repräsentativität der Stichprobe in Abschnitt 4.5.2 hat gezeigt, dass die Auftraggeber ihre Unternehmen insbesondere hinsichtlich der Kundenstruktur als sehr komplex einschätzen. Zwar stellt die Komplexität der Kunden- und Lieferantenstruktur nur einen Ausschnitt der gesamten Unternehmenskomplexität dar, liefert aber dennoch erste Hinweise für eine weitere Interpretation. Außerdem kann bei einer durchschnittlichen Anzahl von 3,97 Hierarchieebenen angenommen werden, dass die Unternehmen der Stichprobe sehr komplex sind. Die relativen Häufigkeiten zu den einzelnen Antwortkategorien zur Beurteilung der fachlichen Kompetenzen der Revisionsmitarbeiter sind in Tabelle 54 dargestellt.

Die ermittelten Antworthäufigkeiten bei der Erwartung an den Sollzustand scheinen den Effekt der Unternehmenskomplexität auf die Fachkompetenzen der Revisionsmitarbeiter zu bestätigen. Für die Antwortkategorie „Muss voll und ganz zutreffen" haben sich 61,0 % der Befragten entschieden. Dagegen schätzen gerade einmal 24,4 % der Auftraggeber die tatsächlichen fachlichen Kompetenzen der Revisionsmitarbeiter entsprechend ihren hohen Erwartungen ein.

---

[770] Vgl. *IIA Austria* (Hrsg.) (2009), S. 27.
[771] Vgl. *Schroff* (2006), S. 28.

Antwortkategorie	Erwartung an den Sollzustand (in %)	Antwortkategorie	Einschätzung der Istsituation (in %)
Muss voll und ganz zutreffen	61,0	Trifft voll und ganz zu	24,4
Muss weitgehend zutreffen	26,8	Trifft weitgehend zu	56,1
Muss eher zutreffen	9,8	Trifft eher zu	14,6
Muss eher nicht zutreffen	0,0	Trifft eher nicht zu	0,0
Muss weitgehend nicht zutreffen	0,0	Trifft weitgehend nicht zu	0,0
Muss gar nicht zutreffen	0,0	Trifft gar nicht zu	0,0
Keine Angaben	2,4	Kann ich nicht einschätzen	0,0
		Keine Angaben	4,9

Tabelle 54: Relative Häufigkeiten der Antworten zum Vertrauensindikator „Fachliche Kompetenzen"

Mehr als die Hälfte der Auftraggeber (56,1 %) bescheinigt ihren Revisionsmitarbeitern eine weitgehend hervorragende Fachkompetenz, was maßgeblich zu der signifikanten Diskrepanz von –0,41 beiträgt. Gleichwohl sollte der Leiter Interne Revision eine gezielte und sorgfältige Personalauswahl treffen oder auf die Expertise von Dritten zurückgreifen.

(5) Soziale Kompetenzen

Die sozialen Kompetenzen der Revisionsmitarbeiter haben einen nur geringfügig niedrigeren Einfluss auf die Akzeptanz der Internen Revision als die Fachkompetenzen. Die sozialen Kompetenzen determinieren das persönliche Anforderungsprofil an die Revisionsmitarbeiter und umfassen neben dem Einfühlungsvermögen sowie der sprachlichen und persönlichen Gewandtheit auch die Konsensfähigkeit.[772] Die individuelle Ausprägung dieser Kompetenzen bei den jeweiligen Mitarbeitern ist ein entscheidender Erfolgsfaktor für die Interne Revision und trägt zum Selbstverständnis der Internen Revision sowie zu ihrer Akzeptanz bei. Die ermittelten Antworthäufigkeiten sind in Tabelle 55 aufgeführt.

[772] Vgl. *Westhausen* (2008), S. 174; *Bumbacher/Schweizer* (2002), S. 1042.

Antwortkategorie	Erwartung an den Sollzustand (in %)	Antwortkategorie	Einschätzung der Istsituation (in %)
Muss voll und ganz zutreffen	46,3	Trifft voll und ganz zu	9,8
Muss weitgehend zutreffen	31,7	Trifft weitgehend zu	36,6
Muss eher zutreffen	17,1	Trifft eher zu	39,0
Muss eher nicht zutreffen	0,0	Trifft eher nicht zu	4,9
Muss weitgehend nicht zutreffen	0,0	Trifft weitgehend nicht zu	0,0
Muss gar nicht zutreffen	0,0	Trifft gar nicht zu	0,0
Keine Angaben	4,9	Kann ich nicht einschätzen	2,4
		Keine Angaben	7,3

Tabelle 55: Relative Häufigkeiten der Antworten zum Vertrauensindikator „Soziale Kompetenzen"

Die statistische Untersuchung ergibt eine signifikante Diskrepanz, die mit einem Mittelwert von –0,78 ein deutlich unterschiedliches Antwortverhalten der Auftraggeber in den beiden Antwortspalten signalisiert. Während 78,0 % der Auftraggeber ihre Erwartung an die sozialen Kompetenzen der Revisionsmitarbeiter in den Antwortkategorien „Muss voll und ganz zutreffen" oder „Muss weitgehend zutreffen" äußern, beurteilen 75,6 % der Befragten die Istsituation der Sozialkompetenzen in den Kategorien „Trifft weitgehend zu" oder „Trifft eher zu" als deutlich schlechter. Für den Leiter Interne Revision liegt somit ein Hinweis vor, die sozialen Kompetenzen der Revisionsmitarbeiter künftig stärker zu fördern und diese mit internen oder externen Schulungsmaßnahmen weiterzubilden.

(6) Gewährleistung der Unabhängigkeit

In der Vertrauenskomponente „Verlässlichkeit der Internen Revision" weist der Indikator „Gewährleistung der Unabhängigkeit" den größten Einfluss auf die Akzeptanz der Internen Revision auf. Neben den bereits erläuterten Mindeststandards stellt die Unabhängigkeit der Internen Revision von anderen Funktionen und Abteilungen im Unternehmen einen weiteren Mindeststandard dar.[773] Die Unabhängigkeit soll dadurch sichergestellt werden, dass weder der Leiter Interne Revision noch die Revisionsmitarbeiter Weisungs- und Führungsaufgaben im Unternehmen wahrnehmen bzw. keine Verantwortung auf operativer Ebene übernehmen und unmittelbar der Unternehmensleitung unterstellt sind.[774] Die nachfolgende Tabelle 56 führt die relativen Antworthäufigkeiten der jeweiligen Kategorien und der beiden Antwortspalten auf.

Antwortkategorie	Erwartung an den Sollzustand (in %)	Antwortkategorie	Einschätzung der Istsituation (in %)
Muss voll und ganz zutreffen	75,6	Trifft voll und ganz zu	51,2
Muss weitgehend zutreffen	24,4	Trifft weitgehend zu	29,3
Muss eher zutreffen	0,0	Trifft eher zu	17,1
Muss eher nicht zutreffen	0,0	Trifft eher nicht zu	0,0
Muss weitgehend nicht zutreffen	0,0	Trifft weitgehend nicht zu	0,0
Muss gar nicht zutreffen	0,0	Trifft gar nicht zu	0,0
Keine Angaben	0,0	Kann ich nicht einschätzen	2,4
		Keine Angaben	0,0

Tabelle 56: Relative Häufigkeiten der Antworten zum Vertrauensindikator „Gewährleistung der Unabhängigkeit“

Während 75,6 % der Auftraggeber die Unabhängigkeit ihrer Internen Revision voll und ganz erwarten, schätzen lediglich 51,2 % die Erfüllung dieser Anforderung als voll und ganz zutreffend ein. Dagegen ist die Verteilung des Antwortverhaltens in der zweiten Antwortkategorie mit 24,4 % bzw. 29,3 % nahezu gleich verteilt. Allerdings schätzen 17,1 % die Unabhängigkeit der Internen Revision als eher zutreffend ein, was die Diskrepanz von –0,40 bedingt. Die Ergebnisse deuten auf eine unzureichende Sicherstellung der Unabhängigkeit hin. Eine Gefährdung kann sich einerseits aufgrund einer nicht sachgerechten organisatorischen Unterstellung der Internen Revision ergeben. Wie die Überprüfung der Repräsentativität der Stichprobe in Abschnitt 4.5.2 gezeigt hat, sind 90,3 % der befragten Auftraggeber als Vorstand im Unternehmen tätig,

---

[773] Vgl. *DIIR* (Hrsg.) (2007), S. 6.

[774] Vgl. *DIIR* (Hrsg.) (2002), S. 220. Vgl. zu einzelnen Aspekten der Unabhängigkeit *Amling/Bantleon* (2007), S. 152.

sodass eine eindeutige Weisungsbefugnis gegeben ist. Aus diesen Überlegungen heraus kann andererseits vermutet werden, dass die Unabhängigkeit auf Ebene der einzelnen Revisionsmitarbeiter als gering wahrgenommen wird.

(7) Durchführung von internen Qualitätsbeurteilungen

Ein immer bedeutenderer Aspekt der Führung einer Internen Revision stellt das Programm zur Qualitätssicherung und -verbesserung dar. Dabei wird vom Leiter Interne Revision gefordert, ein Qualitätsprogramm zu entwickeln und zu pflegen, das alle Aufgabengebiete der Internen Revision umfasst und mit dem eine Beurteilung in Bezug auf die Übereinstimmung mit der Definition der Internen Revision, den internationalen Berufsstandards und dem Ethikkodex ermöglicht wird. Das Qualitätssicherungs- und -verbesserungsprogramm muss sowohl interne als auch externe Beurteilungen umfassen.[775] Das Antwortverhalten der Auftraggeber in Bezug auf die Durchführung interner Beurteilungen ist in Tabelle 57 dargestellt.

Antwortkategorie	Erwartung an den Sollzustand (in %)	Antwortkategorie	Einschätzung der Istsituation (in %)
Muss voll und ganz zutreffen	31,7	Trifft voll und ganz zu	19,5
Muss weitgehend zutreffen	39,0	Trifft weitgehend zu	9,8
Muss eher zutreffen	4,9	Trifft eher zu	24,4
Muss eher nicht zutreffen	4,9	Trifft eher nicht zu	12,2
Muss weitgehend nicht zutreffen	0,0	Trifft weitgehend nicht zu	2,4
Muss gar nicht zutreffen	4,9	Trifft gar nicht zu	2,4
Keine Angaben	14,6	Kann ich nicht einschätzen	22,0
		Keine Angaben	7,3

Tabelle 57: Relative Häufigkeiten der Antworten zum Vertrauensindikator „Durchführung von internen Qualitätsbeurteilungen"

Werden die ermittelten Werte der beiden ersten Antwortkategorien hinsichtlich der Erwartung an den Sollzustand zusammengefasst, erwarten 70,7 % der Auf-

[775] Vgl. *IIA Austria* (Hrsg.) (2009), S. 30.

traggeber, dass die Interne Revision interne Qualitätsbeurteilungen durchführt. In den entsprechenden Kategorien hinsichtlich der Einschätzung der Istsituation nehmen lediglich 29,3 % dies entsprechend wahr. Der weitaus größere Anteil der Befragten (36,6 %) äußert sich indifferent und hat sich für die Antwortkategorien „Trifft eher zu" oder „Trifft eher nicht zu" entschieden. Bemerkenswert ist, dass diesem Indikator eine hohe Bedeutung bezogen auf seinen Totaleffekt auf die Akzeptanz der Internen Revision beigemessen wird, jedoch 14,6 % der Auftraggeber keine Erwartung formulieren können. Gleichfalls deutet der vergleichsweise hohe Anteil der Befragten, die sich für die Kategorie „Kann ich nicht einschätzen" entschieden haben, auf eine unzureichende Informations- und Kommunikationspolitik über die Durchführung interner Qualitätsbeurteilungen hin. Folglich sollten die Ergebnisse interner Qualitätsbeurteilungen vermehrt dem Auftraggeber berichtet werden, um das Vertrauen in die Interne Revision zu stärken und ihre Akzeptanz zu fördern.

(8) Durchführung von externen Qualitätsbeurteilungen

Neben den internen Qualitätsbeurteilungen umfasst das Programm zur Qualitätssicherung und -verbesserung auch externe Qualitätsbeurteilungen. Diese müssen mindestens alle fünf Jahre von einem qualifizierten und unabhängigen Prüfer durchgeführt werden, der nicht dem Unternehmen angehört.[776] Aus Gründen der Vereinfachung und der Kostenersparnis kann eine interne Qualitätsbeurteilung als Vorbereitung für eine externe Qualitätsbeurteilung dienen.[777] Die nachfolgende Tabelle 58 führt die relativen Antworthäufigkeiten der einzelnen Kategorien und der beiden Antwortspalten auf.

Für den Vertrauensindikator „Durchführung von externen Qualitätsbeurteilungen" stellen sich die Erwartungen der Auftraggeber sehr heterogen dar und reichen mit nahezu identischen relativen Häufigkeiten von „Muss voll und ganz zutreffen" bis „Muss eher nicht zutreffen".

[776] Vgl. *IIA Austria* (Hrsg.) (2009), S. 31.
[777] Vgl. *IIA Austria* (Hrsg.) (2009), S. 100.

Antwortkategorie	Erwartung an den Sollzustand (in %)	Antwortkategorie	Einschätzung der Istsituation (in %)
Muss voll und ganz zutreffen	17,1	Trifft voll und ganz zu	12,2
Muss weitgehend zutreffen	17,1	Trifft weitgehend zu	9,8
Muss eher zutreffen	22,0	Trifft eher zu	12,2
Muss eher nicht zutreffen	17,1	Trifft eher nicht zu	12,2
Muss weitgehend nicht zutreffen	4,8	Trifft weitgehend nicht zu	12,2
Muss gar nicht zutreffen	7,3	Trifft gar nicht zu	9,8
Keine Angaben	14,6	Kann ich nicht einschätzen	24,3
		Keine Angaben	7,3

Tabelle 58: Relative Häufigkeiten der Antworten zum Vertrauensindikator „Durchführung von externen Qualitätsbeurteilungen“

Wie bereits bei dem vorherigen Indikator, haben 14,6 % der Auftraggeber keine Angaben zu ihren Erwartungen gemacht. Ein ähnliches Bild hinsichtlich der Verteilung der relativen Häufigkeiten über die einzelnen Antwortkategorien zeigt auch die Einschätzung der Istsituation, die sich von „Trifft voll und ganz zu“ bis „Trifft gar nicht zu“ über die gesamten Zustimmungsgrade erstreckt und zu einer statistisch signifikanten Diskrepanz in Höhe von –0,64 führt. Der Anteil der Befragten, die sich kein Urteil zu diesem Indikator zutrauen, liegt im Vergleich zum Indikator „Durchführung von internen Qualitätsbeurteilungen“ mit einem Wert von 24,3 % geringfügig höher. In der Konsequenz kann vermutet werden, dass bei den Auftraggebern ein erhebliches Informationsdefizit in Bezug auf die Durchführung von externen Qualitätsbeurteilungen besteht.

(9) Informationsaustausch zwischen dem Leiter Interne Revision und dem Auftraggeber

Der Informationsaustausch zwischen dem Leiter Interne Revision und seinem Auftraggeber hat, innerhalb der Vertrauenskomponente „Kommunikation mit der Internen Revision“, mit einem Totaleffekt von 0,09 den größten Einfluss auf die Akzeptanz der Internen Revision. Der Informationsaustausch stellt einen wesentlichen Aspekt für eine wirksame Führung einer Internen Revision dar und kann durch die Vertrauensbildung wahrgenommene Risiken aufseiten der Auftraggeber reduzieren. Die Notwendigkeit einer beiderseitigen direkten Zusammenarbeit und Kommunikation ergibt sich bereits für die Dokumentation der Aufgabenstellungen, der Befugnisse und der Verantwortung der Internen Revision in Form einer Geschäftsordnung, die regelmäßig überprüft und genehmigt werden muss.[778] Darüber hinaus erfolgt die Planung einzelner Aufträge unter Berücksichtigung der Unternehmensziele und der Risikoeinschätzung, die des erforderlichen Inputs der Auftraggeber bedürfen, sodass ein- und mehrjährige Auftragspläne miteinander abzustimmen sind.[779] In Tabelle 59 sind die relativen Antworthäufigkeiten für diesen Indikator aufgeführt.

Antwortkategorie	Erwartung an den Sollzustand (in %)	Antwortkategorie	Einschätzung der Istsituation (in %)
Muss voll und ganz zutreffen	82,9	Trifft voll und ganz zu	51,2
Muss weitgehend zutreffen	14,7	Trifft weitgehend zu	31,7
Muss eher zutreffen	2,4	Trifft eher zu	14,7
Muss eher nicht zutreffen	0,0	Trifft eher nicht zu	0,0
Muss weitgehend nicht zutreffen	0,0	Trifft weitgehend nicht zu	0,0
Muss gar nicht zutreffen	0,0	Trifft gar nicht zu	0,0
Keine Angaben	0,0	Kann ich nicht einschätzen	0,0
		Keine Angaben	2,4

Tabelle 59: Relative Häufigkeiten der Antworten zum Vertrauensindikator „Informationsaustausch zwischen dem Leiter Interne Revision und dem Auftraggeber"

Entsprechend der obigen Ausführungen, die sich auf das internationale Regelwerk der beruflichen Praxis stützen, erwartet eine große Mehrheit der Auftraggeber (82,9 %) einen regelmäßigen Informationsaustausch mit dem Leiter Interne Revision. Im Vergleich dazu nehmen 51,2 % dies auch wahr, wohingegen 46,4 % den Informationsaustausch als weitgehend zutreffend bzw. eher zutreffend einschätzen. Trotz der hohen Zustimmung der Auftraggeber er-

[778] Vgl. *IIA Austria* (Hrsg.) (2009), S. 23.

[779] Vgl. *IIA Austria* (Hrsg.) (2009), S. 36.

scheint der gegenseitige Informationsaustausch zur Stärkung des Vertrauens in die Interne Revision verbesserungswürdig zu sein.

(10) Kenntnisse der Anforderungen des Auftraggebers

Kenntnis über die Anforderungen des Auftraggebers ist ein wichtiger Bestandteil einer vertrauensvollen Zusammenarbeit. Welche konkreten Anforderungen der Auftraggeber an die Interne Revision stellt, kann allerdings nicht allgemeingültig beantwortet werden. Sie sind vielmehr durch die Besonderheiten des Unternehmens determiniert und zeichnen sich durch einen stetigen Wandel, bedingt durch sich verändernde Rahmenbedingungen im Unternehmen und dessen Umfeld, aus.[780] Umso bedeutender ist eine regelmäßige und vertrauensvolle Kommunikation zwischen beiden Parteien, um frühzeitig die Anforderungen des Auftraggebers berücksichtigen und ihm verlässliche Ergebnisse liefern zu können. Je besser der Leiter Interne Revision diese Anforderungen kennt, desto geringer ist das empfundene Risiko aufseiten des Auftraggebers und desto höher ist sein Vertrauen in die Interne Revision. Folgende, in Tabelle 60 dargestellte, relative Häufigkeiten konnten für die einzelnen Antwortkategorien ermittelt werden.

Antwortkategorie	Erwartung an den Sollzustand (in %)	Antwortkategorie	Einschätzung der Istsituation (in %)
Muss voll und ganz zutreffen	53,7	Trifft voll und ganz zu	29,3
Muss weitgehend zutreffen	36,5	Trifft weitgehend zu	34,1
Muss eher zutreffen	4,9	Trifft eher zu	22,0
Muss eher nicht zutreffen	0,0	Trifft eher nicht zu	7,4
Muss weitgehend nicht zutreffen	0,0	Trifft weitgehend nicht zu	2,4
Muss gar nicht zutreffen	0,0	Trifft gar nicht zu	0,0
Keine Angaben	4,9	Kann ich nicht einschätzen	2,4
		Keine Angaben	2,4

Tabelle 60: Relative Häufigkeiten der Antworten zum Vertrauensindikator „Kenntnisse der Anforderungen des Auftraggebers"

[780] Vgl. *Kaminski* (2008), S. 60.

Obwohl die Erfüllung dieses Indikators zur Stärkung des Vertrauens von besonderer Bedeutung ist, kann eine signifikante Diskrepanz im Antwortverhalten der befragten Auftraggeber festgestellt werden. Die hohen Erwartungen von 90,2 % der Auftraggeber spiegeln sich in den beiden Antwortkategorien „Muss voll und ganz zutreffen" und „Muss weitgehend zutreffen" wider. Sehr gute Kenntnisse ihrer Anforderungen bescheinigen dagegen nur 63,4 % der Befragten. Außerdem schätzt ein Anteil von 29,4 % die Kenntnisse seiner Anforderungen als eher durchschnittlich ein, woraus insgesamt eine Diskrepanz von –0,67 resultiert. Unter Berücksichtigung der Erkenntnisse zum regelmäßigen Informationsaustausch zwischen dem Leiter Interne Revision und dem Auftraggeber scheint sich eine bislang unzureichende Kommunikation zwischen beiden Parteien zu bestätigen.

(11) Informationen über nicht umgesetzte Empfehlungen und Maßnahmen

Der geringste Einfluss in der Vertrauenskomponente „Kommunikation mit der Internen Revision" geht vom Indikator „Informationen über nicht umgesetzte Empfehlungen und Maßnahmen" aus. Der Leiter Interne Revision hat sicherzustellen, dass der Auftraggeber über nicht umgesetzte Empfehlungen und Maßnahmen informiert wird, da er für die ordnungsgemäße Umsetzung als Reaktion auf die Auftragsfeststellungen verantwortlich ist. Nur in begründeten Ausnahmefällen kann darauf verzichtet werden. Dabei ist zu berücksichtigen, dass die Höhe eines verbleibenden Restrisikos für das Unternehmen tragbar ist. Ist der Leiter Interne Revision der Ansicht, dass die Restrisikoübernahme das Unternehmen gefährden kann, hat er die entsprechende Sachlage mit dem Auftraggeber zu erörtern.[781] Auch bei diesem Indikator sind signifikante Unterschiede im Antwortverhalten festzustellen, deren zugrunde liegende relative Antworthäufigkeiten der Tabelle 61 zu entnehmen sind.

[781] Vgl. *IIA Austria* (Hrsg.) (2009), S. 50.

Antwortkategorie	Erwartung an den Sollzustand (in %)	Antwortkategorie	Einschätzung der Istsituation (in %)
Muss voll und ganz zutreffen	63,4	Trifft voll und ganz zu	31,7
Muss weitgehend zutreffen	26,8	Trifft weitgehend zu	34,1
Muss eher zutreffen	9,8	Trifft eher zu	22,0
Muss eher nicht zutreffen	0,0	Trifft eher nicht zu	2,4
Muss weitgehend nicht zutreffen	0,0	Trifft weitgehend nicht zu	9,8
Muss gar nicht zutreffen	0,0	Trifft gar nicht zu	0,0
Keine Angaben	0,0	Kann ich nicht einschätzen	0,0
		Keine Angaben	0,0

Tabelle 61: Relative Häufigkeiten der Antworten zum Vertrauensindikator „Informationen über nicht umgesetzte Empfehlungen und Maßnahmen"

Entsprechend der Anforderungen der Berufsgrundsätze der Internen Revision erwarten 90,2 % der Auftraggeber nahezu eine verpflichtende Informationsversorgung über nicht umgesetzte Empfehlungen und Maßnahmen. Dies nehmen auch knapp zwei Drittel (65,8 %) der Befragten wahr. Allerdings bescheinigen 24,4 % der Auftraggeber ihrem Leiter Interne Revision eine eher durchschnittliche Informationsversorgung, was in Verbindung mit den Ergebnissen der beiden anderen Indikatoren dieser Vertrauenskomponente insgesamt Hinweise auf eine Verbesserung und Intensivierung des Informationsaustauschs und der Kommunikation mit dem Auftraggeber liefert.[782]

[782] So stellen auch die Autoren einer Studie von ERNST & YOUNG Folgendes fest: „Es mangelt an einer angemessenen Kommunikation." Vgl. *Ernst & Young* (Hrsg.) (2007), S. 30.

7 Schlussbetrachtung

In diesem abschließenden Kapitel werden die wesentlichen Erkenntnisse und Implikationen der vorliegenden Arbeit dargestellt. Hierfür werden zunächst das Vorgehen und die zentralen Ergebnisse zusammengefasst und daran anschließend werden Implikationen und Empfehlungen für die Revisionspraxis vorgestellt. Das Kapitel endet mit wissenschaftlichen Implikationen, die die wissenschaftliche Bewertung der Arbeit, die Limitationen der Untersuchung sowie Ansatzpunkte für nachfolgende Untersuchungen umfassen.

7.1 Vorgehen und Zusammenfassung der zentralen Ergebnisse

Ausgangspunkt der vorliegenden Arbeit war die Feststellung, dass intensiv versucht wird, die Existenzberechtigung der Internen Revision im Unternehmen zu belegen. Die Revisionspraxis versucht sich dafür über die Wirksamkeit der Internen Revision oder den Wertbeitrag für das Unternehmen zu definieren. Dabei erscheint es unzweckmäßig, einem internen Dienstleistungsanbieter wie der Internen Revision eine ökonomische und kaum messbare Zielgröße zuzuordnen. Stattdessen wurde auf die Akzeptanz der Internen Revision als Grundlage ihrer Existenzberechtigung rekurriert. Die Akzeptanz spiegelt implizit ihre effektive und effiziente Arbeit wider. Eine umfassende Literaturanalyse ergab, dass die Qualität der Internen Revision zunehmend im Mittelpunkt der praxisnahen und wissenschaftlichen Diskussion steht, diese aber aus einer anspruchsgruppenorientierten Perspektive bislang weder inhaltlich konkretisiert noch hinsichtlich ihrer potenziellen Wirkungen auf die Akzeptanz der Internen Revision untersucht wurde. Im Rahmen der Charakterisierung der Internen Revision konnte, basierend auf den Möglichkeiten der organisatorischen Unterstellung des Leiters Interne Revision in der deutschen Corporate-Governance-Struktur, die Unternehmensleitung als Auftraggeber und zentrale Anspruchsgruppe der Internen Revision identifiziert werden. Darüber hinaus konnte festgestellt werden, dass sich die praxisnahe und wissenschaftliche

Diskussion ausschließlich auf das Konstrukt der Qualität fokussiert, die soziale Ebene in der Beziehung zwischen der Internen Revision und ihrem Auftraggeber jedoch unberücksichtigt bleibt. Um auch die sozialen Aspekte dieser dyadischen Beziehung abbilden zu können, wurde das Konstrukt des Vertrauens in den Kontext der Internen Revision eingeführt. Dementsprechend konnten weder konzeptionelle noch empirische Arbeiten identifiziert werden, die diese Konstrukte sowie ihre jeweilige Wirkung auf die Akzeptanz der Internen Revision inhaltlich erarbeitet und empirisch validiert haben.

Das Ziel dieser Arbeit bestand daher darin, durch eine systematische Untersuchung der Einflussfaktoren der Akzeptanz – der Qualität der Internen Revision und des Vertrauens in die Interne Revision – Potenziale zur Akzeptanzsteigerung aufzuzeigen. Hierfür wurden die zwei folgenden Forschungsfragen formuliert:

- Wie beeinflussen die Qualität der Internen Revision und das Vertrauen in die Interne Revision die Akzeptanz der Internen Revision aus Sicht der Anspruchsgruppen? (Forschungsfrage 1)
- Welche Ansatzpunkte können sowohl für eine Verbesserung der Qualität der Internen Revision als auch für eine Stärkung des Vertrauens in die Interne Revision vonseiten der Anspruchsgruppen identifiziert werden? (Forschungsfrage 2)

Aufbauend auf (sozial-)psychologischen und verhaltenswissenschaftlichen Theorieansätzen wurde ein Erklärungsansatz für die Kausalzusammenhänge der drei Konstrukte entwickelt und die erste Forschungsfrage durch vier Forschungshypothesen konkretisiert. In der anschließenden Konzeption der empirischen Untersuchung wurden die Einflussfaktoren und die Zielgröße konzeptualisiert und operationalisiert. Die Qualität der Internen Revision wurde mit den vier Komponenten „Interaktion mit den geprüften Einheiten“, „Planung und Vorbereitung der Revisionsaufträge“, „Durchführung der Revisionsaufträge“ sowie „Berichterstattung und Follow-up“ konzeptualisiert. Die Operationalisierung erfolgte mit einem Set aus 19 formativen Indikatoren. Das Vertrauen in die Interne Revision wurde ebenfalls mit vier Komponenten konzeptualisiert. Dazu zählen die „Fachlich-methodischen und sozial-kommunikativen Kompetenzen“, die „Weiterentwicklung der fachlich-methodischen und sozial-kommunikativen Kompetenzen“, die „Kommunikation mit der Internen Revision“ und die „Verlässlichkeit der Internen Revision“. Die vier Komponenten wurden mithilfe von 15 formativen Indikatoren operationalisiert. Die Akzeptanz der Internen Revision wurde schließlich eindimensional konzeptualisiert und mit zwei reflektiven Indikatoren operationalisiert.

Für die empirische Validierung der Messmodelle und die Überprüfung der Forschungshypothesen wurde ein auf der Operationalisierung der Konstrukte basierender standardisierter Fragebogen konzipiert. Dieser war dadurch gekennzeichnet, dass die Auftraggeber ihre Erwartungen und ihre Einschätzungen hinsichtlich der Ausgestaltung der Internen Revision in jeweils zwei voneinander getrennten Antwortspalten anzugeben hatten. Neben der empirischen Überprüfung der Kausalzusammenhänge erlaubt die indirekte Messung auch die Identifizierung von Unterschieden im Antwortverhalten der Auftraggeber, was die Beantwortung der zweiten Forschungsfrage ermöglichte. Das empirische Datenmaterial wurde bei dem Vorgesetzten aus der Unternehmensleitung als Auftraggeber der Internen Revision erhoben. Der Fokus der Untersuchung lag dabei auf Internen Revisionen als eigenständige organisatorische Einheiten in deutschen börsennotierten Unternehmen.

Zur Beantwortung der ersten Forschungsfrage und der Überprüfung der konkretisierenden Forschungshypothesen wurde im ersten Teil der Untersuchung der varianzbasierte PLS-Ansatz als kausalanalytisches Verfahren gewählt. Die empirische Überprüfung wurde mithilfe umfassender Reliabilitäts- und Validitätsmaße vorgenommen. Hierbei wurden für die Gütekriterien sowohl der einzelnen Messmodelle als auch des Strukturmodells insgesamt gute Werte erzielt. Bei der Überprüfung der Forschungshypothesen zeigte sich, dass die theoretisch vermuteten Kausalzusammenhänge zwischen den beiden Einflussfaktoren und der Akzeptanz der Internen Revision empirisch bestätigt werden können. Auf Grundlage der ermittelten Totaleffekte konnte festgestellt werden, dass der höchste Einfluss auf die Akzeptanz der Internen Revision von der Qualität der Internen Revision ausgeübt wird. Auf Konstruktebene betrachtet, bedeutet das, dass eine Verbesserung der Qualität akzeptanzsteigernder wirkt als eine Stärkung des Vertrauens. Auf Komponentenebene muss dieses Ergebnis geringfügig relativiert werden. Unter Berücksichtigung der Totaleffekte üben zwar die beiden Qualitätskomponenten „Interaktion mit den geprüften Einheiten" und „Durchführung der Revisionsaufträge" den höchsten Einfluss auf die Akzeptanz der Internen Revision aus. Danach folgt jedoch bereits die erste Vertrauenskomponente „Weiterentwicklung der fachlich-methodischen und sozial-kommunikativen Kompetenzen". Eine nahezu gleich große Wirkung auf die Akzeptanz haben die Komponenten „Berichterstattung und Follow-up", „Fachlich-methodische und sozial-kommunikative Kompetenzen", „Verlässlichkeit der Internen Revision" sowie die „Kommunikation mit der Internen Revision". Der geringste Einfluss zeigte sich bei der Qualitätskomponente „Planung und Vorbereitung der Revisionsaufträge". Auf Indikatorebene weisen insgesamt elf Qualitätsindikatoren einen signifikanten Einfluss auf die Akzeptanz der Internen Revision auf. Dagegen beeinflussen insgesamt zwölf Indikatoren über das Vertrauen in die Interne Revision signifikant die Akzeptanz der Internen Revision.

Die Beantwortung der zweiten Forschungsfrage im zweiten Teil der Untersuchung knüpfte an die Ergebnisse der Untersuchung zu den Totaleffekten an, indem die einzelnen Komponenten und ihre zugehörigen Indikatoren je Konstrukt entsprechend ihres Einflusses in absteigender Reihenfolge geordnet wurden. Unter Verwendung des nicht parametrischen Wilcoxon-Tests wurde das Antwortverhalten der Auftraggeber auf das Vorliegen signifikanter Diskrepanzen zwischen der Erwartung und der Einschätzung der Ausgestaltung der Internen Revision untersucht. Bereits bei der Begutachtung der deskriptiven Ergebnisse zur Qualität der Internen Revision und zum Vertrauen in die Interne Revision waren erste Diskrepanzen im Antwortverhalten ersichtlich.

Für die Identifizierung von Potenzialen zur Verbesserung der Qualität wurden insgesamt zwölf Qualitätsindikatoren näher betrachtet. Dabei bestätigte sich weitgehend der erste Eindruck aus der Begutachtung der deskriptiven Ergebnisse. Bei elf der zwölf überprüften Qualitätsindikatoren konnten signifikante Diskrepanzen zwischen der Einschätzung der Istsituation und der Erwartung an den Sollzustand bei den Auftraggebern ermittelt werden. Die Ergebnisse deuten insgesamt auf ein erhebliches Verbesserungspotenzial bei der Qualität der Internen Revision hin.

Ein ähnliches Ergebnis zeigte sich bei der Betrachtung des Vertrauens in die Interne Revision. Auch hier bestätigte sich weitgehend der aus der Begutachtung der deskriptiven Ergebnisse gewonnene Eindruck. Insgesamt wurden 13 Vertrauensindikatoren auf das Vorliegen signifikanter Diskrepanzen im Antwortverhalten der Auftraggeber untersucht. Bei elf Vertrauensindikatoren konnten signifikante Unterschiede zwischen der Einschätzung und der Erwartung der Auftraggeber identifiziert werden. Die Ergebnisse zum Vertrauenskonstrukt deuten ebenfalls auf erhebliche Potenziale zur Stärkung des der Internen Revision entgegengebrachten Vertrauens hin.

7.2 Implikationen für die Revisionspraxis

Auf Grundlage der zentralen Ergebnisse dieser Arbeit lassen sich im Folgenden – obwohl es sich bei der vorliegenden Untersuchung vor allem um eine wissenschaftliche Auseinandersetzung mit der Thematik handelt und diese unter der Maßgabe steht, dass für die Allgemeingültigkeit von Aussagen grundsätzlich eine Vielzahl von empirischen Untersuchungen erforderlich ist – Implikationen für die Revisionspraxis ableiten. Diese ergeben sich aus der systematischen Untersuchung der Einflussfaktoren der Akzeptanz der Internen Revision. Die gewonnenen Erkenntnisse erlauben einerseits einen tieferen Einblick in die Entstehung von Qualität und Vertrauen im Kontext der Internen Revision. Andererseits zeigt sich, dass die Qualität der Internen Revision die entscheidende Größe zur Förderung ihrer Akzeptanz darstellt. Gleichwohl verdeutlichen die Ergebnisse, dass den sozialen Aspekten vonseiten der Auftraggeber ebenfalls eine wesentliche Bedeutung beigemessen wird. Eine Akzeptanzsteigerung der Internen Revision kann damit in erster Linie durch ein Qualitätsmanagement und daran anschließend durch ein Vertrauensmanagement erreicht werden. Gleichzeitig weisen die Ergebnisse des zweiten Teils der Untersuchung auf zahlreiche Potenziale zur Verbesserung der Qualität und zur Erarbeitung von vertrauensbildenden Maßnahmen hin.

Die Erkenntnisse der vorliegenden Untersuchung können für die Entwicklung und den Aufbau einer revisionsspezifischen Strategie zur Förderung der Akzeptanz der Internen Revision beim Auftraggeber genutzt werden. Hierfür bietet zunächst der konzipierte Fragebogen die Möglichkeit – unter Berücksichtigung unternehmensspezifischer Konfigurationen – die Einschätzung und die Erwartung bei den jeweiligen Auftraggebern der Internen Revision separat zu erheben und dadurch das entsprechende Erwartungsniveau transparent zu machen. In diesem Zusammenhang sollte die Revisionspraxis sicherstellen, dass die Auftraggeber keine überzogenen Erwartungen an die Interne Revision entwickeln, die im Zeitablauf zu einer niedrigeren Qualität oder einem geringeren Vertrauen führen, sodass ihre Akzeptanz bei den Auftraggebern negativ beeinflusst wird. Je höher die Erwartungen grundsätzlich sind, desto schwieriger wird es, diese zu erfüllen. Insofern können die Verbesserung der Qualität und die Stärkung des Vertrauens auch auf einer fundierten Analyse und Steuerung von Erwartungen beruhen und die Implementierung eines systematischen Erwartungsmanagements erforderlich machen.[783]

Darüber hinaus liefern die Ergebnisse zu den Wirkungsbeziehungen Hinweise auf eine effektive und effiziente Allokation der Revisionsressourcen. Die Auftraggeber messen sowohl den einzelnen Indikatoren als auch den einzelnen Komponenten unterschiedlich hohe Bedeutung bei. Damit werden die einzelnen Bereiche der Internen Revision identifiziert, in denen höhere bzw. niedri-

[783] Vgl. dazu *Bruhn/Richter/Georgi* (2006), S. 117; *Bruhn* (2000), S. 1032.

gere Prioritäten in Bezug auf zukünftige Verbesserungsmaßnahmen gesetzt werden sollten.

Hinsichtlich der Qualität der Internen Revision kann konstatiert werden, dass dem Auftraggeber einerseits die Bereiche von hoher Bedeutung sind, in denen er kaum involviert ist und für ihn insofern kaum direkte Kontroll- und Einflussmöglichkeiten bestehen. Hierzu wurden neben der Auftragsdurchführung insbesondere die vor Ort stattfindenden Interaktionen der Revisionsmitarbeiter mit den geprüften Einheiten identifiziert. Maßnahmen zur Verbesserung der Qualität der Internen Revision sollten sich daher primär auf diese Qualitätskomponenten konzentrieren. Andererseits sind die Bereiche, in denen der Auftraggeber in verstärktem Maße eingebunden ist oder unmittelbaren Einfluss ausüben kann, für ihn von geringer Relevanz. So kann er beispielsweise in der Phase der Planung und Vorbereitung einzelner Revisionsaufträge maßgeblichen Einfluss auf den Umfang und die Zielsetzung der durchzuführenden Prüfungen und Beratungen nehmen. Gleichzeitig wird bei der Betrachtung der Ergebniskomponente deutlich, dass der reinen Berichterstattung als prozessuales Endergebnis nahezu keine Bedeutung zugeschrieben wird. Der Einfluss dieser Komponente ergibt sich fast ausschließlich aus der Beurteilung des Follow-up-Verfahrens. Demzufolge hat der Auftraggeber ein Interesse daran, dass Empfehlungen der Internen Revision und mit den geprüften Einheiten vereinbarte Maßnahmen umgesetzt werden, sodass eine Verbesserung der Geschäftsprozesse und der betrieblichen Abläufe erreicht werden kann. Tätigkeiten der Internen Revision ohne materiellen Einfluss auf eine potenzielle Verbesserung, wie die reine Dokumentation der Auftragsdurchführung und der erzielten Ergebnisse, scheinen für den Auftraggeber unerheblich zu sein.

In Bezug auf das Vertrauen in die Interne Revision ist insbesondere die hohe Bedeutung der Weiterentwicklung von fachlich-methodischen und sozial-kommunikativen Kompetenzen hervorzuheben. Die Auftraggeber scheinen ein hohes Interesse daran zu haben, dass die Revisionsmitarbeiter den kontinuierlich wachsenden Herausforderungen ihrer Tätigkeiten, die sich durch unternehmensinterne und -externe Gegebenheiten fortwährend wandeln, gerecht werden. Die Betrachtung der entsprechenden Indikatoren hinsichtlich signifikanter Diskrepanzen im Antwortverhalten der Auftraggeber hat gezeigt, dass sich bei zwei der vier betrachteten Indikatoren keine signifikanten Unterschiede im Antwortverhalten feststellen lassen. Es kann somit vermutet werden, dass die Erwartungen der Auftraggeber in diesen Bereichen bereits ausreichend erfüllt werden. Hinsichtlich der Förderung von berufsspezifischen Examen, wie beispielsweise dem CIA oder dem CFSA, konnte sogar eine geringfügige Übererfüllung der Erwartungen ermittelt werden. Die drei weiteren Vertrauenskomponenten unterscheiden sich, angesichts der nahezu identischen Totaleffekte auf die Akzeptanz der Internen Revision, nur marginal in ihrer Bedeutung für den Auftraggeber.

Schließlich kann basierend auf diesen Erkenntnissen und in Kombination mit den identifizierten Schwachstellen in der Ausgestaltung vom Leiter Interne Revision ein Maßnahmenkatalog erarbeitet werden, der zur Verbesserung der Beurteilung der einzelnen Qualitäts- und Vertrauensindikatoren beitragen kann. Über die Verbesserung der Qualität und die Stärkung des Vertrauens kann ein Beitrag zur Förderung der Akzeptanz der Internen Revision geleistet werden. Dafür sollten die Qualitäts- und Vertrauensindikatoren priorisiert behandelt werden, denen vonseiten der Auftraggeber ein hoher Stellenwert zugesprochen wird.

7.3 Implikationen für die Wissenschaft

7.3.1 Inhaltliche und methodische Bewertung

Im Rahmen der vorliegenden Arbeit wurden die Einflussfaktoren der Akzeptanz der Internen Revision systematisch untersucht. Nachfolgend werden die spezifischen inhaltlichen und methodischen Erkenntnisbeiträge dieser Untersuchung diskutiert.

Aus inhaltlicher Sicht wurde eine theoretisch fundierte und empirisch validierte Konzeptualisierung und Operationalisierung der Qualität der Internen Revision, des Vertrauens in die Interne Revision und der Akzeptanz der Internen Revision aus der Perspektive der Unternehmensleitung als Auftraggeber erarbeitet und damit ein Beitrag zur Forschung im Bereich der Internen Revision geleistet. Die bisherigen wissenschaftlichen Arbeiten zur Internen Revision, unabhängig von ihrer jeweiligen thematischen Ausrichtung, zeichnen sich weitgehend durch ein logisch-deduktives Vorgehen aus. Durch die Bezugnahme auf geeignete (sozial-)psychologische und verhaltenswissenschaftliche Theorien bei der Fundierung der Forschungshypothesen konnte mit dieser Arbeit ein wissenschaftlicher Erkenntnisfortschritt im Kontext der Internen Revision erbracht werden.

Die Konzeptualisierung und Operationalisierung der Konstrukte erfolgte konsequent auf Basis der praxisnahen und wissenschaftlichen Literatur. Während mehrdimensionale Konstrukte und insbesondere „Formative first-order, formative second-order"-Modellierungen in der Wissenschaft vergleichsweise selten vorzufinden sind, wurden in dieser Arbeit die Qualität der Internen Revision und das Vertrauen in die Interne Revision mit jeweils vier Komponenten konzeptualisiert. Die empirischen Ergebnisse dieser Arbeit bestätigen diese Konzeptualisierung. Da für die Operationalisierung der Qualität der Internen Revision, des Vertrauens in die Interne Revision und der Akzeptanz der Internen Revision noch keine Skalen zur Verfügung standen und davon auszugehen ist, dass viele bereits in anderen Untersuchungskontexten verwendete Skalen aufgrund ihrer ausschließlich reflektiven Operationalisierung fehlspezifiziert sind, wurden für die drei Konstrukte erstmalig reliable und valide Messinstrumente entwickelt. Zur Beurteilung der Validität und Reliabilität wurden sowohl auf Ebene der Indikatoren und Komponenten als auch auf Gesamtmodellebene zahlreiche Gütekriterien verwendet. Die hierbei erzielten Gütemaße weisen insgesamt – mit Ausnahme einiger Indikatoren – gute Werte auf, sodass sich die entwickelten Messmodelle für weitere Untersuchungen im Bereich der Internen Revision eignen.

Schließlich leistet diese Arbeit aus inhaltlicher Sicht einen Erkenntnisbeitrag dadurch, dass über die Überprüfung von Kausalzusammenhängen latenter Konstrukte hinaus nicht nur explikative Aussagen getroffen, sondern durch die weitergehende systematische Untersuchung auf Indikatorebene auch konkrete Ansatzpunkte zur Verbesserung der Qualität der Internen Revision und zur Stärkung des Vertrauens in die Interne Revision aufgezeigt werden können. Die Indikatoren stellen schließlich die relevanten Treiber der Qualität der Internen Revision und des Vertrauens in die Interne Revision dar. Bisherige wissenschaftliche Arbeiten in anderen Untersuchungskontexten beschränken sich darauf, die Zusammenhänge zwischen potenziellen Determinanten und einem Konstrukt sowie möglicher Wirkungseffekte dieses Konstrukts zu untersuchen. Insofern können abstrakte Handlungsempfehlungen bestenfalls auf Konstruktebene gegeben werden. Die vorliegende Arbeit erweitert die Untersuchung von Kausalzusammenhängen um einen normativ orientierten Ansatz und liefert damit konkrete Hinweise auf Verbesserungspotenziale auf Indikatorebene.

Die methodische Vorgehensweise der vorliegenden Arbeit wurde an den aktuellen Anforderungen der Wissenschaft und an der zugrunde liegenden Datenqualität ausgerichtet. Da die Zielsetzung in der systematischen Untersuchung der Einflussfaktoren der Akzeptanz der Internen Revision bestand, wurden diese mit formativen Komponenten und Indikatoren spezifiziert. Erst durch den Einsatz formativer Messmodelle lassen sich Empfehlungen abgeben, welche Bestimmungsgrößen die Qualität der Internen Revision und das Vertrauen in die Interne Revision determinieren. Darüber hinaus ist in Studien vielfach durch die Verwendung reflektiver Operationalisierungen möglicherweise eine Fehlspezifikation der Modelle erfolgt.

In diesem Zusammenhang hat sich der für kleine Stichproben geeignete PLS-Ansatz als methodisch angemessen erwiesen. Ein wesentlicher Vorteil dieses

Ansatzes lag insbesondere in der problemlosen Verwendung der formativen Messmodelle. Zudem konnte neben den direkten Ursache-Wirkungs-Beziehungen auch die mediierende Wirkung des Vertrauens in die Interne Revision untersucht werden.

Einen weiteren methodischen Erkenntnisbeitrag leistet diese Arbeit durch den Einsatz des nicht parametrischen Wilcoxon-Tests. Während sich der Willcoxon-Test bereits für Mediziner, Psychologen und Verhaltenswissenschaftler als besonders nützlich erwies, kommt diesem Test in der betriebswirtschaftlichen Forschung bislang keine Bedeutung zu. Stattdessen wird in empirischen Untersuchungen, in denen Unterschiede zwischen einzelnen Stichproben identifiziert werden sollen, auf den verteilungsgebundenen t-Test zurückgegriffen. Eine Überprüfung der restriktiven mathematisch-statistischen Anforderungen ist selten zu finden, obwohl bezweifelt werden kann, dass das Antwortverhalten von Informanten bei einer schriftlichen Befragung einer Normalverteilung folgt. Die vorliegende Arbeit liefert dem betriebswirtschaftlich orientierten Wissenschaftler einen Leitfaden, mit dessen Hilfe er zunächst ein geeignetes Analyseverfahren für Stichprobenvergleiche auswählen kann. Zudem werden ihm für den Fall der Anwendung des nicht parametrischen Wilcoxon-Tests sowohl die Überprüfung der Anwendungsvoraussetzungen als auch das methodische Vorgehen aufgezeigt. Die betriebswirtschaftliche Forschung bleibt damit aufgefordert, etablierte Testverfahren nicht ohne kritische Prüfung der zugrunde liegenden Datenstruktur einzusetzen.

7.3.2 Limitationen der Untersuchung und zukünftiger Forschungsbedarf

Mit der vorliegenden Arbeit konnten interessante und aussagekräftige Erkenntnisse für die Qualität der Internen Revision, das Vertrauen in die Interne Revision und die Akzeptanz der Internen Revision gewonnen und eine wichtige Forschungslücke geschlossen werden. Gleichwohl weist diese Arbeit gewisse Limitationen auf, die zugleich Anknüpfungspunkte für weitere Forschungsaktivitäten bieten.

Eine wesentliche Limitation der Arbeit liegt in der verwendeten Datengrundlage, die aufgrund eines weitgehend einheitlichen Akzeptanzkontexts auf 170 Auftraggeber von eigenständigen Internen Revisionen in deutschen börsennotierten Unternehmen begrenzt war. Obwohl die erzielte Rücklaufquote insgesamt als gut bewertet werden kann, konnten die inhaltlichen Erklärungspotenziale des gewählten Forschungsansatzes nicht vollständig ausgeschöpft werden. Dies betrifft insbesondere weitergehende Analysemöglichkeiten in Form von Segment- oder Gruppenvergleichen, die aufgrund der jeweiligen Stichprobengrößen für diese Segmente oder Gruppen methodisch nicht durchführbar waren. So war es nicht möglich, den entwickelten Erklärungsansatz zu den Wirkungsbeziehungen für verschiedene Branchen oder Unternehmensgrößen zu schätzen und sie miteinander zu vergleichen. Ebenso wenig konnte eine Differenzierung der Auftraggeber in Bezug auf ihre Funktion im Unternehmen vorgenommen werden. Es ist jedoch zu erwarten, dass dadurch zusätzliche wertvolle Hinweise für die Ausgestaltung der Internen Revision geliefert werden können. Zukünftige Forschungsarbeiten sollten eine größere Grundgesamtheit und die sich daraus ergebenden Möglichkeiten von Segment- und Gruppenvergleichen explizit in ihrem Untersuchungsdesign berücksichtigen. Zudem wäre es wünschenswert, wenn Replikationsstudien mit einem größeren Stichprobenumfang durchgeführt würden. Hierdurch ließen sich zum einen die erstmalig verwendeten Messmodelle der Konstrukte weiterentwickeln. Zum anderen können die Validität der erhaltenen Ergebnisse sowie der Gültigkeitsbereich der Wirkungsbeziehungen überprüft und der durch die vorliegende Untersuchung geleistete Erkenntnisfortschritt abgesichert werden.[784]

Darüber hinaus fokussiert sich die vorliegende Arbeit auf zwei zentrale Einflussfaktoren der Akzeptanz der Internen Revision. Obwohl die berücksichtigten Einflussfaktoren einen substanziellen Anteil der Varianz der Zielgröße er-

[784] Vgl. *Fassott* (2006), S. 84f.

klären, kann nicht ausgeschlossen werden, dass weitere Determinanten der Akzeptanz existieren, die einen wichtigen Beitrag zur Erklärung der Akzeptanz der Internen Revision leisten können. Dies gilt gleichermaßen für die entwickelten Indikatoren, mit denen die einzelnen Konstrukte operationalisiert wurden. Um diese Lücken zu schließen, sind weitere Forschungsarbeiten erforderlich. Eine Ergänzung der bisherigen Erkenntnisse zur Akzeptanz der Internen Revision verspricht möglicherweise eine explizite Berücksichtigung der Zufriedenheit der Auftraggeber mit der Internen Revision oder des wahrgenommenen Werts der Dienstleistungen der Internen Revision. Zu einem Erkenntnisgewinn kann auch die Ausweitung der Untersuchung auf potenzielle (ökonomische) Wirkungen der Akzeptanz beitragen. Mit der Erkenntnis, dass die einstellungsorientierte Akzeptanz der Internen Revision einen Prädiktor für das Verhalten der Auftraggeber darstellt, können aufbauend auf der vorliegenden Untersuchung explizit verhaltensbezogene Wirkungen in Form einer verstärkten Nutzung der Internen Revision für bestimmte Tätigkeitsbereiche modelliert werden. In diesem Zusammenhang könnte auch das Kommunikationsverhalten zwischen dem Leiter Interne Revision und dem Auftraggeber nicht als Bestimmungsgröße des Vertrauens, sondern als dessen Wirkung näher betrachtet werden.

Einen Ansatzpunkt für nachfolgende Forschungsarbeiten stellt zudem die Durchführung einer Längsschnittstudie dar. In der vorliegenden Arbeit werden dynamische Phänomene in einem statischen Design untersucht. Dieses Vorgehen ist aus forschungsökonomischer Sicht vertretbar und wird in Untersuchungen vielfach angewendet. Dennoch ist es denkbar, dass sich sowohl die Wirkungsbeziehungen im Zeitablauf verändern als auch die Beurteilung der Ausgestaltung der Internen Revision durch die Auftraggeber einem dynamischen Prozess unterliegt. So könnten im Rahmen einer dynamischen Forschungskonzeption intertemporale Effekte und Veränderungen in der Ausgestaltung der Internen Revision abgebildet werden.

Eine abschließende Einschränkung der vorliegenden Arbeit ergibt sich aus der Tatsache, dass lediglich deutsche börsennotierte Unternehmen in der empirischen Untersuchung berücksichtigt wurden. Folglich lassen sich keine Aussagen über die Gültigkeit der gewonnenen Erkenntnisse im internationalen Kontext treffen. Zukünftige Forschungsarbeiten können eine Ausweitung der Untersuchung auf den internationalen oder zumindest europäischen Kontext vornehmen. Dadurch lassen sich länderspezifische Besonderheiten und Unterschiede bei den Wirkungsbeziehungen und in der Ausgestaltung von Internen Revisionen herausarbeiten, die insbesondere vor dem Hintergrund verschiedener institutioneller Rahmenbedingungen in den einzelnen Ländern von Interesse sind.

Anhang

Anhang 1: Begleitschreiben

UNIVERSITÄT DUISBURG ESSEN

Universität Stuttgart

Deutsches Institut für Interne Revision e.V., Ohmstraße 59, 60486 Frankfurt am Main

An den
Leiter Interne Revision

Frankfurt am Main
24. Juli 2009

Forschungsprojekt: „Interne Revision"
Umfrage zur Einschätzung der Ausgestaltung der Internen Revision unter Leitern der Internen Revision und ihren Auftraggebern

Sehr geehrte Damen und Herren,

die Interne Revision stellt auch in Deutschland einen entscheidenden Teil der Corporate Governance dar, die sich ihrerseits stets mit neuen Anforderungen konfrontiert sieht. Aktuell trägt die Verabschiedung des Bilanzrechtsmodernisierungsgesetzes (BilMoG) vom 28. Mai 2009 zu einer steigenden Transparenz der internen Corporate Governance bei. In diesem Zusammenhang werden insbesondere die Wirksamkeit und die Qualität der Internen Revision an Bedeutung zunehmen.

Vor diesem Hintergrund wurden im Rahmen einer Forschungskooperation des Lehrstuhls für Rechnungswesen, Wirtschaftsprüfung und Controlling an der Universität Duisburg-Essen und des Lehrstuhls für Allgemeine Betriebswirtschaftslehre und Controlling an der Universität Stuttgart zwei Promotionsprojekte konzipiert. Die Ziele der Arbeiten sind zum einen die Identifikation der Einflussfaktoren auf die Akzeptanz bzw. den wahrgenommenen Wert der Internen Revision und zum anderen die Feststellung möglicher Diskrepanzen bei der Wahrnehmung der Ausgestaltung der Internen Revision, um daraus konkrete Handlungsempfehlungen für die Praxis zu formulieren. Hierzu ist Datenmaterial notwendig, das nur im Rahmen einer Befragung von **Leitern der Internen Revision** und ihren **Auftraggebern** erhoben werden kann.

Wir bitten Sie deshalb als Leiter Interne Revision den „Fragebogen 1: Leiter Interne Revision" zu beantworten und den „Fragebogen 2: Auftraggeber der Internen Revision" an Ihren **fachlichen Vorgesetzten** mit der Bitte um Beantwortung weiterzuleiten. Sollten Sie nicht der richtige Ansprechpartner sein, leiten Sie die Fragebogen bitte an die zuständigen Kollegen weiter. Sollte es in Ihrem Unternehmen **keine Interne Revision** geben, senden Sie uns bitte auch den unausgefüllten Fragebogen mittels des beigefügten frankierten Rückumschlags zurück.

Vertraulichkeit der Informationen

Ihre Antworten sind die Voraussetzung dafür, dass wir wissenschaftlich fundierte Aussagen treffen können, die auch aus praktischer Perspektive relevant und aktuell sind. Wir möchten Sie daher herzlich einladen, an der folgenden Umfrage teilzunehmen. Bitte schicken Sie deshalb den Fragebogen auch dann zurück, wenn Sie ihn nicht vollständig beantworten. Wir möchten Ihnen darüber hinaus an dieser Stelle versichern, dass die Untersuchung der Antworten auf einer **aggregierten Basis** erfolgt, aus der einzelne Antworten in den Projekten **nicht identifizierbar** sind. Zudem versichern wir Ihnen, dass alle erhaltenen Antworten **streng vertraulich** behandelt werden und **ausschließlich wissenschaftlichen Zwecken** dienen. Die aufgedruckte Referenznummer dient ausschließlich der Zuordnung eines Fragebogenpaares zueinander.

Für die Bearbeitung des Fragebogens 1 benötigen Sie **ca. 25 Minuten**. Für die Bearbeitung des Fragebogens 2 benötigt ihr Auftraggeber **ca. 10 Minuten**.

Die Kuvertierung erfolgte durch das DIIR. Bitte senden Sie den ausgefüllten Fragebogen mittels des **beigefügten frankierten Rückumschlags** bis **spätestens 25. September 2009** an:

Universität Duisburg-Essen
Lehrstuhl für Rechnungswesen, Wirtschaftsprüfung und Controlling
Studie „Qualität der Internen Revision"
Forsthausweg 2

47057 Duisburg

Unter allen Rücksendungen verlosen wir **5 Plätze** für die Fachtagung des **Mercator Business Networks** in Duisburg. Darüber hinaus bieten wir jedem Rücksender einen **exklusiven**

Auswertungsbericht an. Bitte füllen Sie dazu das am Ende des Fragebogens beigefügte Bestellformular aus.

Bei Fragen oder Anregungen zur Umfrage wenden Sie sich bitte an:

Herrn Dipl.-Kfm. Stefan Hübner
Mail: stefan.huebner@bwi.uni-stuttgart.de – Ruf: 0711 – 685 83173

Herrn Dipl.-Kfm. Mirko Mertenskötter
Mail: mirko.mertenskoetter@uni-due.de – Ruf: 0203 – 379 1347

Wir bedanken uns herzlich bei Ihnen für Ihr Vertrauen und Ihre Mitarbeit!

Mit herzlichen Grüßen

Bernd Schartmann
(Sprecher des Vorstands)

Volker Hampel
(Executive)

Univ.-Prof. Dr. Annette G. Köhler
(Mitglied im Wissenschaftlichen Beirat des DIIR)

Univ.-Prof. Dr. Burkhard Pedell
(Mitglied im Wissenschaftlichen Beirat des DIIR)

Anhang 2: Fragebogen: Auftraggeber der Internen Revision

Forschungsprojekt: „Interne Revision"

Sehr geehrte Damen und Herren,

die Interne Revision stellt auch in Deutschland einen entscheidenden Teil der Corporate Governance dar, die sich ihrerseits stets mit neuen Anforderungen konfrontiert sieht. In diesem Zusammenhang werden insbesondere die Wirksamkeit und die Qualität der Internen Revision an Bedeutung zunehmen.

Vor diesem Hintergrund wurden im Rahmen einer Forschungskooperation der Universität Duisburg-Essen und der Universität Stuttgart zwei Promotionsprojekte konzipiert. Die Ziele der Arbeiten sind zum einen die Identifikation von Einflussfaktoren auf die Akzeptanz bzw. den wahrgenommenen Wert der Internen Revision und zum anderen die Feststellung möglicher Diskrepanzen bei der Wahrnehmung der Ausgestaltung der Internen Revision, um daraus konkrete Handlungsempfehlungen für die Praxis zu formulieren. Wir bitten Sie deshalb als Auftraggeber der Internen Revision diesen Fragebogen zu beantworten und mittels des **beigefügten frankierten Rückumschlags** bis **spätestens 25. September 2009** zurückzusenden. Alternativ haben wir Ihnen diesen Fragebogen ebenfalls online unter

http://www.unipark.de/uc/ir/?code=A5555

zur Verfügung gestellt.

Ihre Antworten sind die Voraussetzung dafür, dass wir wissenschaftlich fundierte Aussagen treffen können, die auch aus praktischer Perspektive relevant und aktuell sind. Bitte schicken Sie deshalb den Fragebogen auch dann zurück, wenn Sie ihn nicht vollständig beantworten. Wir möchten Ihnen darüber hinaus an dieser Stelle versichern, dass die Untersuchung der Antworten auf einer **aggregierten Basis** erfolgt, aus der einzelne Antworten in den Projekten **nicht identifizierbar** sind. Zudem versichern wir Ihnen, dass alle erhaltenen Antworten **streng vertraulich** behandelt werden und **ausschließlich wissenschaftlichen Zwecken** dienen. Die aufgedruckte Referenznummer dient ausschließlich der Zuordnung eines Fragebogenpaares zueinander. Für die Bearbeitung des Fragebogens benötigen Sie **ca. 10 Minuten**.

Vielen Dank für Ihr Vertrauen und Ihre Mitarbeit!

Referenznummer: A5555

I. Allgemeine Angaben

1. Welche Funktion erfüllen Sie in Ihrem Unternehmen?
   - ☐ Vorsitzender des Vorstands (CEO)
   - ☐ Finanzvorstand (CFO)
   - ☐ Anderes Mitglied des Vorstands
   - ☐ Vorsitzender des Aufsichtsrats
   - ☐ Vorsitzender des Prüfungsausschusses
   - ☐ Andere; bitte Funktion angeben: ______________________

2. Wie viele Hierarchieebenen unterhalb des Vorstands gibt es in Ihrem Unternehmen? ____________
   (Bitte geben Sie die Anzahl bei Mutterunternehmen aus Konzernsicht, bei Konzerngesellschaften/konzernunabhängigen Unternehmen aus Sicht des Einzelunternehmens an)

3. Wie schätzen Sie die Kundenstruktur Ihres Unternehmens ein?

   hochkomplex ☐ ☐ ☐ ☐ einfach

4. Wie schätzen Sie die Lieferantenstruktur Ihres Unternehmens ein?

   hochkomplex ☐ ☐ ☐ ☐ einfach

II. Angaben zur Ausgestaltung der Internen Revision

	Bitte beantworten Sie beide Antwortspalten.		
	Erwartung an den SOLLzustand Welche Erwartung haben Sie an die nachfolgend konkretisierte Ausgestaltung der Internen Revision? *Bitte je Aussage nur ein Kreuz setzen!*	**Einschätzung der ISTsituation** Wie schätzen Sie die nachfolgend konkretisierte Ausgestaltung der Internen Revision ein? *Bitte je Aussage nur ein Kreuz setzen!*	
Zustimmungsgrad	Muss voll und ganz zu treffen ——— Muss gar nicht zu treffen	Trifft voll und ganz zu ——— Trifft gar nicht zu	Kann ich nicht einschätzen
Organisation			
1. Die Unabhängigkeit der Revisionsmitarbeiter ist **immer** gewährleistet.	☐ ☐ ☐ ☐ ☐ ☐	☐ ☐ ☐ ☐ ☐ ☐	☐
2. Der Prüfungsumfang der Internen Revision umfasst **alle** Aktivitäten des Unternehmens.	☐ ☐ ☐ ☐ ☐ ☐	☐ ☐ ☐ ☐ ☐ ☐	☐
3. Der Informationsaustausch zwischen dem Leiter der Internen Revision und mir ist **ausgezeichnet.**	☐ ☐ ☐ ☐ ☐ ☐	☐ ☐ ☐ ☐ ☐ ☐	☐
4. Die Interne Revision konzentriert sich auf **risikobehaftete** Prüffelder.	☐ ☐ ☐ ☐ ☐ ☐	☐ ☐ ☐ ☐ ☐ ☐	☐
5. Die Interne Revision reagiert **immer flexibel** auf außerplanmäßige Vorkommnisse.	☐ ☐ ☐ ☐ ☐ ☐	☐ ☐ ☐ ☐ ☐ ☐	☐
6. Der Wechsel der Prüfungsschwerpunkte ist Ausdruck einer **mehrjährigen** Prüfungsplanung.	☐ ☐ ☐ ☐ ☐ ☐	☐ ☐ ☐ ☐ ☐ ☐	☐
7. Der Nutzen der Revisionsleistungen **übersteigt** deren Kosten.	☐ ☐ ☐ ☐ ☐ ☐	☐ ☐ ☐ ☐ ☐ ☐	☐

Referenznummer: A5555

	Bitte beantworten Sie beide Antwortspalten.		
	Erwartung an den SOLLzustand Welche Erwartung haben Sie an die nachfolgend konkretisierte Ausgestaltung der Internen Revision? *Bitte je Aussage nur ein Kreuz setzen!*	**Einschätzung der ISTsituation** Wie schätzen Sie die nachfolgend konkretisierte Ausgestaltung der Internen Revision ein? *Bitte je Aussage nur ein Kreuz setzen!*	
Zustimmungsgrad	Muss voll und ganz zu treffen ——— Muss gar nicht zu treffen	Trifft voll und ganz zu ——— Trifft gar nicht zu	Kann ich nicht einschätzen
Auftragsdurchführung			
8. Die Interne Revision **kündigt** den zu prüfenden Einheiten die geplanten Aufträge **an**.	☐ ☐ ☐ ☐ ☐ ☐	☐ ☐ ☐ ☐ ☐ ☐	☐
9. Die Interne Revision erklärt den zu prüfenden Einheiten die Ziele der Aufträge **stets umfassend**.	☐ ☐ ☐ ☐ ☐ ☐	☐ ☐ ☐ ☐ ☐ ☐	☐
10. Die Interne Revision **minimiert** die bei Auftragsdurchführung entstehenden **Störungen** der Tagesaktivitäten der geprüften Einheiten.	☐ ☐ ☐ ☐ ☐ ☐	☐ ☐ ☐ ☐ ☐ ☐	☐
11. Die Interne Revision folgt bei der Prüfungsdurchführung **sehr strikten** Verfahrensvorschriften.	☐ ☐ ☐ ☐ ☐ ☐	☐ ☐ ☐ ☐ ☐ ☐	☐
12. Die geprüften Einheiten werden von der Internen Revision **ausgezeichnet** in den Prüfungsprozess integriert.	☐ ☐ ☐ ☐ ☐ ☐	☐ ☐ ☐ ☐ ☐ ☐	☐
13. Die Interne Revision berichtet die Prüfungsergebnisse **immer** in standardisierter schriftlicher Form.	☐ ☐ ☐ ☐ ☐ ☐	☐ ☐ ☐ ☐ ☐ ☐	☐
14. Die Interne Revision hält die geplante Dauer von Prüfungen **immer** ein.	☐ ☐ ☐ ☐ ☐ ☐	☐ ☐ ☐ ☐ ☐ ☐	☐

Referenznummer: A5555

	Bitte beantworten Sie beide Antwortspalten.		
	Erwartung an den SOLLzustand Welche Erwartung haben Sie an die nachfolgend konkretisierte Ausgestaltung der Internen Revision? *Bitte je Aussage nur ein Kreuz setzen!*	**Einschätzung der ISTsituation** Wie schätzen Sie die nachfolgend konkretisierte Ausgestaltung der Internen Revision ein? *Bitte je Aussage nur ein Kreuz setzen!*	
Zustimmungsgrad	Muss voll und ganz zu treffen ——— Muss gar nicht zu treffen	Trifft voll und ganz zu ——— Trifft gar nicht zu	Kann ich nicht einschätzen
15. Die Interne Revision führt mit den geprüften Einheiten **konstruktive** Schlussbesprechungen durch.	☐ ☐ ☐ ☐ ☐ ☐	☐ ☐ ☐ ☐ ☐ ☐	☐
16. Die Prüfungsergebnisse werden nach Beendigung der Prüfung **stets zeitnah** berichtet.	☐ ☐ ☐ ☐ ☐ ☐	☐ ☐ ☐ ☐ ☐ ☐	☐
17. Die Umsetzung von Empfehlungen und vereinbarten Maßnahmen wird durch die Interne Revision **intensiv** überwacht.	☐ ☐ ☐ ☐ ☐ ☐	☐ ☐ ☐ ☐ ☐ ☐	☐
18. Nach **jedem** Auftrag werden durch den Leiter der Internen Revision Feedbackgespräche mit den beteiligten Revisionsmitarbeitern geführt.	☐ ☐ ☐ ☐ ☐ ☐	☐ ☐ ☐ ☐ ☐ ☐	☐
19. Aus den Aufträgen gewonnenes Wissen wird für **alle** Revisionsmitarbeiter verfügbar gemacht.	☐ ☐ ☐ ☐ ☐ ☐	☐ ☐ ☐ ☐ ☐ ☐	☐
20. Die Interne Revision informiert mich **stets** über Empfehlungen und Maßnahmen, die von den geprüften Einheiten **nicht umgesetzt** werden.	☐ ☐ ☐ ☐ ☐ ☐	☐ ☐ ☐ ☐ ☐ ☐	☐

	Bitte beantworten Sie beide Antwortspalten.		
	Erwartung an den SOLLzustand Welche Erwartung haben Sie an die nachfolgend konkretisierte Ausgestaltung der Internen Revision? *Bitte je Aussage nur ein Kreuz setzen!*	**Einschätzung der ISTsituation** Wie schätzen Sie die nachfolgend konkretisierte Ausgestaltung der Internen Revision ein? *Bitte je Aussage nur ein Kreuz setzen!*	
Zustimmungsgrad	Muss voll und ganz zu treffen ——— Muss gar nicht zu treffen	Trifft voll und ganz zu ——— Trifft gar nicht zu	Kann ich nicht einschätzen
21. Die Revisionsberichte sind **stets** ... ... **objektiv**.	☐ ☐ ☐ ☐ ☐ ☐	☐ ☐ ☐ ☐ ☐ ☐	☐
... **verständlich**.	☐ ☐ ☐ ☐ ☐ ☐	☐ ☐ ☐ ☐ ☐ ☐	☐
22. Die Interne Revision **reagiert** bei Verdacht auf dolose Handlungen ... ... **schnell**.	☐ ☐ ☐ ☐ ☐ ☐	☐ ☐ ☐ ☐ ☐ ☐	☐
... **diskret**.	☐ ☐ ☐ ☐ ☐ ☐	☐ ☐ ☐ ☐ ☐ ☐	☐
23. Die Interne Revision trägt zum **Schutz** des Vorstands vor **rechtlichen Konsequenzen** bei.	☐ ☐ ☐ ☐ ☐ ☐	☐ ☐ ☐ ☐ ☐ ☐	☐
Personal und Führung			
24. Die Revisionsmitarbeiter verfügen über **hervorragende** ... ... **fachliche** Kompetenzen.	☐ ☐ ☐ ☐ ☐ ☐	☐ ☐ ☐ ☐ ☐ ☐	☐
... **soziale** Kompetenzen.	☐ ☐ ☐ ☐ ☐ ☐	☐ ☐ ☐ ☐ ☐ ☐	☐
25. Die Interne Revision entwickelt aus ihren **eigenen Reihen** zukünftige Führungskräfte des Unternehmens.	☐ ☐ ☐ ☐ ☐ ☐	☐ ☐ ☐ ☐ ☐ ☐	☐
26. Die kommunikativen Fähigkeiten der Revisionsmitarbeiter sind **ausgezeichnet**.	☐ ☐ ☐ ☐ ☐ ☐	☐ ☐ ☐ ☐ ☐ ☐	☐
27. Fortbildungsmaßnahmen sind für **jeden** Revisionsmitarbeiter **individuell** gestaltet.	☐ ☐ ☐ ☐ ☐ ☐	☐ ☐ ☐ ☐ ☐ ☐	☐

Referenznummer: A5555

	Bitte beantworten Sie beide Antwortspalten.		
	Erwartung an den SOLLzustand Welche Erwartung haben Sie an die nachfolgend konkretisierte Ausgestaltung der Internen Revision? *Bitte je Aussage nur ein Kreuz setzen!*	**Einschätzung der ISTsituation** Wie schätzen Sie die nachfolgend konkretisierte Ausgestaltung der Internen Revision ein? *Bitte je Aussage nur ein Kreuz setzen!*	
Zustimmungsgrad	Muss voll und ganz zu treffen ——— Muss gar nicht zu treffen	Trifft voll und ganz zu ——— Trifft gar nicht zu	Kann ich nicht einschätzen
28. Die IT-Kenntnisse der Revisionsmitarbeiter sind **hervorragend**.	☐ ☐ ☐ ☐ ☐ ☐	☐ ☐ ☐ ☐ ☐ ☐	☐
29. Die Interne Revision führt **regelmäßig** ...			
... **interne** Qualitätsbeurteilungen durch.	☐ ☐ ☐ ☐ ☐ ☐	☐ ☐ ☐ ☐ ☐ ☐	☐
... **externe** Qualitätsbeurteilungen durch.	☐ ☐ ☐ ☐ ☐ ☐	☐ ☐ ☐ ☐ ☐ ☐	☐
30. Berufsspezifische Examen (z.B. CIA, CFSA) werden **intensiv** gefördert.	☐ ☐ ☐ ☐ ☐ ☐	☐ ☐ ☐ ☐ ☐ ☐	☐
31. Die Interne Revision **kennt** meine Anforderungen an die Revisionsleistungen **sehr gut**.	☐ ☐ ☐ ☐ ☐ ☐	☐ ☐ ☐ ☐ ☐ ☐	☐
32. Der Leiter Interne Revision pflegt einen **intensiven** Austausch mit dem Abschlussprüfer.	☐ ☐ ☐ ☐ ☐ ☐	☐ ☐ ☐ ☐ ☐ ☐	☐
33. Die Akzeptanz der Internen Revision im Unternehmen ist **hervorragend**.	☐ ☐ ☐ ☐ ☐ ☐	☐ ☐ ☐ ☐ ☐ ☐	☐

Vielen Dank für Ihre Mitarbeit!

Referenznummer: A5555

Anhang 3: Ergebnisse zur Überprüfung des Nonresponse-Bias

Erwartung an den Sollzustand

Nummerierung im Fragebogen und Kurzbezeichnung der Indikatoren		Empirische Signifikanz (Mann-Whitney-U-Test)
1	Gewährleistung der Unabhängigkeit	0,753
2	Prüfungsumfang umfasst alle Aktivitäten des Unternehmens	0,151
3	Informationsaustausch zwischen dem Leiter Interne Revision und dem Auftraggeber	0,643
4	Konzentration auf risikobehaftete Prüffelder	0,092
5	Flexible Reaktion auf außerplanmäßige Vorkommnisse	0,825
6	Wechsel der Prüfungsschwerpunkte als Ausdruck einer Mehrjahresplanung	0,299
7	Kosten-Nutzen-Verhältnis	0,359
8	Auftragsankündigung	0,222
9	Erklärung der Auftragsziele	0,713
10	Minimierung entstehender Störungen bei Auftragsdurchführung	0,715
11	Anwendung strikter Verfahrensvorschriften	0,341
12	Integration der geprüften Einheiten in den Prüfungsprozess	0,019
13	Standardisierte schriftliche Berichterstattung	0,720
14	Einhaltung der Prüfungsdauer	0,438
15	Durchführung konstruktiver Schlussbesprechungen	0,839
16	Zeitnahe Berichterstattung	0,737
17	Überwachung der Umsetzung von Empfehlungen und vereinbarten Maßnahmen	0,895
18	Durchführung von Feedbackgesprächen mit den Revisionsmitarbeitern	0,081
19	Bereitstellung von gewonnenem Wissen	0,139
20	Informationen über nicht umgesetzte Empfehlungen und Maßnahmen	0,605
21a	Objektive Revisionsberichte	0,309
21b	Verständliche Revisionsberichte	0,298
22a	Schnelle Reaktion bei Verdacht auf dolose Handlungen	0,063
22b	Diskrete Reaktion bei Verdacht auf dolose Handlungen	0,771
23	Schutz vor rechtlichen Konsequenzen	0,268
24a	Fachliche Kompetenzen	0,172
24b	Soziale Kompetenzen	0,894
25	Entwicklung zukünftiger Führungskräfte	0,959

Nummerierung im Fragebogen und Kurzbezeichnung der Indikatoren		Empirische Signifikanz (Mann-Whitney-U-Test)
26	Kommunikative Fähigkeiten	0,870
27	Individuelle Fortbildungsmaßnahmen	0,309
28	IT-Kenntnisse	0,807
29a	Durchführung von internen Qualitätsbeurteilungen	0,968
29b	Durchführung von externen Qualitätsbeurteilungen	0,412
30	Förderung berufsspezifischer Examen	0,103
31	Kenntnisse der Anforderungen des Auftraggebers	0,340
32	Austausch mit dem Abschlussprüfer	0,028
33	Akzeptanz der Internen Revision	0,900

Einschätzung der Istsituation

Nummerierung im Fragebogen und Kurzbezeichnung der Indikatoren		Empirische Signifikanz (Mann-Whitney-U-Test)
1	Gewährleistung der Unabhängigkeit	0,861
2	Prüfungsumfang umfasst alle Aktivitäten des Unternehmens	0,089
3	Informationsaustausch zwischen dem Leiter Interne Revision und dem Auftraggeber	0,076
4	Konzentration auf risikobehaftete Prüffelder	0,154
5	Flexible Reaktion auf außerplanmäßige Vorkommnisse	0,058
6	Wechsel der Prüfungsschwerpunkte als Ausdruck einer Mehrjahresplanung	0,395
7	Kosten-Nutzen-Verhältnis	0,080
8	Auftragsankündigung	0,178
9	Erklärung der Auftragsziele	0,234
10	Minimierung entstehender Störungen bei Auftragsdurchführung	0,986
11	Anwendung strikter Verfahrensvorschriften	0,986
12	Integration der geprüften Einheiten in den Prüfungsprozess	0,774
13	Standardisierte schriftliche Berichterstattung	0,824
14	Einhaltung der Prüfungsdauer	0,752
15	Durchführung konstruktiver Schlussbesprechungen	0,826
16	Zeitnahe Berichterstattung	0,248
17	Überwachung der Umsetzung von Empfehlungen und vereinbarten Maßnahmen	0,210
18	Durchführung von Feedbackgesprächen mit den Revisionsmitarbeitern	0,113

Nummerierung im Fragebogen und Kurzbezeichnung der Indikatoren		Empirische Signifikanz (Mann-Whitney-U-Test)
19	Bereitstellung von gewonnenem Wissen	0,699
20	Informationen über nicht umgesetzte Empfehlungen und Maßnahmen	0,125
21a	Objektive Revisionsberichte	0,527
21b	Verständliche Revisionsberichte	0,608
22a	Schnelle Reaktion bei Verdacht auf dolose Handlungen	0,364
22b	Diskrete Reaktion bei Verdacht auf dolose Handlungen	0,870
23	Schutz vor rechtlichen Konsequenzen	0,926
24a	Fachliche Kompetenzen	0,604
24b	Soziale Kompetenzen	0,746
25	Entwicklung zukünftiger Führungskräfte	0,410
26	Kommunikative Fähigkeiten	0,532
27	Individuelle Fortbildungsmaßnahmen	0,584
28	IT-Kenntnisse	0,767
29a	Durchführung von internen Qualitätsbeurteilungen	0,132
29b	Durchführung von externen Qualitätsbeurteilungen	0,661
30	Förderung berufsspezifischer Examen	0,698
31	Kenntnisse der Anforderungen des Auftraggebers	0,055
32	Austausch mit dem Abschlussprüfer	0,472
33	Akzeptanz der Internen Revision	0,808

Anhang 4: Ergebnisse zur Überprüfung des Common-Method-Bias

Erwartung an den Sollzustand

Faktor	Anfängliche Eigenwerte			Summe von quadrierten Faktorladungen für Extraktion		
	Gesamt	% der Varianz	Kumulierte %	Gesamt	% der Varianz	Kumulierte %
1	6,122	16,547	16,547	6,122	16,547	16,547
2	3,421	9,245	25,792	3,421	9,245	25,792
3	3,146	8,504	34,296	3,146	8,504	34,296
4	2,693	7,279	41,575	2,693	7,279	41,575
5	2,451	6,626	48,200	2,451	6,626	48,200
6	2,108	5,698	53,899	2,108	5,698	53,899
7	1,851	5,004	58,902	1,851	5,004	58,902
8	1,713	4,629	63,531	1,713	4,629	63,531
9	1,464	3,957	67,488	1,464	3,957	67,488
10	1,432	3,870	71,358	1,432	3,870	71,358
11	1,208	3,266	74,624	1,208	3,266	74,624
12	1,069	2,888	77,512	1,069	2,888	77,512
13	0,964	2,605	80,116			
14	0,885	2,392	82,509			
15	0,823	2,225	84,734			
16	0,780	2,107	86,841			
17	0,715	1,932	88,773			
18	0,646	1,747	90,520			
19	0,524	1,416	91,936			
20	0,473	1,277	93,213			
21	0,421	1,137	94,350			
22	0,342	0,925	95,275			
23	0,301	0,812	96,088			
24	0,274	0,741	96,829			
25	0,229	0,618	97,447			
26	0,193	0,521	97,968			
27	0,155	0,420	98,388			
28	0,153	0,413	98,801			
29	0,127	0,342	99,143			

Faktor	Anfängliche Eigenwerte			Summe von quadrierten Faktorladungen für Extraktion		
	Gesamt	% der Varianz	Kumulierte %	Gesamt	% der Varianz	Kumulierte %
30	0,103	0,277	99,421			
31	0,077	0,209	99,630			
32	0,057	0,153	99,782			
33	0,043	0,116	99,899			
34	0,027	0,073	99,972			
35	0,006	0,015	99,987			
36	0,004	0,012	99,998			
37	0,001	0,002	100,000			

Einschätzung der Istsituation

Faktor	Anfängliche Eigenwerte			Summe von quadrierten Faktorladungen für Extraktion		
	Gesamt	% der Varianz	Kumulierte %	Gesamt	% der Varianz	Kumulierte %
1	9,685	26,176	26,176	9,685	26,176	26,176
2	3,488	9,428	35,604	3,488	9,428	35,604
3	2,666	7,204	42,808	2,666	7,204	42,808
4	2,421	6,542	49,350	2,421	6,542	49,350
5	2,268	6,129	55,479	2,268	6,129	55,479
6	1,775	4,797	60,276	1,775	4,797	60,276
7	1,670	4,514	64,790	1,670	4,514	64,790
8	1,498	4,048	68,838	1,498	4,048	68,838
9	1,386	3,745	72,583	1,386	3,745	72,583
10	1,210	3,269	75,853	1,210	3,269	75,853
11	1,106	2,989	78,842	1,106	2,989	78,842
12	1,037	2,803	81,644	1,037	2,803	81,644
13	0,984	2,659	84,304			
14	0,775	2,094	86,398			
15	0,734	1,983	88,380			
16	0,634	1,714	90,094			
17	0,482	1,303	91,397			
18	0,475	1,284	92,681			
19	0,404	1,091	93,772			

Faktor	Anfängliche Eigenwerte			Summe von quadrierten Faktorladungen für Extraktion		
	Gesamt	% der Varianz	Kumulierte %	Gesamt	% der Varianz	Kumulierte %
20	0,351	0,949	94,721			
21	0,328	0,885	95,607			
22	0,282	0,761	96,368			
23	0,253	0,684	97,052			
24	0,207	0,561	97,612			
25	0,163	0,441	98,053			
26	0,151	0,408	98,461			
27	0,140	0,379	98,841			
28	0,113	0,306	99,147			
29	0,092	0,249	99,396			
30	0,068	0,185	99,580			
31	0,056	0,151	99,731			
32	0,030	0,082	99,814			
33	0,026	0,070	99,884			
34	0,020	0,054	99,937			
35	0,018	0,047	99,985			
36	0,005	0,013	99,997			
37	0,001	0,003	100,000			

Anhang 5: Ergebnisse zur Überprüfung der Normalverteilung

	Nummerierung im Fragebogen und Kurzbezeichnung der Indikatoren	Signifikanz (Kolmogorov-Smirnov)	Signifikanz (Shapiro-Wilks)
1	Gewährleistung der Unabhängigkeit	0,000	0,000
2	Prüfungsumfang umfasst alle Aktivitäten des Unternehmens	0,000	0,000
3	Informationsaustausch zwischen dem Leiter Interne Revision und dem Auftraggeber	0,000	0,000
4	Konzentration auf risikobehaftete Prüffelder	0,000	0,000
5	Flexible Reaktion auf außerplanmäßige Vorkommnisse	0,000	0,000
6	Wechsel der Prüfungsschwerpunkte als Ausdruck einer Mehrjahresplanung	0,000	0,000
8	Auftragsankündigung	0,000	0,000
9	Erklärung der Auftragsziele	0,000	0,000
10	Minimierung entstehender Störungen bei Auftragsdurchführung	0,000	0,000
11	Anwendung strikter Verfahrensvorschriften	0,000	0,000
12	Integration der geprüften Einheiten in den Prüfungsprozess	0,000	0,000
13	Standardisierte schriftliche Berichterstattung	0,000	0,000
14	Einhaltung der Prüfungsdauer	0,000	0,002
15	Durchführung konstruktiver Schlussbesprechungen	0,000	0,000
16	Zeitnahe Berichterstattung	0,000	0,000
17	Überwachung der Umsetzung von Empfehlungen und vereinbarten Maßnahmen	0,000	0,001
18	Durchführung von Feedbackgesprächen mit den Revisionsmitarbeitern	0,000	0,007
19	Bereitstellung von gewonnenem Wissen	0,047	0,061
20	Informationen über nicht umgesetzte Empfehlungen und Maßnahmen	0,000	0,000
21a	Objektive Revisionsberichte	0,000	0,000
21b	Verständliche Revisionsberichte	0,000	0,000
22a	Schnelle Reaktion bei Verdacht auf dolose Handlungen	0,000	0,000
22b	Diskrete Reaktion bei Verdacht auf dolose Handlungen	0,000	0,000
23	Schutz vor rechtlichen Konsequenzen	0,000	0,000
24a	Fachliche Kompetenzen	0,000	0,000
24b	Soziale Kompetenzen	0,000	0,000
26	Kommunikative Fähigkeiten	0,000	0,001

Nummerierung im Fragebogen und Kurzbezeichnung der Indikatoren	Signifikanz (Kolmogorov-Smirnov)	Signifikanz (Shapiro-Wilks)
27 Individuelle Fortbildungsmaßnahmen	0,000	0,000
28 IT-Kenntnisse	0,000	0,008
29a Durchführung von internen Qualitätsbeurteilungen	0,000	0,005
29b Durchführung von externen Qualitätsbeurteilungen	0,004	0,019
30 Förderung berufsspezifischer Examen	0,000	0,000
31 Kenntnisse der Anforderungen des Auftraggebers	0,000	0,000
32 Austausch mit dem Abschlussprüfer	0,000	0,000

Anhang 6: Ergebnisse zur Überprüfung der Schiefe

Nummerierung im Fragebogen und Kurzbezeichnung der Indikatoren		Schiefe	Standardfehler	z-Wert	Signifikante Schiefe
1	Gewährleistung der Unabhängigkeit	–1,36	0,37	–3,68	✓
2	Prüfungsumfang umfasst alle Aktivitäten des Unternehmens	–1,81	0,37	–4,89	✓
3	Informationsaustausch zwischen dem Leiter Interne Revision und dem Auftraggeber	–0,95	0,37	–2,57	
4	Konzentration auf risikobehaftete Prüffelder	0,25	0,37	0,68	
5	Flexible Reaktion auf außerplanmäßige Vorkommnisse	–0,79	0,37	–2,14	
6	Wechsel der Prüfungsschwerpunkte als Ausdruck einer Mehrjahresplanung	–0,16	0,37	–0,43	
8	Auftragsankündigung	–1,10	0,37	–2,97	✓
9	Erklärung der Auftragsziele	–1,55	0,39	–3,97	✓
10	Minimierung entstehender Störungen bei Auftragsdurchführung	–0,08	0,39	–0,21	
11	Anwendung strikter Verfahrensvorschriften	–0,98	0,39	–2,51	
12	Integration der geprüften Einheiten in den Prüfungsprozess	–0,67	0,38	–1,76	
13	Standardisierte schriftliche Berichterstattung	–1,10	0,37	–2,97	✓
14	Einhaltung der Prüfungsdauer	–0,16	0,38	–0,42	
15	Durchführung konstruktiver Schlussbesprechungen	–1,12	0,37	–3,03	✓
16	Zeitnahe Berichterstattung	–1,27	0,37	–3,43	✓
17	Überwachung der Umsetzung von Empfehlungen und vereinbarten Maßnahmen	–0,67	0,37	–1,81	
18	Durchführung von Feedbackgesprächen mit den Revisionsmitarbeitern	–0,70	0,46	–1,52	
19	Bereitstellung von gewonnenem Wissen	0,49	0,46	1,07	
20	Informationen über nicht umgesetzte Empfehlungen und Maßnahmen	–1,11	0,37	–3,00	✓
21a	Objektive Revisionsberichte	–1,13	0,37	–3,05	✓
21b	Verständliche Revisionsberichte	–0,24	0,37	–0,65	
22a	Schnelle Reaktion bei Verdacht auf dolose Handlungen	–1,18	0,37	–3,19	✓
22b	Diskrete Reaktion bei Verdacht auf dolose Handlungen	–1,33	0,37	–3,59	✓
23	Schutz vor rechtlichen Konsequenzen	0,39	0,37	1,05	
24a	Fachliche Kompetenzen	–0,34	0,38	–0,89	

Nummerierung im Fragebogen und Kurzbezeichnung der Indikatoren	Schiefe	Standard-fehler	z-Wert	Signifikante Schiefe
24b Soziale Kompetenzen	0,00	0,39	0,00	
26 Kommunikative Fähigkeiten	–0,27	0,39	–0,69	
27 Individuelle Fortbildungsmaßnahmen	–0,11	0,41	–0,27	
28 IT-Kenntnisse	–0,56	0,41	–1,37	
29a Durchführung von internen Qualitätsbeurteilungen	–0,88	0,43	–2,05	
29b Durchführung von externen Qualitätsbeurteilungen	0,22	0,44	0,50	
30 Förderung berufsspezifischer Examen	0,67	0,39	1,72	
31 Kenntnisse der Anforderungen des Auftraggebers	–0,74	0,38	–1,95	
32 Austausch mit dem Abschlussprüfer	–2,20	0,38	–5,79	✓

Literaturverzeichnis

Abdel-Khalik, R. (1993): Why Do Private Companies Demand Auditing? A Case for Organizational Loss of Control. In: Journal of Accounting, Auditing & Finance, Vol. 8, Issue 1, S. 31–52.

Ajzen, I. (2001): Nature and Operation of Attitudes. In: Annual Review of Psychology, Vol. 52, Issue 1, S. 27–58.

Ajzen, I./Fishbein, M. (2000): Attitudes and the Attitude-Behavior Relation: Reasoned and Automatic Processes. In: European Review of Social Psychology, Vol. 11, S. 1–33.

AKEIÜ (2006a): Best Practice für die Interne Revision. In: Der Betrieb, 59. Jg., Heft 5, S. 225–229.

AKEIÜ (2006b): Praktische Empfehlungen für unternehmerisches Entscheiden. In: Der Betrieb, 59. Jg., Heft 41, S. 2189-2196.

Albers, S. (2010): PLS and Success Factor Studies in Marketing. In: Vinzi, V. E./Chin, W. W./Henseler, J./Wang, H. (Hrsg.): Handbook of Partial Least Squares – Concepts, Methods and Applications, Berlin: Springer, S. 409–425.

Albers, S./Götz, O. (2006): Messmodelle mit Konstrukten zweiter Ordnung in der betriebswirtschaftlichen Forschung. In: Die Betriebswirtschaft, 66. Jg., Heft 6, S. 669–677.

Albers, S./Hildebrandt, L. (2006): Methodische Probleme bei der Erfolgsfaktorenforschung – Messfehler, formative versus reflektive Indikatoren und die Wahl des Strukturgleichungs-Modells. In: Zeitschrift für betriebswirtschaftliche Forschung, 58. Jg., Heft 2, S. 2–33.

Albrecht, T./Gaenslen, P. (2009): Welche Anforderungen stellt die Unternehmensleitung an die Interne Revision? In: Lück, W. (Hrsg.): Anforderungen an die Interne Revision – Grundsätze, Methoden, Perspektiven, Berlin: Erich Schmidt, S. 89–116.

Allerbeck, M./Helmreich, R. (1984): Akzeptanz planen – aber wie? In: Office Management, 32. Jg., Heft 11, S. 1080–1082.

Altobelli, C. F. (2007): Qualitative und quantitative Marktforschung. In: Das Wirtschaftsstudium, 36. Jg., Heft 4, S. 522–534.

Amling, T./Bantleon, U. (2007): Handbuch der Internen Revision – Grundlagen, Standards, Berufsstand, Berlin: Erich Schmidt.

Anderson, E./Weitz, B. (1989): Determinants of Continuity in Conventional Industrial Channel Dyads. In: Marketing Science, Vol. 8, Issue 4, S. 310–323.

Anderson, E./Weitz, B. (1992): The Use of Pledges to Build and Sustain Commitment in Distribution Channels. In: Journal of Marketing Research, Vol. 29, Issue 1, S. 18–34.

Anderson, J. C./Gerbing, D. W. (1982): Some Methods for Respecifying Measurement Models to Obtain Unidimensional Construct Measurement. In: Journal of Marketing Research, Vol. 19, Issue 4, S. 453–460.

Anderson, J. C./Gerbing, D. W. (1991): Predicting the Performance of Measures in a Confirmatory Factor Analysis With a Pretest Assessment of Their Substantive Validities. In: Journal of Applied Psychology, Vol. 76, Issue 5, S. 732–740.

Anderson, J. C./Narus, J. A. (1990): A Model of Distributor Firm and Manufacturer Firm Working Partnerships. In: Journal of Marketing, Vol. 54, Issue 1, S. 42–58.

Anderson, U. L. (1991): Quality Assurance, Total Quality Management, and the Evaluation of the Internal Audit Function. In: Internal Auditing, Vol. 6, Issue 3, S. 66–71.

Anger, C./Detscher, S. (2006): Ansätze zur Steigerung des Leistungsbeitrags der Internen Revision: Ergebnisse einer A.T. Kearney-Untersuchung. In: Zeitschrift Interne Revision, 41. Jg., Heft 1, S. 16–19.

Anstadt, U. (1994): Determinanten der individuellen Akzeptanz bei Einführung neuer Technologien – Eine empirische arbeitswissenschaftliche Studie am Beispiel von CNC-Werkzeugmaschinen und Industrierobotern, Frankfurt am Main: Peter Lang.

Arena, M./Azzone, G. (2009): Identifying Organizational Drivers of Internal Audit Effectiveness. In: International Journal of Auditing, Vol. 13, Issue 1, S. 43–60.

Arena, M./Jeppesen, K. K. (2010): The Jurisdiction of Internal Auditing and the Quest for Professionalization: The Danish Case. In: International Journal of Auditing, Vol. 14, Issue 2, S. 111–129.

Armstrong, J. S./Overton, T. S. (1977): Estimating Nonresponse Bias in Mail Surveys. In: Journal of Marketing Research, Vol. 14, Issue 3, S. 396–402.

Aronson, E. (1968): Dissonance Theory: Progress and Problems. In: Abelson, R. P./Aronson, E./McGuire, W. J./Newcomb, T. M./Rosenberg, M. J./Tannenbaum, P. H. (Hrsg.): Theories of Cognitive Consistency: A Sourcebook, Chicago: Rand McNally, S. 5–27.

Aronson, E./Wilson, T. D./Akert, R. M. (2008): Sozialpsychologie, 6. Auflage, München: Pearson Studium.

Athenstaedt, U./Freudenthaler, H. H./Mikula, G. (2002): Die Theorie sozialer Interdependenz. In: Frey, D./Irle, M. (Hrsg.): Theorien der Sozialpsychologie, Band II Gruppen-, Interaktions- und Lerntheorien, 2. Auflage, Bern: Hans Huber, S. 62–91.

Backhaus, K./Blechschmidt, B./Eisenbeiß, M. (2006): Der Stichprobeneinfluss bei Kausalanalysen. In: Die Betriebswirtschaft, 66. Jg., Heft 6, S. 711–726.

Backhaus, K./Erichson, B./Plinke, W./Weiber, R. (2008): Multivariate Analysemethoden – Eine anwendungsorientierte Einführung, 12. Auflage, Berlin: Springer.

BaFin (Hrsg.) (2009): Rundschreiben 15/2009(BA) vom 14.08.2009 – Mindestanforderungen an das Risikomanagement – MaRisk. URL: http://www.bundesbank.de/download/bankenaufsicht/pdf/marisk/090814_rs.pdf, Abruf am 24. Oktober 2010.

Bagozzi, R. P./Fornell, C. (1982): Theoretical Concepts, Measurements, and Meaning. In: Fornell, C. (Hrsg.): A Second Generation of Multivariate Analysis, Vol. 2: Measurement and Evaluation, New York: Praeger, S. 24–38.

Bagozzi, R. P./Yi, Y./Phillips, L. W. (1991): Assessing Construct Validity in Organizational Research. In: Administrative Science Quarterly, Vol. 36, Issue 3, S. 421–458.

Balderjahn, I. (2003): Validität – Konzept und Methoden. In: Wirtschaftswissenschaftliches Studium, 32. Jg., Heft 3, S. 130–135.

Bantleon, U./Siebert, J. (2007): Auswirkungen der Business Judgment Rule auf die Organisation der Entscheidungsprozesse und auf die Interne Revision – Teil 2. In: Zeitschrift Interne Revision, 42. Jg., Heft 6, S. 242–250.

Bantleon, U./Unmuth, A. (2008): Das Internationale Regelwerk der Beruflichen Praxis des Institute of Internal Auditors (IIA) – Aktuelle Entwicklungen. In: Zeitschrift Interne Revision, 43. Jg., Heft 3, S. 106–109.

Baron, R. M./Kenny, D. A. (1986): The Moderator-Mediator Variable Distinction in Social Psychological Research: Conceptual, Strategic, and Statistical Considerations. In: Journal of Personality and Social Psychology, Vol. 51, Issue 6, S. 1173–1182.

Bauer, H. H./Haber, T. E./Reichardt, T./Bökamp, M. (2008): Konsumentenakzeptanz von Location Based Services. In: Bauer, H. H./Dirks, T./Bryant, M. D. (Hrsg.): Erfolgsfaktoren des Mobile Marketing, Berlin: Springer, S. 205–220.

Bauer, H. H./Sauer, N. E./Becker, S. (2003): Risikowahrnehmung und Kaufverhalten im Internet. In: Marketing – Zeitschrift für Forschung und Praxis, 25. Jg., Heft 3, S. 183–199.

Bauer, H. H./Schüle, A./Neumann, M. M. (2005): Einkaufsstättenvertrauen: ein Erfolg versprechendes Konzept für Discounter. In: Der Markt, 44. Jg., Heft 3/4, S. 103–117.

Bauer, M. (2010): Integriertes Revisionsmanagement – Praxismodell für eine ganzheitliche Organisation der Internen Revision, Berlin: Erich Schmidt.

Bauer, R. A. (1960): Consumer Behavior as Risk Taking. In: Hancock, R. S. (Hrsg.): Dynamic Marketing for a Changing World, Chicago: American Marketing Association, S. 389–398.

Becerra, M./Gupta, A. K. (2003): Perceived trustworthiness within the organization: The moderating impact of communication frequency on trustor and trustee effects. In: Organization Science, Vol. 14, Issue 1, S. 32–44.

Belsley, D. A./Kuh, E./Welsch, R. E. (1980): Regression Diagnostics – Identifying Influential Data and Sources of Collinearity, New York et al.: Wiley.

Benkenstein, M. (1993): Dienstleistungsqualität – Ansätze zur Messung und Implikationen für die Steuerung. In: Zeitschrift für Betriebswirtschaft, 63. Jg., Heft 11, S. 1095–1116.

Bentler, P. M. (1983): Simultaneous Equation Systems as Moment Structure Models – With an Introduction to Latent Variable Models. In: Journal of Econometrics, Vol. 22, Issue 1/2, S. 13–42.

Berekoven, L./Eckert, W./Ellenrieder, P. (2009): Marktforschung – Methodische Grundlagen und praktische Anwendung, 12. Auflage, Wiesbaden: Gabler.

Berwanger, J./Kullmann, S. (2008): Interne Revision – Wesen, Aufgaben und rechtliche Verankerung, Wiesbaden: Gabler.

Betz, J. (2003): Die Akzeptanz des E-Commerce in der Automobilwirtschaft – Ausmaß, Konsequenzen und Determinanten aus Sicht von Neuwagenkäufern, Wiesbaden: Deutscher Universitäts-Verlag.

Betzin, J./Henseler, J. (2005): Einführung in die Funktionsweise des PLS-Algorithmus. In: Bliemel, F./Eggert, A./Fassott, G./Henseler, J. (Hrsg.): Handbuch PLS-Pfadmodellierung – Methode, Anwendung, Praxisbeispiele, Stuttgart: Schäffer-Poeschel, S. 49–69.

Bezold, T. (1996): Zur Messung der Dienstleistungsqualität, Frankfurt am Main: Peter Lang.

Bhattacharya, R./Devinney, T. M./Pillutla, M. M. (1998): A Formal Model of Trust Based on Outcomes. In: Academy of Management Review, Vol. 23, Issue 3, S. 459–472.

Biegert, H. (1998): Einflußgrößen auf die Qualität der Internen Revision und Maßnahmen zur Qualitätsüberwachung. In: Zeitschrift Interne Revision, 33. Jg., Heft 2, S. 57–66.

Bierhoff, H. W. (1997): Austauschtheorien. In: Frey, D./Greif, S. (Hrsg.): Sozialpsychologie – Ein Handbuch in Schlüsselbegriffen, 4. Auflage, Weinheim: Psychologie Verlags Union, S. 136–141.

Blackwell, R. D./Miniard, P. W./Engel, J. F. (2006): Consumer Behavior, 10. Edition, Mason: Thomson.

Bloemer, J./Kasper, H. D. P. (1995): The complex relationship between consumer satisfaction and brand loyalty. In: Journal of Economic Psychology, Vol. 16, Issue 2, S. 311–329.

Bloemer, J./Ruyter, K. D. (1998): On the relationship between store image, store satisfaction and store loyalty. In: European Journal of Marketing, Vol. 32, Issue 5/6, S. 499–513.

Blomqvist, K. (1997): The Many Faces of Trust. In: Scandinavian Journal of Management, Vol. 13, Issue 3, S. 271–286.

Blümel, S./Haeußler, H./Pröpsting, S. (2004): Wissensmanagement als Erfolgsfaktor für eine international tätige Interne Revision. In: Zeitschrift Interne Revision, 39. Jg., Heft 4, S. 142–146.

Bohrnstedt, G. W. (1970): Reliability and Validity Assessment in Attitude Measurement. In: Summers, G. F. (Hrsg.): Attitude Measurement, London: Kershaw, S. 80–99.

Böing, C. (2001): Erfolgsfaktoren im Business-to-Consumer-E-Commerce, Wiesbaden: Gabler.

Bollen, K. A. (2002): Latent Variables in Psychology and the Social Sciences. In: Annual Review in Psychology, Vol. 53, Issue 1, S. 605–634.

Bollen, K. A./Lennox, R. (1991): Conventional Wisdom on Measurement: A Structural

Equation Perspective. In: Psychological Bulletin, Vol. 110, Issue 2, S. 305–314.

Bortz, J./Döring, N. (2006): Forschungsmethoden und Evaluation für Human- und Sozialwissenschaftler, 4. Auflage, Berlin: Springer.

Bortz, J./Lienert, G. A. (2008): Kurzgefasste Statistik für die klinische Forschung – Leitfaden für die verteilungsfreie Analyse kleiner Stichproben, 3. Auflage, Berlin: Springer.

Bortz, J./Lienert, G. A./Boehnke, K. (2008): Verteilungsfreie Methoden in der Biostatistik, 3. Auflage, Berlin: Springer.

Boslau, M. (2009): Kundenzufriedenheit mit Selbstbedienungskassen im Handel – Der Erklärungsbeitrag ausgewählter verhaltenswissenschaftlicher Theorien, Wiesbaden: Gabler.

Boßow-Thies, S./Panten, G. (2009): Analyse kausaler Wirkungszusammenhänge mit Hilfe von Partial Least Squares (PLS). In: Albers, S./Klapper, D./Konradt, U./Walter, A./Wolf, J. (Hrsg.): Methodik der empirischen Forschung, 3. Auflage, Wiesbaden: Gabler, S. 365–380.

Brosius, F. (2008): SPSS 16 – Das mitp-Standardwerk, Heidelberg: Redline.

Brosius, H.-B./Koschel, F./Haas, A. (2009): Methoden der empirischen Kommunikationsforschung – Eine Einführung, 5. Auflage, Wiesbaden: Verlag für Sozialwissenschaften.

Bruhn, M. (2000): Kundenerwartungen – Theoretische Grundlagen, Messung und Managementkonzept. In: Zeitschrift für Betriebswirtschaft, 70. Jg., Heft 9, S. 1031–1054.

Bruhn, M. (2008): Qualitätsmanagement für Dienstleistungen – Grundlagen, Konzepte, Methoden, 7. Auflage, Berlin: Springer.

Bruhn, M. (2009): Relationship Marketing – Das Management von Kundenbeziehungen, 2. Auflage, München: Vahlen.

Bruhn, M./Georgi, D./Hadwich, K. (2008): Customer equity management as formative second-order construct. In: Journal of Business Research, Vol. 61, Issue 12, S. 1292–1301.

Bruhn, M./Mayer-Vorfelder, M. (2009): Entwicklungstendenzen der Forschung zum Dienstleistungsmarketing – Eine Literaturanalyse der Jahre 2000–2008. In: Die Unternehmung, 63. Jg., Heft 4, S. 441–464.

Bruhn, M./Richter, M./Georgi, D. (2006): Dynamik von Kundenerwartungen im Dienstleistungsprozess – Empirische Befunde eines experimentellen Designs zur Bildung und Wirkung von Erwartungen. In: Marketing – Zeitschrift für Forschung und Praxis, 28. Jg., Heft 2, S. 116–133.

Brunner, E./Langer, F. (1999): Nichtparametrische Analyse longitudinaler Daten, München: Oldenbourg.

Bubendorfer, R./Krumm, M. (2008): Stellung der Internen Revision im Rahmen der Unternehmensorganisation. In: Freidank, C.-C./Peemöller, V. H. (Hrsg.): Corporate Governance und Interne Revision – Handbuch für die Neuausrichtung des Internal Auditings, Berlin: Erich Schmidt, S. 47–55.

Buck, W. (1979): Signed-Rank Tests in the Presence of Ties. In: Biometrical Journal, Vol. 21, Issue 6, S. 501–526.

Buderath, H. M. (2004): Internationale Interne Revision. In: Förschle, G./Peemöller, V. H. (Hrsg.): Wirtschaftsprüfung und Interne Revision, Heidelberg: Recht und Wirtschaft, S. 667–703.

Buderath, H. M./Amling, T. (2005): Neue Aspekte der Qualitätssicherung in der Internen Revision: Quality Assurance Review. In: Betriebs-Berater, 60. Jg., Heft 20, Beilage 3, S. 8–13.

Buderath, H. M./Langer, A. (2007): Wertbeitragsbasierte Steuerung der Internen Revision – eine kritische Perspektive. In: Zeitschrift Interne Revision, 42. Jg., Heft 4, S. 156–161.

Bühner, M. (2006): Einführung in die Test- und Fragebogenkonstruktion, 2. Auflage, München: Pearson Studium.

Bumbacher, R.-J./Schweizer, M. (2002): Gestiegene Anforderungen an die Interne Revision. In: Der Schweizer Treuhänder, 76. Jg., Heft 11, S. 1039–1044.

Bungartz, O. (2009): Berufsständische Zertifikate des DIIR – Deutsches Institut für Interne Revision e.V. In: Lück, W. (Hrsg.): Anforderungen an die Interne Revision – Grundsätze, Methoden, Perspektiven, Berlin: Erich Schmidt, S. 65–85.

Büning, H./Trenkler, G. (1994): Nichtparametrische statistische Methoden, 2. Auflage, Berlin/New York: Walter de Gruyter.

Bürg, O./Kronburger, K./Mandl, H. (2004): Implementation von E-Learning in Unternehmen – Akzeptanzsicherung als zentrale Herausforderung. Forschungsbericht Nr. 170. München: Ludwig-Maximilians-Universität, Department Psychologie, Institut für Pädagogische Psychologie. URL: http://epub.ub.uni-muenchen.de/444/1/FB_170.pdf, Abruf am 24. Oktober 2010.

Butler, J. K. (1991): Toward Understanding and Measuring Conditions of Trust: Evolution of a Conditions of Trust Inventory. In: Journal of Management, Vol. 17, Issue 3, S. 643–663.

Büttner, O. B./Göritz, A. S. (2008): Perceived trustworthiness of online shops. In: Journal of Consumer Behaviour, Vol. 7, Issue 1, S. 35–50.

Carey, P./Simnett, R./Tanewski, G. (2000): Voluntary Demand for Internal and External Auditing by Family Businesses. In: Auditing: A Journal of Practice & Theory, Vol. 19, Issue 1, S. 37–51.

Carlson, J./O'Cass, A. (2010): Exploring the relationships between e-service quality, satisfaction, attitudes and behaviours in content-driven e-service web sites. In: Journal of Services Marketing, Vol. 24, Issue 2, S. 112–127.

Carmines, E. G./Zeller, R. A. (1979): Reliability and Validity Assessment, London: Sage.

Carrillat, F. A./Jaramillo, F./Mulki, J. P. (2007): The validity of the SERVQUAL and SERVPERF scales – A meta-analytic review of 17 years of research across five countries. In: International Journal of Service Industry Management, Vol. 18, Issue 5, S. 472–490.

Carrillat, F. A./Jaramillo, F./Mulki, J. P. (2009): Examining the Impact of Service Quality: A Meta-Analysis of Empirical Evidence. In: Journal of Marketing Theory and Practice, Vol. 17, Issue 2, S. 95–110.

Cassel, C./Hackl, P./Westlund, A. H. (1999): Robustness of partial least-squares method for estimating latent variable quality structures. In: Journal of Applied Statistics, Vol. 26, Issue 4, S. 435–446.

Castaldo, S. (2007): Trust in Market Relationships, Cheltenham: Edward Elgar.

Castaldo, S./Premazzi, K./Zerbini, F. (2010): The Meaning(s) of Trust. A Content Analysis on the Diverse Conceptualizations of Trust in Scholarly Research on Business Relationships. In: Journal of Business Ethics, Vol. 96, Issue 4, S. 657–668.

Cauers, L./Häge, M. (2007a): Die Interne Revision auf dem Prüfstand durch ein Quality Assessment. In: Der Betrieb, 60. Jg., Heft 27/28, S. 1477–1479.

Cauers, L./Häge, M. (2007b): Quality Assessment (QA) – Stand der Entwicklung und erste Erfahrungen. In: Zeitschrift Interne Revision, 42. Jg., Heft 4, S. 162–165.

Chen, L.-D./Tan, J. (2004): Technology Adaptation in E-commerce: Key Determinants of Virtual Stores Acceptance. In: European Management Journal, Vol. 22, Issue 1, S. 74–86.

Chenet, P./Dagger, T. S./O'Sullivan, D. (2010): Service quality, trust, commitment and service differentiation in business relationships. In: Journal of Services Marketing, Vol. 24, Issue 5, S. 336–346.

Chin, W. W. (1998a): Issues and Opinion on Structural Equation Modeling. In: MIS Quarterly, Vol. 22, Issue 1, S. VII-XVI.

Chin, W. W. (1998b): The Partial Least Squares Approach to Structural Equation Modeling. In: Marcoulides, G. A. (Hrsg.): Modern Methods For Business Research, New Jersey: Lawrence Erlbaum, S. 295–336.

Chin, W. W./Marcolin, B. L./Newsted, P. R. (2003): A Partial Least Squares Latent Variable Modeling Approach for Measuring Interaction Effects: Results from a Monte Carlo Simulation Study and an Electronic-Mail Emotion/Adoption Study. In: Information Systems Research, Vol. 14, Issue 2, S. 189–217.

Chin, W. W./Newsted, P. R. (1999): Structural Equation Modeling Analysis With Small Samples Using Partial Least Squares. In: Hoyle, R. H. (Hrsg.): Statistical Strategies for Small Sample Research, London: Sage, S. 307–341.

Chiou, J.-S./Droge, C. (2006): Service Quality, Trust, Specific Asset Investment, and Expertise: Direct and Indirect Effects in a Satisfaction-Loyalty Framework. In: Journal of the Academy of Marketing Science, Vol. 34, Issue 4, S. 613–627.

Chmielewicz, K. (1994): Forschungskonzeptionen der Wirtschaftswissenschaft, 3. Auflage, Stuttgart: Schäffer-Poeschel.

Christophersen, T./Grape, C. (2009): Die Erfassung latenter Konstrukte mit Hilfe formativer und reflektiver Messmodelle. In: Albers, S./Klapper, D./Konradt, U./Walter, A./Wolf, J. (Hrsg.): Methodik der empirischen Forschung, 3. Auflage, Wiesbaden: Gabler, S. 103–118.

Churchill, G. A. (1979): A Paradigma for Developing Better Measures of Marketing Constructs. In: Journal of Marketing Research, Vol. 16, Issue 1, S. 64–73.

Churchill, G. A./Surprenant, C. (1982): An Investigation Into the Determinants of Customer Satisfaction. In: Journal of Marketing Research, Vol. 19, Issue 4, S. 491–504.

Cohen, J. (1988): Statistical Power Analysis for the Behavioral Sciences, 2. Edition, New Jersey: Lawrence Erlbaum.

Cohen, J./Cohen, P./West, S. G./Aiken, L. S. (2003): Applied Multiple Regression/Correlation Analysis for the Behavioral Sciences, 3. Edition, New Jersey: Lawrence Erlbaum.

Coleman, J. S. (1990): Foundations of Social Theory, Cambridge: Belknap.

Coltman, T./Devinney, T. M./Midgley, D. F./Venaik, S. (2008): Formative versus reflective measurement models: Two applications of formative measurement. In: Journal of Business Research, Vol. 61, Issue 12, S. 1250–1262.

Cook, J./Wall, T. (1980): New work attitude measures of trust, organizational commitment and personal need non-fulfilment. In: Journal of Occupational Psychology, Vol. 53, Issue 1, S. 39–52.

Cook, K. S. (1977): Exchange and Power in Networks of Interorganizational Relations. In: The Sociological Quarterly, Vol. 18, Issue 1, S. 62–82.

Cote, J. A./Buckley, M. R. (1987): Estimating Trait, Method, and Error Variance: Generalizing Across 70 Construct Validation Studies. In: Journal of Marketing Research, Vol. 24, Issue 3, S. 315–318.

Craney, T. A./Surles, J. G. (2002): Model-Dependent Variance Inflation Factor Cutoff Values. In: Quality Engineering, Vol. 14, Issue 3, S. 391–403.

Cropanzano, R./Mitchell, M. S. (2005): Social Exchange Theory: An Interdisciplinary Review. In: Journal of Management, Vol. 31, Issue 6, S. 874–900.

Davis, J. H./Schoorman, F. D./Mayer, R. C./Tan, H. H. (2000): The Trusted General Manager and Business Unit Performance: Empirical Evidence of a Competitive Advantage. In: Strategic Management Journal, Vol. 21, Issue 4, S. 563–576.

Delgado-Ballester, E./Munuera-Alemán, J. L./Yagüe-Guillén, M. J. (2003): Development and validation of a brand trust scale. In: International Journal of Market Research, Vol. 45, Issue 1, S. 35–53.

Deling, W. (1996): Partner oder Störenfried? Anmerkungen zum Image der Internen Revision im Unternehmen. In: Zeitschrift Interne Revision, 31. Jg., Heft 3, S. 141–152.

Deutsche Börse (Hrsg.) (2010): Leitfaden zu den Aktienindizes der Deutschen Börse – Version 6.14. URL: http://deutsche-boerse.com/dbag/dispatch/de/binary/gdb_content_pool/imported_files/public_files/10_downloads/50_informations_services/30_Indices_Index_Licensing/21_guidelines/10_share_indices/equity_indices_guide.pdf, Abruf am 24. Oktober 2010.

Diamantopoulos, A./Riefler, P. (2008): Formative Indikatoren: Einige Anmerkungen zu ihrer Art, Validität und Multikollinearität. In: Zeitschrift für Betriebswirtschaft, 78. Jg., Heft 11, S. 1183–1196.

Diamantopoulos, A./Riefler, P./Roth, K. P. (2008): Advancing formative measurement models. In: Journal of Business Research, Vol. 61, Issue 12, S. 1203–1218.

Diamantopoulos, A./Winklhofer, H. M. (2001): Index Construction with Formative Indicators: An Alternative to Scale Development. In: Journal of Marketing Research, Vol. 38, Issue 2, S. 269–277.

DIIR (Hrsg.) (2001a): IIR-Revisionsstandard Nr. 1 – Zusammenarbeit von Interner Revision und Abschlussprüfer. In: Zeitschrift Interne Revision, 36. Jg., Heft 1, S. 34–36.

DIIR (Hrsg.) (2001b): IIR-Revisionsstandard Nr. 2 – Prüfung des Risikomanagements durch die Interne Revision. In: Zeitschrift Interne Revision, 36. Jg., Heft 3, S. 152–155.

DIIR (Hrsg.) (2002): IIR-Revisionsstandard Nr. 3 – Qualitätsmanagement in der Internen Revision. In: Zeitschrift Interne Revision, 37. Jg., Heft 5, S. 214–224.

DIIR (Hrsg.) (2005): Die Interne Revision – Bestandsaufnahme und Entwicklungsperspektiven, Berlin: Erich Schmidt.

DIIR (Hrsg.) (2007): Leitfaden zur Durchführung eines Quality Assessments (QA). Ergänzung zum DIIR-Revisionsstandard Nr. 3 „Qualitätsmanagement“, 2. Auflage, Frankfurt am Main.

DIIR (Hrsg.) (2010a): Anforderungen an die fachliche Weiterbildung für Certified Internal Auditors (CIA). URL: http://www.diir.de/zertifizierung/cia-examen/nach-der-pruefung/, Abruf am 24. Oktober 2010.

DIIR (Hrsg.) (2010b): Satzung. URL: http://www.diir.de/ueber-das-diir/mitglieder/satzung/, Abruf am 24. Oktober 2010.

Döhl, W. (1983): Akzeptanz innovativer Technologien in Büro und Verwaltung, Göttingen: Vandenhoeck und Ruprecht.

Donabedian, A. (1980): The Definition of Quality and Approaches to its Assessment, Ann Arbor: Health Administration Press.

Doney, P. M./Barry, J. M./Abratt, R. (2007): Trust determinants and outcomes in global B2B services. In: European Journal of Marketing, Vol. 41, Issue 9/10, S. 1096–1116.

Drygala, T. (2008): § 109 Teilnahme an Sitzungen des Aufsichtsrats und seiner Ausschüsse. In: Schmidt, K./Lutter, M. (Hrsg.): Aktiengesetz Kommentar, Band I, Köln: Otto Schmidt, S. 1188–1193.

Duller, C. (2008): Einführung in die nichtparametrische Statistik mit SAS und R, Heidelberg: Physica.

Eagly, A. H./Chaiken, S. (2007): The Advantages of an Inclusive Definition of Attitude. In: Social Cognition, Vol. 25, Issue 5, S. 582–602.

Eberl, M. (2006a): Formative und reflektive Konstrukte und die Wahl des Strukturgleichungsverfahrens – Eine statistische Entscheidungshilfe. In: Die Betriebswirtschaft, 66. Jg., Heft 6, S. 651–668.

Eberl, M. (2006b): Unternehmensreputation und Kaufverhalten – Methodische Aspekte komplexer Strukturmodelle, Wiesbaden: Deutscher Universitäts-Verlag.

Edwards, J. R./Bagozzi, R. P. (2000): On the Nature and Direction of Relationships Between Constructs and Measures. In: Psychological Methods, Vol. 5, Issue 2, S. 155–174.

Efron, B./Gong, G. (1983): A Leisurely Look at the Bootstrap, the Jackknife, and Cross-Validation. In: The American Statistician, Vol. 37, Issue 1, S. 36–48.

Eggert, A./Fassott, G./Helm, S. (2005): Identifizierung und Quantifizierung mediierender und moderierender Effekte in komplexen Kausalstrukturen. In: Bliemel, F./Eggert, A./Fassott, G./Henseler, J. (Hrsg.): Handbuch PLS-Pfadmodellierung – Methode, Anwendung, Praxisbeispiele, Stuttgart: Schäffer-Poeschel, S. 101–116.

Eiser, J. R./Miles, S./Frewer, L. J. (2002): Trust, Perceived Risk, and Attitudes Toward Food Technologies. In: Journal of Applied Social Psychology, Vol. 32, Issue 11, S. 2423–2433.

Elliott, K. M. (1994): SERVPERF versus SERVQUAL: A Marketing Management Dilemma When Assessing Service Quality. In: Journal of Marketing Management, Vol. 4, Issue 2, S. 56–61.

Engelke, M. (1996): Qualität logistischer Dienstleistungen: Operationalisierung von Qualitätsmerkmalen, Qualitätsmanagement, Umweltgerechtigkeit, Berlin: Erich Schmidt.

Ernst & Young (Hrsg.) (2007): Star oder Statist? Rolle und Zukunft der Internen Revision aus Sicht von Unternehmen und Interessengruppen, Stuttgart.

Fahrion, H.-J./Geis, A. (2007): Anforderungen an eine wirksame Interne Revision – Kriterien und Methoden zur Überwachung der Wirksamkeit der Internen Revision. In: Zeitschrift für Corporate Governance, 1. Jg., Heft 6, S. 257–263.

Fassott, G. (2006): Operationalisierung latenter Variablen in Strukturgleichungsmodellen: Eine Standortbestimmung. In: Zeitschrift für betriebswirtschaftliche Forschung, 58. Jg., Heft 1, S. 67–88.

Fassott, G./Eggert, A. (2005): Zur Verwendung formativer und reflektiver Indikatoren in Strukturgleichungsmodellen: Bestandsaufnahme und Anwendungsempfehlungen. In: Bliemel, F./Eggert, A./Fassott, G./Henseler, J. (Hrsg.): Handbuch PLS-Pfadmodellierung – Methode, Anwendung, Praxisbeispiele, Stuttgart: Schäffer-Poeschel, S. 31–47.

Faullant, R. (2007): Psychologische Determinanten der Kundenzufriedenheit – Der Einfluss von Emotionen und Persönlichkeit, Wiesbaden: Deutscher-Universitäts Verlag.

Festinger, L. (1957): Theory of Cognitive Dissonance, Stanford: Stanford University Press.

Festinger, L. (1978): Theorie der kognitiven Dissonanz, Bern: Hans Huber.

Feyerabend, P. K. (1965): Problems of Empiricism. In: Colodny, R. G. (Hrsg.): Beyond the Edge of Certainty – Essays in Contemporary Science and Philosophy, Englewood Cliffs: Prentice-Hall, S. 145–260.

Fleischer, H. (2006): § 1 Leitungsaufgabe des Vorstands. In: Fleischer, H. (Hrsg.): Handbuch des Vorstandsrechts, München: Beck, S. 1–38.

Foa, E. B./Foa, U. G. (1980): Resource Theory – Interpersonal Behavior as Exchange. In: Gergen, K. J./Greenberg, M. S./Willis, R. H. (Hrsg.): Social Exchange – Advances in Theory and Research, New York: Plenum, S. 77–94.

Fornell, C./Bookstein, F. L. (1982): Two Structural Equation Models: LISREL and PLS Applied to Consumer Exit-Voice Theory. In: Journal of Marketing Research, Vol. 19, Issue 4, S. 440–452.

Fornell, C./Cha, J. (1994): Partial Least Squares. In: Bagozzi, R. P. (Hrsg.): Advanced Methods of Marketing Research, Padstow: Blackwell, S. 52–78.

Fornell, C./Larcker, D. F. (1981): Evaluating Structural Equation Models with Unobservable Variables and Measurement Error. In: Journal of Marketing Research, Vol. 18, Issue 1, S. 39–50.

Foscht, T./Swoboda, B. (2007): Käuferverhalten – Grundlagen, Perspektiven, Anwendungen, 3. Auflage, Wiesbaden: Gabler.

Fournier, S./Mick, D. G. (1999): Rediscovering Satisfaction. In: Journal of Marketing, Vol. 63, Issue 4, S. 5–23.

Friedrich, C. (2004): Determinanten der Einschätzung vertrauenswürdigen Verhaltens von Transaktionspartnern – ein anwendungsorientierter Erklärungsbeitrag zur Bildung subjektiver Wahrscheinlichkeiten, Jena: ohne Verlag.

Fuchs, A. (2010): Kundenbindungsmanagement im Einzelhandel – Eine kausalanalytische Untersuchung am Beispiel des Textilfacheinzelhandels, Wiesbaden: Gabler.

Fülbier, R. U. (2004): Wissenschaftstheorie und Betriebswirtschaftslehre. In: Wirtschaftswissenschaftliches Studium, 33. Jg., Heft 5, S. 266–271.

Funk, J. (1988): Forderungen der Unternehmensleitung an die Interne Revision. In: Zeitschrift Interne Revision, 23. Jg., Heft 2a, S. 1–10.

Ganesan, S./Hess, R. (1997): Dimensions and Levels of Trust: Implications for Commitment to a Relationship. In: Marketing Letters, Vol. 8, Issue 4, S. 439–448.

Garvin, D. A. (1984): What Does "Product Quality" Really Mean? In: Sloan Management Review, Vol. 26, Issue 1, S. 25–43.

Geis, A. (2010): Nutzenpotentiale der Internen Revision, Sternenfels: Wissenschaft & Praxis.

Gerbing, D. W./Anderson, J. C. (1988): An Updated Paradigma for Scale Development Incorporating Unidimensionality and Its Assessment. In: Journal of Marketing Research, Vol. 25, Issue 2, S. 186–192.

Gerrig, R. J./Zimbardo, P. G. (2008): Psychologie, 18. Auflage, München: Pearson Studium.

Geyskens, I./Steenkamp, J.-B. E. M./Kumar, N. (1998): Generalizations about trust in marketing channel relationships using meta-analysis. In: International Journal of Research in Marketing, Vol. 15, Issue 3, S. 223–248.

Giere, J./Wirtz, B. W./Schilke, O. (2006): Mehrdimensionale Konstrukte – Konzeptionelle Grundlagen und Möglichkeiten ihrer Analyse mithilfe von Strukturgleichungsmodellen. In: Die Betriebswirtschaft, 66. Jg., Heft 6, S. 678–695.

Giering, A. (2000): Der Zusammenhang zwischen Kundenzufriedenheit und Kundenloyalität – Eine Untersuchung moderierender Effekte, Wiesbaden: Deutscher Universitäts-Verlag.

Goodwin-Stewart, J./Kent, P. (2006): Relation between external audit fees, audit committee characteristics and internal audit. In: Accounting and Finance, Vol. 46, Issue 3, S. 387–404.

Gopal, A./Bostrom, R. P./Chin, W. W. (1992): Applying Adaptive Structuration Theory to Investigate the Process of Group Support Systems Use. In: Journal of Management Information Systems, Vol. 9, Issue 3, S. 45–69.

Göthlich, S. E. (2009): Zum Umgang mit fehlenden Daten in großzahligen empirischen Erhebungen. In: Albers, S./Klapper, D./Konradt, U./Walter, A./Wolf, J. (Hrsg.): Methodik der empirischen Forschung, 3. Auflage, Wiesbaden: Gabler, S. 119–135.

Götz, O./Liehr-Gobbers, K. (2004): Analyse von Strukturgleichungsmodellen mit Hilfe der Partial-Least-Squares(PLS)-Methode. In: Die Betriebswirtschaft, 64. Jg., Heft 6, S. 714–738.

Götz, O./Liehr-Gobbers, K./Krafft, M. (2010): Evaluation of Structural Equation Models Using the Partial Least Squares (PLS) Approach. In: Vinzi, V. E./Chin, W. W./Henseler, J./Wang, H. (Hrsg.): Handbook of Partial Least Squares – Concepts, Methods and Applications, Berlin: Springer, S. 691–711.

Gounaris, S. P. (2005): Trust and commitment influences on customer retention: insights from business-to-business services. In: Journal of Business Research, Vol. 58, Issue 2, S. 126–140.

Graeff, P. (1998): Vertrauen zum Vorgesetzten und zum Unternehmen – Modellentwicklung und empirische Überprüfung verschiedener Arten des Vertrauens, deren Determinanten und Wirkungen bei Beschäftigten in Wirtschaftsunternehmen, Berlin: Wissenschaftlicher Verlag Berlin.

Gramling, A. A./Vandervelde, S. D. (2006): Assessing Internal Audit Quality. In: Internal Auditing, Vol. 21, Issue 3, S. 26–33.

Greve, G. (2006): Erfolgsfaktoren von Customer-Relationship-Management-Implementierungen, Wiesbaden: Deutscher Universitäts-Verlag.

Greving, B. (2009): Messen und Skalieren von Sachverhalten. In: Albers, S./Klapper, D./Konradt, U./Walter, A./Wolf, J. (Hrsg.): Methodik der empirischen Forschung, 3. Auflage, Wiesbaden: Gabler, S. 65–78.

Grewal, R./Cote, J. A./Baumgartner, H. (2004): Multicollinearity and Measurement Error in Structural Equation Models: Implications for Theory Testing. In: Marketing Science, Vol. 23, Issue 4, S. 519–529.

Gröppel-Klein, A./Königstorfer, J./Terlutter, R. (2010): Verhaltenswissenschaftliche Aspekte der Kundenbindung. In: Bruhn, M./Homburg, C. (Hrsg.): Handbuch Kundenbindungsmanagement, 7. Auflage, Wiesbaden: Gabler, S. 43–79.

Groß-Engelmann, M. (1999): Kundenzufriedenheit als psychologisches Konstrukt, Köln: Josef Eul.

Gundlach, G. T./Murphy, P. E. (1993): Ehtical and Legal Foundations of Relational Marketing Exchanges. In: Journal of Marketing, Vol. 57, Issue 4, S. 35–46.

Hadwich, K. (2003): Beziehungsqualität im Relationship Marketing – Konzeption und empirische Analyse eines Wirkungsmodells, Wiesbaden: Gabler.

Hahn, U. (2008): Berufsgrundlagen der Internen Revision – Standards von IIA und IIR. In: Freidank, C.-C./Peemöller, V. H. (Hrsg.): Corporate Governance und Interne Revision – Handbuch für die Neuausrichtung des Internal Auditings, Berlin: Erich Schmidt, S. 73–107.

Hahn, U. (2009): Die Internationalen Grundlagen für die berufliche Praxis der Internen Revision 2009. In: Zeitschrift Interne Revision, 44. Jg., Heft 1, S. 34–37.

Haller, S. (1999): Beurteilung von Dienstleistungsqualität – Dynamische Betrachtung des Qualitätsurteils im Weiterbildungsbereich, 2. Auflage, Wiesbaden: Deutscher Universitäts-Verlag.

Hansen, F. (2009): Wachsamkeit in der industriellen Beschaffung – Dimensionen, Determinanten und Konsequenzen, Wiesbaden: Gabler.

Hansmann, K.-W./Ringle, C. M. (2005): Wirkung einer Teilnahme an Unternehmensnetzwerken auf die strategischen Erfolgsfaktoren von Partnerunternehmen – eine empirische Untersuchung. In: Die Unternehmung, 59. Jg., Heft 3, S. 217–236.

Hartig, J./Frey, A./Jude, N. (2007): Validität. In: Moosbrugger, H./Kelava, A. (Hrsg.): Testtheorie und Fragebogenkonstruktion, Berlin: Springer, S. 135–163.

Hätty, H. (1989): Der Markentransfer, Heidelberg: Physica.

Hawes, J. M./Mast, K. E./Swan, J. E. (1989): Trust Earning Perceptions of Sellers and Buyers. In: Journal of Personal Selling & Sales Management, Vol. 9, Issue 1, S. 1–8.

Hawes, J. M./Rao, C. P./Baker, T. L. (1993): Retail Salesperson Attributes and the Role of Dependability in the Selection of Durable Goods. In: Journal of Personal Selling & Sales Management, Vol. 13, Issue 4, S. 61–71.

Hecker, F. (1997): Die Akzeptanz und Durchsetzung von Systemtechnologien – Marktbearbeitung und Diffusion am Beispiel der Verkehrstelematik, Saarbrücken: ohne Verlag.

Helm, S./Eggert, A./Garnefeld, I. (2010): Modeling the Impact of Corporate Reputation on Customer Satisfaction and Loyalty Using Partial Least Squares. In: Vinzi, V. E./Chin, W. W./Henseler, J./Wang, H. (Hrsg.): Handbook of Partial Least Squares – Concepts, Methods and Applications, Berlin: Springer, S. 515–534.

Henneberg, M. (2002): Elemente des Dienstleistungsmarketings als Instrumente zur Akzeptanzsteigerung von internen Revisionsabteilungen. In: Zeitschrift Interne Revision, 37. Jg., Heft 2, S. 62–67.

Hennig-Thurau, T./Hansen, U. (2001): Kundenzufriedenheit. In: Diller, H. (Hrsg.): Vahlens Großes Marketing Lexikon, 2. Auflage, München: Beck, S. 878–882.

Hennig, B. (2001): Prozessorientiertes Qualitätsmanagement von Dienstleistungen – Ein informationswirtschaftlicher Ansatz, Wiesbaden: Gabler.

Henseler, J./Ringle, C. M./Sinkovics, R. R. (2009): The Use of Partial Least Squares Path Modeling in International Marketing. In: Sinkovics, R. R./Ghauri, P. N. (Hrsg.): Advances in International Marketing, 20. Edition, Bingley: Emerald, S. 277–319.

Hentschel, B. (1990): Die Messung wahrgenommener Dienstleistungsqualität mit SERVQUAL – Eine kritische Auseinandersetzung. In: Marketing – Zeitschrift für Forschung und Praxis, 12. Jg., Heft 4, S. 230–240.

Hentschel, B. (1992): Dienstleistungsqualität aus Kundensicht – Vom merkmals- zum ereignisorientierten Ansatz, Wiesbaden: Deutscher Universitäts-Verlag.

Hentschel, B. (2000): Multiattributive Messung von Dienstleistungsqualität. In: Bruhn, M./Stauss, B. (Hrsg.): Dienstleistungsqualität – Konzepte, Methoden, Erfahrungen, 3. Auflage, Wiesbaden: Gabler, S. 289–320.

Herrmann, A./Homburg, C./Klarmann, M. (2008): Marktforschung: Ziele, Vorgehensweise und Nutzung. In: Herrmann, A./Homburg, C./Klarmann, M. (Hrsg.): Handbuch Marktforschung – Methoden, Anwendungen, Praxisbeispiele, 3. Auflage, Wiesbaden: Gabler, S. 3–19.

Herrmann, A./Huber, F./Kressmann, F. (2006): Varianz- und kovarianzbasierte Strukturgleichungsmodelle – Ein Leitfaden zu deren Spezifikation, Schätzung und Beurteilung. In: Zeitschrift für betriebswirtschaftliche Forschung, 58. Jg., Heft 1, S. 34–66.

Herrmann, A./Seilheimer, C. (2000): Erklärungsansätze zur Dynamik des Vergleichsmaßstabs im Rahmen des Lücken-Modells der Kundenzufriedenheit. In: Wirtschaftswissenschaftliches Studium, 29. Jg., Heft 1, S. 14–20.

Hesse, K./Peemöller, V. H. (2007): Zusammenarbeit zwischen Interner Revision und Abschlussprüfern. In: Betriebs-Berater, 62. Jg., Heft 25, S. 1378–1383.

Hildebrandt, L. (2008): Hypothesenbildung und empirische Überprüfung. In: Herrmann, A./Homburg, C./Klarmann, M. (Hrsg.): Handbuch Marktforschung – Methoden, Anwendungen, Praxisbeispiele, 3. Auflage, Wiesbaden: Gabler, S. 81–105.

Hildebrandt, L./Temme, D. (2006): Probleme der Validierung mit Strukturgleichungsmodellen. In: Die Betriebswirtschaft, 66. Jg., Heft 6, S. 618–639.

Hill, D. J. (1986): Satisfaction and Consumer Services. In: Advances in Consumer Research, Vol. 13, Issue 1, S. 311–315.

Himme, A. (2009): Gütekriterien der Messung: Reliabilität, Validität und Generalisierbarkeit. In: Albers, S./Klapper, D./Konradt, U./Walter, A./Wolf, J. (Hrsg.): Methodik der empirischen Forschung, 3. Auflage, Wiesbaden: Gabler, S. 485–500.

Hinterhuber, H. H./Handlbauer, G./Matzler, K. (2003): Kundenzufriedenheit durch Kernkompetenzen – Eigene Potentiale erkennen, entwickeln, umsetzen, 2. Auflage, Wiesbaden: Gabler.

Hobuss, W./Diamant, G.-M. (2000): Benchmarking der Internen Revision – Grundlage für eine neutrale Standortbestimmung. In: Der Schweizer Treuhänder, 74. Jg., Heft 10, S. 1037–1042.

Hofmann, G. (2000): Internationale Einflüsse auf die Revision, die mit der Ausbildung zum CIA zu meistern sind. In: Zeitschrift Interne Revision, 35. Jg., Heft 2, S. 72–73.

Hofmann, R. (1992): Management Auditing als Herausforderung für die Interne Revision – Voraussetzung für effiziente Erfüllung des Überwachungsauftrages. In: Der Schweizer Treuhänder, 66. Jg., Heft 4, S. 170–175.

Hofmann, R. (2005): Prüfungshandbuch – Leitfaden für eine Überwachungs- und Revisionskonzeption in der Corporate Governance, 5. Auflage, Berlin: Erich Schmidt.

Hofmann, S. (2008): Die Rolle der Internen Revision bei Bilanzdelikten. In: Freidank, C.-C./Peemöller, V. H. (Hrsg.): Corporate Governance und Interne Revision – Handbuch für die Neuausrichtung des Internal Auditings, Berlin: Erich Schmidt, S. 677–691.

Homans, G. C. (1972): Elementarformen sozialen Verhaltens, 2. Auflage, Köln: Westdeutscher Verlag.

Homburg, C. (1992): Die Kausalanalyse – Eine Einführung. In: Wirtschaftswissenschaftliches Studium, 21. Jg., Heft 10, S. 499–508.

Homburg, C. (2000): Kundennähe von Industriegüterunternehmen – Konzeption, Erfolgsauswirkungen, Determinanten, 3. Auflage, Wiesbaden: Gabler.

Homburg, C./Baumgartner, H. (1995a): Die Kausalanalyse als Instrument der Marketingforschung – Eine Bestandsaufnahme. In: Zeitschrift für Betriebswirtschaft, 65. Jg., Heft 10, S. 1091–1108.

Homburg, C./Baumgartner, H. (1995b): Beurteilung von Kausalmodellen – Bestandsaufnahme und Anwendungsempfehlungen. In: Marketing – Zeitschrift für Forschung und Praxis, 17. Jg., Heft 3, S. 162–176.

Homburg, C./Becker, A./Hentschel, F. (2010): Der Zusammenhang zwischen Kundenzufriedenheit und Kundenbindung. In: Bruhn, M./Homburg, C. (Hrsg.): Handbuch Kundenbindungsmanagement, 7. Auflage, Wiesbaden: Gabler, S. 111–144.

Homburg, C./Garbe, B. (1999): Towards an Improved Understanding of Industrial Services: Quality Dimensions and Their Impact on Buyer-Seller Relationships. In: Journal of Business-to-Business Marketing, Vol. 6, Issue 2, S. 39–71.

Homburg, C./Giering, A. (1996): Konzeptualisierung und Operationalisierung komplexer Konstrukte – Ein Leitfaden für die Marketingforschung. In: Marketing – Zeitschrift für Forschung und Praxis, 18. Jg., Heft 1, S. 5–24.

Homburg, C./Giering, A./Hentschel, F. (1999): Der Zusammenhang zwischen Kundenzufriedenheit und Kundenbindung. In: Die Betriebswirtschaft, 59. Jg., Heft 2, S. 174–195.

Homburg, C./Hoyer, W. D./Fassnacht, M. (2002): Service Orientation of a Retailer's Business Strategy: Dimensions, Antecedents, and Performance Outcomes. In: Journal of Marketing, Vol. 66, Issue 4, S. 86–101.

Homburg, C./Kebbel, P. (2001): Komplexität als Determinante der Qualitätswahrnehmung von Dienstleistungen. In: Zeitschrift für betriebswirtschaftliche Forschung, 53. Jg., Heft 8, S. 478–499.

Homburg, C./Klarmann, M. (2006): Die Kausalanalyse in der empirischen betriebswirtschaftlichen Forschung – Problemfelder und Anwendungsempfehlungen. In: Die Betriebswirtschaft, 66. Jg., Heft 6, S. 727–748.

Homburg, C./Klarmann, M./Krohmer, H. (2008): Statistische Grundlagen der Datenanalyse. In: Herrmann, A./Homburg, C./Klarmann, M. (Hrsg.): Handbuch Marktforschung – Methoden, Anwendungen, Praxisbeispiele, 3. Auflage, Wiesbaden: Gabler, S. 213–239.

Homburg, C./Krohmer, H. (2008): Der Prozess der Marktforschung: Festlegung der Datenerhebungsmethode, Stichprobenbildung und Fragebogengestaltung. In: Herrmann, A./Homburg, C./Klarmann, M. (Hrsg.): Handbuch Marktforschung – Methoden, Anwendungen, Praxisbeispiele, 3. Auflage, Wiesbaden: Gabler, S. 21–52.

Homburg, C./Krohmer, H. (2009): Marketingmanagement – Strategie, Instrumente, Umsetzung, Unternehmensführung, 3. Auflage, Wiesbaden: Gabler.

Homburg, C./Stock-Homburg, R. (2008): Theoretische Perspektiven zur Kundenzufriedenheit. In: Homburg, C. (Hrsg.): Kundenzufriedenheit – Konzepte, Methoden, Erfahrungen, 7. Auflage, Wiesbaden: Gabler, S. 17–51.

Hosmer, L. T. (1995): Trust: The Connecting Link between Organizational Theory and Philosophical Ethics. In: Academy of Management Review, Vol. 20, Issue 2, S. 379–403.

Huber, F./Herrmann, A./Meyer, F./Vogel, J./Vollhardt, K. (2007): Kausalmodellierung mit Partial Least Squares – Eine anwendungsorientierte Einführung, Wiesbaden: Gabler.

Huber, F./Regier, S./Vollhardt, K. (2006): Determinanten des Markenvertrauens und dessen Einfluss auf die Markenloyalität – Eine kausalanalytische Studie. In: Bauer, H. H./Neumann, M. M./Schüle, A. (Hrsg.): Konsumentenvertrauen – Konzepte und Anwendungen für ein nachhaltiges Kundenbindungsmanagement, München: Vahlen, S. 235–247.

Hüffer, U. (2010): Aktiengesetz, 9. Auflage, München: Beck.

Hulland, J. (1999): Use of Partial Least Squares (PLS) in Strategic Management Research: A Review of Four Recent Studies. In: Strategic Management Journal, Vol. 20, Issue 2, S. 195–204.

Hunecke, J. (2004): Innerbetriebliche Beratungsleistungen im Aufgabenkomplex der Internen Revision. In: Betriebswirtschaftliche Forschung und Praxis, 56. Jg., Heft 1, S. 25–38.

Huwer, W. (2008): Der Prüfungsausschuss des Aufsichtsrats – Aufgaben, Anforderungen und Arbeitsweise in der Aktiengesellschaft und im Aktienkonzern, Berlin: Duncker & Humblot.

Ihl, C./Müller, M./Piller, F./Reichwald, R. (2006): Kundenzufriedenheit bei Mass Customization: Eine empirische Untersuchung zur Bedeutung des Co-Design-Prozesses aus Kundensicht. In: Die Unternehmung, 60. Jg., Heft 3, S. 165–184.

IIA Austria (Hrsg.) (2009): Internationale Grundlagen für die berufliche Praxis der Internen Revision 2009, Wien.

IIA Global (Hrsg.) (2010): IPPF Represents New Guidance „Life Cycle". URL: http://www.theiia.org/guidance/additional-resources/ippf-project/newguidancelifecycle/, Abruf am 24. Oktober 2010.

Jagpal, H. S. (1982): Multicollinearity in Structural Equation Models With Unobservable Variables. In: Journal of Marketing Research, Vol. 19, Issue 4, S. 431–439.

Jain, S. K./Gupta, G. (2004): Measuring Service Quality: SERVQUAL vs. SERVPERF Scales. In: Vikalpa – The Journal of Decision Makers, Vol. 29, Issue 2, S. 25–37.

Janke, G. (2002): Stärkung der Rolle der Internen Revision in deutschen Unternehmen als Folge der Globalisierung – Neue Anforderungen an die Interne Revision. In: Betrieb und Wirtschaft, 56. Jg., Heft 7, S. 265–278.

Jankisz, E./Moosbrugger, H. (2007): Planung und Entwicklung von psychologischen Tests und Fragebogen. In: Moosbrugger, H./Kelava, A. (Hrsg.): Testtheorie und Fragebogenkonstruktion, Berlin: Springer, S. 27–72.

Janssen, J./Laatz, W. (2007): Statistische Datenanalyse mit SPSS für Windows – Eine anwendungsorientierte Einführung in das Basissystem und das Modul Exakte Tests, 6. Auflage, Berlin: Springer.

Jaritz, S. (2008): Kundenbindung und Involvement – Eine empirische Analyse unter besonderer Berücksichtigung von Low Involvement, Wiesbaden: Gabler.

Jarvis, C. B./MacKenzie, S. B./Podsakoff, P. M. (2003): A Critical Review of Construct Indicators and Measurement Model Misspecification in Marketing and Consumer Research. In: Journal of Consumer Research, Vol. 30, Issue 2, S. 199–218.

Kähler, W.-M. (2008): Statistische Datenanalyse – Verfahren verstehen und mit SPSS gekonnt einsetzen, 5. Auflage, Wiesbaden: Vieweg & Sohn.

Kaminski, B. (2008): Allgemeine Anforderungen der Unternehmensführung an die Interne Revision. In: Freidank, C.-C./Peemöller, V. H. (Hrsg.): Corporate Governance und Interne Revision – Handbuch für die Neuausrichtung des Internal Auditings, Berlin: Erich Schmidt, S. 57–72.

Kennedy, M. S./Ferrell, L. K./Thorne LeClair, D. (2001): Consumers' trust of salesperson and manufacturer: an empirical study. In: Journal of Business Research, Vol. 51, Issue 1, S. 73–86.

Kenning, P. (2002): Customer trust management – Ein Beitrag zum Vertrauensmanagement im Lebensmitteleinzelhandel, Wiesbaden: Deutscher Universitäts-Verlag.

Kepper, G. (2008): Methoden der qualitativen Marktforschung. In: Herrmann, A./Homburg, C./Klarmann, M. (Hrsg.): Handbuch Marktforschung – Methoden, Anwendungen, Praxisbeispiele, 3. Auflage, Wiesbaden: Gabler, S. 175–212.

Keunecke, U. (2006): Aktuelle Haftungsfragen für das Management von Aktiengesellschaften – Business Judgment Rule des UMAG. In: Zeitschrift Risk, Fraud & Governance, 1. Jg., Heft 3, S. 106–112.

Kimpel, R./Nyholm, N./Tinz, O. (2007): Quality Assessment der Internen Revision – Regulatorische Anforderungen und deren Umsetzung in der Praxis. In: Zeitschrift Risk, Fraud & Governance, 2. Jg., Heft 6, S. 245–254.

Klee, A. (2000): Strategisches Beziehungsmanagement – Ein integrativer Ansatz zur strategischen Planung und Implementierung des Beziehungsmanagement, Aachen: Shaker.

Kollmann, T. (1998): Akzeptanz innovativer Nutzungsgüter und -systeme – Konsequenzen für die Einführung von Telekommunikations- und Multimediasystemen, Wiesbaden: Gabler.

Kollmann, T. (1999): Das Konstrukt der Akzeptanz im Marketing – Neue Aspekte der Akzeptanzforschung dargestellt am Beispiel innovativer Telekommunikations- und Multimediasysteme. In: Wirtschaftswissenschaftliches Studium, 28. Jg., Heft 3, S. 125–130.

Konieczny, G. (2001): Die Messung und Steigerung der Qualität von Dienstleistungen in der Flugzeugkabine – Ein Beitrag zur kundenorientierten Flugzeugentwicklung, Berlin/Frankfurt am Main: ohne Verlag.

Kornmeier, M. (2007): Wissenschaftstheorie und wissenschaftliches Arbeiten – Eine Einführung für Wirtschaftswissenschaftler, Heidelberg: Physica.

KPMG (Hrsg.) (2010): Wirtschaftskriminalität in Deutschland 2010. URL: http://www.kpmg.de/docs/20091220_Wirtschaftskriminalitaet.pdf, Abruf am 24. Oktober 2010.

Krafft, M./Götz, O./Liehr-Gobbers, K. (2005): Die Validierung von Strukturgleichungsmodellen mit Hilfe des Partial-Least-Squares (PLS)-Ansatzes. In: Bliemel, F./Eggert, A./Fassott, G./Henseler, J. (Hrsg.): Handbuch PLS-Pfadmodellierung – Methode, Anwendung, Praxisbeispiele, Stuttgart: Schäffer-Poeschel, S. 71–86.

Kramer, R. M. (1999): Trust and Distrust in Organizations: Emerging Perspectives, Enduring Questions. In: Annual Review in Psychology, Vol. 50, Issue 1, S. 569–598.

Kredel, L. (1988): Wirtschaftlichkeit von Bürokommunikationssystemen – Eine vergleichende Darstellung, Berlin/New York: Walter de Gruyter.

Krey, S. (2001a): Konzeption und Anwendung eines risikoorientierten Prüfungsansatzes in der Internen Revision, Berlin: Verlag für Wirtschaftskommunikation.

Krey, S. (2001b): Qualitätssicherung in der Internen Revision. In: Der Betrieb, 54. Jg., Heft 47, S. 2460–2464.

Krieger, G./Sailer, V. (2008a): § 90 Berichte an den Aufsichtsrat. In: Schmidt, K./Lutter, M. (Hrsg.): Aktiengesetz Kommentar, Band I, Köln: Otto Schmidt, S. 1006–1032.

Krieger, G./Sailer, V. (2008b): § 91 Organisation; Buchführung. In: Schmidt, K./Lutter, M. (Hrsg.): Aktiengesetz Kommentar, Band I, Köln: Otto Schmidt, S. 1032–1039.

Kroeber-Riel, W./Weinberg, P./Gröppel-Klein, A. (2009): Konsumentenverhalten, 9. Auflage, München: Vahlen.

Krumm, M. (2006): Wissensmanagement in der Internen Revision (IR). In: Lück, W. (Hrsg.): Zentrale Tätigkeitsbereiche der Internen Revision – Aktuelle und zukünftige Schwerpunkte erfolgreicher Revisionsarbeit, Berlin: Erich Schmidt, S. 223–232.

Kuß, A. (2007): Marktforschung – Grundlagen der Datenerhebung und Datenanalyse, 2. Auflage, Wiesbaden: Gabler.

Kuß, A./Tomczak, T. (2007): Käuferverhalten – Eine marketingorientierte Einführung, 4. Auflage, Stuttgart: Lucius & Lucius.

Ladhari, R. (2008): Alternative measures of service quality: a review. In: Managing Service Quality, Vol. 18, Issue 1, S. 65–86.

Lambe, C. J./Wittmann, C. M./Spekman, R. E. (2001): Social Exchange Theory and Research on Business-to-Business Relational Exchange. In: Journal of Business-to-Business Marketing, Vol. 8, Issue 3, S. 1–36.

Lampe, J. C./Sutton, S. G. (1991): Integrated Productivity and Quality Measures for Internal Audit Departments. In: Internal Auditing, Vol. 6, Issue 6, S. 51–65.

Lampe, J. C./Sutton, S. G. (1994a): Developing Productivity in Quality Measurement Systems for Internal Auditing Departments, Altamonte Springs.

Lampe, J. C./Sutton, S. G. (1994b): Evaluating the Work of Internal Audit: A Comparison of Standards and Empirical Evidence. In: Accounting and Business Research, Vol. 24, Issue 96, S. 335–348.

Lanfermann, G./Röhricht, V. (2009): Pflichten des Prüfungsausschusses nach dem BilMoG. In: Betriebs-Berater, 64. Jg., Heft 17, S. 887–891.

Lang, R. (1990): Qualitätsmerkmale einer erfolgreichen Internen Revision. In: Zeitschrift Interne Revision, 25. Jg., Heft 4, S. 198–208.

Langer, A./Herzig, A./Pedell, B. (2009): Leistungsmessung und betriebswirtschaftliche Steuerung der Internen Revision – mehr als nur ein Messproblem. In: Zeitschrift Interne Revision, 44. Jg., Heft 3, S. 104–111.

Langer, A./Pedell, B. (2010): Messung des Wertbeitrags der Internen Revision und dessen Integration in ein Performance Measurement-Konzept. In: Buderath, H. M./Herzig, A./Köhler, A. G./Pedell, B. (Hrsg.): Wertbeitrag der Internen Revision – Ansätze zur Messung, Steuerung und Kommunikation, Stuttgart: Schäffer-Poeschel, S. 45–105.

Lehmann, R. (2010): Lernstile als Grundlage adaptiver Lernsysteme in der Softwareschulung, Münster: Waxmann.

Lewicki, R. J./McAllister, D. J./Bies, R. J. (1998): Trust and Distrust: New Relationships and Realities. In: Academy of Management Review, Vol. 23, Issue 3, S. 438–458.

Lewicki, R. J./Tomlinson, E. C./Gillespie, N. (2006): Models of Interpersonal Trust Development: Theoretical Approaches, Empirical Evidence, and Future Directions. In: Journal of Management, Vol. 32, Issue 6, S. 991–1022.

Lienert, G. A./Raatz, U. (1998): Testaufbau und Testanalyse, 6. Auflage, Weinheim: Psychologie Verlags Union.

Linsi, A. C. (2003): Internal Audit Excellence – Theorie und Praxis der Internen Revision in der Schweiz im Kontext der neuen IIA-Standards unter besonderer Berücksichtigung des Faktors Qualität und des Total-Quality-Management-Modells der European Foundation for Quality Management (EFQM), Köln: Josef Eul.

Loebbert, M. (2000): Interne Dienstleister: Was sie alles können müssen. In: Harvard Business Manager, 20. Jg., Heft 3, S. 49–57.

Lohmöller, J. B. (1989): Latent Variables Path Modeling with Partial Least Squares, Heidelberg: Physica.

Lozan, J. L./Kausch, H. (2007): Angewandte Statistik für Naturwissenschaftler, 4. Auflage, Berlin: Parey.

Lucco, A. (2008): Anbieterseitige Kündigung von Kundenbeziehungen – Empirische Erkenntnisse und praktische Implikationen zum Kündigungsmanagement, Wiesbaden: Gabler.

Lück, W. (1997): Internes Überwachungssystem (IÜS) – Organisatorische Sicherungsmaßnahmen, Kontrolle, Prüfung. In: Die Steuerberatung, 40. Jg., Heft 9, S. 424–431.

Lück, W. (2009): Berufsgrundsätze der Internen Revision – Ethik, Moral, Verantwortung. In: Lück, W. (Hrsg.): Anforderungen an die Interne Revision – Grundsätze, Methoden, Perspektiven, Berlin: Erich Schmidt, S. 17–35.

Lück, W./Henke, M. (2004): Die Interne Revision als zentraler Bestandteil der Corporate Governance. In: Betriebswirtschaftliche Forschung und Praxis, 56. Jg., Heft 1, S. 1–14.

Lucke, D. (1995): Akzeptanz – Legitimität in der „Abstimmungsgesellschaft“, Opladen: Leske + Budrich.

Lutter, M./Krieger, G. (2008): Rechte und Pflichten des Aufsichtsrats, 5. Auflage, Köln: Otto Schmidt.

MacKenzie, S. B./Podsakoff, P. M./Jarvis, C. B. (2005): The Problem of Measurement Model Misspecification in Behavioral and Organizational Research and Some Recommended Solutions. In: Journal of Applied Psychology, Vol. 90, Issue 4, S. 710–730.

Marascuilo, L. A./McSweeney, M. (1977): Nonparametric and Distribution-Free Methods for the Social Sciences, Monterey: Wadsworth.

Marten, K.-U. (1999): Qualität von Wirtschaftsprüferleistungen, Düsseldorf: IDW.

Martin, A. (2003): Vertrauen. In: Martin, A. (Hrsg.): Organizational Behaviour – Verhalten in Organisationen, Stuttgart: Kohlhammer, S. 115–137.

Martin, I. (2009): Kundenbindung im beratungsintensiven Einzelhandel – Eine empirische Untersuchung unter besonderer Berücksichtigung von Konsumentenheterogenität, Wiesbaden: Gabler.

Matthäus, W.-G. (2007): Statistische Tests mit Excel leicht erklärt, Wiesbaden: Teubner.

Matthes, A. (2007): Die Wirkung von Vertrauen auf die Ex-Post-Transaktionskosten in Kooperation und Hierarchie, Wiesbaden: Deutscher Universitäts-Verlag.

Matzler, K. (1997): Kundenzufriedenheit und Involvement, Wiesbaden: Deutscher Universitäts-Verlag.

Mayer, H./Illmann, T. (2000): Markt- und Werbepsychologie, 3. Auflage, Stuttgart: Schäffer-Poeschel.

Mayer, R. C./Davis, J. H./Schoorman, F. D. (1995): An Integrative Model of Organizational Trust. In: Academy of Management Review, Vol. 20, Issue 3, S. 709–734.

McAllister, D. J. (1995): Affect- and Cognition-based Trust as Foundations for Interpersonal Cooperation in Organizations. In: Academy of Management Journal, Vol. 38, Issue 1, S. 24–59.

McCole, P./Ramsey, E./Williams, J. (2010): Trust considerations on attitudes towards online purchasing: The moderating effect of privacy and security concerns. In: Journal of Business Research, Vol. 63, Issue 9/10, S. 1018–1024.

McKnight, D. H./Choudhury, V./Kacmar, C. (2002): The impact of initial consumer trust on intentions to transact with a web site: a trust building model. In: Journal of Strategic Information Systems, Vol. 11, Issue 3/4, S. 297–323.

Meffert, H./Bruhn, M. (2009): Dienstleistungsmarketing – Grundlagen, Konzepte, Methoden, 6. Auflage, Wiesbaden: Gabler.

Meifert, M. (2003): Vertrauensmanagement in Unternehmen – Eine empirische Studie über Vertrauen zwischen Angestellten und ihren Führungskräften, 2. Auflage, München: Rainer Hampp.

Meinig, W. (1991): Dienstleistungs-Akzeptanz im Kontext verhaltenstheoretischer Erklärungsansätze. In: Der Markt, 30. Jg., Heft 116, S. 30–36.

Melcher, W./Mattheus, D. (2009): Zur Umsetzung der HGB-Modernisierung durch das BilMoG: Neue Offenlegungspflichten zur Corporate Governance. In: Der Betrieb, 62. Jg., Heft 23, Beilage 5, S. 77–82.

Mertensköttеr, M./Hübner, S./Köhler, A. G. (2010): Rahmenbedingungen der Internen Revision. In: Buderath, H. M./Herzig, A./Köhler, A. G./Pedell, B. (Hrsg.): Wertbeitrag der Internen Revision – Ansätze zur Messung, Steuerung und Kommunikation, Stuttgart: Schäffer-Poeschel, S. 5–44.

Meyer, A./Mattmüller, R. (1987): Qualität von Dienstleistungen – Entwurf eines praxisorientierten Qualitätsmodells. In: Marketing – Zeitschrift für Forschung und Praxis, 9. Jg., Heft 3, S. 187–195.

Michel, L./Conrad, W. (1982): Theoretische Grundlagen psychometrischer Tests. In: Groffmann, K.-J./Michel, L. (Hrsg.): Grundlagen psychologischer Diagnostik, Göttingen: Verlag für Psychologie, S. 1–129.

Milankovic, T./Lentz, P. (2004): Die Bedeutung von Vertrauen in Kunden-Anbieter-Beziehungen – Eine Analyse des aktuellen Stands der Forschung. Arbeitsbericht Nr. 11. Dortmund: Universität Dortmund, Lehrstuhl für Marketing. URL: http://www.wiso.tu-dortmund.de/wiso/m/Medienpool/Arbeitspapiere/Arbeitsbericht11.pdf, Abruf am 24. Oktober 2010.

Mokhtar, Z. (2006): Akzeptanz von technologischen Innovationen aus wirtschaftssoziologischer Sicht – Ansätze zu einer Nutzertypologie des Internetbanking, München: Rainer Hampp.

Möllering, G. (2006): Trust: Reason, Routine, Reflexivity, Amsterdam et al.: Elsevier.

Möllering, G./Sydow, J. (2005): Kollektiv, kooperativ, reflexiv: Vertrauen und Glaubwürdigkeit in Unternehmungen und Unternehmensnetzwerken. In: Dernbach, B./Meyer, M. (Hrsg.): Vertrauen und Glaubwürdigkeit – Interdisziplinäre Perspektiven, Wiesbaden: Verlag für Sozialwissenschaften, S. 64–93.

Moorman, C./Deshpandé, R./Zaltman, G. (1993): Factors Affecting Trust in Market Research Relationships. In: Journal of Marketing, Vol. 57, Issue 1, S. 81–101.

Morgan, R. M./Hunt, S. D. (1994): The Commitment-Trust Theory of Relationship Marketing. In: Journal of Marketing, Vol. 58, Issue 3, S. 20–38.

Müller-Böling, D./Müller, M. (1986): Akzeptanzfaktoren der Bürokommunikation, München: Oldenbourg.

Müller, D. (2009): Moderatoren und Mediatoren in Regressionen. In: Albers, S./Klapper, D./Konradt, U./Walter, A./Wolf, J. (Hrsg.): Methodik der empirischen Forschung, 3. Auflage, Wiesbaden: Gabler, S. 237–252.

Müller, K.-P./Kemper, H.-P. (2006): Zusammenarbeit von Interner Revision (IR) und Vorstand – Beispiel RWE-Konzern. In: Lück, W. (Hrsg.): Zentrale Tätigkeitsbereiche der Internen Revision – Aktuelle und zukünftige Schwerpunkte erfolgreicher Revisionsarbeit, Berlin: Erich Schmidt, S. 181–185.

Müller, K.-P./Kemper, H.-P. (2009): Qualitätssicherung in der Internen Revision am Beispiel der RWE AG. In: Lück, W. (Hrsg.): Anforderungen an die Interne Revision – Grundsätze, Methoden, Perspektiven, Berlin: Erich Schmidt, S. 249–261.

Müller, V./Schienstock, G. (1979): Machbarkeit und soziale Akzeptanz. In: Wirtschaftsdienst, 59. Jg., Heft 6, S. 295–299.

Murray, K. B. (1991): A Test of Services Marketing Theory: Consumer Information Acquisition Activities. In: Journal of Marketing, Vol. 55, Issue 1, S. 10–25.

Nerdinger, F. W./Blickle, G./Schaper, N. (2008): Arbeits- und Organisationspsychologie, Berlin: Springer.

Neubeck, G. (2003): Prüfung von Risikomanagementsystemen, Düsseldorf: IDW.

Neumann, M. M. (2007): Konsumentenvertrauen – Messung, Determinanten und Konsequenzen, Wiesbaden: Deutscher Universitäts-Verlag.

Nieschlag, R./Dichtl, E./Hörschgen, H. (2002): Marketing, 19. Auflage, Berlin: Duncker & Humblot.

Nonnenmacher, R./Pohle, K./Werder von, A. (2009): Aktuelle Anforderungen an Prüfungsausschüsse. In: Der Betrieb, 62. Jg., Heft 27, S. 1447–1454.

NYSE (Hrsg.) (2010): NYSE Listed Company Manual. URL: http://nysemanual.nyse.com/LCMTools/PlatformViewer.asp?selectednode=chp_1_4_3&manual=%2Flcm%2Fsections%2Flcm-sections%2F, Abruf am 24. Oktober 2010.

Palazzesi, M./Pfyffer, H.-U. (2002): Ein neues Verständnis von Interner Revision – Gedanken zu einer Neuausrichtung. In: Der Schweizer Treuhänder, 76. Jg., Heft 3, S. 137–148.

Palmatier, R. W./Dant, R. P./Grewal, D./Evans, K. R. (2006): Factors Influencing the Effectiveness of Relationship Marketing: A Meta-Analysis. In: Journal of Marketing, Vol. 70, Issue 4, S. 136–153.

Palmer, A./Bejou, D. (1994): Buyer-Seller Relationships: A Conceptual Model and Empirical Investigation. In: Journal of Marketing Management, Vol. 10, Issue 6, S. 495–512.

Parasuraman, A./Zeithaml, V. A./Berry, L. L. (1985): A Conceptual Model of Service Quality and Its Implications for Future Research. In: Journal of Marketing, Vol. 49, Issue 4, S. 41–50.

Parasuraman, A./Zeithaml, V. A./Berry, L. L. (1988): SERVQUAL: A Multiple-Item Scale for Measuring Consumer Perceptions of Service Quality. In: Journal of Retailing, Vol. 64, Issue 1, S. 12–40.

Pasternack, N.-A. (2010): Qualitätsorientierte Führung in der Internen Revision – Eine theoretische und empirische Untersuchung zu einem Qualitätsmanagement, Hamburg: Dr. Kovac.

Pawlow, I. P. (1953): Zwanzigjährige Erfahrungen mit dem objektiven Studium der höheren Nerventätigkeit (des Verhaltens) der Tiere, Band 3: Sämtliche Werke, Berlin: Akademie.

Peemöller, V. H. (2001): Qualitätssicherung der Internen Revision. In: Betriebs-Berater, 56. Jg., Heft 26, S. 1347–1353.

Peemöller, V. H. (2004): Interner Revisor. In: Förschle, G./Peemöller, V. H. (Hrsg.): Wirtschaftsprüfung und Interne Revision, Heidelberg: Recht und Wirtschaft, S. 151–197.

Peemöller, V. H. (2008): Stand und Entwicklung der Internen Revision. In: Freidank, C.-C./Peemöller, V. H. (Hrsg.): Corporate Governance und Interne Revision – Handbuch für die Neuausrichtung des Internal Auditings, Berlin: Erich Schmidt, S. 1–16.

Peemöller, V. H./Richter, M. (2000): Entwicklungstendenzen der Internen Revision – Chancen für die unternehmensinterne Überwachung, Berlin: Erich Schmidt.

Pelz, R. (2008): Anzeigenmarketing im Verlag – Eine empirische Analyse der Marketingressourcen und Marketingkompetenzen im Anzeigenmarketing von Zeitschriftenverlagen, Wiesbaden: Gabler.

Pepels, W. (1996): Qualitätscontrolling bei Dienstleistungen, München: Vahlen.

Pepels, W. (2005): Käuferverhalten – Basiswissen für Kaufentscheidungen von Konsumenten und Organisationen, Berlin: Erich Schmidt.

Peter, J. P. (1979): Reliability: A Review of Psychometric Basics and Recent Marketing Practices. In: Journal of Marketing Research, Vol. 16, Issue 1, S. 6–17.

Peter, J. P. (1981): Construct Validity: A Review of Basic Issues and Marketing Practices. In: Journal of Marketing Research, Vol. 18, Issue 2, S. 133–145.

Peter, J. P./Churchill, G. A. (1986): Relationships Among Research Design Choices and Psychometric Properties of Rating Scales: A Meta-Analysis. In: Journal of Marketing Research, Vol. 23, Issue 1, S. 1–10.

Petermann, F./Winkel, S. (2006): Interpersonelles Vertrauen – Grundlagen, Messung, empirische Befunde. In: Bauer, H. H./Neumann, M. M./Schüle, A. (Hrsg.): Konsumentenvertrauen – Konzepte und Anwendungen für ein nachhaltiges Kundenbindungsmanagement, München: Vahlen, S. 77–91.

Petty, R. E./Wegener, D. T./Fabrigar, L. R. (1997): Attitudes and Attitude Change. In: Annual Review in Psychology, Vol. 48, Issue 1, S. 609–647.

Pfennig, C. (2009): Controllerzufriedenheit – Messung, Wirkungen, Determinanten, Wiesbaden: Gabler.

Pieters, R./Koelemeijer, K./Roest, H. (1995): Assimilation processes in service satisfaction formation. In: International Journal of Service Industry Management, Vol. 6, Issue 3, S. 17–33.

Podsakoff, P. M./MacKenzie, S. B./Lee, J.-Y./Podsakoff, N. P. (2003): Common Method Biases in Behavioral Research: A Critical Review of the Literature and Recommended Remedies. In: Journal of Applied Psychology, Vol. 88, Issue 5, S. 879–903.

Podsakoff, P. M./Organ, D. W. (1986): Self-Reports in Organizational Research: Problems and Prospects. In: Journal of Management, Vol. 12, Issue 4, S. 531–544.

Porst, R. (2008): Fragebogen – Ein Arbeitsbuch, Wiesbaden: Verlag für Sozialwissenschaften.

Porter, C. E./Donthu, N. (2008): Cultivating Trust and Harvesting Value in Virtual Communities. In: Management Science, Vol. 54, Issue 1, S. 113–128.

Raffée, H./Sauter, B./Silberer, G. (1973): Theorie der kognitiven Dissonanz und Konsumgüter-Marketing – Der Beitrag der Theorie der kognitiven Dissonanz zur Erklärung und Gestaltung von Kaufentscheidungen bei Konsumgütern, Wiesbaden: Gabler.

Ranaweera, C./Prabhu, J. (2003): On the relative importance of customer satisfaction and trust as determinants of customer retention and positive word of mouth. In: Journal of Targeting, Measurement and Analysis for Marketing, Vol. 12, Issue 1, S. 82–90.

Ravald, A./Grönroos, C. (1996): The value concept and relationship marketing. In: European Journal of Marketing, Vol. 30, Issue 2, S. 19–30.

Reimer, K. (2009): Bootstrapping und andere Resampling-Methoden. In: Albers, S./Klapper, D./Konradt, U./Walter, A./Wolf, J. (Hrsg.): Methodik der empirischen Forschung, 3. Auflage, Wiesbaden: Gabler, S. 521–536.

Reinartz, W./Krafft, M./Hoyer, W. D. (2004): The Customer Relationship Management Process: Its Measurement and Impact on Performance. In: Journal of Marketing Research, Vol. 41, Issue 3, S. 293–305.

Rengelshausen, O. (2000): Online-Marketing in deutschen Unternehmen – Einsatz, Akzeptanz, Wirkungen, Wiesbaden: Deutscher Universitäts-Verlag.

Rentsch, G. (1988): Die Akzeptanz eines Schutzgebietes untersucht am Beispiel der Einstellung der lokalen Bevölkerung zum Nationalpark Bayerischer Wald, Kallmünz/Regensburg: Laßleben.

Reuschenbach, D. (2009): Nichtparametrische Testverfahren. In: Albers, S./Klapper, D./Konradt, U./Walter, A./Wolf, J. (Hrsg.): Methodik der empirischen Forschung, 3. Auflage, Wiesbaden: Gabler, S. 501–520.

Riemenschneider, M. (2006): Der Wert von Produktvielfalt – Wirkung großer Sortimente auf das Verhalten von Konsumenten, Wiesbaden: Deutscher Universitäts-Verlag.

Ringle, C. M. (2004a): Gütemaße für den Partial Least Squares-Ansatz zur Bestimmung von Kausalmodellen. Arbeitspapier Nr. 16. Hamburg: Universität Hamburg, Institut für Industriebetriebslehre und Organisation. URL: http://www.ibl-unihh.de/ap16.pdf, Abruf am 24. Oktober 2010.

Ringle, C. M. (2004b): Kooperation in virtuellen Unternehmen – Auswirkungen auf die strategischen Erfolgsfaktoren der Partnerunternehmen, Wiesbaden: Deutscher Universitäts-Verlag.

Ringle, C. M./Boysen, N./Wende, S./Will, A. (2006): Messung von Kausalmodellen mit dem Partial-Least-Squares-Verfahren. In: Das Wirtschaftsstudium, 35. Jg., Heft 1, S. 81–87.

Ringle, C. M./Spreen, F. (2007): Beurteilung der Ergebnisse von PLS-Pfadanalysen. In: Das Wirtschaftsstudium, 36. Jg., Heft 2, S. 211–216.

Ripperger, T. (2003): Ökonomik des Vertrauens – Analyse eines Organisationsprinzips, 2. Auflage, Tübingen: Mohr Siebeck.

Risak, J. (2004): Der Weg zur agilen Internen Revision. In: Zeitschrift Interne Revision, 39. Jg., Heft 3, S. 98–107.

Römer, S./Tscheulin, D. K. (2008): Die Bedeutung von Vertrauen in risikoreichen Kooperationsentscheidungen – Analyse der theoretischen Grundlagen und empirische Überprüfung. In: Zeitschrift für betriebswirtschaftliche Forschung, 60. Jg., Heft 8, S. 434–458.

Rossiter, J. R. (2002): The C-OAR-SE procedure for scale development in marketing. In: International Journal of Research in Marketing, Vol. 19, Issue 3, S. 305–335.

Rossmann, A. (2010): Vertrauen in Kundenbeziehungen, Wiesbaden: Gabler.

Rotter, J. B. (1967): A new scale for the measurement of interpersonal trust. In: Journal of Personality, Vol. 35, Issue 4, S. 651–665.

Rousseau, D. M./Sitkin, S. B./Burt, R. S./Camerer, C. (1998): Not so Different After All: A Cross-Discipline View of Trust. In: Academy of Management Review, Vol. 23, Issue 3, S. 393–404.

Ruiz, D. M./Gremler, D. D./Washburn, J. H./Carrion, G. C. (2008): Service value revisited: Specifying a higher-order, formative measure. In: Journal of Business Research, Vol. 61, Issue 12, S. 1278–1291.

Rusbult, C. E./Lange Van, P. A. M. (1996): Interdependence processes. In: Kruglanski, A. W./Higgins, E. T. (Hrsg.): Social Psychology – Handbook of Basic Principles, New York/London: Guilford Press, S. 564–596.

Ruud, T. F./Bodenmann, J. M. (2001): Corporate Governance und Interne Revision – Neuorientierung der Internen Revision, um einen zentralen Beitrag zu einer effektiven Corporate Governance zu leisten. In: Der Schweizer Treuhänder, 75. Jg., Heft 6/7, S. 521–534.

Ruud, T. F./Bodenmann, J. M./Kienast, M. (2000): Entwicklungen in der Internen Revision – Interessante Umfrageergebnisse zur Zukunft der Internen Revision. In: Der Schweizer Treuhänder, 74. Jg., Heft 10, S. 1029–1036.

Ruud, T. F./Linsi, A. C. (1999): Neudefinition der Internen Revision gemäss dem Institute of Internal Auditing – Qualitätsverbesserung für die Anwender. In: Der Schweizer Treuhänder, 73. Jg., Heft 12, S. 1149–1156.

Ruud, T. F./Schmid, P. (2000): Deliktische Handlungen und die wichtige Rolle der Internen Revision – Instrument zur Überprüfung der Wirksamkeit des IKS und zur Prävention. In: Der Schweizer Treuhänder, 74. Jg., Heft 12, S. 1303–1308.

Saab, S. (2007): Commitment in Geschäftsbeziehungen – Konzeptualisierung und Operationalisierung für das Business-to-Business-Marketing, Wiesbaden: Deutscher Universitäts-Verlag.

Sachs, L. (2004): Angewandte Statistik – Anwendung statistischer Methoden, 11. Auflage, Berlin: Springer.

Sachs, L./Hedderich, J. (2009): Angewandte Statistik – Methodensammlung mit R, 13. Auflage, Berlin: Springer.

Sarens, G./Abdolmohammadi, M. J. (2007). Agency Theory as a Predictor of the Size of the Internal Audit Function in Belgian Companies. Working Paper 07/458. Ghent: Ghent University Belgien, Faculty of Economics and Business Administration. URL: http://aaahq.org/audit/midyear/08midyear/papers/21_sarens_agencytheory.pdf, Abruf am 24. Oktober 2010.

Sarens, G./Beelde De, I. (2006): The Relationship between Internal Audit and Senior Management: A Qualitative Analysis of Expectations and Perceptions. In: International Journal of Auditing, Vol. 10, Issue 3, S. 219–241.

Scharpf, P. (1997): Die Sorgfaltspflichten des Geschäftsführers einer GmbH – Pflicht zur Einrichtung eines Risikomanagement- und Überwachungssystems aufgrund der geplanten Änderung des AktG auch für den GmbH-Geschäftsführer. In: Der Betrieb, 50. Jg., Heft 15, S. 737–743.

Scheffler, E. (2003): Aufgaben und Zusammensetzung von Prüfungsausschüssen (Audit Committees). In: Zeitschrift für Unternehmens- und Gesellschaftsrecht, 32. Jg., Heft 2, S. 236–263.

Schenk, A. (2000): Relevante Faktoren der Akzeptanz von Natur- und Landschaftsschutzmassnahmen – Ergebnisse qualitativer Fallstudien, St. Gallen: Ostschweizerische Geographische Gesellschaft.

Schermelleh-Engel, K./Werner, C. (2007): Methoden der Reliabilitätsbestimmung. In: Moosbrugger, H./Kelava, A. (Hrsg.): Testtheorie und Fragebogenkonstruktion, Berlin: Springer, S. 113–133.

Schmidt, R.-B. (1977): Wirtschaftslehre der Unternehmung, Band 1: Grundlagen und Zielsetzung, 2. Auflage, Stuttgart: Schäffer-Poeschel.

Schmidt, R. (1996): Marktorientierte Konzeptfindung für langlebige Gebrauchsgüter – Messung und QFD-gestützte Umsetzung von Kundenforderungen und Kundenurteilen, Wiesbaden: Gabler.

Schmidt, S./Reimer, B. (2008): Zusammenwirken von Abschlussprüfung und Interner Revision. In: Freidank, C.-C./Peemöller, V. H. (Hrsg.): Corporate Governance und Interne Revision – Handbuch für die Neuausrichtung des Internal Auditings, Berlin: Erich Schmidt, S. 643–660.

Schmitz, G. (2002): Die Zufriedenheit von Versicherungsvertretern als unternehmerische Zielgröße – Stellenwert, Erfassungskonzept und empirische Befunde, Wiesbaden: Deutscher Universitäts-Verlag.

Schneider, H. (2009): Nachweis und Behandlung von Multikollinearität. In: Albers, S./Klapper, D./Konradt, U./Walter, A./Wolf, J. (Hrsg.): Methodik der empirischen Forschung, 3. Auflage, Wiesbaden: Gabler, S. 221–236.

Schneider, T. (2000): Aufgaben der Internen Revision im Rahmen des Shareholder Value-Ansatzes. In: Zeitschrift Interne Revision, 35. Jg., Heft 6, S. 246–250.

Schnell, R./Hill, P. B./Esser, E. (2008): Methoden der empirischen Sozialforschung, 8. Auflage, München: Oldenbourg.

Scholderer, J./Balderjahn, I. (2005): PSL versus LISREL: Ein Methodenvergleich. In: Bliemel, F./Eggert, A./Fassott, G./Henseler, J. (Hrsg.): Handbuch PLS-Pfadmodellierung – Methode, Anwendung, Praxisbeispiele, Stuttgart: Schäffer-Poeschel, S. 87–98.

Scholderer, J./Balderjahn, I. (2006): Was unterscheidet harte und weiche Strukturgleichungsmodelle nun wirklich? Ein Klärungsversuch zur LISREL-PLS-Frage. In: Marketing – Zeitschrift für Forschung und Praxis, 28. Jg., Heft 1, S. 57–70.

Scholderer, J./Balderjahn, I./Paulssen, M. (2006): Kausalität, Linearität, Reliabilität: Drei Dinge, die Sie nie über Strukturgleichungsmodelle wissen wollten. In: Die Betriebswirtschaft, 66. Jg., Heft 6, S. 640–650.

Schönecker, H. G. (1980): Bedienerakzeptanz und technische Innovationen – Akzeptanzrelevante Aspekte bei der Einführung neuer Bürotechniksysteme, München: Minerva.

Schönecker, H. G. (1982): Akzeptanzforschung als Regulativ bei Entwicklung, Verbreitung und Anwendung technischer Innovationen. In: Reichwald, R. (Hrsg.): Neue Systeme der Bürotechnik – Beiträge zur Büroarbeitsgestaltung aus Anwendersicht, Berlin: Erich Schmidt, S. 49–69.

Schrader, U. (2001): Konsumentenakzeptanz eigentumsersetzender Dienstleistungen, Frankfurt am Main: Peter Lang.

Schroff, J. (2006): Aufgabenwandel in der Internen Revision – Eine theoretische und empirische Untersuchung, München: Herbert Utz.

Schwager, E. (2003): Beratung durch die Interne Revision – ihre Rolle, ihre Risiken und ihre Chancen. In: Zeitschrift Interne Revision, 38. Jg., Heft 6, S. 244–252.

Schweer, M./Thies, B. (2003): Vertrauen als Organisationsprinzip – Perspektiven für komplexe soziale Systeme, Bern: Hans Huber.

Shapiro, S. P. (1987): The Social Control of Impersonal Trust. In: American Journal of Sociology, Vol. 93, Issue 3, S. 623–658.

Shrout, P. E./Bolger, N. (2002): Mediation in Experimental and Nonexperimental Studies: New Procedures and Recommendations. In: Psychological Methods, Vol. 7, Issue 4, S. 422–445.

Sieber, C. (2008): Kooperation von Zentralcontrolling und Bereichscontrolling – Messung, Auswirkungen, Determinanten, Wiesbaden: Gabler.

Siegel, S. (2001): Nichtparametrische statistische Methoden, 5. Auflage, Eschborn: Dietmar Klotz.

Simon, B. (2001): E-Learning an Hochschulen – Gestaltungsräume und Erfolgsfaktoren von Wissensmedien, Köln: Josef Eul.

Singh, J./Sirdeshmukh, D. (2000): Agency and Trust Mechanisms in Consumer Satisfaction and Loyalty Judgments. In: Journal of the Academy of Marketing Science, Vol. 28, Issue 1, S. 150–167.

Sirdeshmukh, D./Singh, J./Sabol, B. (2002): Consumer Trust, Value, and Loyalty in Relational Exchanges. In: Journal of Marketing, Vol. 66, Issue 1, S. 15–37.

Smith, J. B./Barclay, D. W. (1997): The Effects of Organizational Differences and Trust on the Effectiveness of Selling Partner Relationships. In: Journal of Marketing, Vol. 61, Issue 1, S. 3–21.

Söhnchen, F. (2009): Common Method Variance und Single Source Bias. In: Albers, S./Klapper, D./Konradt, U./Walter, A./Wolf, J. (Hrsg.): Methodik der empirischen Forschung, 3. Auflage, Wiesbaden: Gabler, S. 137–152.

Solomon, M./Bamossy, G./Askegaard, S. (2001): Konsumentenverhalten – Der europäische Markt, München: Pearson Studium.

Späth, J. F. (2008): Interpersonelles Vertrauen in Organisationen – Eine empirische Untersuchung der Einflussfaktoren und Verhaltenswirkungen, Frankfurt am Main: Peter Lang.

Späth, J. F./Jedrzejczyk, P. (2008): Operationalisierung von Vertrauen im interkulturellen Vertrauen. In: Hammel, E. (Hrsg.): Vertrauen im interkulturellen Kontext, Wiesbaden: Verlag für Sozialwissenschaften, S. 111–131.

Specht, G./Schmelzer, H. J. (1992): Instrumente des Qualitätsmanagements in der Produktentwicklung. In: Zeitschrift für betriebswirtschaftliche Forschung, 44. Jg., Heft 6, S. 531–547.

Spillecke, D. (2006): Interne Kundenorientierung des Controllerbereichs – Messung, Erfolgsauswirkungen, Determinanten, Wiesbaden: Deutscher Universitäts-Verlag.

Stachelsky, F. V. (1983): Typologie und Methodik von Akzeptanzforschungen zu neuen Medien. In: Publizistik, 28. Jg., Heft 1, S. 46–55.

Stauss, B. (1999): Kundenzufriedenheit. In: Marketing – Zeitschrift für Forschung und Praxis, 21. Jg., Heft 1, S. 5–24.

Stauss, B./Hentschel, B. (1991): Dienstleistungsqualität. In: Wirtschaftswissenschaftliches Studium, 20. Jg., Heft 5, S. 238–244.

Steckel, R. (2010): Revision 2015 – zukünftige Entwicklungen und Anforderungen an die Interne Revision in mittelständischen Unternehmen. In: Zeitschrift Interne Revision, 45. Jg., Heft 1, S. 18–23.

Steffelbauer-Meuche, G. (2004): Qualitätsmanagement in der Internen Revision, Sternenfels: Wissenschaft & Praxis.

Stier, W. (1999): Empirische Forschungsmethoden, 2. Auflage, Berlin: Springer.

Stone, R. N./Mason, J. B. (1995): Attitude and Risk: Exploring the Relationship. In: Psychology & Marketing, Vol. 12, Issue 2, S. 135–153.

Studenmund, A. H. (2006): Using Econometrics – A Practical Guide, 5. Edition, Boston: Addison Wesley.

Svensson, G. (2005): Mutual and interactive trust in business dyads: condition and process. In: European Business Review, Vol. 17, Issue 5, S. 411–427.

SVIR (Hrsg.) (2005): Leitlinie zum Internen Audit, Zürich: SKV.

Swan, J. E./Bowers, M. R./Richardson, L. D. (1999): Customer Trust in the Salesperson: An Integrative Review and Meta-Analysis of the Empirical Literature. In: Journal of Business Research, Vol. 44, Issue 2, S. 93–107.

Swan, J. E./Trawick Jr., I. F./Rink, D. R./Roberts, J. J. (1988): Measuring Dimensions of Purchaser Trust of Industrial Salespeople. In: Journal of Personal Selling & Sales Management, Vol. 8, Issue 1, S. 1–9.

Tenenhaus, M./Vinzi, V. E./Chatelin, Y.-M./Lauro, C. (2005): PLS path modeling. In: Computational Statistics & Data Analysis, Vol. 48, Issue 1, S. 159–205.

Thibaut, J. W./Kelley, H. H. (1959): The Social Psychology of Groups, New York et al.: Wiley.

Trommsdorff, V. (2009): Konsumentenverhalten, 7. Auflage, Stuttgart: Kohlhammer.

Tsiros, M./Heilman, C. M. (2005): The Effect of Expiration Dates and Perceived Risk on Purchasing Behavior in Grocery Store Perishable Categories. In: Journal of Marketing, Vol. 69, Issue 2, S. 114–129.

Ulaga, W./Eggert, A. (2006): Value-Based Differentiation in Business Relationships: Gaining and Sustaining Key Supplier Status. In: Journal of Marketing, Vol. 70, Issue 1, S. 119–136.

Ullrich, C. G. (2008): Die Akzeptanz des Wohlfahrtsstaates – Präferenzen, Konflikte, Deutungsmuster, Wiesbaden: Verlag für Sozialwissenschaften.

Ulrich, P./Hill, W. (1979): Wissenschaftstheoretische Aspekte ausgewählter betriebswirtschaftlicher Konzeptionen. In: Raffée, H./Abel, B. (Hrsg.): Wissenschaftstheoretische Grundfragen der Wirtschaftswissenschaften, München: Vahlen, S. 161–190.

Unger, F. (2008): Einstellungsforschung. In: Pepels, W. (Hrsg.): Marktforschung – Organisation und praktische Anwendung, 2. Auflage, Düsseldorf: Symposion, S. 53–76.

Unger, M. (1998): Die Automobil-Kaufentscheidung – Ein theoretischer Erklärungsansatz und seine empirische Überprüfung, Frankfurt am Main: Peter Lang.

Vargo, S. L./Lusch, R. F. (2004): Evolving to a New Dominant Logic for Marketing. In: Journal of Marketing, Vol. 68, Issue 1, S. 1–17.

Wallenburg, C. M. (2004): Kundenbindung in der Logistik – Eine empirische Untersuchung zu ihren Einflussfaktoren, Bern: Haupt.

Walsh, G./Beatty, S. E. (2007): Customer-based corporate reputation of a service firm: scale development and validation. In: Journal of the Academy of Marketing Science, Vol. 35, Issue 1, S. 127–143.

Weiber, R. (2001): Akzeptanzforschung. In: Diller, H. (Hrsg.): Vahlens Großes Marketing Lexikon, 2. Auflage, München: Beck, S. 39–40.

Weiber, R./Mühlhaus, D. (2010): Strukturgleichungsmodellierung – Eine anwendungsorientierte Einführung in die Kausalanalyse mit Hilfe von AMOS, SmartPLS und SPSS, Berlin: Springer.

Weilbach, E. (1995): Die interne Revision – Ein Führungsinstrument des Managements? In: Der Betrieb, 48. Jg., Heft 21, S. 1037–1039.

Wellhöfer, W. (2008): § 4 Haftungsbegründende Pflichten nach dem Aktienrecht. In: Wellhöfer, W./Peltzer, M./Müller, W. (Hrsg.): Die Haftung von Vorstand, Aufsichtsrat, Wirtschaftsprüfer – mit GmbH-Geschäftsführer, München: Beck, S. 101–251.

Werder von, A. (2010): Entstehungshintergrund des Kodex. In: Ringleb, H.-M./Kremer, T./Lutter, M./Werder von, A. (Hrsg.): Kommentar zum Deutschen Corporate Governance Kodex, 4. Auflage, München: Beck, S. 13–16.

Wesel, P./Jackmuth, H.-W. (2006): Berichterstattung der Internen Revision. In: Lück, W. (Hrsg.): Zentrale Tätigkeitsbereiche der Internen Revision – Aktuelle und zukünftige Schwerpunkte erfolgreicher Revisionsarbeit, Berlin: Erich Schmidt, S. 79–97.

Westhausen, H.-U. (2008): Hat sich das Berufsbild der IR in den letzten 5 Jahren verändert? Neuauflage einer empirischen Untersuchung, Soll-Profil und Ausblick. In: Zeitschrift Interne Revision, 43. Jg., Heft 4, S. 172–176.

Williamson, O. E. (1967): Hierarchical Control and Optimum Firm Size. In: Journal of Political Economy, Vol. 75, Issue 2, S. 123–138.

Winklhofer, H. M./Diamantopoulos, A. (2002): Managerial evaluation of sales forecasting effectiveness: A MIMIC modeling approach. In: International Journal of Research in Marketing, Vol. 19, Issue 2, S. 151–166.

Wiswede, G. (2007): Einführung in die Wirtschaftspsychologie, 4. Auflage, München et al.: Ernst Reinhardt.

Withus, K.-H. (2009): Neue Anforderungen nach BilMoG zur Beschreibung der wesentlichen Merkmale des Internen Kontroll- und Risikomanagementsystems im Lagebericht kapitalmarktorientierter Unternehmen. In: Fachzeitschrift für internationale und kapitalmarktorientierte Rechnungslegung, 7. Jg., Heft 7/8, S. 440–451.

Wöhe, G./Döring, U. (2010): Einführung in die Allgemeine Betriebswirtschaftslehre, 24. Auflage, München: Vahlen.

Wold, H. (1982): Soft Modeling – The Basic Design and Some Extensions. In: Jöreskog, K. G./Wold, H. (Hrsg.): Systems under Indirect Observation – Causality, Structure, Prediction, Amsterdam et al.: North-Holland, S. 1–54.

Wyniger, D. (2001): Implementierung eines QMS für die Interne Revision – Qualitätsplanung und -steuerung der Internen Revisionsstelle der BEKB/BCBE nach ISO 9001. In: Der Schweizer Treuhänder, 75. Jg., Heft 3, S. 179–184.

Yi, M. Y./Davis, F. D. (2003): Developing and Validating an Observational Learning Model of Computer Software Training and Skill Acquisition. In: Information Systems Research, Vol. 14, Issue 2, S. 146–169.

Zafirovski, M. (2005): Social Exchange Theory under Scrutiny: A Positive Critique of its Economic-Behaviorist Formulations. In: Electronic Journal of Sociology, Vol. 1, Issue 1, S. 1–40.

Zand, D. E. (1972): Trust and Managerial Problem Solving. In: Administrative Science Quarterly, Vol. 17, Issue 2, S. 229–239.

Zehnder, M. (1994): Qualitätssicherung in der Internen Revision – Praxisbezogener Massnahmenkatalog. In: Der Schweizer Treuhänder, 68. Jg., Heft 12, S. 1032–1039.

Zehnder, M./Brönnimann, T. (2005): Interne Revision als Vertrauensgut – Transaktionskostentheorie – ein Beitrag zur Erhöhung der Wertschöpfung der Internen Revision. In: Der Schweizer Treuhänder, 79. Jg., Heft 6/7, S. 448–454.

Zeithaml, V. A./Berry, L. L./Parasuraman, A. (1993): The Nature and Determinants of Customer Expectations of Service. In: Journal of the Academy of Marketing Science, Vol. 21, Issue 1, S. 1–12.

Zeithaml, V. A./Berry, L. L./Parasuraman, A. (1996): The Behavioral Consequences of Service Quality. In: Journal of Marketing, Vol. 60, Issue 2, S. 31–46.

Zhu, K./Kraemer, K. L. (2005): Post-Adoption Variations in Usage and Value of E-Business by Organizations: Cross-Country Evidence from the Retail Industry. In: Information Systems Research, Vol. 16, Issue 1, S. 61–84.

Zündorf, L. (1986): Macht, Einfluß und Vertrauen – Elemente einer soziologischen Theorie des Managements. In: Angewandte Sozialforschung, 14. Jg., Heft 4, S. 303–311.

Zwingmann, L. (2007): Erwartungen an die Wertsteigerungsbeiträge der Internen Revision – Anmerkungen aus Sicht eines Geschäftsführers. In: Zeitschrift Interne Revision, 42. Jg., Heft 2, S. 46–57.

Zwirner, C./Boecker, C. (2008): Handlungsbedarf für Aufsichtsräte – Zusammensetzung eines Prüfungsausschusses. In: Der Betrieb, 61. Jg., Heft 51/52, S. 2781–2783.

Verzeichnis der Gesetze, Urteile und Prüfungsstandards

AktG (2009): Aktiengesetz vom 06. September 1965 (BGBl. I S. 1089), das zuletzt durch Artikel 1 des Gesetzes vom 31. Juli 2009 (BGBl. I S. 2509) geändert worden ist.

BGH (2008): Urteil vom 01. Dezember 2008 – II ZR 102/07. In: Der Betrieb, 62. Jg., Heft 3, S. 106–109.

GmbHG (2009): Gesetz betreffend die Gesellschaften mit beschränkter Haftung vom 20. April 1892 (RGBl. I S. 477), das zuletzt durch Artikel 5 des Gesetzes vom 31. Juli 2009 (BGBl. I S. 2509) geändert worden ist.

HGB (2009): Handelsgesetzbuch vom 10. Mai 1897 (RGBl. I S. 219), das zuletzt durch Artikel 6a des Gesetzes vom 31. Juli 2009 (BGBl. I S. 2512) geändert worden ist.

IDW PS 261 (2006): IDW Prüfungsstandard: Feststellung und Beurteilung von Fehlerrisiken und Reaktionen des Abschlussprüfers auf die beurteilten Fehlerrisiken. In: IDW Fachnachrichten, Heft 11, S. 710–726.

IDW PS 321 (2002): IDW Prüfungsstandard: Interne Revision und Abschlussprüfung. In: IDW Fachnachrichten, Heft 7, S. 333–337.

KonTraG (1998): Gesetz zur Kontrolle und Transparenz im Unternehmensbereich (KonTraG) vom 27. April 1998. In: BGBl. I S. 786–794.

KWG (2010): Gesetz über das Kreditwesen vom 10. Juli 1961 (BGBl. I S. 881) in der Fassung der Bekanntmachung vom 09. September 1998 (BGBl. I S. 2776), das zuletzt durch Artikel 1 des Gesetzes vom 21. Juli 2010 (BGBl. I S. 950) geändert worden ist.

SOX (2002): Sarbanes-Oxley Act of 2002 – An act to protect investors by improving the accuracy and reliability of corporate disclosures made pursuant to the securities laws, and for other purposes vom 30. Juli 2002. In: Public Law 107/204, S. 745–810.

Verzeichnis sonstiger Quellen

BT-Drucksache 13/9712 vom 28. Januar 1998, Gesetzentwurf der Bundesregierung, Entwurf eines Gesetzes zur Kontrolle und Transparenz im Unternehmensbereich (KonTraG).

BT-Drucksache 16/10067 vom 30. Juli 2008, Gesetzentwurf der Bundesregierung, Entwurf eines Gesetzes zur Modernisierung des Bilanzrechts (Bilanzrechtsmodernisierungsgesetz – BilMoG).

BT-Drucksache 16/12407 vom 24. März 2009, Beschlussempfehlung und Bericht des Rechtsausschusses zu dem Gesetzentwurf der Bundesregierung – Drucksache 16/10067 – Entwurf eines Gesetzes zur Modernisierung des Bilanzrechts (Bilanzrechtsmodernisierungsgesetz – BilMoG).

EINZELSCHRIFTEN

Tiina Salonen

Strategies, Structures, and Processes for Network and Resources Management in Industrial Parks – The Cases of Germany and China

Lohmar – Köln 2010 • 408 S. • € 66,- (D) • ISBN 978-3-89936-998-4

Nikolai Reynolds

Factors Influencing Business Relationships in Agri-Food Chains – An Analysis of Selected German Chains in European Comparison

Lohmar – Köln 2010 • 252 S. • € 57,- (D) • ISBN 978-3-8441-0004-4

Frederick Krummet

Der Informationsgehalt von latenten Steuern nach IAS 12 – Eine empirische Untersuchung zur Extrapolierbarkeit des IFRS-Ergebnisses in deutschen Konzernabschlüssen

Lohmar – Köln 2011 • 336 S. • € 63,- (D) • ISBN 978-3-8441-0010-5

Ilja Konoplev

Corporate Financial Hedging – Auswirkungen auf die Bewertung und Kreditqualität eines Unternehmens am Beispiel der Lufthansa AG

Lohmar – Köln 2010 • 200 S. • € 49,- (D) • ISBN 978-3-8441-0016-7

Wolf Hoffmann

Turnaround Equity – Erfolgsfaktoren im Transaktionsprozess bei Turnaround-Investitionen in Deutschland

Lohmar – Köln 2011 • 256 S. • € 57,- (D) • ISBN 978-3-8441-0017-4

Christoph Zulehner

Strategisches Führen in Gesundheits- und Pflegeunternehmen – Handbuch für die Praxis

Lohmar – Köln 2011 • 272 S. • € 35,- (D) • ISBN 978-3-8441-0018-1

Mirko Mertenskötter

Qualität, Vertrauen und Akzeptanz im Kontext der Internen Revision

Lohmar – Köln 2011 • 368 S. • € 64,- (D) • ISBN 978-3-8441-0019-8